U0247472

污水处理领域
重要专利技术分析

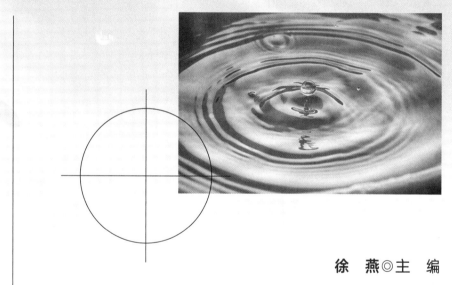

徐 燕◎主 编

潘晓娇 曹 琦 周劼聪◎副主编

知识产权出版社
全国百佳图书出版单位
—北京—

图书在版编目（CIP）数据

污水处理领域重要专利技术分析/徐燕主编. —北京：知识产权出版社，2021.8

ISBN 978 - 7 - 5130 - 7662 - 3

Ⅰ.①污… Ⅱ.①徐… Ⅲ.①污水处理—专利技术—分析 Ⅳ.①X703 - 18

中国版本图书馆 CIP 数据核字（2021）第 167433 号

内容提要

本书主要介绍污水处理领域专利状况，选取物理化学污水处理技术、膜处理技术、生物处理技术、化学处理技术等四种重要技术，均从总体态势、发展脉络进行分析，并选取国内重要申请人和国外申请人各两个进行对比，从而帮助国内申请人进一步创新，加强合作。

责任编辑：王瑞璞	责任校对：王 岩
执行编辑：崔思琪	责任印制：刘译文

污水处理领域重要专利技术分析

徐 燕 主 编

潘晓娇 曹 琦 周勖聪 副主编

出版发行：知识产权出版社有限责任公司	网 址：http://www.ipph.cn
社 址：北京市海淀区气象路 50 号院	邮 编：100081
责编电话：010 - 82000860 转 8116	责编邮箱：wangruipu@cnipr.com
发行电话：010 - 82000860 转 8101/8102	发行传真：010 - 82000893/82005070/82000270
印 刷：三河市国英印务有限公司	经 销：各大网上书店、新华书店及相关专业书店
开 本：787mm×1092mm 1/16	印 张：23.5
版 次：2021 年 8 月第 1 版	印 次：2021 年 8 月第 1 次印刷
字 数：520 千字	定 价：98.00 元

ISBN 978 - 7 - 5130 - 7662 - 3

编委会

前　言

　　水是生命之源，水资源是人类社会赖以生存和发展的重要资源。随着我国经济、社会的高速发展，城市化、工业化进程的加快，水污染及其导致的生态问题不断凸显，水污染处理压力随之增大，水环境形势十分严峻，水污染治理迫在眉睫。

　　近年来，我国相继修改了《环境保护法》《水污染防治法》等多项法律法规并推出了《水污染防治行动计划》《"十三五"全国城镇污水处理及再生利用设施建设规划》《"十四五"城镇污水处理及资源化利用发展规划》等政策文件，持续推动水污染防治工作。这些新修改和出台的法律法规更体现了对环保技术的重视。

　　与之相对应，水处理市场的规模也在迅速扩大，预计全球水处理市场将以6.5%的复合年均增长率增长，至2025年达到2113亿美元。中国的污水处理行业的收益由2015年约3419亿元增加至2019年约4985亿元，复合年增长率为9.9%。同时，工业污水处理行业在"十四五"期间，随着环保治理的不断深入，仍将保持稳定增长，估计到2025年市场规模将将达到1262亿元。

　　污水处理技术是一项具有悠久历史、旺盛的生命力，并仍然蓬勃发展的技术，包括物理技术、化学技术、物理化学技术、膜技术和生物技术等几个重要分支。这些污水处理技术在水污染治理产业发展中起到了至关重要的作用。

　　习近平总书记指出，"创新是引领发展的第一动力，保护知识产权就是保护创新"，着眼于"促进建设现代化经济体系，激发全社会创新活力，推动构建新发展格局"的时代要求，需要强化知识产权创造、运用、保护、管理、服务的"全链条"发展。本书以污水处理领域专利信息数据为基础，利用传统专利分析与大数据分析、引文网络主路径分析等创新分析方法，结合产业、政策、技术等信息，全面、深入地分析了污水处理领域主要技术分支的发展脉络、重要创新主体以及核心技术布局策略，旨在引导国内相关企业高校完善专利布局，为该领域的技术研发、产业升级提供建议，推动污水处理行业的发展。

本书的编写人员包括相关领域的资深审查员、高校与企业的技术专家和专利情报分析专家。他们以扎实的专业技术水平、一丝不苟的工作态度、开拓创新的工作思路保证了专利分析结果的客观性和有效性。在此特别感谢周涛、宋智谦在污水处理技术以及市场调查中所作出的重要贡献，感谢李成伟、章端婷、刘子立、赵佳睿在政策研究、数据处理和书稿撰写过程中所付出的大量辛勤劳动。

受到专利文献数据库采集范围和专利分析工具的限制，加之研究人员水平有限，本书的分析数据和结论仅供广大读者参考借鉴。本书尚有诸多不妥和错误之处，敬请批评指正。

编写人员分工情况

李成伟：主要执笔前言。

周劼聪：主要执笔第 1 章第 1.1 节，第 3 章第 3.2.6～3.3 节。

付东赛：主要执笔第 1 章第 1.2～1.4 节，第 2 章。

刘子立：主要执笔第 3 章概述部分。

刘　燕：主要执笔第 3 章第 3.1～3.2.5 节、第 3.4 节。

毛　丹：主要执笔第 4 章概述部分、第 4.1～4.2.1 节、第 4.3 节。

徐　燕：主要执笔第 4 章第 4.2.2～4.2.5 节、第 4.4 节，第 7 章第 7.1～
　　　　7.2 节。

潘晓娇：主要执笔第 5 章第 5.1 节、第 5.2.4～5.4 节，第 7 章第 7.3～
　　　　7.5 节。

曹　琦：主要执笔第 5 章第 5.2.1 节，第 6 章第 6.3.1 节。

吴姗姗：主要执笔第 5 章第 5.2.2～5.2.3 节。

章端婷：主要执笔第 6 章概述部分。

潘成玉：主要执笔第 6 章第 6.1～6.2 节。

杨　颖：主要执笔第 6 章第 6.3.2 节。

赵佳睿：主要执笔第 6 章第 6.4 节。

宋智谦：主要执笔附录 A-1。

周　涛：主要执笔附录 A-2。

全书由徐燕、潘晓娇、曹琦、周劼聪统稿审校。

目　录

第1章 概 述

1.1 污水处理领域市场

据外媒（GlobeNewswire）报道，伴随着全球环境问题日益严重、人口快速增长和城市化、工业需求增加，人类对清洁水、新水资源的需求不断增加，污水处理市场得到前所未有的重视。各地政府对水质监管更加严格，对污水处理进行更为严格的规定，不断推动污水处理市场的发展。预计 2019～2025 年，全球污水处理市场将以 6.5% 的复合年均增长率增长，到 2025 年将达到 2113 亿美元。

在污水处理技术方面，由于市场对低能耗污水处理工艺需求的增加，以及强调减少使用化学品，低能耗、高效、少化学品消耗的膜分离技术得到快速发展——在 2019 年水和污水处理技术市场中膜分离占有最大市场份额。同时，作为城市和工业污水处理的有效紧凑型技术，膜生物反应器处理/技术市场预计将以最高的复合年均增长率增长。

据前瞻产业研究院统计，中国污水处理行业稳步增长。如图 1-1-1 所示，污水处理行业的收益由 2015 年的约 3419 亿元增加至 2019 年的约 4985 亿元，复合年增长率为 9.9%。同时，经预测，工业污水处理行业在"十四五"期间，随着环保治理的不断深入，仍将保持稳定增长，估计到 2025 年其市场规模将达到 1262 亿元。

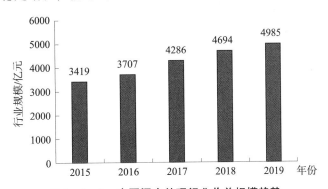

图 1-1-1 中国污水处理行业收益规模趋势

数据来源：前瞻产业研究院。

一方面，这是由于政府通过政策和资金支持持续推动环境保护及污水处理行业。从"十二五"到"十三五"中国污水治理投入（含治理投资和运行费用）力度逐渐加大。另一方面，污水处理需求不断增加，如图 1-1-2 所示，中国城市污水排放量自 2010 年至 2018 年由 378.7 亿立方米增长至 521.1 亿立方米。

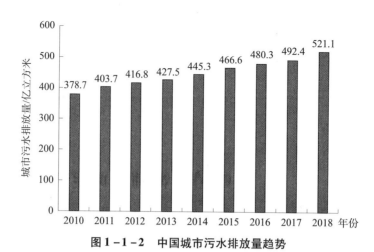

图 1 - 1 - 2　中国城市污水排放量趋势

注：数据来源：前瞻产业研究院。

此外，虽然中国污水处理绝大部分以集中式处理方式处理，但由于农村地区排水点分散以及对污水处理设备的需求不断增加，如图 1 - 1 - 3 所示，自 2015 年以来，分散式污水处理市场规模不断壮大。

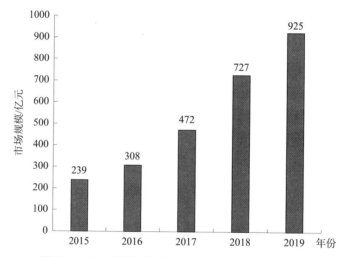

图 1 - 1 - 3　中国分散式污水处理市场收益规模趋势

数据来源：前瞻产业研究院。

由此可以看出，污水处理行业在全球和中国范围内均呈现良好的稳步增长态势。同时，中国的用水和污水处理需求日益增长，依然长期面临着严峻的资源型缺水、水质型缺水的困境，存在广阔的污水处理市场需求。同时，国家污水处理等相应法律政策的推出，也将为污水处理市场不断发展铺平道路。

1.2　污水处理领域相关政策

1.2.1　中国污水处理领域相关政策

表1-2-1中列举了中国污水处理产业相关政策，其中，污水处理领域较为重要的政策法规包括《环境保护法》《水污染防治法》《水污染防治行动计划》。《环境保护法》就环境保护监督、保护、防治、信息公开、公众参与和法律责任进行了规定。《水污染防治法》作为特别法，进一步对水污染防治标准和规划、各类水污染防治措施、水体保护、水污染事故处置和法律责任方面进行规定。《水污染防治行动计划》（以下简称"水十条"）为切实加大水污染防治力度、保障国家水安全，提出全面控制污染物排放、推动经济结构转型升级、着力节约保护水资源、强化科技支撑、充分发挥市场机制作用、严格环境执法监管、切实加强水环境管理、全力保障水生态环境安全、明确和落实各方责任、强化公众参与和社会监督等十条行动计划。同时，国家有关部门不断推出污水处理相关发展规划，例如《"十三五"全国城镇污水处理及再生利用设施建设规划》《国家环境保护标准"十三五"发展规划》《重点流域水污染防治规划（2016~2020年）》。

表1-2-1　中国污水处理产业相关政策

政策法规	发布/修订（改）/实施时间、政府部门	基本内容
《环境保护法》	1989年，七届全国人大常委会第十一次会议通过； 2014年，十二届全国人大常委会第八次会议通过修订	2014年修订的《环境保护法》明确，保护环境是国家基本国策，突出强调政府监督管理责任，规定环境日以强化公民环保意识，加强公众对政府和排污单位的监督，突出人大常委会监督落实政府环境保护的责任，规范制度建立健全环境检测制度，规定重点污染物排放将总量控制，强化对农村环境的保护，规定未进行环评的项目不得开工，明确规定环境公益诉讼制度，规定情节严重者将适用行政拘留
《水污染防治法》	1984年，六届全国人大常委会第五次会议通过，1984年施行； 1996年，八届全国人大常委会第十九次会议通过修改决定； 2008年，十届全国人大常委会第三十二次会议全面修订； 2017年，十二届全国人大常委会第二十八次会议通过修改决定，2018年施行	2017年修改的《水污染防治法》明确水污染防治原则，地方政府、各有关部门对水污染防治的责任，水污染防治的标准和规划，规定流域管理、总量控制制度、排污许可制度、各类水污染防治和水源保护措施、水污染事故处理措施，明确法律责任

续表

政策法规	发布/修订（改）/实施时间、政府部门	基本内容
《水污染防治行动计划》	2015 年，国务院印发	提出全面控制污染物排放、推动经济结构转型升级、着力节约保护水资源、强化科技支撑、充分发挥市场机制作用、严格环境执法监管、切实加强水环境管理、全力保障水生态环境安全、明确和落实各方责任、强化公众参与和社会监督行动计划
《"十三五"全国城镇污水处理及再生利用设施建设规划》	2016 年，发展和改革委员会（以下简称"发改委"）、住房和城乡建设部联合印发	提出到 2020 年底，地级及以上城市建成区基本实现污水全收集、全处理；县城不低于85%，其中东部地区力争达到90%；建制镇达到70%，中西部地区力争达到50%；京津冀、长三角、珠三角等区域提前一年完成
《国家环境保护标准"十三五"发展规划》	2017 年，环境保护部印发	提出贯彻落实"水十条"要求，围绕工业源、生活源、农业源等水污染防治重点领域，优先配套相关排放标准，其中工业污水主要围绕十大重点行业，完善工业源水污染物控制指标和要求，并增加制定煤化工、页岩气开采等新兴行业水污染物排放标准，修订污水综合排放标准
《重点流域水污染防治规划（2016～2020 年）》	2017 年，环境保护部、发改委、水利部联合印发	将"水十条"水质目标分解到各流域，明确了各流域污染防治重点方向和京津冀区域、长江经济带水环境保护重点，第一次形成覆盖全国范围的重点流域水污染防治规划
《关于推进水污染防治领域政府和社会资本合作的实施意见》	2015 年，财政部、环境保护部提出	提出在水污染防治领域大力推广运用政府和社会资本合作（PPP）模式，提出逐步将水污染防治领域全面向社会资本开放
《关于加快推进环保装备制造业发展的指导意见》	2017 年，工业与信息化部提出	提出到 2020 年，行业创新能力明显提升，关键核心技术取得新突破，创新驱动的行业发展体系基本建成的工作目标。从五个方面对环保装备制造业提出发展的重点方向，推动环保装备制造业发展保障措施

续表

政策法规	发布/修订（改）/实施时间、政府部门	基本内容
《关于推进环保设施和城市污水垃圾处理设施向公众开放的指导意见》	2017 年，环境保护部、住房和城乡建设部联合印发	要求各地环保部门、住建部门牵头指导各地环境检测、城市污水处理、城市生活垃圾处理、危险废物和废弃电器电子产品处理四种设施定期向公众开放，并以此为抓手，让公众理解、支持、参与环保，激发公众环保责任意识，推动形成崇尚生态文明、共建美丽中国的良好风尚
《关于推进污水资源化利用的指导意见》	2021 年，发改委等十部门联合印发	提出总体目标：到 2025 年，全国污水收集效能显著提升，县城及城市污水处理能力基本满足当地经济社会发展需要，水环境敏感地区污水处理基本实现提标升级；全国地级及以上缺水城市再生水利用率达到 25% 以上，京津冀地区达到 35% 以上；工业用水重复利用、畜禽粪污和渔业养殖尾水资源化利用水平显著提升；污水资源化利用政策体系和市场机制基本建立。到 2035 年，形成系统、安全、环保、经济的污水资源化利用格局
《城镇节水工作指南》	2016 年，住房和城乡建设部、发改委印发	目的在于贯彻落实"水十条"、《国务院关于加强城市基础设施建设的意见》，提出推进节水型城市建设、加快城镇节水改造
《饮料酒制造业污染防治技术政策》《船舶水污染防治技术政策》《制浆造纸工业污染防治可行技术指南》	2018 年，环境保护部发布	针对饮料酒制造业、船舶、制浆造纸工业污染防治工作提供技术指导
《城市黑臭水体治理攻坚战实施方案》	2018 年，住房和城乡建设部、生态环境部印发	指出严格按照"水十条"规定的时间节点实现黑臭水体消除目标

政策法规	发布/修订（改）/实施时间、政府部门	基本内容
《城镇排水与污水处理条例》	2013 年，国务院发布	明确城镇排水与污水处理的五大方向
《排污许可管理条例》	2020 年，国务院第 117 次常务会议通过	规范企业事业单位和其他生产经营者排污行为，控制污染物排放，保护和改善生态环境
《地下水质量标准》	1994 年，实施；2017 年，国土资源部组织修订	最新修订的标准规定 93 项相关指标，可作为中国地下水资源管理、开发利用和保护的依据
《农村生活污水处理工程技术标准》	2019 年，住房和城乡建设部发布	该标准确定农村污水的处理方法、设计水量和水质、强调农村污水收集管网的重要作用、农村污水处理技术参数优化
《农村生活污水净化装置》（行业标准）	2020 年，工业和信息化部发布	该标准规定农村生活污水净化装置的术语和定义、型号、技术要求、检验方法、检验规则、标识、包装、运输及贮存。适用于以农村生活污水为进水、采用生物处理工艺、处理量每天不大于 500m^3 的污水净化装置

其次，为规范水资源保护、各类污水处理工作，国家相继出台各类行业标准、工作指南和相关条例，包括：《地下水质量标准》，其为水资源利用和保护提供了依据；《关于推进环保设施和城市污水垃圾处理设施向公众开放的指导意见》《城镇节水工作指南》《城市黑臭水体治理攻坚战实施方案》《城镇排水与污水处理条例》，为城市、城镇污水处理工作提供了指导；《农村生活污水处理工程技术标准》《农村生活污水净化装置》（行业标准），为治理农村污水工作提供了标准依据；《排污许可管理条例》加强了对工业污水的排放管理要求。

污水处理工作离不开相应处理技术，针对特定污水处理领域，国家相关部门也相继出台指导和技术政策以提供技术指导，例如针对饮料酒制造业、船舶水、制浆造纸工业污染防治工作提出的《关于加快推进环保装备制造业发展的指导意见》《饮料酒制造业污染防治技术政策》《船舶水污染防治技术政策》《制浆造纸工业污染防治可行技术指南》。

另外，污水处理产业的推广需要资本支持，为此国家鼓励以 PPP（政府和社会资本合作）模式对公共基础设施进行运作，具体在水污染治理方面提出《关于推进水污染防治领域政府和社会资本合作的实施意见》。

此外，针对目前我国同时面临资源型缺水、水质型缺水的双重困境，国家发改委提出了《关于推进污水资源化利用的指导意见》，通过发展污水资源化利用方式同时解决污水治理和水资源短缺两方面问题。

1.2.2 国外污水处理领域相关政策

（1）美国

如表1-2-2所示，美国污水处理相关法律政策始于1899年出台的垃圾管理法，其规定把任何种类的垃圾扔进、排放或积存在美国任何可通航的水域都不合法。随着工业快速发展，水污染问题愈加突出，因此美国相继出台了各项法律，如水污染控制法、清洁用水法等。经过几十年的完善，美国形成包括饮用水和地下水保护、污水管理、污水再生利用、水污染治理资金管理等多方面的政策体系。

表1-2-2 美国污水处理产业相关政策/法规

政策/法规	发布时间（年）
垃圾管理法	1899
水污染控制法	1948
污染物减排（NPDES）许可证制度	1970
清洁用水法	1972
安全饮用水法	1974
污水再利用导则	1980
水质法	1987
州立水资源评估和保护规范	1997

在饮用水保护方面，安全饮用水法明确了水源污染健康标准的制定责任、污染信息公开、联邦与州政府相互关系，为相关法律法规的制定提供基础。同时，美国环保署通过推出州立水资源评估和保护规范，在水源评价和保护过程中加强各州与联邦等政府部门的协作。污染物减排（NPDES）许可证制度则要求地方需要根据当地水环境制定不同的地区性排放标准。目前，美国的200多个市、县、部落、地区在保护其引用水水源免受污染方面均根据各自的情况设立不同的手段，包括分区管理、制定水源健康标准、分项管理等。

在污水管理方面，美国自1972年颁布实施清洁用水法，由环保署污水管理部主要负责监督清洁用水法的实施。清洁用水法主要包括最低的国家各行业污水排放标准系统、水质标准、排放许可证项目、特殊问题的规定（例如有毒化学品）以及为公共污水处理厂的建筑贷款计划等。

在污水再生利用方面，美国环保署颁布实施"污水再利用导则"并不断完善。该制度提出城市、工业、农业、娱乐等方面的污水再利用以及地下水回灌的标准和措施，阐述了实现回用的技术措施，说明了污水再生利用资金的来源，并详细列出了其他国家污水再生利用的技术和管理措施。

在资金管理方面，美国最初通过1948年推出的水污染控制法授权联邦政府向州和地方政府提供财政资助以解决水污染问题，贷款给各个地方政府建设污水处理厂。经过不断的发展，目前其主要通过国家清洁用水周转基金（CWSRF）和安全饮用水周转基金（DWSRF）对污水处理资金进行管理，其与最初通过贷款方式提供资金的主要区别在于，贷款仅能收回本金和利息，而通过基金资本化管理，资金通过本金加利润形式收回，有利于资金快速积累。

（2）日本

如表1-2-3所示，日本对水质污染防治的立法始于20世纪50年代。1958年制定了关于保全公共水域水质的法律、关于控制工厂排水等的法律。1970年，日本又将这两部法律改为水污染防治法。日本的水污染防治法明确了排水控制对象，规定了严厉的排放标准，设定了层次分明的管理措施、区域实施总量控制制度、水质污染的监测及发生紧急状态时的措施以及水质污染行政管理权限划分与执法。此外，日本于1984年颁布的湖沼水质保护特别措施法规范了对特定水源水质的保护措施；1993年颁布的环境基本法进一步完善了环境保护的法律制度和对策，将环境影响评价制度上升到基本法的高度；2003年7月1日起实施的排污费征收标准管理办法强化了对排污总量控制制度的实施力度。

表1-2-3　日本污水处理产业相关法规

法规	发布时间（年）
关于保全公共水域水质的法律、关于控制工厂排水等的法律	1958
水污染防治法	1970
湖沼水质保护特别措施法	1984
环境基本法	1993
排污费征收标准管理办法	2003

1.3　污水处理的分类情况

水是地球上分布最广的物质。根据水的不同性质，可以将水资源划分为天然水、饮用水、工业用水、城市污水、工业污水五个方面。各种各样污染物的排放导致水的污染，常见的污染类型包括点源污染和面源污染，污染的形式可以是向环境中注入热量（热污染）、无机物或有机物（化学污染），或致病微生物（细菌污染）。除了排放导致的水污染，还有一种水体污染的类型是富营养化，其主要是水体中有机物的富集导致藻类增殖。

污水的污染物可以分成无机物和有机物两大类。用于反映有机污染物浓度的主要有 3 个指标，分别是生物化学需氧量（BOD）、化学需氧量（COD）和总有机碳（TOC）。水中的悬浮固体（SS）是水中呈颗粒状的固体物质，按照形态可以分为悬浮的、胶体的，通常采用过滤后烘干称重的质量作为悬浮固体的浓度指标。水中的氮和磷是植物性营养物质，表示氮含量的指标有总氮（TN）、氨氮（$NH_4^+ - N$）、硝态氮（$NO_x^- - N$）等；表示磷含量的指标有总磷（TP），总磷包括有机磷和无机磷。对于有毒化合物和重金属，通常采用最高允许排放浓度进行限制，如《城镇污水处理厂污染物排放标准》等。此外，酸度和碱度也是污水的重要污染指标，用 pH 来表示。[1]

由于不同水资源面对的使用场景和污染类型有所不同，对于不同性质的水资源，通常具有不同的污染物组成和不同的处理标准。

（1）天然水

可利用的天然水资源包括地下水（地下水补给区、含水层）、静态地表水（湖泊、水库）、动态地表水（溪流、江河）以及海水。天然水体的污染主要来自于人类的活动，例如生活污水的排放所导致的水体富营养化问题，工业污水的排放所导致的有机污染物和无机污染物等。

对于富营养化或人类活动导致的污染，通常采用充氧、消除水体分层现象、投加化学药剂（例如使用铜盐作为除藻剂）、生物处理等方式进行处理。

（2）饮用水

饮用水中出现的杂质类型主要包括生物杂质（如细菌和病毒、各种微生物）、矿物杂质（如重金属、石棉纤维、砷等）、有机杂质（如天然有机物和人工合成有机污染物）。

生物杂质主要是病原微生物和藻毒素。病原微生物主要来自人畜粪便、生活污水、医院污水、畜牧屠宰场污水，以及食品加工、制革等行业的污水。病原微生物污染的主要危害是导致介水传染病的爆发与流行。[2]藻毒素是水体富营养化时部分藻类分泌的有害物质如水华藻类会导致肝损害、神经损害、肠胃功能紊乱和一些免疫反应，金藻产生的毒素可引起盐湖中鱼群的大量死亡。

矿物杂质主要来自岩石和土壤中矿物组分的风化和淋浴，以及生活污水、工矿污水及某些工业废渣的排放。有些矿物杂质如果超出限值，就会引起健康危害，例如大量摄入硫酸盐后易出现腹泻、脱水和肠胃紊乱，硝酸盐过高会引起高铁血红蛋白血症，并造成组织缺氧和血管扩张压降低，重金属汞和镉污染会引起"水俣病"和"痛痛病"。[2]

有机杂质以多氯联苯、酚类化合物、氯化消毒副产物为代表，这些污染物主要来自工业生产。其中，多氯联苯对皮肤、肝、生殖系统和免疫系统均有损害作用，多表现为亚急性和慢性毒害作用。酚类化合物会导致黏膜组织损伤、上呼吸道感染和皮肤与眼的损伤。[2]氯化消毒副产物即卤代有机副产物，这些化合物对动物具有致癌作用。[2]

对于饮用水污染物的处理，通常采用混凝、沉淀、过滤和消毒这种常规处理技术，从而避免沉淀物、污染物和致病微生物对人体产生的不良影响。

（3）工业用水

根据工业用水的使用目的，可以将其分为两种用途。

① 单一用途：一是直流冷却水或直接补给水；二是循环水（例如锅炉水）。

② 两种不同用途的连续利用，例如回用或梯级用水。[3]

工业用水的主要污染物包括水中的盐分和杂质，尤其是钙盐，会造成锅炉内壁结垢，阻碍传热并引起局部过热问题。

工业用水的处理可采用电子水处理器，其通过向水中通入微弱电流产生电子场，能阻止污垢沉积和破坏老污垢，并杀灭水中的细菌和藻类。此外，也有国内外的发电厂利用电解海水制取次氯酸钠溶液，用于处理冷却循环水，从而起到防腐、阻垢、杀菌、灭藻的作用。[4]

（4）城市污水

城市污水主要包括污水、雨水（或称雨水径流）、入渗水（渗透到城市管网中的地下水）。城市污水主要来自家庭生活用水，此外还有一定比例的工业污水。城市污水的污染物主要包括泥沙、有害微生物，以及因工业活动而产生的各种有机物、无机物等。

城市污水的处理方案与工业污水相类似，但由于污染物浓度不高，处理难度相对较低。典型的流程包括沉砂、初次沉淀、曝气、二次沉淀、加氯、浓缩、污泥硝化和脱水等。[1]

（5）工业污水

工业污水的水质特性与城市或生活污水有很大差异，其来源主要分为以下4个方面。

① 生产污水：污染物在生产的过程中排放，并通过水与污染物气体、液体或固体的接触产生。

② 特种污水：包括酸洗或电镀污水、焦化厂的氨水、造纸厂的冷凝液、化学制品和农产品行业的储备水、有毒污水和高浓度污染物污水等。

③ 公共设施排水：包括洗涤污水、锅炉污水、污泥处理过程中产生的排水、冷却水等。

④ 临时排水：包括在生产过程中水的意外泄漏、清洗用等。

工业活动的目的各不相同导致工业污水的污染物成分也各不相同，并且几乎涵盖全部可能的污染物类型。按照可接受的处理方法的种类，污染物主要分为以下几种。[3]

① 可用带絮凝或不带絮凝的物理技术分离的不溶物质，包括漂浮物质如有机油类、油脂、焦油、脂肪烃物质、树脂等，以及悬浮固体如砂类、乳胶、纤维、颜料、胶态硫、过滤添加剂等。

② 可吸附分离的有机物，包括洗涤剂、酚类化合物、染料、硝化衍生物、氯化衍生物。

③ 可沉淀分离的物质，包括 Fe、Cu、Hg、Pb、Cr、Cd 等在一定的 pH 范围内可沉淀的金属及其硫化物，以及 PO_4^{3-}、SO_4^{2-}、F^-、SO_3^{2-} 等阴离子。

④ 可通过脱气或吹脱分离的物质，如 H_2S、NH_3、SO_2、CO_2、酚类、轻芳族烃以及氯衍生物。

⑤ 需要进行氧化还原反应的物质，包括氰化物、硫化物、六价铬、氯气以及亚硝酸盐。

⑥ 无机酸类和碱类，例如盐酸、硝酸、硫酸、氢氟酸、氢氧化钠等。

⑦ 可通过离子交换和反渗透进行浓缩的物质，包括 I^+、Mo^+、Cs^+ 等放射性核物质，利用强酸或强碱生产出的盐类，可电离或不可电离的有机化合物。

⑧ 可生物降解物质，例如糖类、蛋白质和酚类。

⑨ 可通过强氧化剂（O_3、$O_3 + H_2O_2$）氧化去除的物质，如农药、大分子化合物、多环芳烃、多氯联苯以及洗涤剂等有机化合物。

⑩ 色度，主要是由胶体（染料、硫化物）或溶解的有色物质引起的。

1.4 污水处理领域技术

目前，污水处理技术按照作用原理主要分为以下几类。

1.4.1 物理技术

物理技术主要是利用物理作用分离水中的非溶解性物质，在处理的过程中不改变物质本身的化学性质。常见的污水处理领域物理技术包括重力分离、离心分离、过滤、热处理、磁分离、传质等，如表 1-4-1 所示。

表 1-4-1 污水处理领域物理技术

处理方法		处理对象
重力分离	沉淀	可沉固体
	隔油	颗粒较大的油珠
	气浮	乳状油、相对密度近于1的悬浮物
离心分离	水力旋流器	相对密度比水大或小的悬浮物，如铁皮、沙、油类等
	离心机	乳状油、纤维、纸浆、晶体、泥沙等
过滤	格栅	粗大悬浮物
	筛选	较小悬浮物
	砂滤	细小悬浮物、乳状油
	布滤	$10 \sim 100 \mu m$ 细小悬浮物、浮渣、沉渣脱水
	微孔管	$1 \mu m$ 以下的极细小悬浮物
热处理	蒸发	高浓度酸、碱废液
	结晶	可结晶物质如硫酸亚铁、铁氰化钾等

处理方法		处理对象
磁分离		可磁化的物质
传质	蒸馏	溶解性挥发物质,如苯酚、氨等
	气提	挥发性溶解物质,如挥发酚、甲醛、苯胺等
	吹脱	溶解性气体,如 H_2S、CO_2 等
	萃取	溶解物质,如酚等
	物理吸附	溶解物质,如酚、汞等

1.4.2 化学技术

化学技术是利用化学反应来处理和回收水中的溶解物质或胶体物质的方法,其通常是通过加入化学试剂与污染物反应来实现的,多用于工业污水。常见的污水处理领域化学技术有混凝、中和、氧化还原、化学沉淀、化学吸附等,如表 1-4-2 所示。

表 1-4-2　污水处理领域化学技术

处理方法		处理对象
投药	混凝	胶体、乳状油
	中和	酸、碱
	氧化还原	溶解性有害离子如 Cr^{6+}、CN^-、S^{2-} 等
	化学沉淀	溶解性重金属离子如铅、汞、锌、铜等
传质	化学吸附	溶解物质如酚、汞等

1.4.3 物理化学技术

物理化学技术是运用物理和化学的综合作用以去除水中杂质的方法。常用的污水处理领域物理化学技术有离子交换、电化学、光催化等,如表 1-4-3 所示。适合处理杂质浓度很高的污水以回收原料,也适合于对杂质浓度很低的污水进行深度处理。

表 1-4-3　污水处理领域物理化学技术

处理方法		处理对象
离子交换		可离解物质如酸、碱、盐类等
电化学	电解	有机物、金属离子等能被氧化还原的污染物
	电絮凝	胶态杂质及悬浮杂质等易被吸附的污染物
	微电解	有机污染物、具有氧化性质的成分
	电芬顿	难降解有机污染物

处理方法		处理对象
电化学	光电催化	难降解有机污染物
	电渗析	金属离子、放射元素、碱性/有机酸、含油或含盐污水、电镀污水
	电吸附	阴、阳离子
	生物电化学	有机物污染物
光催化		有机物污染物

1.4.4 膜技术

膜分离技术本质上属于过滤技术的一种，但其是在分子水平上实现的过滤，即实现了分子级过滤，其主要通过膜材料的孔径筛分作用达到分离、净化和处理的目的，包括微滤（MF）、纳滤（NF）、超滤（UF）、反渗透（RO）等技术，如表1-4-4所示。

表1-4-4 污水处理领域膜技术

处理方法		处理对象
膜技术	生物膜	溶解性有害物质，如 Cr^{6+}、CN^-、S^{2-} 等
过滤膜	超滤膜	膜过滤口径10nm，截留相对分子质量较大的有机物，例如大分子化合物（蛋白质、核酸聚合物、酶、淀粉等）、胶体分散液、乳液等
	微滤膜	膜过滤口径 $0.1\mu m$，截留 $0.1\sim 1\mu m$ 之间的颗粒，如悬浮物、细菌、部分病毒及大尺度的胶体
脱盐膜	反渗透膜	膜过滤口径 0.1nm，只允许溶剂通过，不允许溶质通过，主要用于脱盐
	纳滤膜	膜过滤口径1nm，截留相对分子质量较小的物质，如无机盐或葡糖糖、蔗糖等小分子有机物
渗透膜	气体分离膜	结构致密的膜，气体混合物中的特定组分在压力梯度下被去除或浓缩
	脱气膜	在压力梯度的作用下，水中的溶解氧透过膜进入产气室，例如疏水微孔膜
	渗透汽化膜	有着致密皮层结构的合成膜，例如用于乙醇脱水、去除饮用水中的三卤甲烷
	膜蒸馏	在微孔膜的下游侧产生局部真空状态，例如用于在焚烧或结晶前浓缩工业污水
渗析膜	加压渗析膜	利用压力使溶质迁移通过渗析膜
	简单渗析膜	利用浓度梯度使溶质迁移通过渗析膜

1.4.5　生物技术

生物技术是利用微生物的新陈代谢功能，将污水中呈溶解或胶体状态的有机物分解氧化为稳定的无机物质，使污水得到净化。通常包括好氧处理技术、厌氧处理技术、好氧和厌氧联用处理技术以及自然净化技术，如表1-4-5所示。

表1-4-5　污水处理领域生物技术

处理技术		处理对象
好氧处理	好氧微生物	溶解性重金属离子，如铅、汞、锌、铜等
厌氧处理	厌氧微生物	高浓度有机物制药废水
好氧和厌氧联用处理	好氧/厌氧微生物	氮、磷等有机物脱除
自然净化	氧化塘	胶体、乳状油
	土地处理	酸、碱

本书聚焦于污水处理领域物理化学技术、膜技术、生物技术和化学技术的专利技术分析。

参考文献

[1]　陈春光. 城市给水排水工程［M］. 成都：西南交通大学出版社，2017.

[2]　王心如. 毒理学［M］. 北京：中国协和医科大学出版社，2019.

[3]　苏伊士水务工程有限责任公司. 得利满水处理手册［M］. 北京：化学工业出版社，2021.

[4]　张招贤，蔡天晓. 钛电极反应工程学［M］. 北京：冶金工业出版社，2009.

第2章　水处理领域专利状况总体分析

为了了解水处理领域专利申请总体状况，本部分从相关的专利申请发展趋势、国家/地区分布、研究热点等方面入手进行分析，以厘清该领域专利态势、技术研发热点、重点地区专利布局等情况。水处理领域专利数据是通过 Himmpat 系统分析获得的，数据检索截止时间为 2021 年 2 月。需要说明的是，统计数据仅包括已公开的专利，因此 2019～2021 年申请的部分专利由于未公开而未被统计在内。

2.1　水处理领域总体专利申请状况

2.1.1　全球专利申请状况

水处理领域专利申请量趋势如图 2－1－1 所示，专利申请量在 1972～1990 年常年维持在 3000～5000 项/年的水平，1991～2007 年经过短期稳步增长后，2008 年开始迅猛增长，并于 2019 年达到顶峰。这主要是由于一方面，全球水处理需求不断增加，加之相关配套政策的推动作用，水处理产业在近几十年得到快速发展；另一方面，以膜处理技术为代表的先进水处理技术的发展进一步促进了水处理产业发展，同时也使得水处理技术及其应用研究受到更广泛的关注。

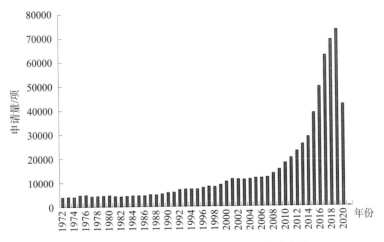

图 2－1－1　全球水处理领域专利申请量趋势

如图 2－1－2，通过对专利申请来源国家/地区统计分析能够看出，水处理相关专利技术主要来源国家/地区集中于中国、韩国、美国、德国、日本、俄罗斯和法国等。

其中值得关注的是，来自中国的专利申请量占比接近3/4，位列第一，能够看出中国在水处理技术开发和改进方面具有较大的优势地位。

图2-1-3中显示了专利布局目标国家/地区分布情况，全球水处理领域专利申请主要集中于中国、日本、美国、韩国和欧洲等国家/地区。其中，中国以超过1/3的占比成为首要专利布局目标地，侧面显示了中国具有巨大的污水处理市场需求，吸引了全球相关专利技术在此进行布局。

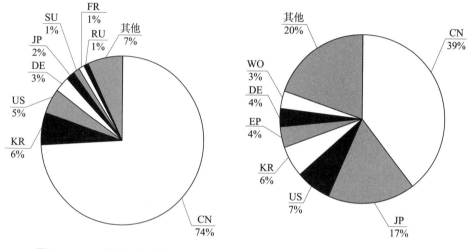

图2-1-2　全球水处理领域专利来源国家/地区分布　　图2-1-3　全球水处理领域专利目标国家/地区分布

为了分析水处理专利技术主题分布情况，对全球专利IPC分类号进行统计分析，结果如图2-1-4所示。水处理专利技术以物理技术和化学技术（C02F 1、B01J 20、B01F 3、B01D 21）居多。同时，由于水处理过程的复杂性，一般仅凭单一一种方式难

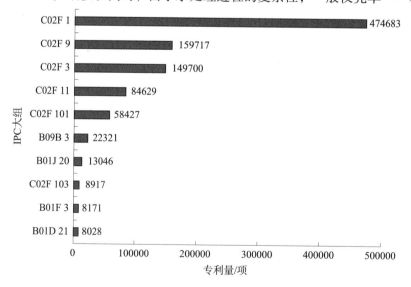

图2-1-4　全球水处理领域专利IPC大组分类号分布

以实现最终处理效果，多种处理方式联用（C02F 9）同样也是重要的专利技术主题之一。由于生物处理技术（C02F 3）具有处理成本和维护成本的优势，同样属于重要的专利技术主题。另外，水处理过程往往还伴随固体废物（B09B 3）、污泥（C02F 11）等废弃物的处理。此外，水处理专利中往往还包括污水形式和种类（C02F 101、C02F 103）的信息。

2.1.2　中国专利申请状况

图 2-1-5 显示了水处理领域中国专利申请量趋势。专利申请量 1985～1998 年一直处于较低水平，1999～2008 年经过近十年稳步增长后，在 2009 年后迎来快速增长期，2019 年专利申请量达到最大峰值——6.7 万项以上。这种态势一方面得益于国家出台的一系列环保政策以及可持续发展战略对污水处理行业的整体推动、政府大力鼓励发展污水处理相关技术研发的促进，以及国内污水处理需求的不断增长；另一方面也在于国家增强知识产权的推广和保护，同样促进了污水处理领域的专利申请量的迅速增长。

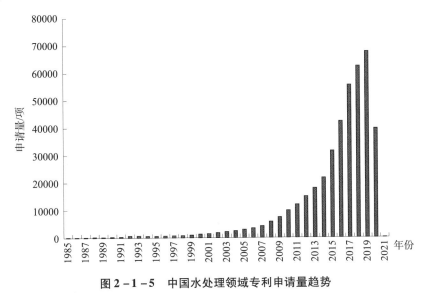

图 2-1-5　中国水处理领域专利申请量趋势

图 2-1-6 显示了中国水处理领域专利来源国家/地区分布情况。绝大多数来自中国本国申请，占比为 96.62%。而国外申请，主要来自日本、美国、韩国、德国、法国和荷兰。整体态势显示，水处理领域中国专利布局以本国布局为主导，受国外专利壁垒影响相对较小。

统计中国水处理领域主要专利申请人，结果如图 2-1-7 所示。申请量前十名的申请人均为中国申请人，其中高校占据 8 席，包括同济大学、浙江大学、常州大学、河海大学、哈尔滨工业大学、南京大学、华南理工大学和北京工业大学。此外前十名申请人中还有中国石油化工股份有限公司和美的两家企业。目前，中国水处理领域创新主体更多集中于高校，而企业相对较少。

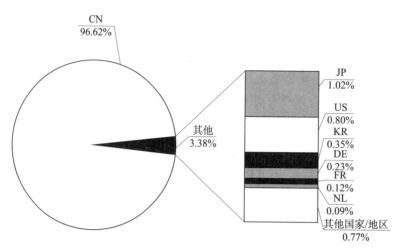

图2-1-6 中国水处理领域专利来源国家/地区分布

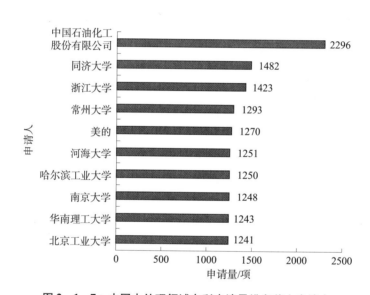

图2-1-7 中国水处理领域专利申请量排名前十申请人

　　水处理领域专利一般涉及处理设备、方法、处理试剂等方面，因此其专利类型除发明外，常会包括针对设备的实用新型。如图2-1-8所示，中国水处理领域专利类型中发明和实用新型占比均接近半数，PCT发明和PCT实用新型仅占2.09%。

　　对中国水处理领域专利申请法律状态进行统计，结果如图2-1-9所示，有效专利占比接近半数——45%，尚有21%的专利申请案件未审结，同时失效案件仅占约三成，显示中国水处理领域专利绝大多数能够发挥知识产权保护的作用。

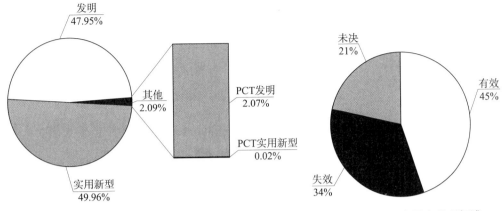

图 2 - 1 - 8　中国水处理领域专利类型分布

图 2 - 1 - 9　中国水处理领域
专利法律状态分布

2.2　污水处理领域专利申请状况

2.2.1　全球专利申请状况

　　全球污水处理领域专利申请量趋势如图 2 - 2 - 1 所示。可以看出，污水处理的专利申请趋势可大致分成如下几个阶段：1972～1989 年的专利申请量维持在较低水平，属于技术萌芽期；1990～2007 年的专利申请量出现缓慢增长，并在 2000 年和 2001 年出现两个明显的增长点，属于技术成长期；2008 年之后属于技术成熟期，在该阶段由于污水处理需求的不断增加，污水处理技术得到迅速的发展，越来越多的申请人聚焦于污水处理技术的改进，从而促进技术的发展。

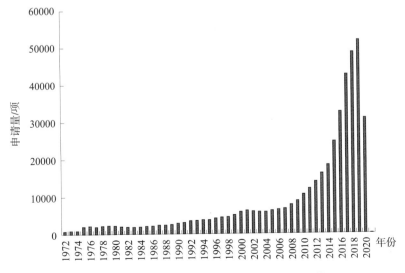

图 2 - 2 - 1　全球污水处理领域专利申请量趋势

通过进一步对专利技术的来源国家/地区进行分析，可以获得如图2-2-2所示的全球污水处理领域专利来源国家/地区分布情况。可以看出，中国在整体排名中居首位，以78%的占比表现出绝对的优势，是污水处理领域重要的专利技术来源国。韩国和美国属于第二梯队，分别占据5%和4%的比例。德国、日本、法国、俄罗斯等属于第三梯队，分别占据1%～2%的比例。从地区分布情况来看，以中国、韩国、日本为代表的亚洲国家在该领域占比较高，因此亚洲地区是主要的技术来源地区。

通过对专利技术的目标国家/地区进行分析，可以获得全球污水处理技术的市场前景分布情况，如图2-2-3所示。可以看出，中国以51%的比例占据优势地位，是污水处理领域主要目标市场。日本属于目标市场的第二梯队，占据13%的比例，同样显示出一定的市场优势。韩国、美国、欧洲、WO、德国属于第三梯队，分别占据2%～6%的比例。同样地，从地区分布情况来看，中国、韩国、日本位列分布情况的前三位，占比之和达到70%，显示出亚洲地区是主要的目标市场地区。

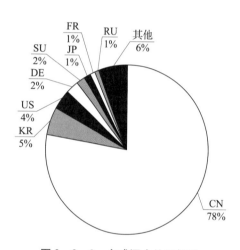

图2-2-2 全球污水处理领域
专利来源国家/地区分布

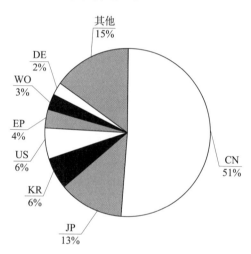

图2-2-3 全球污水处理领域
专利目标国家/地区分布

通过对污水处理领域的专利中涵盖的IPC大组分类号进行提取，结合各分类号所表示的具体含义，可以获得主要技术的分布情况，如图2-2-4所示。C02F 1是污水处理的分类号，该分类号涵盖常见的物理技术、化学技术、物理化学技术的污水处理技术，从图中可以看出这些技术在专利申请中占据了相当大的比重，说明上述方法所代表的技术是污水处理领域中广泛采用的技术。C02F 9涉及污水处理的多级处理，由于污水成分复杂，单一的处理技术很难一次性排除多种污染物成分，因此各种处理方法的联合使用是该领域中的常见策略，从专利申请量占比来看，其同样占据较大的比重。与C02F 9数据规模相近的是代表生物技术的污水处理技术C02F 3，随着生物技术的发展和膜技术的成熟，以膜生物反应器为代表的交叉技术获得越来越多的关注，因而与之相应的生物技术也成为重要的发展方向。

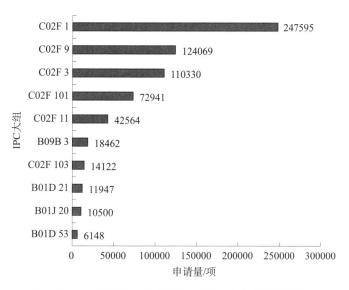

图 2 - 2 - 4　全球污水处理领域专利 IPC 大组分类号分布

　　除上述分类号之外，C02F 101 和 C02F 103 是按照污染物性质划分的引得码，从中难以获得与技术相关的信息。C02F 11 涉及污泥的处理及其装置，很多涉及活性污泥技术的专利分布于此，属于较为重要的污水处理技术。B09B 3 涉及固体废物的破坏或无害化处理，属于污水处理的下游技术。B01D 21 涉及用沉积法将悬浮固体微粒从液体中分离，B01D 53 涉及气体或蒸气的分离、废气的化学或生物净化，两者均侧重于通过物理分离的方法去除污水中的固体或气体污染物。B01J 20 涉及固体吸附剂组合物或过滤助剂组合物，一般涉及通过物理吸附法处理污水的技术。从图中可以看出，上述 B09B 3、B01D 21、B01D 53、B01J 20 所代表的技术占比不大，属于次要专利技术。

　　从上文可知，IPC 分类号涵盖丰富的技术信息，从中可以获知主要技术的分布情况。通过对 IPC 分类号进行归类，结合关键词信息，可以获得全球污水处理领域专利主题分布情况，如图 2 - 2 - 5 所示。

　　可以看出，生物技术是污水处理领域的主要技术，占比 20%。主要原因在于生物技术是一种成本相对低廉的处理方法，技术难度相对较低，因此能够占据较大的比例。之后的是膜技术和化学技术，分别占比 18% 和 17%。其中，膜技术是一种交叉技术，因其能够显著提高污染物去除水平，从而在市场中得到越来越多的关注，

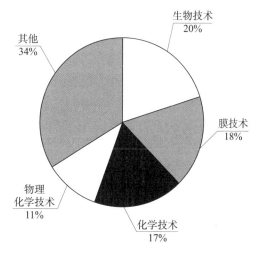

图 2 - 2 - 5　全球污水处理领域专利主题分布

属于近几年的重点发展方向。而作为传统

处理方法的化学技术同样具有较大的统计基数。物理化学技术以 11% 的比例排名在后。虽然物理化学技术能够达到与膜技术相类似的处理水平，但总体而言污水处理的成本相对较高，因而在市场中的应用并不广泛。除上述四种主要技术外，以物理技术为代表的其他污水处理技术同样占据较高的比例，占 34%。由于该技术不属于本文关注的重点，未对物理技术进行分布数据的提取。

　　除了全球污水处理技术的态势分析，由于中国是图 2-2-2 和图 2-2-3 所示的主要技术来源国和目标市场国，中国的污水处理技术发展态势同样重要。

2.2.2　中国专利申请状况

　　图 2-2-6 显示出中国污水处理领域的专利申请量趋势情况，可以看出：2002 年之前的专利申请量维持在较低水平，该阶段属于技术的引入时期；2003～2019 年，专利申请量保持逐年高速增长的态势，尤其 2015～2017 年的年增长量更为惊人，因此该阶段属于污水处理技术的快速发展时期。虽然中国的专利技术起步较晚，但发展速度惊人，在短时间内就形成规模化发展，因而跃至来源国家/地区和目标国家/地区排名中的第一位。对于污水处理的总趋势而言，随着污染物排放标准的日趋提高和人们对环境问题的更多重视，污水处理的专利申请量在近几年仍保持快速增长的态势，并且能够预期未来的专利申请量仍然会保持继续增长的态势。

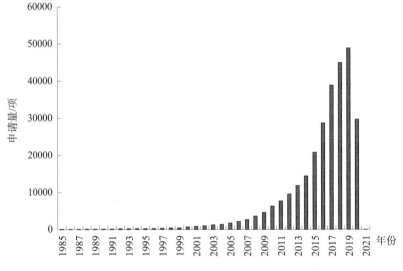

图 2-2-6　中国污水处理领域专利申请量趋势

　　通过对中国专利的申请人信息进行提取，可以获得中国污水处理领域专利来源国家/地区的分布情况，如图 2-2-7 所示。可以看出，绝大多数的专利申请由本国申请人完成，占据 97.66% 的比例。由此也反映出中国的专利申请人倾向于进行专利技术的本土布局。对于由国外申请人提出的专利申请，主要布局国家是日本和美国，分别占据 0.67% 和 0.53% 的比例，说明其更加重视中国的污水处理市场；排名在后的分别是韩国、德国、法国、加拿大等国家，其同样在中国专利申请中占据一定的比重。

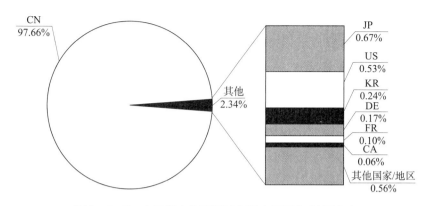

图 2 - 2 - 7　中国污水处理领域专利来源国家/地区分布

通过进一步分析中国污水处理领域的主要申请人情况，排名前十申请人如图 2 - 2 - 8 所示。可以看出，除排名第一的中国石油化工股份有限公司之外，排名在第二至第十位的申请人均是中国的高校。其中，中国石油化工股份有限公司的专利申请主要集中在含油污水的处理上，属于企业自身的客观需求。而排名在后的高校申请人均贡献了大量研发技术，表明污水处理技术的主要研发力量在于高校。从整体上来看，企业在申请量排名前十位中占据的席位相对较少，从侧面也反映出中国的专利技术可能存在产、学、研结合不足的问题，高校的研发向生产上的转化是迫切需要解决的问题。

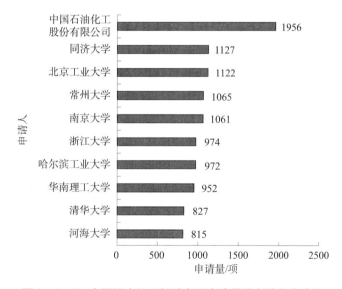

图 2 - 2 - 8　中国污水处理领域专利申请量排名前十申请人

发明和实用新型的占比情况也能在一定程度上反映出该领域的技术发展水平。通过对中国污水处理领域的专利类型分布情况进行分析，可以获得如图 2 - 2 - 9 所示的分布情况。可以看出，发明以 51.93% 的比例占据首位，是专利申请的主要类型，比实用新型多出约 5%。这一结果表明，以污水处理方法为特征的专利申请构成了中国污水处理专利的主要方面，而以装置结构为特征的专利申请同样占据重要的地位。对于其他专利类型,主要包括以 PCT 为途径进入中国的专利申请,其中 PCT 发明占据绝大部分,PCT 实用新型的比例微乎其微。这也显示出国外主要申请人也较为重视采用 PCT 发明途径进入中国进行专利布局。

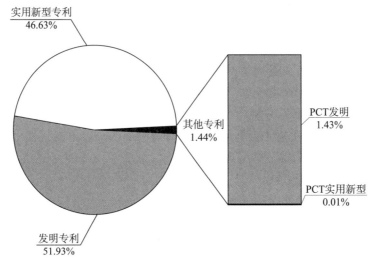

图 2 - 2 - 9　中国污水处理领域专利类型分布

通过对专利申请的法律状态进行统计分析,可以看出该领域的申请质量和专利技术的重要程度。图 2 - 2 - 10 显示了中国污水处理领域的专利法律状态分布情况。可以看出,目前维持有效的专利申请占据了最多的比例,为 45%。而驳回或未续费而导致的专利失效占比 31%。这一数据对比表明,污水处理技术的专利申请从整体上表现出较好的申请质量,而且维持有效的比例较高也说明这些技术具备较好的市场应用前景,因此专利申请总体表现出良性发展的态势。未决专利占比 24%,

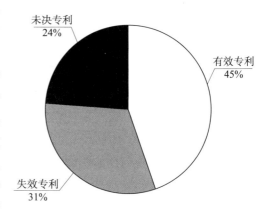

图 2 - 2 - 10　中国污水处理领域专利法律状态分布

说明近期仍有较大比例的专利申请提出,从整体上表现出可持续发展的态势。

2.3　本章小结

通过对水处理领域专利申请分析可知,水处理领域全球专利和中国专利申请量均在近十几年快速增长,一方面在于水处理需求的增加,相关政策推动产业技术的快速发展;另一方面也在于中国知识产权保护意识的不断增强。从技术来源和目标国家/地区分析可知,水处理相关专利技术主要来源国家/地区集中于中国、韩国、美国、德国、日本、俄罗斯和法国等国家，而中国是全球专利申请的主要目标国家。中国专利中，本国专利申请量占据绝对优势。通过对中国专利申请人的统计分析可以发现，目前中国水处理领域创新主体更多集中于高校，而企业相对较少。从技术主题分析，全球污水处理专利技术主题主要涉及物理技术、化学技术和生物技术。从专利类型分析可知，中国水处理领域专利中发明和实用新型均接近半数。通过中国专利法律分析可知，接近半数的专利处于有效状态，能够发挥知识产权保护作用。

通过对污水处理领域的专利申请态势进行分析和研究，可以得出以下结论。

① 从整体申请趋势上可以看出，受到日趋增多的污水处理需求的影响，2008 年之后污水处理技术得到迅速的发展，表现出高速发展的态势。

② 从专利来源国家/地区和目标市场国家/地区的分布可以看出，中国是污水处理领域重要的专利技术来源国和目标市场国。此外，韩国和美国也是主要的技术来源国。而日本属于该领域重要的目标市场国，显示出一定的市场优势。从地区分布情况来看，亚洲地区是主要的技术来源地区和目标市场地区。

③ 通过对污水处理领域专利涵盖的 IPC 大组分类号进行提取，可以看出，以物理技术、化学技术、物理化学技术、生物技术为代表的常见污水处理技术占据相当大的比重，是污水处理领域中广泛采用的技术。通过结合关键词进一步对技术主题进行拆分可以看出，除物理技术之外，生物技术是污水处理领域的主要技术，在它之后的是膜技术和化学技术。相对而言，物理化学技术由于处理成本较高，未能成为污水处理的主流技术。

④ 通过对中国污水处理技术发展态势进行分析和研究可以看出，该领域的专利增长态势明显，主要专利来自本国申请人的本土布局。通过申请人排名信息可以获知，该领域的专利技术可能存在产学研结合不足的问题，高校的研发向生产上的转化是迫切需要解决的问题。通过进一步对专利类型和法律状态进行分析可以看出，污水的处理方法和装置结构具有同等重要的地位，专利法律状态的分析显示该领域的专利申请从整体上表现出较好的申请质量和可持续的发展态势。

第3章 物理化学污水处理技术专利状况总体分析

去除污水中污染物质的方法中以物理作用（机械力或物理能）为主的方法称为物理技术，如格栅、粉碎、混合、沉淀、过滤等；通过投加化学药剂，或通过化学反应使污水发生变化以达到去除污染物目的的方法称为化学技术；物理化学技术是物理技术和化学技术的交叉技术，包括利用电子转移促使反应发生的电化学技术、光催化技术，以及通过离子之间的电荷转移实现污染物离子去除的离子交换技术等。

（1）电解技术[1]

电解过程分为电化学氧化和电化学还原；其中电化学氧化特指阳极过程，是指在电解槽中放入有机物的溶液或悬浮液，通过电流在阳极上夺取电子，使有机物氧化，或先使低价金属氧化为高价金属离子，然后利用高价金属离子再使有机物氧化的方法。电化学还原即阴极过程，是指在合适的外加电压下，污染物在阴极表面发生还原反应而得以去除的方法，主要用于卤代烃的还原脱卤和重金属的回收等。

（2）电絮凝技术[2]

电絮凝是利用电的解离作用，在化学凝聚剂的协助下，除去污水中的污染物或把有毒物转化为无毒物的方法。其反应原理是以铝、铁等金属为可溶性阳极，在电流作用下，阳极被溶蚀，产生 Al^{3+}、Fe^{3+} 等离子，再经一系列水解、聚合等过程，发展成为各种羟基络合物、多核羟基络合物以及氢氧化物，使污水中的胶态杂质、悬浮杂质凝聚沉淀而分离。污水进行电絮凝处理时，不仅对胶态杂质及悬浮杂质有凝聚沉淀作用，而且由于阳极的氧化作用和阴极的还原作用，也能去除水中具有电化学活性的其他污染物成分。

（3）微电解技术[3-4]

微电解技术原理比较简单，是利用金属腐蚀原理，形成原电池对污水进行处理的工艺。该法使用废铁屑为原料，无须消耗电力资源，具有"以废治废"的意义。具体来讲，微电解法的内电解柱内往往使用废铁屑和活性炭等材料作为填充物，通过化学反应产生有较强还原性的 Fe^{2+} 离子，能够将污水中某些具有氧化性质的成分还原；另外，可以利用 $Fe(OH)_2$ 絮凝性汇集污染物成分；活性炭具有吸附作用，可吸附有机物及微生物。因此，微电解法通过铁－碳构成原电池产生微弱电流，其最大的优点在于不消耗能源，而且能够将污水中的多种污染成分和色度去除，一般作为其他水处理技术的预处理法或者补充方法与其结合使用，同时能提高难降解物的可处理性和可生化性。微电解法也有缺点，其最大的缺点是反应速度比较慢，反应器易阻塞，处理高浓度污水比较困难。

（4）电芬顿技术[5]

电芬顿技术是基于芬顿催化氧化技术原理开发的一种高级氧化技术。芬顿试剂法是法国科学家芬顿（Fenton）在 1894 年发明的，芬顿试剂反应的实质是 H_2O_2 在 Fe^{2+} 的催化作用下生成羟基自由基（·OH）。电芬顿技术的研究始于 20 世纪 80 年代，其是为了克服传统芬顿法的缺点，提高水处理效果而发展起来的电化学高级氧化技术，是利用电化学方法持续产生 Fe^{2+} 和 H_2O_2，两者发生芬顿反应生成具有高活性的羟基自由基。羟基自由基具有对有机物无选择性的强氧化能力，从而完成对污水的催化降解，其实质就是在电解过程中直接生产芬顿试剂。与传统芬顿法相比，电芬顿法可持续产生芬顿试剂，保证氧化反应的循环进行，避免原料运输和存储风险，提供更安全的操作环境。该方法利用洁净的电能，不存在二次污染，也不需要特殊设备，因而可以降低处理成本，易于实现自动化。

（5）电渗析技术[6-7]

电渗析技术是在直流电场作用下，利用半透膜的选择透过性，溶液中带电的溶质粒子（如离子）透过膜定向迁移并从水溶液和其他不带电组分中分离出来，从而实现对溶液的浓缩、淡化、精制和提纯的目的。常见的电渗析技术有填充床电渗析、倒极电渗析、液膜电渗析、高温电渗析、双极性膜电渗析、无极水电渗析技术等。该技术是一种利用电位差来驱动溶液中离子分离的膜分离技术，其主要部件为离子交换膜。该法既能回收利用水和其他有用资源，又能减少污染物的排放。

（6）电吸附技术[1][8]

电吸附技术是 20 世纪六七十年代开始理论研究、90 年代末开始逐级应用的一项水处理技术，它是基于双电层理论与吸附分离的电化学污水处理技术，也称为电容去离子技术。其原理为在电极上施加电压，水中的阴、阳离子受电场力的作用向带有与自身相反电荷的电极定向迁移，在双电层区域被电极吸附并从水溶液中分离；随后在开路或施加相反电压的条件下，被吸附的离子得到释放，达到脱附的目的，并使电极获得再生。由于该技术无须添加额外的氧化剂等物质，所需电流仅用于给电极溶液界面的双电层充电，因此，电吸附是一种低电耗、低成本的污水处理技术。

（7）生物电化学技术[9]

生物电化学技术是利用生物催化剂（如生物酶、活生物体等）来催化电极表面上的氧化（阳极）或还原（阴极）反应的处理技术，该方法通过促进物质化学能与电能之间的转化实现污染物的去除及能量/资源的回收利用。

（8）光催化技术[10-11]

光催化技术是通过氧化剂在光的激发作用和某些带有能带结构的半导体光催化剂的催化作用下产生强氧化能力的羟基自由基的处理技术，利用氧化作用分解污染物。目前研究的光催化材料种类繁多，根据可利用吸收光的波长区间分为两大类，即对紫外光响应分子和对可见光响应分子，如 TiO_2、铋系化合物、MOFs、二氧化铈、石墨相碳化氮等。

（9）光电催化技术[12]

光电催化技术是在光催化的基础上发展起来的，其可以看作光催化和电催化反应的结合，是光照下在具有不同类型（例如电子和离子）电导的两个导电体的界面上进行的一种催化过程。该方法属于一种深度氧化技术，主要是通过固定化技术把半导体光催化剂负载在导电基体上制成工作电极，同时在工作电极上施加偏电压，从而在电极内部形成一个电势梯度，促使电极光激发产生的光电子和空穴向相反的方向移动，抑制它们的复合并加速分离，因而能够提高污染物分解的效率。该技术在降解有机物的能力上与普通光催化技术相比具有明显的优势。

（10）离子交换技术[13]

离子交换技术是指固着在离子交换剂上的正、负离子能和周围溶液中有相同电荷的离子进行交换，但没有外在物理形态或可溶性的改变，其可以改变被处理溶液中的离子成分而不改变溶液中的电荷总数。该技术具有交换容量高、能耗低、可再生效率高、操作过程简单、环境友好、能同时实现水质净化和资源原位回收等优点。

3.1　物理化学污水处理技术总态势

本节从涉及物理化学污水处理技术的全球专利申请总体发展趋势对全球专利申请状况进行分析，其中，所有数据均以目前已公开的专利文献量为基础统计得到，不区分授权与驳回。

图 3 - 1 - 1 显示了物理化学污水处理技术专利申请总体态势，总体表现为：1990年以前专利申请量维持在较低水平，属于电化学污水处理技术的引入阶段，未形成规模效应，属于技术发展的萌芽期；1990 ～ 1998 年呈现小幅度稳定增长，说明该技术得以被具有前瞻性的研究机构与企业逐步重视，其原创专利申请量也随之呈现整体上升的趋势，基本进入一个良性稳定发展阶段，属于技术发展的成长期；1999 ～ 2005 年之间由于污水处理越来越受到业界重视以及相关标准日益提高，该领域的专利申请量也随之呈现出明显快速的增长，总申请量也更进一步增长，该阶段同样属于技术发展的成长期；2006 年之后，专利申请量呈现高速增长的态势，属于技术发展的成熟期。

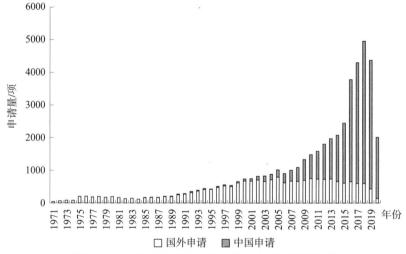

图 3 - 1 - 1　物理化学污水处理技术专利申请量趋势

对图 3 - 1 - 1 进行进一步分析可以看出：一方面，国外申请量自 1999 年后趋于稳定，说明物理化学污水处理技术在该时期已占据一定的比例；2005 年之后呈现小幅下降，但仍保持在一定水平，说明在该阶段可能产生其他替代技术，但物理化学污水处理技术并未退出市场，仍然在污水处理技术中占据一定比例。另一方面，中国申请量在 2005 年之后呈现稳定增长，预示着该技术在中国的应用受到越来越多的重视，而 2016 年之后呈现高速增长的态势，说明该阶段属于技术的快速发展阶段。

从专利申请量的趋势来看，物理化学污水处理技术虽然在国外申请量上表现出波动的趋势，但在中国的专利申请量仍然呈现出高速发展的态势。

通过对物理化学污水处理技术进行二级分支的拆分，从图 3 - 1 - 2 中可以看出，电化学技术占据 54% 的比例，共 2.56 万项。可见电化学技术是物理化学技术中重要的二级分支。

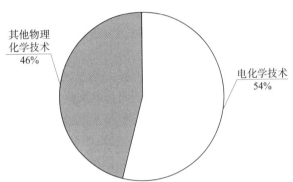

图 3 - 1 - 2　物理化学污水处理技术专利申请主题分布

进一步对电化学污水处理技术的发展趋势进行申请量分析可以看出，该分支的申请量趋势与物理化学技术基本保持一致，如图 3 - 1 - 3 所示。

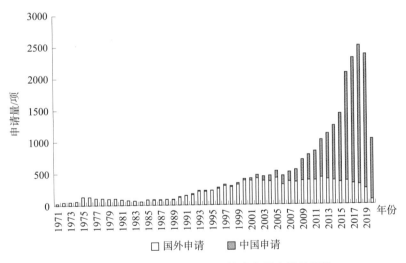

图 3 - 1 - 3　电化学污水处理技术专利申请量趋势

总体表现为：1990 年以前属于技术发展的萌芽期，1990～1998 年属于技术发展的成长期；1999～2005 年同样属于技术发展的成长期；2006 年之后，专利申请量呈现高速增长的态势，属于技术发展的成熟期。与物理化学污水处理技术的趋势相类似，在近十年的发展趋势中，虽然国外电化学污水处理技术申请量有小幅度波动，但申请量仍保持高速发展的态势。

图 3-1-4 显示电化学污水处理技术来源国家/地区的分布情况，其反映了全球电化学污水处理技术原创专利申请量排名前五的国家/地区的原创专利申请量情况。原创专利申请的数量以"项"为单位进行统计，排名依次为中国、日本、韩国、美国、俄罗斯。这些国家/地区的原创专利申请量占全球申请量的 80% 以上。其中，中国以14192 项原创专利申请排名第一，其总量超过日本（第二）和美国（第三）之和，虽然中国在电化学污水处理的研究起步较晚，但发展势头很强，现今在该领域的专利申请量已处于绝对的领先地位，这也为中国未来大力推广电化学污水处理的应用提供了技术基础。

图 3-1-5 为电化学污水处理技术专利目标国家/地区申请量分布情况，原创专利申请的数量以"件"为单位进行统计，排名前六依次为中国、日本、韩国、美国、WO、欧洲等，向这些国家/地区提交的申请专利量占到全球范围内提交的专利申请总量的 77%。其中，中国以 42% 的申请量占比位列第一，排名第二的日本申请量占比与中国相比相差较多。总体而言，亚洲是世界第一大目标市场，是电化学污水处理技术领域的重点布局区。相对而言，欧美国家自身布局意识较强，国内竞争者不容易进入其市场，因而市场吸引力小于其创新实力。

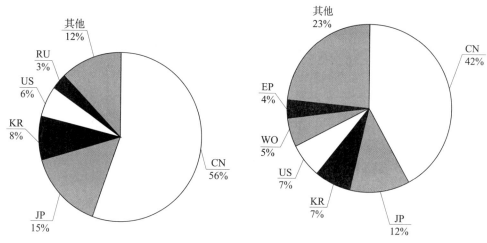

图 3-1-4 电化学污水处理技术
专利来源国家/地区分布

图 3-1-5 电化学污水处理技术
专利目标国家/地区申请量分布

表 3-1-1 可以较为直观地看出电化学污水处理技术专利主要来源国家/地区的布局情况。在前五名申请来源国家中，中国、日本、韩国均有超过半数专利是在本土布局，而美国和欧洲在本土布局和国外布局上表现均衡，有近半数的原创专利产出流向世界各国家/地区，属于典型的技术输出国家/地区。

表 3-1-1 电化学污水处理技术专利主要来源国家/地区主要布局情况　　单位：项

来源国家/地区	目标国家/地区					
	CN	EP	JP	KR	US	WO
CN	14136	31	27	12	92	59
EP	38	100	26	13	51	79
JP	308	196	3656	257	393	326
KR	104	50	56	2077	114	167
US	239	333	235	125	1226	614

图 3-1-6 显示了电化学污水处理技术全球主要专利申请人申请量分布情况，申请量均以"项"为单位进行统计。可以看出，该领域全球主要申请人集中在日本和中国，其中，日本申请人（栗田工业、三洋电机、松下、日立、欧加农、三菱）占据 6 席，足见日本在该领域已具有极强的整体优势，而且其主要为企业，这表明国外企业能够更为直接地根据技术发展需要进行专利保护。中国申请人占据 5 席（中国石油化工股份有限公司、南京大学、中国科学院生态环境研究中心、浙江大学、同济大学），主要集中在各大高校及科研院所，反映出我国电化学污水处理技术的市场化和工业化的程度还不高。

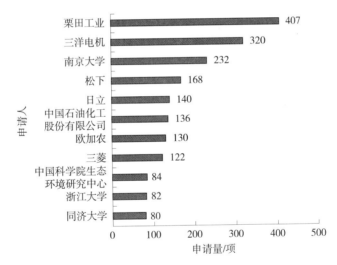

图 3-1-6 电化学污水处理技术主要专利申请人

图 3-1-7 为电化学污水处理技术的具体技术主题分布，国内外专利申请主要涉及电解技术、电渗析技术、生物电化学技术、电絮凝技术及电吸附技术，其中电解技术占 50.02%，电渗析技术占 14.49%，生物电化学技术占比 13.92%。这表明电化学污水处理技术的专利申请重点集中在这三方面，三者申请量之和占该领域全部申请量的近 79%。可见，电解技术、电渗析技术、生物电化学技术是电化学污水处理技术的研究热点。其余技术主题按申请量高低排列依次是电絮凝技术、电吸附技术、电芬顿技术、光电催化技术和微电解技术。

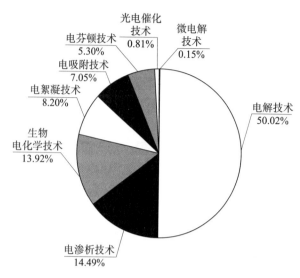

图 3-1-7 电化学污水处理技术专利主题分布

对于电化学污水处理技术之外的其他物理化学污水处理技术，主要包括光催化技术、常规离子交换技术等。进一步对其他物理化学污水处理技术的专利申请量趋势进行分析，如图 3-1-8 所示。可以看出，该分支的申请量趋势与电化学技术十分接近。

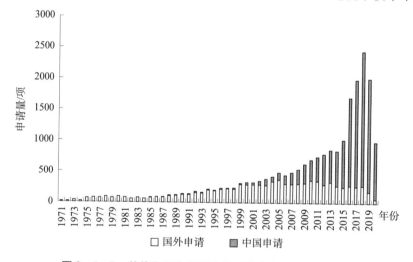

图 3-1-8 其他物理化学污水处理技术专利申请量趋势

总体表现为：1990 年以前属于技术发展的萌芽期，1990~1998 年属于技术发展的成长期；1999~2005 年同样属于技术发展的成长期；2006 年之后，专利申请量呈现高速增长的态势，属于技术发展的成熟期。与电化学污水处理技术的趋势相类似，在近十年的发展趋势中，虽然其他物理化学污水处理技术国外申请量有小幅度波动，但申请量仍保持高速发展的态势，并且从 2013~2018 年的国外申请量趋势可以看出，其他物理化学污水处理技术的专利申请量较为平稳，并未像电化学污水处理技术那样出现小幅下降。此外，该技术的申请量与电化学污水处理技术的不同之处还在于 2014 年的中国申请量也出现小幅度回落,但 2015 年恢复了快速增长的态势。

图 3-1-9 为其他物理化学污水处理技术来源国家/地区分布情况,其反映了全球范围内该技术原创专利申请量排名前五的国家/地区的原创专利申请量情况。排名依次为中国、日本、美国、韩国、德国。这些国家/地区的原创专利申请量占到全球申请量的 90%。其中,中国的专利申请排名仍然保持第一的位置。

图 3-1-10 为其他物理化学污水处理技术目标国家/地区申请量分布情况,基本趋势与电化学污水处理技术相类似,排名前六的国家、地区以及区域性组织依次为中国、日本、美国、WO、韩国、欧洲等,向这些国家/地区提交的申请专利量占到全球范围内提交的专利申请总量的 75%。其中,中国以 41% 的申请量占比位列第一,排名第二的日本申请量占比与中国相比相差较多,总体而言,亚洲仍然是世界第一大目标市场,占比过半。

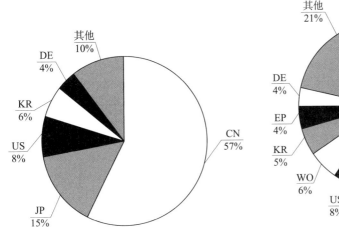

图 3-1-9 其他物理化学污水处理
技术专利来源国家/地区分布

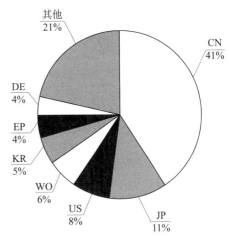

图 3-1-10 其他物理化学污水处理
技术专利目标国家/地区分布

表 3-1-2 是其他物理化学污水处理技术主要来源国家/地区的布局情况,可以较为直观地看出各来源国的专利布局情况。在前五名申请来源国中,中国、日本、韩国倾向于本土布局,而美国、德国在本土布局和国外布局上表现均衡,有近半数的原创专利产出流向世界各国家/地区,属于典型的技术输出国。

表 3-1-2 其他物理化学污水处理技术专利主要来源国家/地区主要布局情况 单位:项

来源国	目标国家/地区				
	CN	JP	US	KR	WO
CN	12503	24	80	10	123
JP	238	3072	245	157	261
US	284	273	1412	146	673
KR	59	47	59	1272	82
DE	93	118	187	48	177

图 3-1-11 显示了其他物理化学污水处理技术全球主要专利申请人申请量分布情况，申请量均以"项"为单位进行统计。可以看出，该领域全球主要申请人同样集中在日本和中国，其中，日本申请人（栗田工业、日立、欧加农、三浦工业、东芝、三菱）占据 6 席，表明日本的企业在该领域具有较强的整体优势，能够更为直接地根据技术发展需要进行专利保护。中国申请人占据 5 席（江苏大学、南京大学、湖南大学、格力电器、东华大学），与电化学污水处理技术相类似，其他物理化学污水处理技术主要集中在各大高校及科研院所，反映出市场化和工业化的程度还不高。

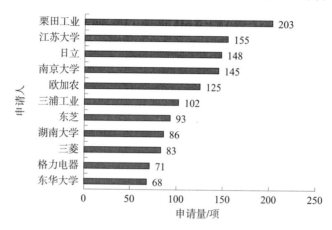

图 3-1-11　其他物理化学污水处理技术主要专利申请人申请量分布

图 3-1-12 为其他物理化学污水处理技术的具体技术主题分布，主要涉及光催化技术，以及未使用膜的离子交换技术，渗析、渗透或反渗透技术。其中，光催化技术占比 55%，是较为重要的技术主题；离子交换技术占比 27%，渗析、渗透或反渗透技术占比 17%，属于相对次要的技术主题。对于上述这三技术主题，三者之和占其他物理化学污水处理技术全部申请量的近 99%；从申请量上可以看出，光催化法和离子交换法是其他物理化学污水处理技术的研究热点。

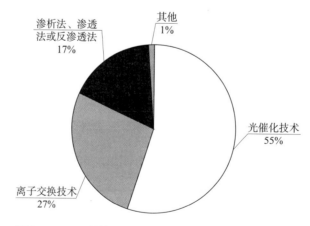

图 3-1-12　其他物理化学污水处理技术专利主题分布

3.2　物理化学污水处理技术的发展脉络

3.2.1　电芬顿技术发展脉络

电芬顿技术一直存在的产业问题是电流效率较低，为了解决该问题，其改进方向主要分为电极材料、设备、技术联用、光电芬顿等。通过对筛选出的电芬顿专利申请进行梳理，绘制出其技术脉络图，如图 3 - 2 - 1 所示。

申请年	1990年前	1990~2000年	2001~2005年	2006~2010年	2011~2015年	2016年至今
电极材料	JPS5451250A 铁作为阳极；JPH04100593A 铁基金属多孔体作为阳极	US5861090A 复合空气去极化阴极	JP2004181329A 阴极：含铜的合金或铜；CN1629083A 阴极：活性碳纤维、石墨、碳纤维毡等	CN101645515A 阴极：钛网上涂覆碳纳米管和 γ-碱性氧化铁；CN102126771A 阴极：铁铝硅复合碳基	CN102674525A 阴极：铁基负载金属电极；CN104528891A 阴极：三维有序大孔 Fe_2O_3/碳气凝胶电极	CN106430434A 三维电极：扇形碳毡电极；CN107434270A 阴极：铁-碳气凝胶电极
设备	JPH09150159A 膜电解池；US6126838A 流化床；US6045707A 低电流交流或振荡直流电流	JP2003126861A 极性反转型电解电源；US20030164308A 延伸片状电极+对齐间隔安装	CN101665300A 三维电极层+铁内电解层	CN202499737U 多级多相芬顿电解流化床耦合高级氧化内循环塔；CN103613169A 超重力多级牺牲阳极+波纹圆筒阴极同心、交替排列；CN103991933A 转盘式电芬顿反应器		CN109912005A 电容器自放电；CN108793344A 微流体反应器
技术联用	KR20010068172A 多项技术联用	EP1359125A 好氧微生物+电芬顿	CN101955280A 电氧化+电芬顿+微电解	CN103964563A 光催化+电芬顿		CN207435111U 电芬顿+膜分离
光电芬顿	KR20010048824A 紫外线照射		CN101723489A 太阳光	CN202499740U 气体扩散阳极；CN104891733A 2-乙基蒽醌改性的气体扩散电极		CN105883981A 掺硼金刚石膜电极；CN109879356A 三维有序大孔 α-Fe_2O_3/石墨烯气凝胶阴极

图 3 - 2 - 1　电芬顿技术发展脉络

3.2.1.1　电极材料

电芬顿污水处理领域中，电极材料属于研究较早且一直有持续研究改进的领域，由于阳极和阴极发生的电化学反应不同，其研究方向主要分为阳极材料、阴极材料以及三维电极。

（1）阳极材料

1990年前就已经有相关的专利申请，早期的阳极材料为铁，电解过程中形成亚铁盐，然后与H_2O_2反应生成羟基自由基，该自由基具有很强的氧化作用。水中的有机污染物质能够通过羟基自由基的氧化作用有效地分解。如1977年，大成株式会社采用的阳极材料为铁（JPS5451250A）。由于电芬顿的反应条件为酸性条件，铁电极在酸性的污水中易被酸溶腐蚀。为了改进其耐腐蚀性差的缺点，1990年，新日铁住金株式会社采用一种铁基金属多孔体作为阳极，其基本上为由铁组成的金属多孔体，还可以含有其他金属（如Cu、Cr、Ni、Sn、Zn等），复合铁基金属电极可以改善铁的耐腐蚀性（JPH04100593A）。此外，即使克服了铁电极材料耐腐蚀性差的缺点，其依然存在电流效率较低的问题。针对此类问题，相继开发一类以钛板为载体的复合电极（CN101914782A、CN104030414A、CN104016450A、CN102424465A）。

（2）阴极材料

阴极材料的改进主要分为两个方向：方向一是为了提高阴极上H_2O_2的产生效率，方向二是为了提高Fe^{3+}电化学还原成Fe^{2+}的还原效率。两个改进方向的研究是齐头并进的。

1）对于方向一的改进

传统的阴极材料为柱状或片状导电材料，与氧气的接触面积小，产生H_2O_2的速率较低。为了解决上述问题，1997年，美国电化学设计协会研发一种复合空气去极化阴极，其构成为：填充有聚四氟乙烯（PTFE）粉末的多孔基质（如碳或低氧化钛材料），多孔结构有利于向阴极供给氧气，进而加快阴极上H_2O_2的产生（US5861090A）。此外，为了进一步提高阴极与氧气的接触面积，出现了一系列以多孔碳材料为电极的技术。多孔碳材料具有高导电性、高比表面积以及强的吸附能力，同时还具有准三维电极的性质，因此具有更高的反应效率。2003年，中国科学院采用活性碳纤维、石墨、碳纤维毡等作为阴极（CN1629083A）。但是，单一的多孔碳材料电极，电流效率仍存在不足，基于此，又开发了以多孔碳材料为载体的复合电极，通过负载铁源等来提高催化效率。2009年，华南理工大学开发了一种钛网上涂覆碳纳米管和γ-碱性氧化铁的阴极材料（CN101645515A）。之后，广东省生态环境与土壤研究所提出一种铁铝硅复合碳基阴极，其在碳基材料上进一步沉积铁、硅、铝，显著地提高了催化效率（CN102126771A）。此外，类似专利还有CN104528891A、CN106430434A、CN102674525A、CN107434270A等。

2）对于方向二的改进

传统的阴极材料如石墨电极电流效率低，为了提高阴极的电流效率，2002年，栗田工业提出一种以包含铜、锡、锌或这些的合金，最优选为含铜的合金或铜作为阴极材料，将Fe^{3+}电化学还原成Fe^{2+}（JP2004181329A）。

（3）三维电极

电芬顿污水处理领域中三维电极材料起步较晚，2010年后才有相关研究，早期用于电芬顿的三维电极材料主要是铁碳类材料。例如，2017年，山东大学提出一种扇形碳毡电极，可提高粒子电极的比表面积（CN106430434A）。

3.2.1.2 设备

设备改进方面，主要体现在以下三方面。

（1）电极结构

电极的排布和选择会影响电芬顿污水处理技术的效果。电极的排布分为多组正负极交替排列，如生物电磁学公司提出的延伸片状电极对齐间隔安装模式（US20030164308A），或使用三维电极（中山大学，CN101665300A）或阴阳极同心设置，如中北大学提出的超重力多级牺牲阳极与波纹圆筒阴极同心/交替排列（CN103613169A）。其中，同心设置的阴阳极可将装置设计成占地面积较小的管式或套筒式反应器。山东大学于2014年对电解池阴极进行改进创新，取消原本固定的阴极，采用石墨转盘作为阴极以获得转盘式电芬顿反应器，该反应器外形小巧，结构简单，使用方便，对污染物去除率高（CN103991933A）。

（2）电解槽

荏原制作所于1995年提出在隔膜电解槽中有效处理高COD污水，阴阳极优选钛电极或铁铂电镀制造的电极，隔膜使用普通的有机微滤膜（JPH09150159A），隔膜电解槽的结构如图3-2-2所示。

为了提高电化学反应过程的效率，2018年，陕西科技大学提出一种微流体反应器，其在阴阳极板间仅设置隔离膜层，极大地减小了极板间距，降低了极板间电阻及反应能耗（CN108793344A）。

另外一个研究的热点则是流化床的设计与开发，1998年，"工业技术研究院"首次提出在含合适的颗粒载体的流化床中处理高浓度污水，其中流化的颗粒载体改善了铁离子的电解还原效率，使系统中维持高比例的Fe^{3+}与Fe^{2+}，提高了污水的处理效率；所述颗粒选自砖颗粒、沙子、玻璃珠、合成树脂、浮子和人造颗粒（US6126838A），其流化床结构如图3-2-3所示。

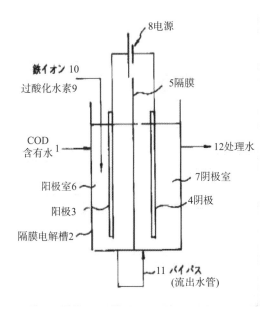

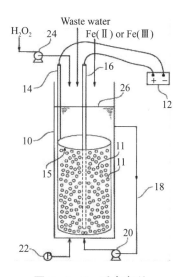

图3-2-2　重点专利JPH09150159A的隔膜电解槽结构

图3-2-3　重点专利US6126838A的流化床结构

此后，广州市环境保护工程设计院有限公司、南京工大开元环保科技有限公司以及辽阳博仕流体设备有限公司分别对流化床反应器进行改进，提出了多级多相流化床（CN202499737U）、结晶式流化床（CN109942068A）及臭氧曝气式电芬顿流化床（CN109179630A），使各种方法协同配合，大大提高了污水的处理效率。

（3）供电方式

在使用电化学法来处理污水时，电源的供电方式会影响污水处理效率、电流效率、电极寿命等。纽约大学于1998年首次使用振荡的低电流交流或直流电流来处理污染液体，上述电流可使电极极性发生周期性变化，可用于增加电极的反应面积并保持电极清洁且不会结垢（US6045707A）。东芝公司也于2001年提出使用极性反转型电源来处理污水并保持阴极表面的清洁（JP2003126861A）。而在电芬顿污水处理过程中，高能耗（电能）是制约其产业化应用的重要因素，因此，在当下能源日益紧张的社会，新能源的开发具有重要的发展意义。2010年后，北京大学深圳研究生院和武汉大学分别提出使用生物电化学系统（CN103359824A）和电容器自放电（CN109912005A）的方式来为电芬顿体系提供电能的处理技术。

3.2.1.3 技术联用

技术联用包括"电-电"联用和"电-非电"联用；出现较早的是"电-非电"联用，如2000年康扬工程有限公司提出一种工业污水处理工艺，其设置第一pH调节罐、电芬顿反应器、第二pH调节罐、絮凝槽；可处理垃圾渗滤液、染色污水、畜禽污水等（KR20010068172A）。2001～2005年出现"电芬顿+好氧微生物"（EP1359125A）的技术联用，其主要用于处理有机污水和餐桌生产中的废液；而后又出现"电芬顿+光催化"（广西大学，CN103964563A）、"电芬顿+膜分离"（轻工业环境保护研究所，CN207435111U）等。其中，电芬顿和膜分离组合工艺，以电场力驱动有机物质的跨膜传输，调控电动过程中的传质，在资源分离和回收方面有较大的应用潜力。

2006年之后才开始出现"电-电"联用，包括"电芬顿+电氧化和/或微电解"（南京赛佳环保实业有限公司，CN101955280A）等。

3.2.1.4 光电芬顿

电芬顿氧化技术的研究日趋成熟，为了提高其氧化效能，在此体系中引入紫外线（UV）或太阳光，形成光电芬顿氧化技术。最早出现的光电芬顿技术是Jung Kyung Sook于1999年借助紫外线照射来增强电芬顿反应处理污水的效率（KR20010048824A）。然而，在实际应用中紫外线对光敏感性差的物质处理效果并不好，而且能量消耗比较高，使用寿命较短等，不利于紫外线的长期使用。因此，新光源的开发成为必然。2009年，中国科学院南京地理与湖泊研究所采用太阳光/电-芬顿法以钛基镀IrO_2/SnO_2电极为阳极，具有大比表面积的活性碳纤维为阴极对低浓度染料中间体H酸污水进行处理后，出水COD和色度均能达标排放（CN101723489A）。在后续的研究中，光电芬顿技术的改进主要集中于电极材料的改进或光电催化剂的使用；在电极方面主要是阴极材料的改进。2012年，北京化工大学首次使用气体扩散阴极来促进H_2O_2的生成，提高了污水中有机污染物的降解率（CN202499740U）。随后，北京化工大学又公开了2-乙基蒽醌改性的气体扩散阴极（CN104891733A）、天津理工大学提出了掺硼金刚石膜阴极（CN105883981A），2019 年，西安工业大学也提出了一种三维有序大孔 α‑Fe_2O_3/石墨烯气凝胶阴极，其中的三维有序大孔结构不仅为改善物质传输和减少传质阻力提供良好的通道，还能通过多重散射和慢光效应提高光的吸收效率，提高的光催化能力还可以进一步加速铁离子的循环来实现进一步提高 α‑Fe_2O_3 的芬顿活性（CN109879356A）。

3.2.2　电解技术发展脉络

电解技术在污水处理中是一种比较成熟的技术，可以处理多种不同成分的污水；根据其电解原理的不同，可将其分为电化学氧化技术、电化学还原技术。

3.2.2.1　电化学氧化技术发展脉络

电化学氧化技术由于具有氧化能力强、操作条件简单、温和、不添加外来氧化剂、无二次污染的特点，一直是学者们关注的重点，在难降解的污水处理方面有着广泛的应用前景。其研究热点主要集中于电极材料、设备与技术联用三个方面。通过对筛选出的专利技术进行梳理，绘制出技术脉络图，如图 3‑2‑4 所示。

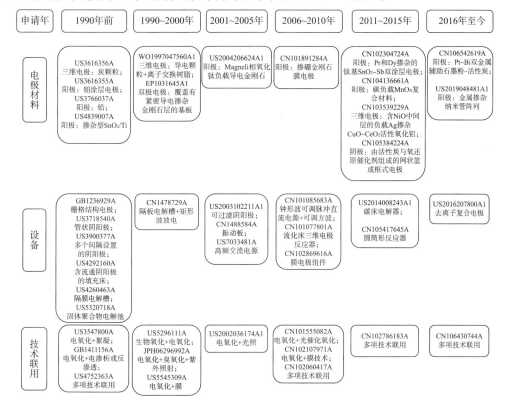

图 3‑2‑4　电化学氧化技术发展脉络

（1）电极材料

由于电化学氧化反应主要发生在阳极上，电化学氧化技术的研究主要集中于阳极材料；后来随着研究的不断深入，学者们又开发了三维电极电化学氧化技术，以实现污染物的快速降解。

1）阳极材料

对于阳极材料的改进主要有 Pt 涂层电极、牺牲阳极、钛基涂层电极、膜电极、阵列电极、金刚石基电极等。

为了除去污水中的特定污染物，安德科公司分别于 1972 年和 1973 年提出使用铅可溶性阳极来除去污水中可与铅离子能形成不溶性沉淀的污染物，如镀铬制品的冲洗液、氰基络合物或含氰化物的盐（US3766037A）。这类阳极虽然能有效去除污水中的污染物，但是其在使用过程中需不断消耗，会大大增加使用成本，不利于大规模使用。因此，催化活性高、使用成本低、稳定性较高的电极是关注的重点技术。

① Pt 涂层电极

使用较早的是 KDI 氯碱公司于 1968 年提出的一种 Pt 涂层阳极材料，该电极材料的开发不仅能有效地实施氯化工艺，而且还能消除设备对所采用电压的限制，其可承受 100V 甚至更高电压的操作，可使体系有效地产生氯、自由基及包括臭氧在内的氧化物质，以进一步有效地处理污水中的污染物（US3616355A）。

② 钛基涂层电极

纯 SnO_2 属于半导体材料，通常电导率较低，不能直接用作电极材料，一般需要进行掺杂来改善其导电性。1988 年，英国布朗博韦里股份公司提出使用钛基掺杂 SnO_2 涂层电极来处理污水中的有机污染物，其中的掺杂元素包括 F、Cl、Sb、Mo、W、Nb 和/或 Ta；该电极具有比 PbO_2 高的氧过电压，未使用昂贵的贵金属且具有长期稳定性（US4839007A）。2011 年，山东大学提出一种稀土 Pr 和 Dx 联合掺杂纳米钛基 $Sb-SnO_2$ 双涂层电极，其一方面有效提高了电极的析氧电位并获得具有较大比表面积的涂层结构，增加了电极涂层与反应物质的有效接触面积，提高了电催化效率，保证电极电催化反应的稳定进行及电极的使用寿命；另一方面可以使电流均匀分布，减缓局部析氧反应对涂层的破坏，增强涂层与基体的结合力，保证电极使用寿命，提高电极的导电性。该电极可用于难降解工业污水、染料污水、印染污水、农药污水等的处理（CN102304724A）。

③ 金刚石基电极

目前，关于金刚石基电极的研究主要集中于常规金刚石电极及掺硼金刚石薄膜（BDD）电极。对于常规金刚石电极，耐用电极株式会社在 2004 年提出一种 Magneli 相氧化钛负载导电金刚石电极，Magneli 相氧化钛可提高导电性，并延长了金刚石电极的使用寿命（US2004206624A1）。另外，BDD 具有特殊的 sp^3 键结构及良好的导电性，具有高电氧化效率和强氧化能力强的特性，且电极性质稳定，已广泛用于污水处理领域，该电极目前存在的主要缺点是制作成本过高。北京大学于 2010 年直接使用 BDD 电极来处理垃圾渗滤液，由于 BDD 电极具有较高的析氧电势（高达 2.8V 左右），大大抑制了析氧副反应的发生，具有很好的处理效果（CN101891284A）。

④ 其他电极

目前，关于阳极材料的研究还涉及碳基复合材料及纳米管阵列电极。对于碳基复合材料电极：2013 年，德国马普弗利兹－哈伯无机化学研究所开发了一种碳负载 MnO_x 复合材料电极，其可用于在中性 pH 条件下电解分解污水、海水和/或淡水，具有改进的效率（CN104136661A）。在确保低成本、高活性的前提下，2016 年，上海电力学院提出了一种石墨粉－活性炭上负载 Pt－Bi 双金属电极，其基底中添加的活性炭具有吸附效应，石墨粉具有导电性，且每片电极所需的材料成本约 8.53 元，相比于 Pt－Bi 碳纸电极的成本要低得多，该电极具有较高的降解率和经济效益（CN106542619A）。对于纳米管阵列电极：2018 年，加州理工学院提出一种与基板接触的金属（镍、铁、钴、铈、锰、钒、锡、铅、贵金属）掺杂纳米管阵列电极；其中的金属掺杂剂改善了电极的反应性并延长了使用寿命，掺杂金属的纳米管阵列电极可为电化学污水处理提供改善的氯释放和/或氧释放活性，可用于有机污水的处理（US2019048481A1）。

2）三维电极

1967 年，罗伊等通过电池电解处理含有溶解盐的水，其中阳极和阴极通过颗粒炭填料分离，电解过程使金属杂质沉淀为金属氧化物、氢氧化物、硫化物等，其可从电池流出物中过滤并释放出气体（US3616356A）；该碳电极的使用可以增大反应区域的比表面积，提高污染物的去除能力，有效提高电流效率。但是，随着对污水排放标准及电极本身性能要求的提高，开发具有良好催化活性和高稳定性的粒子电极（三维电极）成为必然。1997 年，伊马特兰福伊马股份公司采用纤维状离子交换树脂与导电颗粒的混合物作为电解体系的三维电极，其中的离子交换树脂具有较高的电导率，其不仅可以增加三维电极的吸附性，还可以增加电极的导电性，有效提高了电解效率（WO1997047560A1）。另外，2013 年，北京师范大学提出一种含 NiO 中间层的负载 Ag 掺杂 $CuO－CeO_2$ 活性氧化铝粒子电极，该电极具有电流效率高、稳定性强、电极寿命长等特点，可用于处理煤化工污水等（CN103539229A）。

3）其他电极（双极电极＋阴极）

2000 年，瑞士 CSEM 电子显微技术研发中心开发了一种双极电极，覆盖有紧密导电掺杂金刚石层的基板，该电极可以增加电化学反应表面，从而提高电池效率（EP1031645A1）。2015 年，湖北大学等提出使用间接氧化技术来降解污水中的有机物，其所使用的阴极材料为难溶金属制作的网状篮或框，里面填充有大颗粒状的活性炭与氧还原催化剂，填充方法为活性炭与氧还原催化剂颗粒互混，或者把活性炭与氧还原催化剂分层设置，或者将氧还原催化剂通过化学反应负载到活性炭上，所述氧还原催化剂由一种或多种主催化剂和辅助催化剂组成，所述主催化剂为过渡金属或者过渡金属与其氧化物的混合物，所述辅助催化剂为非金属单质或其氧化物或盐，活性炭篮阴极的体积为该电化学反应器装置有效容积的 10%～30%，所述非金属为氧、氮、磷、硫、硼中的任一种或多种（CN105384224A）。

（2）设备

对于设备的改进，主要体现在以下三方面。

1）电极结构

西蒙·卡夫斯有限公司于 1967 年提出使用栅格结构电极如膨胀金属网可增加污水

与电极间的接触面积，进而提高污水处理效率（GB1236929A），其电极结构如图 3 - 2 - 5 所示。

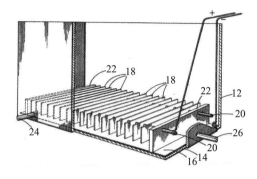

同样地，2002 年，中村信一等提出使用可过滤阴阳极，即在阳极和阴极中的至少一个或至少阴极具有用于过滤的孔来处理污水，由于电解过程中一些土壤悬浮物质和/或氢氧化物（如形成在可过滤电极上的钙）会污染电极，在电解过程之间的时间间隔内，改变水流的方向并通过电极

图 3 - 2 - 5　重点专利 GB1236929A 的电极结构

将处理过的水拉回去再次电解，去除沉积在电极上的材料以实现电极再生，延长了使用寿命（US2003102211A1），其电极结构如图 3 - 2 - 6 所示。

另外，阴阳极相对位置的排布也可影响污水处理效率。1970 年，国际研究与发展有限公司提出一种用于通过产生氯或次氯酸盐来净化含有溶解的氯化物的水的电解槽，该电解槽由同轴的管状阳极和阴极组成，该阳极和阴极限定了用于使电解液连续流动的环形流动通道，并且设置了通往环形通道的入口通道以产生涡旋运动，电解液围绕阳极轴线旋转（US3718540A），其电极结构如图 3 - 2 - 7 所示。

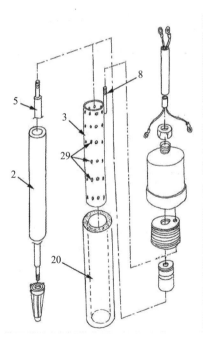

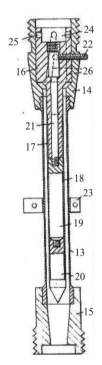

图 3 - 2 - 6　重点专利
US2003102211A1 的电极结构

图 3 - 2 - 7　重点专利
US3718540A 的电极结构

1973 年，恩斯提出采用设置多个间隔阴阳极的电解槽来处理含氰化物的污水，上述电极的排列不仅可使氰化物离子快速电氧化，同时还可避免电极的大量腐蚀和昂贵的泵送设备，节省了成本（US3900377A），其电解槽结构如图 3 - 2 - 8 所示。

为了减少电解槽的占地面积且保持其污水处理能力，2010 年，阿库亚爱克斯公司和培尔梅烈克电极股份有限公司使用了膜电极组件，其包括具有复数个 0.1mm 或更大直径的通孔的阳极；在与阳极相同的位置有复数个 0.1mm 或更大直径的通孔的阴极；涂覆在阳极和阴极中至少一个的一个面或整个表面上的固体聚合物电解质膜，并将所述阳极、所述固体聚合物电解质膜和所述阴极牢固地黏附。该膜电极的使用可使流体具有最小化的压力损失且能高效地处理污水。另外，在阴极的整个表面上涂覆固体聚合物电解质膜更能减缓电解电压的增加，进而实现更长的使用寿命（CN102869616A）。

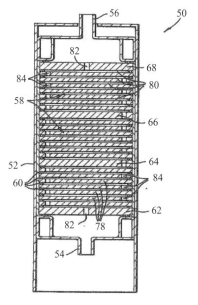

图 3 - 2 - 8　重点专利
US3900377A 的电解槽结构

2）电解槽

对于电催化氧化反应器的改进主要集中于流化床、隔膜电解槽、固体聚合物电解池等的设计与开发。

① 流化床

力拓艾尔坎国际有限公司于 1979 年提出使用含多孔铅丸阴阳极的填充床来去除污水中的重金属如铬等，其原理是当溶液通过牺牲铅阳极时，铬酸铅以电化学方式形成微小的颗粒，这些颗粒会脱落并沉淀在电解池底部的阱中；而其他重金属则会在阴极析出（US4292160A），其设备结构如图 3 - 2 - 9 所示。

2007 年，广州有色金属研究院提出一种用于有机污水处理的流化床三维电极反应器，包括反应床体、循环过滤泵、气泵、电源及与电源连接的多孔金属馈电极和粒子电极。其特点是所述多孔金属馈电极至少为三片，其中至少有一多孔金属电极为可氧化分解污水中的有机物的活性电极，各多孔金属馈电极分别与电源的阴极和阳极连接并交替成蒸屉形排列于反应床内，相邻的两多孔金属馈电极之间由耐腐蚀绝缘材料支撑固定并填充粒子电极。由于采用由多片多孔金属馈电极阴阳交替排列组成的立体电极，并形成与粒子电极有机结合的结构，因此该反应器既可大大提高污水处理的效率，又具有占地少、投资少、操作简单、电极寿命长、运行稳定等优点，处理费用及运行费用大大降低（CN101077801A）。

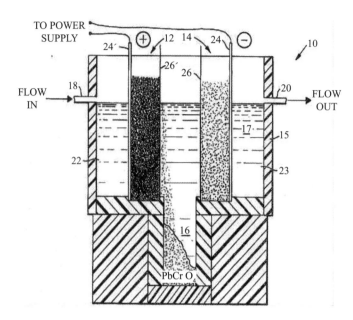

图 3 - 2 - 9　重点专利 US4292160A 的设备结构

② 隔膜电解槽

1979 年，PPG 工业公司使用隔膜电解槽处理含有机化合物和碱金属氯化物的污水，并从中回收氯离子和苛性碱，该隔膜电解槽由哈拉尔 - 石棉隔膜将电解槽隔成两室（US4260463A）。

③ 固体聚合物电解池

1990 年，联合技术公司提出使用具有固体聚合物电解质的电解池去除污水中的有机化合物，具体方法是将有机化合物引入阳极室中，并向阳极施加一系列电势，这些电势使有机化合物吸附到阳极催化剂上并发生氧化，然后再通过施加电势的方法对阳极进行除垢或电化学清洁（US5320718A）。

④ 其他类型电解槽

2003 年，富士胶片公司通过在电氧化反应器中设置具有振动板的搅拌装置来搅拌含有氨基多羧酸的有机污水的电解液，通过适当地选择振动频率，可得到极高的电解氧化速度和降低 COD 的效果（CN1488584A）。2011 年，印度科学与工业研究理事会利用碳床电解器处理来自化学工业的难处理的污水。该电解器使用高表面积碳床部件，不仅可以增强工艺强度，还可以更大程度地吸附有机污染物，可同时去除有机碳和氮，并且其中的颗粒状活性炭床可连续进行原位再生（US2014008243A1），其电解器结构如图 3 - 2 - 10 所示。

2015 年，北京师范大学提出一种圆筒形反应器，该反应器内设有轮式反应器，轮式反应器包括设置在壳体内壁上的负极以及设置在反应槽中的轮式正极组，轮式反应器的正极由多个阳极板并联组成，负极由 1 个筒式阴极板组成。采用上述装置处理污水，可以有效解决传统电极反应设备处理效率低、处理效果差的难题，污水处理效果提高，特别是对高浓度难降解有机污水的处理效果增强，同时可以降低电耗和处理成本（CN105417645A）。

⑤ 供电方式

在使用电化学法来处理污水时，电源的供电方式会影响污水处理效率、电流效率、电极寿命等。日本科学技术振兴事业团于 2000 年采用矩形波放电的方式为隔膜电解槽供电，该矩形波放电是在频率为 10～200kHz、线电压为 200V/cm～10kV/cm、电流为 0.5～50mA 的条件下进行的，其中的高电压低电流以脉冲波形式在金属氧化物表面上流动，减小了负载，降低了耗电量（CN1478729A）。生物离子公司于 2004 年提出使用高频交流电源可在保证电解效率的同时使电极得到再生（US7033481A）。为了进一步提高处理效率，河南大学于 2007 年提出使用矩形波可调脉冲直流电源和可调方波的电源装置来处理污水（CN101085683A）。

（3）技术联用

研究较早的技术联用主要分为"电－非电"联用和"电－电"联用。

1）"电－非电"联用

"电－非电"联用的主要研究方向有电氧化－絮凝、生物氧化－电氧化、电氧化－臭氧化－紫外照射、电氧化－膜、电氧化－化学氧化、电氧化－微生物等。

电氧化－絮凝：早在 1967 年费尔班克斯摩斯公司就采用该技术来处理污水、海水或淡水，具体方法为：将悬浮在海水或淡水中的原污水与氢氧化钠一起引入浮选池，水中存在的

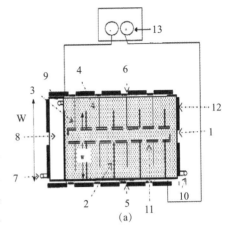
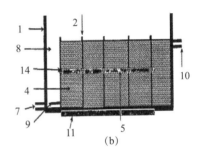
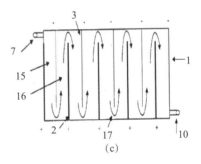

图 3 - 2 - 10　重点专利 US2014008243A1 的电解器结构

固体以及由碱的凝结作用产生的固体电解质在电解单元产生的气泡的作用下被携带到液体表面并除去；其中的氢氧化钠和氯可以通过海水或由淡水和岩盐制得的盐水电解而制得，电解产生的氯可用于消毒（US3547800A）。

生物氧化－电氧化：1991 年，富士胶片公司通过先生物氧化再电氧化的技术来处理照相冲洗废液，其中的生物氧化即微生物氧化处理（US5296111A）。

电氧化－化学氧化：其中的化学氧化包括臭氧氧化、光催化氧化、紫外线氧化等。早在 1993 年三菱就采用电氧化和臭氧氧化并辅以紫外线照射处理的方式来分解有机酸废液，可使废液中的有机酸转化为二氧化碳，其 TOC 去除率为 99%（JPH06296992A）。2001 年，佳能公司采用电氧化与光照耦合技术来处理污水（US2002036174A1）。2008

年，中国科学院理化技术研究所以金刚石薄膜电极为阳极，采用电化学降解与光催化氧化联用技术来处理染料污水，表现出优异的脱色降解效果（CN101555082A）。

电氧化－膜分离：早在 1995 年多摩化学公司就采用该耦合技术来处理含有机季铵氢氧化物废液（US5545309A）。2010 年，波鹰公司基于纳米催化电解技术与膜技术来深度处理造纸污水（CN102107971A）。

2）"电－电"联用

目前主要的联用方式有"电氧化＋电渗析""电氧化＋微电解＋膜分离"等。对于"电氧化＋电渗析"耦合技术的研究较早，1973 年，PEC 过程工程与控制公司先通过电解污水产生油相和水相，然后通过电渗析工艺处理后，得到纯净的水和盐溶液，并将其循环利用（GB1411156A）。

其他技术联用：1987 年，水研究委员会采用碱液预处理、调节 pH、过滤、电氧化处理单元来处理含纺织纤维类的污水（US4752363A）。2010 年，北京世纪华扬能源科技有限公司和吉林市世纪华扬环境工程有限公司通过采用调节 pH、气浮反应、电氧化、高级氧化、膜生物反应、活性炭吸附处理单元来处理 CLT 酸生产污水，通过上述处理可使输出的污水的 COD 和色度达到排放要求（CN102060417A）。2012～2016 年，波鹰公司采用"脱氨氮—絮凝沉淀—电解—电容脱盐—厌氧处理—好氧处理—膜过滤和膜浓缩液处理"（CN102786183A）、"电解—絮凝或气浮—过滤"（CN106430744A）等一体化工艺对不同类型的污水（如垃圾渗滤液、造纸污水、市政污水等）进行处理，且处理后的水达到排放要求。

3.2.2.2 电化学还原技术发展脉络和态势

相比于电化学氧化技术，阴极还原更易操作，电极材料使用寿命更长，且电还原对卤代有机物、硝酸盐等具有更快的转化速率，对重金属离子可进行绿色无害回收。电化学还原污水处理的主要改进方向有电极材料、设备改进、技术联用等。通过对筛选出的电化学还原技术专利进行梳理，绘制的技术脉络如图 3－2－11 所示。

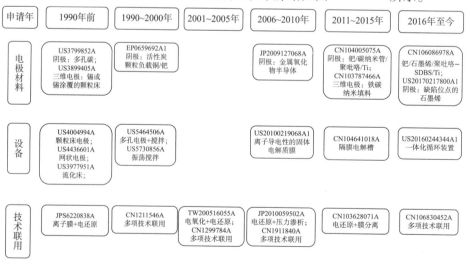

图 3－2－11　电化学还原技术发展脉络

（1）电极材料

1）阴极材料

1972 年，PPG 工业公司采用多孔碳作为阴极，污水中的铅在阴极沉积，进而降低了污水中的铅含量（US3799852A）。为了提高碳基电极的电还原活性，1994 年，Hahnewald 责任有限公司在碳基材料上负载活性金属来提高阴极材料的析氢过电位，其在活性炭颗粒中掺杂铜/钯（铜含量＜10%，钯含量＜1%），该复合电极起着阴极以及催化作用，可提高污水中硝酸盐的还原去除效率（EP0659692A1）。2007 年，道和控股有限公司采用金属氧化物半导体作为阴极，其为网状且具有膨胀形式或多个结构孔，整个表面被金属氧化物半导体覆盖，金属氧化物为氧化钛，且阴极材料为板状或板状部件弯曲的形状，用来去除污水中的硒酸根离子、亚硒酸根离子和碲酸根离子（JP2009127068A）。2014 年，北京工业大学公开一种电泳 – 化学沉积制备的碳纳米管修饰载钯电极，其以钛网为基质，在其表面聚合一层聚吡咯膜后，用电泳法将氧化处理的碳纳米管修饰至基质表面，形成一层均匀的碳纳米管载体膜，再采用化学镀工艺沉积钯催化剂，与同等条件下所制备的钯/TiO$_2$ 电极相比，钯/碳纳米管/聚吡咯/Ti 电极催化性能更高，可用于氯代有机物的水相电催化还原脱氯（CN104005075A）。2016 年，北京工业大学采用一种基于石墨烯/聚吡咯修饰的负载钯催化剂电极作为阴极，其以钛网为基质，在其表面电氧化聚合形成聚吡咯后，取在异丙醇中分散后的石墨烯分散液均匀滴涂在其表面，充分晾干后作为阴极，恒电流沉积制得钯/石墨烯/聚吡咯 – 十二烷基苯磺酸钠（SDBS）/Ti 电极，与同等条件下制备的无石墨烯修饰的钯/聚吡咯 – SDBS/Ti 电极相比，钯/石墨烯/聚吡咯 – SDBS/Ti 电极具有更高的催化活性，可用于水中氯代有机物的电化学还原脱氯（CN106086978A）。2017 年，松下采用一种具有缺陷位点的石墨烯作为阴极，石墨烯来自氧化石墨烯的还原产物，其对污水中的硝酸盐显示出较高的还原催化活性，克服了铂等贵金属催化剂易于中毒等缺陷（US20170217800A1）。

2）三维电极

1974 年，洛克威尔国际公司采用具有锡表面的颗粒床作为三维电极材料，其通过化学镀或其他手段在非金属基材（例如实心或空心玻璃或塑料珠）上沉积锡获得，污水中的重金属从溶液中沉积在所述颗粒的锡表面上（US3899405A）。2014 年，中南大学采用三维电极处理含高浓度重金属的污水，其装置中含有填料罐，填料罐的外壁上缠绕有金属电极线，而在填料罐中设置填料层，此填料层中均匀填充有带磁性的铁碳纳米填料，在所述铁碳纳米填料中插装有一根石墨电极棒，通过金属电极线以及石墨电极棒连接直流电源进行重金属富集处理，可对高浓度重金属污水高效地进行快速净化处理（CN103787466A）。

（2）设备

1）电极结构

电还原反应中，直流电施加到浸没在经过处理的溶液中隔开的电极上，并且仅通过溶液的电离和离子向电极表面的迁移就可以完成系统的电路导通，然而随着电解液浓度的降低，电子迁移的速率便会降低。电子迁移速率降低以及电极与污水的接触面积小等因素均会导致反应效率降低。为了提高电流的迁移速率，早在 1974 年赛诺菲就采用垂直放置的圆柱形电极和内部电极，且内部电极轴向设置在所述圆柱形电极内；颗粒床设置在所述圆柱形电极和所述内部电极之间，颗粒床为碳质颗粒，从而在所述电极之间形成电导率较低的介质；电极间的颗粒床可显著提高电流在两电极间的传导效率（US4004994A），其颗粒床结构如图 3 - 2 - 12 所示。

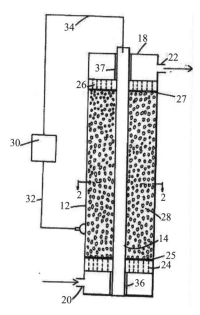

图 3 - 2 - 12　重点专利 US4004994A 的颗粒床结构

为了增大阴极与污水的接触面积，1981 年，钻石三叶草公司采用交替顺序排列的多个阳极和阴极电解污水，且每个阴极为金属化有机聚合物泡沫网状形式（US4436601A）。

随后又出现了多孔电极，然而多孔电极在使用过程中容易发生堵塞，针对该问题，1994 年，伊士曼柯达公司在阴极上增加了搅拌功能，可改善所用多孔电极易堵塞的问题（US5464506A）。

2）电解槽

1976 年，电力委员会公开一种用于非常稀溶液的电解池，所述改进包括至少一个电极，该电极具有穿过其延伸的多个孔，并且其中在与所述至少一个电极的表面相邻的电极之间在电解质中提供不导电颗粒床，所述颗粒小于所述孔，用于使电解质向上循环通过所述床（US3977951A），其电解池结构如图 3 - 2 - 13 所示。

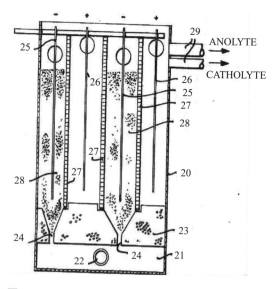

图 3 - 2 - 13　重点专利 US3977951A 的电解池结构

1995 年，日本技术卡布奇基学会公开了一种电解池，通过振荡搅拌器使废液振动和流化以回收金属，并使肥料的活性组分保留在废液中，以便处理的废液用作肥料溶液（US5730856A），其电解池结构如图 3 - 2 - 14 所示。

2007 年，三菱公开了一种水处理设备，其包括具有离子导电性的固体电解质膜、设置在所述固体电解质膜的一个表面上的阳极以及设置在所述固体电解质膜的另一表面上的阴极；通过设置在第一阴极上的还原催化剂和促进催化剂，可以高效

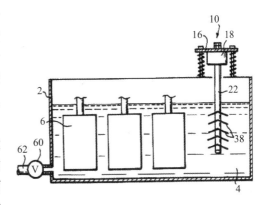

图 3 - 2 - 14　重点专利 US5730856A 的电解池结构

地电化学分解有害物质，且通过组合具有电化学还原功能的第一电化学装置和具有有害物质浓缩功能的第二电化学装置，可以有效地减少和分解有害物质（US20100219068A1）。2013 年，澳大利亚生物精制私人有限公司公开了一种电解池，该电解池包括容纳阳极的阳极室和容纳阴极的阴极室，阳极室与阴极室由阴离子交换膜隔开；其中将进料溶液供应至所述阴极室，可用于处理酸性盐溶液，以产生可在工业过程中再使用的高纯度盐酸、金属盐和循环水（CN104641018A）。2016 年，韩国地球科学与矿产资源研究所公开了一种用于处理酸性矿山排水的设备，该设备包括第一反应池和第二反应池，其中设置了酸性矿山排水的入口和出口，第一反应池和第二反应池彼此分开接收酸性矿山排水，以防止酸性矿井排水之间的连通；阳极安装在第一反应池中，阴极安装在第二反应池中并与阳极电连接；还包括电子传输介质，其用于连接容纳阳极的第一反应池和容纳阴极的第二反应池，电子传输介质阻止金属阳离子的传输；该结构，可以通过电化学反应来中和酸性矿山排水，并且可以连续且平稳地进行电解反应（US20160244344A1）。

（3）技术联用

早在 1985 年日本矿业株式会社等就采用离子交换膜与电还原联用处理酸洗废液和固体残渣，通过用离子交换膜去除酸洗废液中的酸，然后采用电还原来回收废液中的铜和锌等，可以廉价且容易地处理酸洗废液和固体残渣，并可回收铜、其他金属和酸（JPS6220838A）。2004 年，陶氏杜邦采用电氧化和电还原方法处理含有金属离子及杂环氮化合物的废液，其先采用电氧化去除污水中的有机杂环氮化合物，再采用电还原的方式回收污水中的金属或金属合金（EP1502963A1）。2008 年，野坂电机公司采用压力渗析和电还原联合技术来处理铜蚀刻废液，其先采用压力渗析对其废液进行浓缩，再采用电还原沉积回收废液中的铜离子（JP2010059502A）。2012 年，成都虹华环保科技有限公司联用电还原和膜分离技术处理酸性蚀刻液（CN103628071A）。

1998 年，巴陵石化鹰山石油化工厂公开了一种合成烷基锂化合物所产生的含锂废液处理方法，其先将含锂废液进行水解、过滤，滤液中添加 LiCl 和 Na_2CO_3，反应制得 Li_2CO_3 产品，或将滤液脱水得 LiCl 结晶后，电解得金属锂，可以解决现有技术中锂渣

难以回收或回收工艺不稳定、不安全等问题（CN1211546A）。2001 年，华南理工大学公开了一种印制线路板碱性蚀刻铜废液处理方法，通过离心萃反、电沉积等方式实现铜的回收（CN1299784A）。2017 年，环境保护部华南环境科学研究所公开一种从化学镀镍老化液中回收镍、缓冲盐和水的方法，先将老化液经过过滤器过滤，然后进行电解处理再通过吸附、离子交换等处理，实现化学镀镍老化液中的金属镍、溶解盐、水的完全回收，最大程度地降低电镀老化液对环境产生的污染（CN106830452A）。

2006 年，松下公开一种水处理装置，用于处理半导体工厂等排出的含氟成分或者含氮化合物等，包括氟成分除去装置、电化学处理装置以及生物处理装置等，利用电还原将氨态氮、亚硝酸态氮、硝酸态氮处理为氮气（CN1911840A）。

3.2.3 微电解技术发展脉络

微电解技术研究和应用至今体现出一些高级氧化技术无法比拟的优点，如材料易获得且废物可再利用、设备造价成本低、应用广泛且操作简单等，但也体现出一些需要改进的问题，如长时间运行容易出现板结现象、物化污泥量大等。为了解决上述问题，国内外学者主要从以下几个方面进行改进：电极材料（微电解填料）、设备和技术联用等。通过对筛选出的微电解专利进行梳理，绘制出如图 3 - 2 - 15 所示的技术发展脉络。

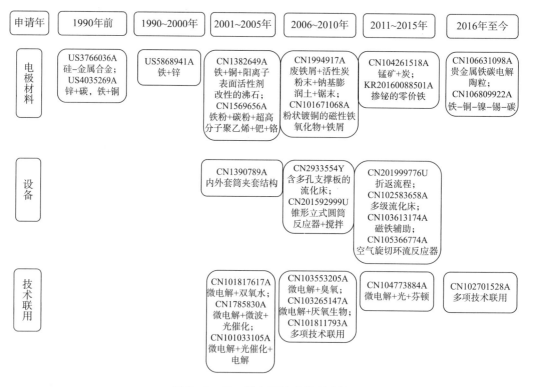

图 3 - 2 - 15 微电解技术发展脉络

3.2.3.1 电极材料

微电解处理污水领域的主要研究方向为微电解填料成分和微电解填料结构。

（1）微电解填料成分

1972年，西方石油公司提出使用硅－金属合金除去污水中的金属离子如砷、铜、铬、铅等，所述金属包括钡、锂、钙、钠、钾、镁、铈、镧、钛、铝、钒、锰、锌、铬、铁、钴、钨、镍、钼、铜、锆、铌、锡等（US3766036A）。1975年，塞彭股份有限公司提出使用锌和碳以及铁和铜两组不同的微电解填料能有效地从废液中去除重金属铬、汞，其原理是扩大原电池中阴阳极之间的电位差（US4035269A）。2002年，上海城市污染控制工程研究中心提出在铁内电解中加入铜及经阳离子表面活性剂改性的沸石作为催化剂，使用铜代替碳成为原电池的阴极，且其中经阳离子表面活性剂改性的沸石对重金属和有机污染物的吸附富集作用可以加速这些污染物向电极表面的传质过程，更进一步提高了处理效果（CN1935680A）。2004年，上海大学和上海上大科技园区环境工程有限公司在常规内电解填料（铁、碳）中按一定比例添加钯、铬等多组分贵金属，其中的钯、铬催化剂不仅可以提高内电解反应速率，还可以提高对特定族群污染物质的处理效果，从而降低反应所需的铁、碳用量等（CN1569656A）。2009年，中南大学提出采用磁性粒子作为填料（CN101671068A）。对于微电解填料的改进，2014年，武汉理工大学提出采用锰矿废弃物作为填料（CN104261518A）；2015年，浦项科技大学采用掺杂有铋的纳米零价铁作为填料（KR20160088501A）。

（2）微电解填料结构

传统微电解污水处理工艺中，是将微电解填料如铁屑、碳粒直接投入至污水池中，这会造成填料板结、管路堵塞、电极短路及污泥量大等问题。为了解决上述问题，1996年，滑铁卢大学通过在粒状铁体组成的铁床的顶部设置锌屑层，从而组成铁/锌电路，其中铁为阴极而锌为阳极，可用于处理各种有机污染物，其中的锌也可以使用其他金属如铝、镁或过渡金属等来代替（US5868941A）。2006年，西南石油大学将废铁屑、活性炭粉末、钠基膨润土和锯末混匀，烧结后得到的多孔性材料用于污水处理，提高了污染物去除率，且该材料可重复使用，降低了使用成本（CN1994917A）。进一步地，2016年，中冶华天工程技术有限公司和中冶华天（安徽）节能环保研究院有限公司制备了贵金属铁碳微电解陶粒；其中少量贵金属的负载可以降低原电池电阻，提高电子传递效率，从而增强污水处理效果，延缓填料板结现象的产生（CN106631098A）。2017年，五邑大学提出一种具有多孔蜂窝状结构的铁－铜－镍－锡－碳多元金属微电解填料，其是在成型后的铁碳材料的基础上依次电镀铜和镍，可以提高铁碳的氧化还原电位差及微电解处理效果（CN106809922A）。

3.2.3.2 设备

2002年，宜兴市天立环保有限公司采用内外套筒夹套结构，在铁填料层中间或外侧增加一水循环空间，以及采用自然散乱堆积密度低、填料表面空隙大、占位大的立体多面铁填料，并在铁填料及水循环空间下方设置曝气装置，借助气流推动处理水经循环空间在填料层形成处理循环和反洗循环，达到好的水处理效果（CN1390789A）。

此外，对于反应器的改进还体现在以下几个方面。

（1）流化床

辽宁省环境科学研究院提出在流化床内部设置塑料材质的多孔支撑板，将填料置于支撑板上，且在排污口处设置反吹穿孔管，通过反吹空气防止堵塞，顶部出水口位置高于填料层以防止填料暴露在空气中板结（CN2933554Y）。

2012年，广州市金龙峰环保设备工程有限公司提出一种多级流化床即通过筛网隔板将反应器分隔为多级反应室，这样铁碳填料就可以分级放置在这些反应室中，改善填料的反应环境，避免多层堆压而导致的板结状况，优化了微电解效果（CN102583658A），其流化床结构如图3-2-16所示。

（2）筒式反应器

2009年，中环（中国）工程有限公司提出一种立式圆筒反应器，底部为圆锥形漏斗，通过在反应器内的中心轴上设置搅拌装置——单螺式搅拌桨，对反应器内的填料进行搅拌，能够有效防止铁碳发生钝化、板结，保证空气在填料层中的传输，且可使污水与铁碳填料充分接触，从而提高处理效率（CN201592999U），其反应器结构如图3-2-17所示。

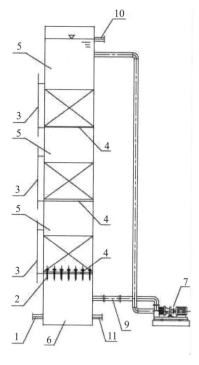

图3-2-16　重点专利
CN102583658A的流化床结构

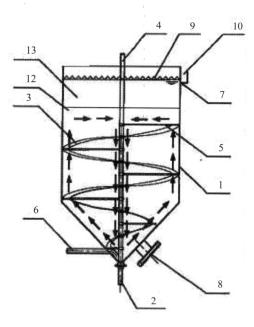

图3-2-17　重点专利
CN201592999U的反应器结构

（3）折流式反应器

2011年，江苏蓝星环保科技有限公司通过在反应器内设置竖向上下交错的隔板增加铁碳填料反应处理流程，而且每个分区单元填料高度相对较低，不仅反应曝气对填料表面冲刷效果好，而且污染物不易附着在填料表面，可以有效避免或降低堵塞、板结、钝化，使得处理效果更稳定（CN201999776U）。

（4）其他类型

2013 年，湖北纽太力环境科技有限公司通过在微电解处理器中投加无数永磁磁铁，形成微电解加强单元，能够生产无数个分布均匀的磁场，使电子有序移动、重复移动，彻底分解长链物质和环链物质，提高微电解污水处理的效果（CN103613174A），其处理器结构如图 3 - 2 - 18 所示。

2015 年，陕西蔚蓝节能环境科技集团有限责任公司采用空气提升原理、螺旋复合结构升流室使铁碳填料在反应器内部形成环流，可以增加气泡与水的接触面积和接触时间，极大地提高铁碳微电解反应器的效率，并有效地回避了填料钝化、板结等弊病（CN105366774A），其反应器结构如图 3 - 2 - 19 所示。

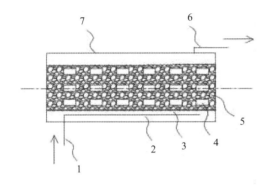

图 3 - 2 - 18 重点专利 CN103613174A 的处理器结构

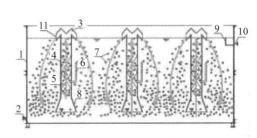

图 3 - 2 - 19 重点专利 CN105366774A 的反应器结构

3.2.3.3 技术联用

"电 - 非电"联用的主要研究方向有微电解 + 芬顿耦合技术、微电解 + 微波/超声波耦合、微电解 + 生物、微电解 + 氧化剂等。

微电解 + 芬顿耦合：利用微电解产生的 Fe^{2+} 与直接添加的 H_2O_2 进行芬顿反应降解污水中的 COD 值，同时在阳极上发生的电极氧化反应也可去除部分有机物，以提高 COD 的去除率。早在 2003 年韦旺就提出一种采用铁碳复配双氧水对污染物进行降解的方法，其利用 H_2O_2 产生的羟基自由基和铁碳对难降解、不可生化或物化处理的残余污染物进行降解，可彻底去除焦化污水中的色度（CN101817617A）。

微电解 + 微波/超声波耦合：2005 年，武汉科技学院就公开采用微波等离子体 + 光催化 + 内电解降解污水，将微波等离子体强化内电解与微波无极紫外光催化氧化有机地结合在一起，可使水处理的效率大大提高，实现污水的资源化（CN1785830A）。

微电解 + 生物：2010 年，浩蓝环保股份有限公司采用微电解和厌氧生物对污水进行脱氮除磷处理（CN103265147A）。

此外，"电 - 非电"联用还有微电解 + 氧化剂。2006 年，哈尔滨工业大学采用臭氧和铁碳床的污水处理工艺，充分利用臭氧的强氧化特性和铁碳微电解的高矿化率特性，可适合于多种污水的深度处理（CN103553205A）。2013 年，华南理工大学采用铁碳微电解和光降解两段法协同降解全氟辛酸，铁碳微电解反应器出水经抽滤后进入光降解反应器，同时加入 H_2O_2 作为氧化剂，光降解阶段直接利用铁碳微电解产生的 Fe^{2+}，既有芬顿氧化降解作用，又有直接光解和光催化降解作用，可以实现全氟辛酸的有效脱氟（CN104773884A）。

"电－电"联用的方式有微电解＋光电催化、微电解＋电絮凝、微电解＋电氧化以及微电解＋电还原等。对于微电解＋光电催化联用的技术研究较早。2004 年，盐城工学院采用光催化结合微电解和电解处理工业有机污水，污水经微电解处理后即进入光催化反应区域，通过电化学与光化学催化降解的协同、耦合作用，可以强化污水处理效果（CN101033105A）。

还存在其他技术联用：2016 年，上海同济建设科技有限公司采用微电解对垃圾渗滤液进行预处理，可以破坏难降解污染物的分子结构，提高污水的可生化性（CN102701528A）。此外，微电解还可以用于重金属污水的预处理。2009 年，中国宝武钢铁集团有限公司采用微电解对含铬污水进行预处理，使得大部分六价铬被还原为三价铬，进而有利于后续的絮凝沉淀（CN101811793A）。

3.2.4 电絮凝技术发展脉络

电絮凝主要用于去除污水中的颗粒物、有机物、油、重金属等。对于电絮凝技术的研究热点主要集中于电极材料、设备与技术联用三个方面，其技术脉络如图 3-2-20 所示。

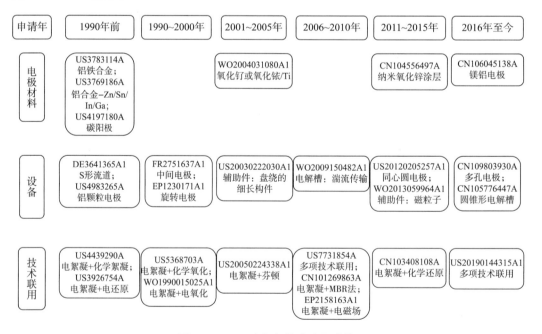

图 3-2-20 电絮凝技术发展脉络

3.2.4.1　电极材料

电絮凝的电极材料可大致分为金属、氧化物和碳三个类型，具体如下。

（1）金属

1972年，三井公司提出在铝基体中添加铁以形成铝铁合金，从而提高电极的离子化趋势，实现电解效率的提高（US3783114A）。

2010年以后，以铝、铁为代表的常规金属电极材料并未从市场上退出，中外申请人对此均有专利布局；与此同时，以镁或镁合金为代表的电极材料也占据专利申请的主要地位，例如，北京矿冶科技集团有限公司在2016年申请了镁合金阳极的相关专利（CN106045138A）。

（2）氧化物

氧化物电极的使用往往是为了提高电气浮的效率，其能够产生细小均匀的气泡，从而利于气浮过程的进行。与氯碱工业的阳极相类似，早期的氧化物涂层以 PbO_2 为主，同时兼具一些金属 – 氧化物的联合使用技术，例如，三井公司在1972年提出以铝合金 – Zn/Sn/In/Ga 构成阳极材料，在电解过程中形成氧化物并附着在电极表面，从而保证电絮凝的持续进行，解决由于所述电池电压升高引起的问题（US3769186A）。此后，由于铅的环境污染问题和对析氢、析氧过电位的降低问题，采用铂族金属氧化物构成的尺寸稳定阳极占据越来越大的比例。例如，以圣戈班集团为代表的申请人在2003年提出在钛网表面沉积氧化钌或氧化铱/Ti，构成氧化物电极以便提高电极效率（WO2004031080A1）。2015年，中国矿业大学提出在阴、阳极材料上涂覆纳米氧化锌涂层，利用纳米氧化锌的光催化功能促进污染物的去除（CN104556497A）。

（3）碳

碳阳极的专利占比并不突出，早期的专利申请体现在阿克苏诺贝尔集团公司于1978年申请的专利，其采用碳纤维构成电极材质，用于产生气泡进行电气浮处理（US4197180A）。

3.2.4.2　设备

（1）电极结构

电极结构的改进路线可大致分为电极形状和排列方式、辅助件的设置和多孔电极结构三个方向。其中对电极形状和排列方式的设计和调整主要是为了改进电解效率；辅助件的设置中较为常见的是电极表面的清洁部件，用于更新电极的表面状态从而保持电化学活性；多孔电极结构主要是为了使电解过程中产生的气体更易透过电极，从而达到电气浮的目的。

1）电极形状和排列方式

常见的电极形状包括平板形和圆筒形，在早期的文献中已有所报道，直到现在这两种构型仍然被广泛使用。平板形是指阴极和阳极为平板状，以相互平行的方式交替布置在电解槽中。为了延长电絮凝的反应路径、保证污染物的去除效果，在布置平板电极时还可将阴极和阳极交错布置，以便形成 S 形的流通路径（DE3641365A1）。圆筒形是指阴阳极为直径不同的圆筒状，以同心圆的形式交替布置在筒型电解槽中。这类装置往往具有处理量大、占地面积小等特点。围绕上述两种基本形状构型，其后发展的技术采用螺旋式或阵列式的排布方式。

1996年，波菲玛设计了一种电解槽，其在阴阳极板之间增设中间电极，这种中间电极的引入实际上起到双极板的作用，从而使电解槽能够在高电压低电流下运行、提高电解效率（FR2751637A1）。

能源有限责任公司在2011年提出采用多组同心圆电极，其中每组电极包括中空主电极、次级电极和第三电极，电极将电解槽分隔成两个环形室，应用时主电极和第三电极分别实现絮凝和气浮过程——在空心主电极和次级电极之间施加电势，使离子分散在整个液体介质中，从而在电极内产生至少一个颗粒的静电荷液体介质改变；将液体介质从至少一个反应器容器引导至分离容器；向分离容器内的第三电极施加电势，该电势导致产生微气泡，该微气泡附着在液体介质中的絮凝材料上并使絮凝的材料漂浮到液体介质的上表面，通过分离絮凝物达到去除小颗粒污染物的目的（US20120205257A1），其结构如图3-2-21所示。

除上述平板形和圆筒形的技术改进之外，还有一些改变以往静态流通的处理方式，常见的包括采用旋转电极和颗粒电极。

1989年，约玛·卡布希基设计了一种使用铝颗粒电极的电解槽，两个不同电性的极板分设于电解槽的上方和下方，上下两电极板之间填充有多个球形件形式的材料，这些部件由具有很大电离趋势的可溶金属制成，例如铝合金，通过这种方式可以提高污染物的去除效率（US4983265A），其电解槽结构如图3-2-22所示。

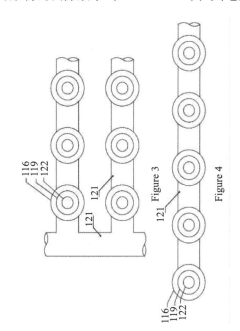

图3-2-21 重点专利
US20120205257A1 的结构

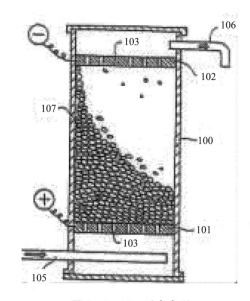

图3-2-22 重点专利
US4983265A 的电解槽结构

旋转电极的例子有杜桑·塞波等在 2000 年设计的结构，这种电极类似涡轮机的叶片，阴阳极板以叶片的形式交替布置在主轴上，复合电极可绕径向旋转，在机械旋转的作用下电絮凝的效率得到提高，从而提高污染物的处理效率（EP1230171A1），其电极结构如图 3 - 2 - 23 所示。

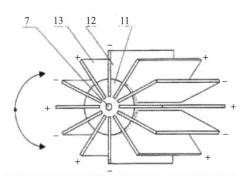

图 3 - 2 - 23　重点专利 EP1230171A1 的电极结构

2）辅助件的设置

辅助件是用于辅助电絮凝电极工作的组件，常见的辅助件大多基于电极的清洁、再生而设置。

2000 年之前主要是设置刮削件来清洁电极，2000 年之后，对于电极清洁的结构和方式有所调整，首先表现在通过阴阳极之间的辅助件形成阳极的冲刷流道。如戴维等在 2003 年提出的细长构件设计，具体是使阳极形成中心纵向构件，螺旋阴极包括围绕阳极螺旋盘绕的细长构件，由此溶液在细长构件中流动的同时能够冲刷阳极板，起到自动清洁的作用（US20030222030A1），其结构如图 3 - 2 - 24 所示。

其次，技术改进还表现在利用液相分散的颗粒代替机械刮削装置完成电极的清洁。如通用电气公司在 2012 年提出在电极间设置电极磁粒子，当电极基板处于可控的磁场中时，电极磁粒子于磁场之场线中对齐且经吸引移动至电极基板表面，在磁力的作用下，磁粒子直接或间接地移动并接触电极基板的表面，从而实现电极基板的清洁（WO201359964A1）。

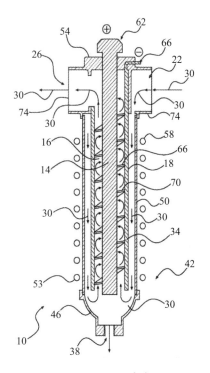

图 3 - 2 - 24　重点专利 US20030222030A1 的结构

3）多孔电极结构

多孔电极可增大阳极比表面积，并使电解产生的气体能够有效排出，达到电气浮的效果。早期主要是对阳极的孔隙进行改进。直到 2017 年由霍加纳斯股份有限公司提出的申请对此进行较多改进，限定阳极是多孔并透水的，在装置中设置压力系统，由此电解产生的气体和絮凝物在压力的作用下穿过阳极，在阴阳极之间被排出释放，可达到降能耗的目的（CN109803930A）。

（2）电解槽

2008 年，洛佩兹·费尔南德斯设计了一种电解槽，在电解槽的入口处，处理液体形成湍流，而电极的极化使杂质凝结并从传输路径中分离，最后，纯净液体的湍流将通过至少一个基本圆柱形的第一通道从电解槽流出；该结构具有较低成本并能减少设备的维护时间（WO2009150482A1），其结构如图 3 - 2 - 25 所示。

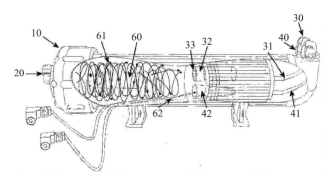

图 3 - 2 - 25　重点专利 WO2009150482A1 的结构

南京师范大学在 2016 年设计一种圆锥形电解槽，圆锥形单通道的设计可以避免多组平行电极设计造成的湍流、死体积、低效率的问题，污水直进直出，不会在反应池中淤积。通过缓慢旋转其中一极，能够加速污水的流动，有效洗刷牺牲阳极表面并将产生的絮凝物快速带走，从而显著提高电极的有效面积（CN105776447A）。

3.2.4.3　技术联用

（1）与化学絮凝联用

与化学絮凝联用的处理方式通常是向电解液中添加额外的絮凝剂，用于改善絮凝处理的效果。例如，诺华集团在 1981 年提出电解与化学絮凝的结合技术，通过加入凝结剂并进行电解，使乳液形成离散的油颗粒，借助于阴极产生的氢气漂浮这些油颗粒，从而实现油相的分离（US4439290A）。

（2）与化学氧化或还原联用

与添加剂中的氧化剂相类似，化学氧化试剂的加入主要是为了去除有机污染物，或通过化学氧化作用辅助电絮凝的进行。典型的专利有，安德科环境过程公司在 1992 年提出的化学氧化 - 电絮凝的砷离子污染物的处理方案，具体是向电解液中添加过氧化氢，使三价氧化态存在的砷被氧化为五价，进而产生含氧酸与氧化铁络合物，最后形成由砷酸铁和羟基三氧化二铁 - 羟基酸络合物组成的沉淀物（US5368703A）。当采用 H_2O_2 作为氧化试剂时，还可与阳极产生的铁离子形成电絮凝 - 芬顿的协同作用。例如，"工业技术研究院"在 2004 年提出向待处理污水中通入 H_2O_2，结合阳极反应实现电絮凝与电芬顿共同作用（US20050224338A1）。

利用化学还原的典型专利有中国科学院生态环境研究中心在 2013 年提出的化学 - 电絮凝联用的快速去除水中五价锑污染物的处理方法，外加的亚硫酸钠能够有效还原五价锑污染物，进而通过絮凝与共沉淀作用去除生成的三价锑污染物，从而使水中的锑污染物得到有效去除（CN103408108A）。

（3）与电解联用

典型的专利有以下两件。

安德科环境过程公司在 1973 年提出在电离介质中阳极产生不溶性铁化合物，同时使污染离子与电离介质发生阴极反应形成氢氧化物，从而产生不溶性铁化合物或与杂质离子的络合物，并从电离介质中除去所述不溶性铁化合物或与杂质离子的络合物（US3926754A）。

威龙公司在 1990 年提出一种电絮凝 - 电氧化联用的方案，包括向电极施加电压，以从阳极电解产生氧化的镁离子形成絮凝作用，并氧化水中的重金属杂质，使之形成不溶杂质并将其去除（WO1990015025A1）。

（4）与物理法联用

由于电絮凝的特点在于通过絮凝作用使污染物聚集、形成悬浮物，因此最为常见的联用方式是与过滤技术相联用。早期的专利并未关注过滤的方式，但随着技术的发展，电絮凝 - 超滤的联用出现了越来越多的专利布局。相关专利有 US20100126932A1、US20130075332A1 等。

除超滤外，与物理吸附、电磁、等离子等物理处理方式联用也是该领域的常见方式。例如，拉姆西·尤西夫·哈达德在 2007 年提出电絮凝 - 电磁场联用技术，在第一电解池中采用铝电极产生电絮凝，在第二电解池中采用钛芯电极进行电解处理，混合氧化物涂覆的钛电解池所产生的电磁场可有效地抑制管壁和罐壁上硬垢的形成（EP2158163A1）。

（5）与膜技术联用

随着膜技术的蓬勃发展，以膜生物反应器（MBR）为代表的处理技术受到越来越多的重视，也涌现出诸多电絮凝与膜技术的联用技术。

清华大学在 2008 年提出一种电絮凝 - MBR 联用的技术，利用电絮凝和 MBR 的组合工艺，即采用铁板或铝板为阳极电极，电极板电解产生铁离子或铝离子，与污水中的氢氧根离子、磷酸根离子形成絮体；有机物由 MBR 内的微生物降解后形成污泥，经微滤膜组件过滤的污染物被去除，从而达到从污水中去除磷和有机物的目的（CN101269863A）。

（6）与其他技术联用

水处理科技股份有限公司在 2007 年提出用于处理油气井钻井液并在完井后处理水的原位系统，该系统包括在储备坑中使用的流体处理单元和在该坑附近设置的水处理单元。在储备坑中的流体处理单元包括浮动电凝单元，用于使流体中的污染物不稳定并滴落稳定的沉淀物；然后，使用潜水泵将处理后的流体泵送到水处理单元中。水处理包括许多组件，包括预过滤器、活性炭过滤器和用于首先处理流体的热交换器；然后将经过过滤和加热的流体用管道输送到反渗透装置中，以除去盐和残留矿物质（US7731854A）。

回收服务有限公司在 2019 年提出一种处理压裂或钻井过程中产生的污水的方法，具体为：将污水移至第一水箱中，以沉降去除掉大块的固体，例如碎屑和金属颗粒，同时添加 pH 调节剂、凝结剂和气态臭氧；将受污染的水移动到第二个水箱中，在该水箱中经过预处理的水会经历电絮凝过程，当水在多个双金属板之间通过时，水会经受强直流电；之后，可以过滤水以去除由预处理和电絮凝处理产生的残留固体，或者可以使固体沉降；所产生的水可在压裂或钻井过程中重复使用（US20190144315A1）。

3.2.5 电渗析技术发展脉络

电渗析技术由于具有占地面积小、操作维护简便、能耗低等优点而被广泛用于污水处理、资源回收等领域。但是，在污水处理中还存在如下缺陷：①电渗析水处理是使水流在电场中流过，当施加一定电压后，靠近膜面的滞留层中电解质的盐类含量降低，水的解离度增大，易产生极化结垢和中性扰乱的现象；②电渗析器本身耗水量比较大，虽然极水全部回收，浓水部分回收或降低浓度进行回收，但是其耗水量依然比较大；③电渗析装置对原水净化要求比较高，需要增加过滤设备。为了解决上述问题，国内外创新主体主要从以下几个方面进行改进：膜材料、设备和技术联用等。通过对筛选出的电渗析技术专利进行梳理，绘制出如图 3-2-26 所示的技术发展脉络。

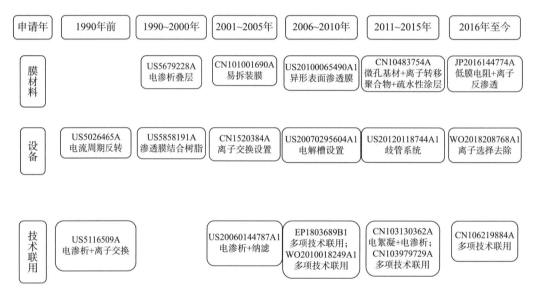

图 3-2-26 电渗析技术发展脉络

3.2.5.1 膜材料

对于膜材料的改进，主要集中如下两个方面。

（1）低成本和易维护性

通用电气公司在 1995 年提出了一种改进的电渗析叠层，其解决了二氧化硅的去除率以及难溶性钙和镁化合物沉淀的问题。所述叠层具有选自下组的一种或多种组分：①具有主要为磺酸基团的离子交换基团和少量弱酸性和/或弱碱性基团或膜的阳离子交换膜，阳离子交换颗粒选择性地作为稀释隔室中的填料；②阴离子交换膜，其具有仅作为离子交换基团的季铵和/或季鏻基团，并且基本上不含伯、仲、叔胺和/或鏻基团，阴离子交换颗粒选择性地作为稀释隔室中的填料（US5679228A）。

派克逊克斯公司在 2005 年提出一种织构形水分解膜，以保证膜的易拆装性能。所述膜包含：①邻接阳离子交换层的阴离子交换层，从而在它们之间形成异相水分解界面；②织构形表面，其具有包含彼此间隔的峰和谷的织构特征图案。膜还可以具有插在电化学池的外壳中的整体间隔物（CN101001690A）。

富马－特克功能膜片及设备工艺有限责任公司在 2008 年提出一种制造异形表面的离子渗透膜的方法，所述方法简单并能降低成本。该方法包括使成型元件与含有至少一种未固化聚合物膜接触，将成型元件压印到聚合物膜上并产生结构化凸起和/或凹陷（US20100065490A1）。

（2）改善电流效率

伊沃夸水处理技术有限责任公司在 2013 年提出一种离子交换膜，其兼顾成本和电流效率。该离子交换膜包括聚合物微孔基材、在所述基材上交联的离子转移聚合物层和在所述交联的离子转移聚合物上的疏水性涂层，所述疏水性涂层可以包含弱碱共聚物和有机硅酸盐化合物中的至少一种（CN10483754A）。

可乐丽公司在 2015 年提出一种具有低膜电阻和低离子反渗透率的离子交换膜，其通过设定离子交换膜特定的交联度，包含离子醇聚合物，使离子交换膜具有优异的离子反渗透性能、膜强度、尺寸稳定性和较低的膜电阻（JP2016144774A）。

3.2.5.2　设备

对于设备的改进，主要集中于以下三个方面。

（1）降低结垢倾向

通用电气公司在 1989 年提出将电去离子极性反转装置用于从液体中除去溶解的盐，通过周期性和对称地反转电极性，减少盐沉淀物、胶体、有机污染物和天然水中存在的其他杂质引起的结垢和结垢倾向。其主要方案在于，在离子消耗和离子浓缩室中使用等比例的阴离子和阳离子交换材料作为流体可渗透填料，同时采用周期性对称极性反转的方式进行处理（US5026465A），其装置结构如图 3 - 2 - 27 所示。

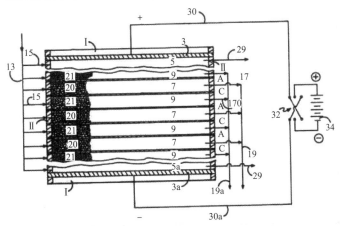

图 3 - 2 - 27　重点专利 US5026465A 的装置结构

伊沃夸水处理技术有限责任公司在2006年提出一种电分离系统，所述系统包括第一浓缩室和第一消耗室，其邻近第一浓缩室设置并且流体连接至水溶液源，所述第一浓缩室包含第一浓缩室、第一阳离子和第一阴离子；和第二消耗室，邻近第一浓缩室设置并流体连接到处理过的水源（US20070295604A1），其结构如图3-2-28所示。

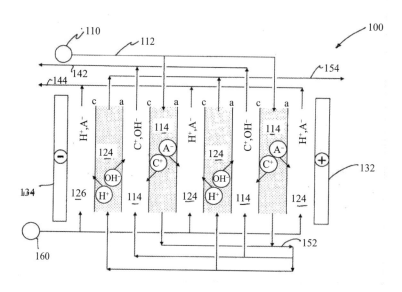

图3-2-28　重点专利US20070295604A1的结构

（2）去离子效能强化

伊沃夸水处理技术有限责任公司在1996年提出一种改进电去离子装置，其可以改善树脂再生程度和去离子性能。所述装置包括离子浓缩室、离子消耗室和电解质室，其中阴离子交换树脂和阳离子交换树脂的交替层位于离子消耗室中，阴离子交换树脂包含Ⅱ型阴离子树脂；在阴离子渗透膜和/或树脂中单独或与Ⅰ型阴离子材料结合的Ⅱ型阴离子材料可以改善电流分布（US5858191A），其结构如图3-2-29所示。

该公司在2002年又提出一种用电去离子设备对弱电解质去除能力进行改进的方法。所述设备由以下部分组成：第一层离子交换物质；第二层离子交换物质。其中，第一层离子交换物质由阳离子交换物质和/或阴离子交换物质组成，第二层离子交换物质由阴离子交换物质组成；这两层离子交换物质之间有流体交换；这两层离子交换物质中至少有一层含有掺杂物；该设备还可含有第三层离子交换物质，第三层离子交换物质由阴离子和/或阳离子交换物质组成，第三层离子交换物质与第二层离子交换物质之间有流体流动，其中离子交换物质为离子交换树脂（CN1520384A）。该公司于2018年又提出一种适于灌溉用水的方法，包括将预处理水供给电渗析装置，通过从预处理水中选择性地除去一价阴离子和/或一价阳离子物质，同时保留多价阴离子和/或多价阳离子物质，产生具有比预处理水更低的一价离子与多价离子比率的处理水流，并将处理过的水引导到灌溉水系统中。所述灌溉水系统，包括电渗析装置，包括稀释室入口、浓缩室入口、稀释出口和浓缩物出口；阴离子交换膜和阳离子交换膜，阴离子交换膜和阳离子交换膜中的至少一个是单价选择性的；阳极和阴极，并且在阳极和阴极之间施加电压，使通过电渗析装置的稀释室引入电渗析装置的水足以在电渗析装置中发生水分解的速度流动，并使处理过的水的 pH 相对于引入电渗析装置的水的 pH 降低；待处理的水源可在稀释室入口和浓缩室入口的上游流体连通；与稀释液出口流体连通的灌溉点（WO2018208768A1）。

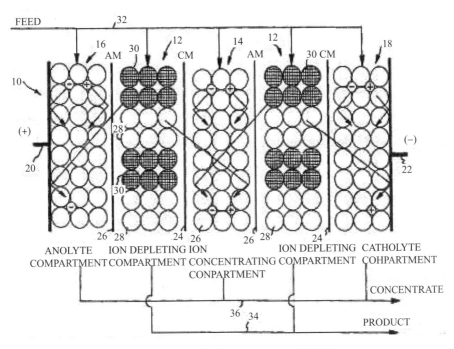

图 3 - 2 - 29 重点专利 US5858191A 的结构

（3）设备简化

西门子公司在 2011 年公开一种模块化电化学分离系统，其包括至少第一模块化单元和第二模块化单元；每个模块化单元可包括电池堆和框架，框架可包括歧管系统，框架中的流量分配系统及位于模块化单元之间的间隔物均可提高系统的电流效率（US20120118744A1），其结构如图 3 - 2 - 30 所示。

3.2.5.3 技术联用

密理博公司在 1989 年提出一种从液体中除去有机物和离子的方法，其中将紫外辐射氧化技术与电去离子技术进行联用，可以实现液体的连续处理。具体为，将待净化的水首先暴

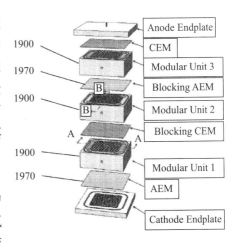

图 3 - 2 - 30 重点专利
US20120118744A1 的结构

露于紫外辐射以氧化液体中的有机物，然后使经紫外处理的水通过电去离子装置，该电去离子装置含有混合阴离子和阳离子交换树脂珠粒的离子消耗室和在具有阳极和阴极的给定分离阶段中的离子浓缩室；使第二种液体通过浓缩室，该浓缩室不含或填充有离子交换树脂珠粒，在直流电势的影响下，离子通过离子渗透膜从耗尽室进入浓缩室；电去离子装置可以与紫外辐射步骤一起连续操作（US5116509A）。

EET 公司在 2005 年的专利中将纳米过滤技术与电渗析技术联用，对未经电渗析处理的原水进行预处理，相比单个技术使用效率提高。具体而言，其提供一种综合处理系统，使用电渗析和压力驱动膜将液体去离子和净化至接近纯净的质量，以便在工业或市政操作中使用或再利用。该集成系统包括预先过滤污染的进料液体的步骤，将被过滤液体混合以准备在平行或顺序处理步骤中利用纳滤或反渗透处理该混合液体，进行或之后进行集成的电渗析处理。控制装置根据混合液体中的导电性和残留污染物选择性地将混合液体引导到每个处理单元以进行并行或串联处理（US20060144787A1）。

通用电气公司在 2011 年公开了一种水处理装置，通过电絮凝、清洗沉淀与电渗析联用，可以降低电渗析结垢风险。具体而言，该装置包括：电絮凝单元，其处理进水以产生含盐量低于进水的电絮凝净化水；电分离单元，其处理电絮凝净化水以获得含盐量比电絮凝净化水低的产品水；沉淀单元，其提供清洗电分离单元后变为流回沉淀单元的排出水的清洗水，沉淀单元中的沉淀导致清洗水的含盐量比排出水低（CN103130362A）。

3.2.5.4 其他电渗析技术

电渗析技术还存在电渗析与其他方法联用的工艺，从以下几种污水类型进行分析。

（1）电力、燃煤和脱硫污水处理

安萨尔多能源公司在 2006 年提出了用于处理电力站工业设备水的系统，其包括用于处理生物水的生物部分，用于处理油性的脱油部分，用于处理酸性/碱性水的中和部分、去矿质部分和结晶部分，其在去矿质部分的下游串联设置；在去矿质部分中提供在生物部分、脱油部分和中和部分中处理的水，并提供用于工厂操作的软化水；去矿质部分具有三级反渗透单元，其产生由电去离子单元处理的渗透物；由此能够最大程度地回收和完全再利用工艺用水（EP1803689B1）。

中国华能集团有限公司在 2014 年提出一种脱硫污水循环利用及零排放系统及方法，包括依次相连的脱硫塔、过滤装置以及纳滤装置，纳滤装置的入口处设有阻垢剂加药装置，纳滤装置的浓水出口与脱硫塔相连，纳滤装置的淡水出口与盐水浓缩装置相连，盐水浓缩装置的淡水出口与淡水箱相连，盐水浓缩装置的浓水出口与结晶器相连，结晶器的冷凝水出口与淡水箱相连；结晶器的固体出口设有干燥封装机。脱硫塔排出的脱硫污水进行过滤后送入纳滤装置，纳滤浓水返回脱硫塔，纳滤淡水经盐水浓缩装置处理，然后通过结晶器结晶，得到的淡水回收在淡水箱中回用，盐分析出干燥成结晶盐封装后外运，从而实现脱硫污水的零排放，能提高回收的淡水品质，且节约化学药剂和运行费用（CN103979729A）。

（2）高盐污水处理

海水淡化整体系统公司在 2009 年提出一种用于工业污水和微咸水的脱盐/净化的

改进设备，其能够零液体排放，包括蒸发器和结晶器的热处理模块；用于沉淀结壳钙盐和镁盐的化学处理模块；混合容器；使用任何电力系统的电源和热源；除硼过滤器或膜；净化模块，用于调节盐度和其他参数。该方案还包括使用离子交换树脂，分配化学处理的处理模块、机械蒸汽压缩模块或电渗析模块和植物出口处的纳滤模块（WO2010018249A1）。

（3）氨氮污水处理

维尔利环境工程常州有限公司在 2016 年提出一种高氨氮垃圾渗滤液的处理方法，通过砂滤除杂处理截留垃圾渗滤液中的颗粒物和悬浮物，通过电解除垢处理降低渗滤液的总硬度和碱度，避免后续工艺段出现结垢问题，通过多介质过滤处理降低软化渗滤液的悬浮物和浊度，通过电渗析处理将无机盐分与有机物分离，将氨氮转移至浓水侧而进行回收，让电渗析所产生低氨氮淡水和脱气膜排水进入 MBR 进行处理，清液利用纳滤工艺保证达标排放，纳滤浓液回流至 MBR。该方案将脱氨预处理工艺和膜深度处理工艺结合，组合工艺处理效果好，运行稳定，不但可以解决高浓度氨氮渗滤液碳氮比失调难以生化处理的问题，还可以有效回收其中的氨氮（CN106219884A）。

电渗析技术还可用于其他有机污水及无机污水、生活污水的处理。

3.2.6　电吸附技术发展脉络

电吸附技术由于不涉及电子的得失，无须额外添加氧化剂、絮凝剂等，因此改进点主要集中于电极材料、设备和技术联用三个方面。通过对筛选出的电吸附专利进行梳理，绘制出如图 3 - 2 - 31 所示的技术发展脉络。

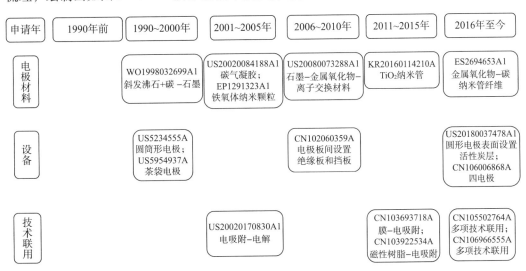

图 3 - 2 - 31　电吸附技术发展脉络

3.2.6.1　电极材料

电吸附的电极通常由具有高比表面积和吸附性的材料制成，常见的电极材料为活性炭。在现有技术的基础上，可按照以下三种类型对改进点进行分类。

（1）新型碳材料

叶夫根尼·根纳季耶维奇·阿布拉莫夫等在 1997 年提出采用斜发沸石和碳－石墨电极进行电吸附处理的技术方案（WO1998032699A1）。

加利福尼亚大学在 2002 年提出一种电极材料，这种电极材料中的电吸附介质从较为宽泛的组中选出：碳气凝胶复合物和填充体积的颗粒炭、碳气凝胶、金属或巴克敏斯特富勒烯（US20020084188A1）。

（2）主要由碳构成的复合材料

莫里森和福斯特在 2007 年设计了一种水净化系统，具有多孔阳极电极和多孔阴极电极，它们分别由石墨、至少一种金属氧化物和离子交换材料交联而成的可极化聚合物制成，并且任选地包含微通道（US20080073288A1）。

进口材料基金会在 2017 年提出一种电容式去离子电极，该电极包括涂覆有金属氧化物涂层的碳纳米管纤维，其使用可以增加复合材料的柔韧性，使电极能够以各种各样的构象生产，可以提高器件设计的通用性（ES2694653A1）。

（3）其他电极材料

Lih－Ren Shiue 等在 2001 年提出了一种铁氧体纳米颗粒构成的电极，铁氧体可选为水合铁化合物 $Fe_xO_yH_z$，其中 $1.0 \leqslant x \leqslant 3.0$、$0.0 \leqslant y \leqslant 4.0$ 和 $0.0 \leqslant z \leqslant 1.0$，并且颗粒的主要成分是预先合成的黑色磁铁矿（$Fe_3O_4$），之后，通过辊涂、粉末涂覆或电泳沉积，将所述纳米颗粒固定到合适的集电器上，以形成用于废物处理和脱盐的流通电容器（flowthrough capacitor，FTC）的保形的整体式电极；其原料廉价、制造过程快速且简单，具有节约成本的效果（EP1291323A1）。

首尔大学在 2015 年提出了一种使用纳米管阵列电极的电容性脱盐装置，在金属基材上形成具有纳米管阵列结构的金属氧化物层，所述氧化物层包括二氧化钛纳米管层（KR20160114210A）。

3.2.6.2 设备

电吸附的设备改进并不十分活跃，为了增大处理量，通常选用圆筒形电解槽，对于装置结构的改进也以层叠电极或复合电极为主。发展历程也不乏一些新型电极结构或电解槽结构，典型的专利有以下几件。

Jack K. Ibbott 在 1991 年提出一种电极结构，采用圆筒形的电极结构：每个电极具有所述电绝缘材料的覆盖物，所述覆盖物基本上围绕其整体延伸，使得每个所述电极被密封以免与流体直接接触；装置还包括电连接装置，所述电连接装置在所述电极的导电材料之间延伸并且直接电连接到所述电极的导电材料，以在所述装置中从所述电极之一通过待处理的流体流到所述电极之间建立电路；另一个所述电极，通过所述电连接装置连接到所述一个电极（US5234555A），其电极结构如图 3－2－32 所示。

斗山重工业建设有限公司在 2017 年也提出一件涉及装置结构改进的申请，将至少一对圆形电极设置在圆筒形外壳的内部，并在其中心形成一个孔。圆形中间电极在所述一对圆形电极之间彼此隔开给定距离并且在其中央形成有孔，在圆形电极彼此面对的表面上设置活性炭层，在每个圆形中间电极的两个表面上也设置活性炭层。这种模块能够抑制结垢，增加处理的进水量并提高污染物离子的去除效率（US20180037478A1），其设备结构如图 3-2-33 所示。

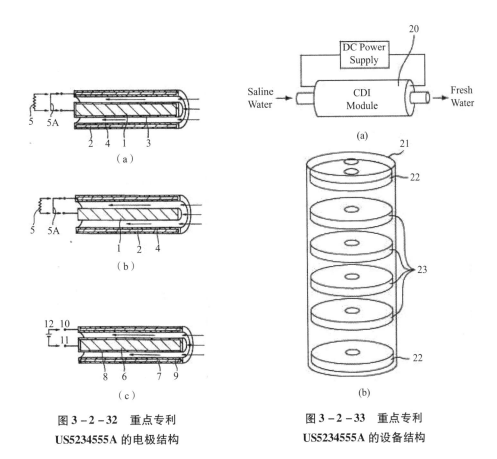

图 3-2-32　重点专利
US5234555A 的电极结构

图 3-2-33　重点专利
US5234555A 的设备结构

　　加利福尼亚大学在 1995 年对电极结构和装置结构进行较大调整，具体方案中包括一种茶袋电极和一种移动电极，其中茶袋电极包括容纳并约束导电材料的介电多孔袋，导电材料可以是碳气凝胶，电极带正电并充当阳极，而容器带负电并充当阴极，也可以将容器设置为电中性，而几个茶袋电极用作阳极，其他茶袋电极用作阴极；移动电极包括导线薄片等导体，流化珠粒由多个轮子支撑并由多个轮子移动（US5954937A），其设备结构如图 3-2-34 所示。

　　北京化工大学在 2010 年提出一种装置，其电极板包括电极片和集电板；每对两个电极板间有绝缘膜并设置挡板，最后把两端的支撑板压紧形成电吸附水处理模块，这种装置结构能够形成强的电场，使吸附效率增大；并且使工作电压和工作电流更加平衡，吸附更稳定（CN102060359A）。

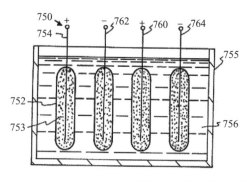 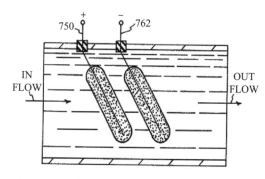

图 3 - 2 - 34　重点专利 US5954937A 的设备结构

南京师范大学在 2016 年提出一种新型四电极电容脱盐装置，包括配合设置的平板结构的阴极和阳极，在阴极和阳极之间的腔体内有倾斜设置的两块多孔电极板，两块多孔电极板之间的区域构成低盐出水区，多孔电极板与其相邻的阴极或阳极之间的区域分别构成高盐出水区；两块多孔电极板的设置能够阻隔湍流对由阴极和阳极之间施加的电场影响而产生的阴阳

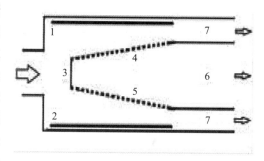

图 3 - 2 - 35　重点专利 CN106006868A 的结构

离子分离现象的破坏，且使得湍流导致的错位的阴阳离子在电场的作用下穿过多孔电极板而进入低盐出水区流出。这种装置结构使得高盐水在平板电容器内发生阴阳离子分离且分离效果不受湍流扰动，效率高、易用性强且易于维护（CN106006868A），其结构如图 3 - 2 - 35 所示。

3.2.6.3　技术联用

早期的专利并无与其他技术的联用。2000 年之后，针对污染物去除的不同需求，出现一些电吸附的联用技术，典型的专利有以下几件。

三洋电机在 2002 年提出了一种电吸附－电解联用的技术方案，主要针对微生物的去除，具体是：①将碳纤维构成的电极浸入待处理的水中，细菌、霉菌之类的微生物在其穿过碳纤维的表面时被捕获并保留在碳纤维的小孔中；②将碳纤维设定为负电势，碳纤维的表面 pH 增加，使原生动物等微生物的蛋白质变性/溶解，可以降低其耐热性，提高接下来要执行的杀菌效果；③使电流流经电极之间的待处理水和碳纤维以产生热量，由于产生的热量引起温度的上升，因此固定在碳纤维上的微生物被抑制（US20020170830A1）。

清华大学在 2013 年提出一种膜－电吸附联用的装置，装置的核心部件为膜－电吸附单元，膜－电吸附单元中作为负极的中孔碳电极表面覆盖阳离子交换膜，正极的中孔碳电极表面覆盖阴离子交换膜，离子交换膜之间设置一层框形绝缘隔离网，每个膜－电吸附组合单元两侧设置有导水板，靠近进水端的前导水板下部开有导水孔，靠近出水端的后导水板上部开有导水孔,中导水板在上下各有导水孔,待处理的盐水由进水口进入,经过下部导水孔均匀分布至各个膜 - 电吸附单元,水流在各个膜 - 电吸附单元中平行向上,由上部导水孔及出水口流出。该装置具有装配简单、除盐效率高、水力阻力小、能耗低等优势(CN103693718A)。

南京大学在 2014 年提出一种涉及磁性树脂吸附 - 电吸附联用的方案,其步骤为:将污水生化出水泵入添加磁性树脂颗粒的反应器中,有效降低污水中的色度、有机物、总氮、总磷;经充分混合吸附后的污水在沉淀槽中沉淀分离,将分离出的磁性树脂部分回流和部分输送至再生池,磁性树脂吸附后的污水通入电吸附装置,对污水进行脱盐,并进一步降低水中的少量有机物及无机杂质。经过深度处理后水中的有机物含量、色度、总氮、总磷以及总盐量等指标明显降低,且能使电吸附电极具有更长久的使用寿命(CN103922534A)。

由于电吸附处理获得的流体较为清洁,常见的技术是将电吸附技术设置于处理流程的后端。

清华大学在 2016 年提出一种处理焦化污水的联用方法,焦化污水的出口依次与臭氧催化氧化反应器、气液分离装置、过滤器、电吸附装置相连,通过臭氧催化氧化与电吸附的结合既能实现焦化污水深度处理回用,又能保证浓水的达标排放(CN105502764A)。

武汉大学在 2017 年也提出一种生物膜与电过滤联用的水处理一体化设备,该设备包含顺次连通的污水调节室生物膜法污水处理室、电过滤处理室,电过滤装置由微孔阳极和阴极组成,施加电压后,同时具备过滤、电析气自清洁、杀生等效应的优点(CN106966555A)。

3.2.7　生物电化学技术发展脉络

根据使用电能方式的差异,一般将生物电化学系统分成两类——微生物电解池(MEC)和微生物燃料电池(MFC)。其中,MEC 在产电微生物催化作用下,能够在污水处理的同时产生电能。MFC 则是在电场作用下,能够进行生物催化反应,实现污染物的处理;其改进点主要在于电极材料、设备、技术联用及添加剂等。通过对筛选出的专利进行梳理,绘制出如图 3 - 2 - 36 所示的技术发展脉络。

3.2.7.1　电极材料

大和塞图比建筑公司等在 1993 年提出一种反硝化处理方法,包括:通过在第一电极之间施加电压来还原水样品中的化合物,所述第一电极包括:①电导体;②生物催化剂,其中所述的生物催化剂是从由脱氮副球菌、脱氮微球菌等的组中选择,和第二电极,其包括电导体,所述电极浸没在所述水样品,施加电压以在电极表面产生氢气。其中,水的 pH 随着反硝化的进行而升高。在这种情况下,通过将二氧化碳气体吹入水中,可以将水维持在中性水平,这使得反硝化微生物表现出高活性(US5360522A)。

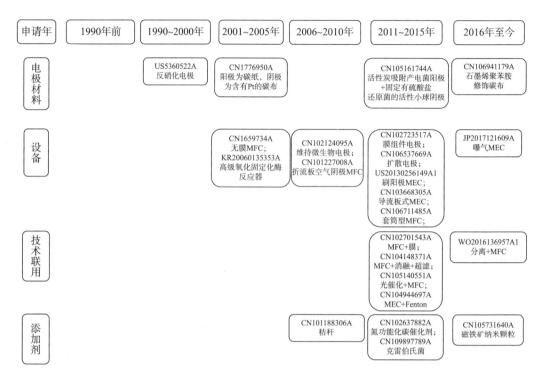

图 3 - 2 - 36　生物电化学技术发展脉络

哈尔滨工业大学在 2005 年提出一种从有机污水中发电空气阴极生物燃料电池,包括阳极和阴极,阳极和阴极分别置于圆柱形反应器的两端,反应器的上端的中部设有取样口,两端分别设有进水口和出水口,阳极材料为碳纸,阴极材料为含有金属 Pt 催化剂的碳布,阳极面积:阴极面积 = 3:1,阳极与阴极之间用铜导线相连接。该电池具有以下优点:第一,可以去掉质子交换摸,降低基建投资;第二,具有更低的内电阻,可获得更高的功率输出;第三,可以提高系统的电子回收率(CN1776950A)。

安徽工程大学在 2015 年提出一种生物阴极,由固定有硫酸盐还原菌的活性小球构成。该生物阴极可以有效固定硫酸盐还原菌,微型 MFC 以活性炭颗粒吸附产电菌为阳极,以固定有硫酸盐还原菌的活性小球为生物阴极,构成三维微型 MFC。利用该电极的微型 MFC 构成的处理装置可以处理酸性、含硫酸根和重金属离子的矿井污水和工业污水(CN105161744A)。

哈尔滨工业大学在 2017 年提出一种石墨烯聚苯胺修饰碳布电极材料的制备和加速生物阳极驯化的方法,其可以解决现有生物电化学阳极电子传递效率差的技术问题,具体为:使用石墨烯聚苯胺修饰碳布电极材料,利用石墨烯的表面性质增强电极的比表面积同时降低电极电阻,从而增强电极电子传递效率,聚苯胺的加入为电极表面增加大量氮元素,增强电极表面亲水性,由于微生物自带负离子,电极表面的氮正离子很容易吸附微生物,电极表面微生物亲和能力增强(CN106941179A)。

3.2.7.2 设备

（1）电极结构

1）MFC

犹他大学在 2009 年提出一种可使微生物和电位差充分结合用以从液体中去除目标化合物的电极结构。其具体包括设置两个活性表面，并使两个活性表面隔开预定的距离。活性表面可以被置于液体流内，并能够支持电荷的传输和微生物的生长。该方法还可以包括在活性表面上聚集形成的微生物群体，其中微生物群体能够转化或结合目标化合物；该方法还包括在两个活性表面之间施加电位差（CN102124095A）。

大连理工大学在 2012 年提出一种分离膜生物阴极 MFC 及污水处理方法，其反应池分为厌氧和好氧区，阳极置于厌氧区，阳极表面产电菌降解有机污染物并传递电子到阳极；膜组件形式阴极以不锈钢丝网包裹框架，置于好氧区，丝网表面驯化挂膜，生物膜外层为好氧硝化菌，内层厌氧反硝化菌可从电极上直接获得由阳极传递而来的电子进行反硝化。污水顺序流经厌氧和好氧区，经膜组件形式阴极过滤后，进入膜组件空腔，抽吸出水。其膜组件形式阴极个数可调，灵活变化生物阴极和膜过滤面积；并且污水可以低耗高效地同步完成脱碳除氮，并经膜过滤出水保障出水水质，同时从污染物中提取化学能形成电能输出（CN102723517A），其电解设备如图 3 - 2 - 37 所示。

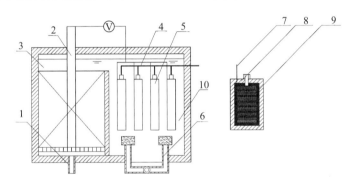

图 3 - 2 - 37 重点专利 CN102723517A 的电解设备

松下在 2015 年提出能够在抑制基于液相的腐蚀的同时降低电池的内部电阻的电极，其具备：第一扩散层具有疏水性，第二扩散层担载催化剂层，促进氧的扩散。所述电极还具备配置在第一扩散层与第二扩散层之间的导电层，该导电层含有金属材料和氧透过性材料（CN106537669A）。

2）MEC

亚利桑那州科技公司在 2013 年提供一种具有刷阳极的 MEC，其 MEC 被配置为圆柱形，具有同心设置的阳极、阴极和阴离子交换膜。该电解池可以包括空气喷射阳极和/或阴极。另外，在某些情况下，可将含 CO_2 的气体注入阴极室以降低 pH（US20130256149A1），其电解池排布如图 3 - 2 - 38 所示。

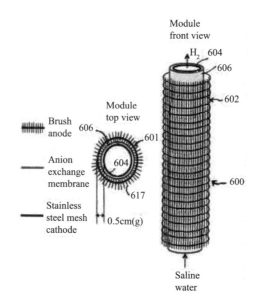

图 3 - 2 - 38   重点专利 US20130256149A1 的电解池排布

（2）电解槽

1）MFC

韩国科学技术院在 2003 年提供一种无须使用阳离子交换膜处理污水的 MFC，由此可以解决阳离子交换膜干扰阳极室内微生物新陈代谢期间的质子平稳转移、阳极室 pH 降低等问题。其具体包括一阳极室、一阴极室、用于分开这两个室的玻璃纤维和玻璃珠（CN1659734A），其设备结构如图 3 - 2 - 39 所示。

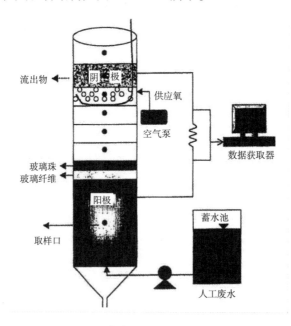

图 3 - 2 - 39   重点专利 CN1659734A 的设备结构

哈尔滨工业大学在2008年提出折流板空气阴极MFC，其空气阴极由表面上覆盖碳布的圆筒式塑料基体组成，所述基体上设有通孔，塑料折流板设置在空气阴极的一侧，塑料折流板的上端与密封盖的底面固定连接，塑料折流板的下部设有折流角板。其采用三维复合型阳极代替碳纸、碳布，可以提高生物的附着量，增加电子收集面积，提高输出的能量，增大接触面积，减少电极间距，降低反应器内阻，提高功率密度（CN101227008A）。

上海市环境科学研究院在2015年提出一种用于短程硝化生物脱氮的套筒型MFC，采用内外套筒型的MFC，可以短程硝化生物脱氮，结合膜曝气生物膜技术与生物阴极工艺，在硝化阶段通过控制膜内氧分压、进水pH、溶解氧浓度、进水氨氮浓度、反应温度等工艺条件，将氨氮氧化控制在亚硝化阶段然后直接进行反硝化脱氮。可在利用污水中的生物资源产生电能的同时，去除污水中的含碳有机化合物，同时实现硝化反应和反硝化反应的同步进行（CN106711485A）。

2）MEC

韩国光州科学技术院在2005年的专利中提出一种用于高级氧化水处理过程的电化学反应器。在电化学过程中，首先将水吸附在阳极表面上，并通过水解离现象产生氢离子，产生的氢离子通过阳离子交换膜移动到阴极室中，与在阴极表面注入的氧结合并还原成H_2O_2，由于H_2O_2活化酶中存在辅基，可以实现污水中有机物的氧化降解（KR20060135353A）。

哈尔滨工业大学在2014年提出一种内置多电极体系的导流板式MEC，可以解决目前MEC系统中阴极材料及其催化剂成本较高、MEC系统体积小从而产生的氢气和甲烷量低、发展有局限和难以规模化发展的技术问题。该电池包括阳极碳纤维、阴极钢网和折流板箱体；折流板箱体中的格室内设置多个阳极碳纤维刷和一个阴极钢网，阴极钢网为一个被折成两个互相垂直面的长方形钢网，多个阳极碳纤维刷从上至下排列，阴极钢网的两个面与阳极碳纤维刷的距离均为2~4cm（CN103668305A），其结构如图3-3-40所示。

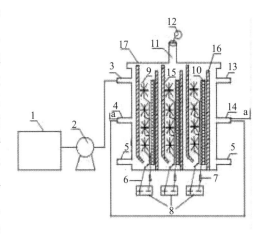

图3-2-40　重点专利CN103668305A的结构

日本农业·食品产业技术综合研究所在2016年提出一种具有高有机物分解能力和除氮能力的MEC，其主要通过在MEC中进行曝气，使有机物分解能力显著增加，还可去除氮。所述MEC包括容器，容器中含有有机物质和供电微生物的液体；阳极和阴极，阴阳极被布置成与液体接触；电压印模单元，用于在阳极和阴极之间施加电压使阳极电压低于阴极电压；以及用于将含氧气体注入液体的充气器。其中，曝气器间歇地将气体注入液体中；另外，根据阳极和阴极之间的电流来调节曝气器注入气体的量或时间（JP2017121609A），其结构如图3-2-41所示。

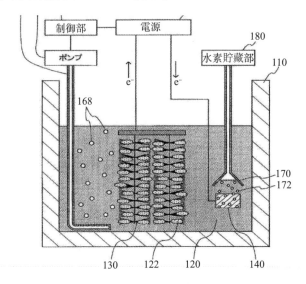

图3-2-41　重点专利JP2017121609A的结构

3.2.7.3　技术联用

天津工业大学在2012年提出一种将MFC与膜技术结合的水处理装置，阴极室内设置有阴极和膜组件；膜组件通过管路通入水箱；曝气泵通过管路与设置在阴极室内底部的曝气头连接；阳极室内设置有阳极，电压表和负载并联后，一端连接阳极，一端连接阴极；阳极室与阴极室之间设置有管道，在管道上设置有分隔膜；阳极室的顶部设置有排气孔，阴极室的底部通过管路与调节室连接，调节室通过管路与阳极室的底部连接。其可以兼有产电和膜处理效率高的优势（CN102701543A）。

中国环境科学研究院在2014年提出一种有机垃圾处理-能源再生的组合装置，主要结构包括酵素消融装置、MFC装置、三段式生物膜反应器和超滤装置。其机理在于，先用酵素消融装置将有机垃圾消融转换为液态，对部分有机物进行碳化处理并打断大分子有机物长链，提高其可生化性，再使用MFC装置将消融后的小分子有机物进行能源转化，将MFC应用于固体废弃物处理，处理后污水达到国家安全标准，可直接排放或作为中水回用（CN104148371A）。

浙江大学在2015年提出一种用于处理家具污水的MEC-芬顿联合处理装置及工艺，装置包括厌氧折流板反应区、好氧区、芬顿氧化区、二沉区。厌氧折流板反应区包括三个隔室；好氧区和芬顿氧化区中设有空气泵，二沉区中设有污泥回流泵与挡泥板；厌氧折流板反应区、好氧区与芬顿氧化区内分别设置有阳极电极、第一阴极电极、第二阴极电极三种电极，电极通过外电路与电源相连接。进水依次经好氧区、芬顿氧化区与二沉区处理后排放。该一体化系统不仅在原有的微生物处理技术上可以起到极大的强化作用，而且通过利用MEC为芬顿氧化区提供H_2O_2，可以解决传统芬顿氧化工艺能耗大的问题（CN104944697A）。

大连理工大学在 2015 年提出一种聚苯胺（PANI）/BiVO$_4$ 复合光催化剂与 MFC 耦合系统。其利用 MFC 在降解有机物时产生电能的特性，将其与 PANI/BiVO$_4$ 复合光催化阴极组合构成 PANI/BiVO$_4$ 光催化与 MFC 耦合系统，2 小时内对罗丹明 B 的降解率达到 84%，在酸性条件下（pH = 3）耦合系统 30 分钟内罗丹明 B 降解效率达到 94%；该耦合系统在无光条件下催化罗丹明 B 降解率为 62%（CN105140551A）。

东丽在 2016 年提出利用一种能够浓缩水中有机物的分离装置，并设法提高 MFC 的效率，以减少设备能耗。其具体提供一种处理含有机材料的水的方法，该方法包括用水分离装置将含有机材料的水分离成冷凝水和处理水，然后用微生物燃料对冷凝水进行生物处理（WO2016136957A1）。

3.2.7.4 添加剂

哈尔滨工业大学在 2007 年提出将秸秆固体用于 MFC 中进行发电，其直接利用农作物废弃物作为 MFC 的添加剂进行利用（CN101188306A）。

东华大学在 2012 年提出一种无金属掺杂氮功能化碳催化剂，其主要采用碳材料和含氮大环化合物构成，用于燃料电池用膜电极结合体，显著提高对氧的催化活性（CN102637882A）。

梨花女子大学在 2015 年提出一种新型克雷伯氏菌属 IR21（Klebsiella sp. IR21）或念珠菌属（Candida sp. IR11）菌株，利用该菌株不仅可同时实现对高 COD 值的污水的净化及产电，而且还可研制出一种无须外部电源即可运行的含 MFC 的污水处理装置（CN109897789A）。

浙江大学在 2016 年提出一种磁铁矿强化生物电极耦合型升流式厌氧污泥床（UASB）装置，其中通过投加磁铁矿纳米颗粒强化微生物与电极之间的直接电子传递，最终可实现厌氧生物反应器快速启动、污泥颗粒化以及产能性能提升（CN105731640A）。

3.2.8 光催化技术发展脉络

通过对筛选出的光催化技术专利进行梳理，绘制出如图 3 - 2 - 42 所示的技术发展脉络。

3.2.8.1 光催化剂

1977 年，拜耳公司提出一种污水处理方法，其是将污水与 O$_2$ 接触，且同时在紫外线照射下与光活性固体催化剂（I）——TiO$_2$ 相接触，污水中的有机物在常压和低于 100 度的条件下就能够发生光氧化反应（DE2729760A1）。

为了提高光催化剂的重复使用率，1993 年，密歇根技术控制公司提供了一种用于处理流体中有机污染物的光催化氧化的设备，其包括反应器和固定在载体材料上的光催化剂（TiO$_2$ 或 Pt - TiO$_2$）。其中，反应器的外壁由透射紫外线的材料构成；载体材料可以是紫外线可透射的，也可以是吸附剂材料如硅胶（US5501801A）。

2007 年，比尔吉尔·尼尔森提出一种用于处理压载水以达到国际海事组织（IMO）压载水标准的设备和方法，包括由铜镍装配而成的反应器，用于接收和排出压载水，紫外线源用于在铜镍存在的情况下辐射水以产生对有机体和微生物具有杀生和杀菌效果的自由基（CN101883738A）。

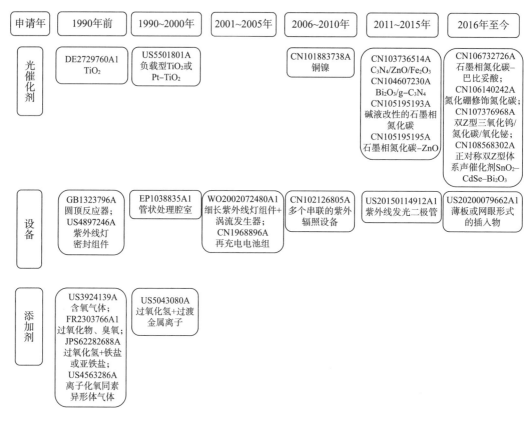

图 3 - 2 - 42　光催化技术发展脉络

2014 年和 2015 年，阜阳师范学院在开发复合光催化剂方面比较活跃，其主要针对（石墨相）氮化碳进行改进，例如研制了氮化碳/ZnO/Fe₂O₃（CN103736514A）、In₂O₃/硼掺杂的石墨相氮化碳（CNB）（CN104549404A）、Bi₂O₃/石墨相氮化碳（CN104607230A）、碱溶液改性的石墨相氮化碳（CN105195193A）、石墨相氮化碳 - ZnO（CN105195195A）等。上述光催化剂在光催化降解染料污水方面均具有显著效果。

2016 年，阜阳师范学院还提供一种光催化剂 CNB - BA，该光催化剂中 CNB 与巴比妥酸的重量比为 0.5g∶（1 ~ 60）mg，其在紫外光下对甲基橙等有机染料具有良好的催化降解效率，所述催化剂是以硼源与碳氮源进行化合反应制得的 CNB，再经过巴比妥酸对 CNB 进行改性。该方法操作简单，绿色环保（CN106732726A）。

同年，河海大学提供一种可见光响应型氮化硼修饰氮化碳光催化剂及其制备方法和应用，该光催化剂的氮化碳为片层结构，氮化硼呈纱状附着在氮化碳片层表面，其是先以尿素和硼酸为原料制备得到氮化硼，再将块状的氮化碳转化为层状的氮化碳，然后通过超声辅助将氮化硼掺杂至氮化碳中，最后煅烧得到氮化硼修饰氮化碳光催化剂；该光催化剂可用于降解水中的持续性污染物与染料等有机物，其可将氮化碳的带隙从 2.7eV 减少至 2.59eV，可增强氮化碳光催化剂对可见光的利用率，且能更加充分高效地利用太阳能（CN106140242A）。

2017 年，湖南大学提出一种三氧化钨/氮化碳/氧化铋双 Z 型光催化剂及其制备方法和应用，该双 Z 型光催化剂以氮化碳为载体，氮化碳上修饰有三氧化钨和氧化铋。其制备方法包括将五水硝酸铋、钨酸与三聚氰胺混合、研磨、煅烧，得到三氧化钨/氮化碳/氧化铋双 Z 型光催化剂；所述双 Z 型光催化剂具有光吸收能力强、光生电子空穴分离效率高、光催化活性高、氧化还原能力强等优点，其制备方法具有合成方法简便、原料成本低、耗能少、耗时短、条件易控等优点，适于连续大规模批量生产，便于工业化利用，其可用于降解抗生素污水，具有应用方法简单、降解效率高、耐腐蚀性能强、光催化性能稳定性好的优点，有很好的实际应用前景（CN107376968A）。

2018 年，辽宁大学提出一种正对称双 Z 型体系声催化剂 $SnO_2 - CdSe - Bi_2O_3$ 及其制备方法和应用。将 SnO_2、Bi_2O_3 和 CdSe 粉末加入蒸馏水中，调节所得混合溶液 pH = 5，超声分散 10 分钟后，磁力搅拌 4~6 小时，所得产物用蒸馏水洗涤，离心，80℃干燥，最后于 450℃煅烧 2 小时，研磨，得正对称双 Z 型体系声催化剂 $SnO_2 - CdSe - Bi_2O_3$。该正对称双 Z 型体系声催化剂 $SnO_2 - CdSe - Bi_2O_3$ 可有效抑制光生电子和空穴的复合，扩宽光的响应范围，同时也可提供更多的空穴进行声催化降解，合成的 $SnO_2 - CdSe - Bi_2O_3$ 应用于超声降解有机染料污水中，具有很高的声催化降解活性（CN108568302A）。

3.2.8.2　设备

1971 年，美国康特耐克斯公司提出一种使用紫外线照射处理污水的设备，其中网孔填充了圆顶壁中的孔，可防止气压的过度积累；此外，为了增强液体与圆顶内的大气之间的接触，可将包含球状颗粒的网筛或多孔篮支撑在容器壁的环形唇上，以拦截下落的液体并使之碎裂（GB1323796A）。

1988 年，过氧化系统公司提出一种用于处理有机污染的水和废液的氧化室，其包括一个灯密封组件，该组件可容纳紫外线灯的热膨胀，同时保护灯不与被处理的液体直接接触。灯泡密封组件便于更换烧坏的灯泡，并有助于清洁灯泡周围的保护管；另外其还提供了一种特殊设计的挡板和分配器族，使得该腔室可以简单地通过用另一组分配器代替一组分配器来适应宽范围的流速（US4897246A）。

2000 年，美国紫外系统公司提出一种管状处理腔室，该管状处理腔室的轴线大体上垂直，并且布置成允许液体从罐流入腔室的下端并向上通过。腔室的上端布置为堰，液体可在堰上流动到出口导管中。中空芯同轴地布置在腔室内，并且其上端也布置为堰，以便液体可溢出到核心。芯的下端连接到出口管道，并且紫外线消毒处理灯布置在腔室壁与芯之间的环形流动通道内（EP1038835A1）。

2002 年，日本光科学株式会社提出一种水净化设备，包括多个细长的紫外线灯组件，其适于浸入水中的水沿纵向流过的开放通道中；细长的紫外线灯组件由框架支撑，与细长紫外线灯组件相关联的镇流器可以位于水位以上或浸入水中并与每个细长紫外线灯组件相邻，至少一个涡流发生器位于所述细长紫外线灯组件的上游并排，至少一个涡流发生器在通过通道的水流中引起湍流（WO2002072480A1）。

2005 年，捷通国际有限公司提出一种水处理系统，其具有可通过手动发电机进行再充电的电池组，因此不需要外部电源；所述水处理系统利用所述可再充电的电池组为泵和紫外灯供电；在水通过过滤器后，所述紫外灯对被泵送通过所述设备的水进行处理（CN1968896A）。

2010年，东芝公司提出一种对诸如自来水或地下水的原水进行杀菌、消毒和去活的紫外辐照系统，包括多个串联连接的紫外辐照设备和配置为控制所述紫外辐照设备的控制器；即使在紫外灯的输出功率出现下降时，所述紫外辐照系统也能保持消毒、杀菌和去活能力（CN102126805A）。

2014年，哥伦比亚大学等提出一种与紫外线发光二极管（UV-LED）配合使用的反应器，可在流体流中实现紫外光反应或紫外光引发的反应，以用于包括水净化在内的各种应用；UV-LED反应器包括一个用于使流体通过的导管装置，一个UV-LED和一个辐射聚焦元件，以将UV-LED辐射沿导管的纵向聚焦在流体上；该反应器可以包括光催化剂或化学氧化剂，其由紫外线激活用于光催化和光引发的反应（US20150114912A1）。

2019年，苏利斯水国际公司提出一种水处理装置，包括：带盖的透明容器，其被太阳反射器包围；以及薄板或网眼形式的插入物，该插入物涂覆有TiO_2并作为水消毒催化剂。容器装满非饮用水，盖上盖子，并置于直射阳光下。直射和反射的阳光通过透明的容器和盖子进入水中，通过紫外线辐射和太阳热能对水进行消毒。此外，插入物上的催化剂与水中的溶解氧反应生成活性氧，这些反应性物质也能够与水中的有机化合物发生反应并分解、杀死病原体。此外，活性氧还与水本身反应生成其他自由基，利于污染物的去除（US20200079662A1）。

3.2.8.3 添加剂

对于添加剂的研发，大部分出现在20世纪90年代以前，典型的专利有以下几件。

1974年，东丽提出一种改进的用于净化水的光氧化装置，其具有至少两个反应室，每个反应室均通过水通道与相邻的室相连，并且在每个室中具有实际上垂直浸入待处理水中的紫外线源，并通过放置的支架固定在水面之上。该设备还配备有喷嘴，通过这些喷嘴供应通常包含氧气的气体，并且在这些腔室或分区中的至少两个腔室中有用于氧化剂、催化剂或光敏剂的入口（US3924139A）。

1975年，阿奎他汀石油公司通过向污水中添加过氧化物包括臭氧，然后用紫外线照射污水的方法，可提高除污效率，过氧化物可以是H_2O_2或过氧酸，例如过一硫酸、过二硫酸、过磷酸、过乙酸或它们的盐（FR2303766A1）。

进一步地，1986年，日本电装公司提出向原水中添加过量的H_2O_2和亚铁盐或铁盐来再生高纯水，在水中进行氧化分解反应，然后向其辐射紫外线以重新活化残留的H_2O_2（JPS62282688A）。

类似地，1990年，太阳能化学企业股份有限公司提供一种处理含有机污染物的液体流出物或地下水的方法，其是将含有有机污染物的液体流出物或地下水与H_2O_2和过渡金属离子接触，H_2O_2和过渡金属离子的存在量基于液体流出物或地下水中有机污染物的浓度而定；然后，用多色输出200~400nm的紫外光照射液体流出物或地下水，以分解有机污染物，选择合适的H_2O_2与过渡金属离子的比例，以利于在照射步骤中

H_2O_2 对紫外光的吸收（US5043080A）。

另外，1984 年，Johnson Dennis E. J. 等提出一种水净化装置，其使用多种（多价）离子电荷形式（与普通化学处理物质不同）的离子化氧同素异形体气体作为水处理剂，其中用于实施该发明的原料是周围大气，特别是其大气中的氧气。其提供布置具有多价氧离子同素异形体形成部位的气体流动路径，每个位置包括在环境空气流动路径内的磁通量场能量区，其特征在于相互作用的多极磁体在整个流动路径上施加通量场，以及一个或多个细长的氧气光解灯将紫外线通量电离的电子束辐射能量包裹在通量中（US4563286A）。

3.2.9　光电催化技术发展脉络

通过对筛选出的光电催化技术专利进行梳理，绘制出如图 3 - 2 - 43 所示的技术发展脉络。

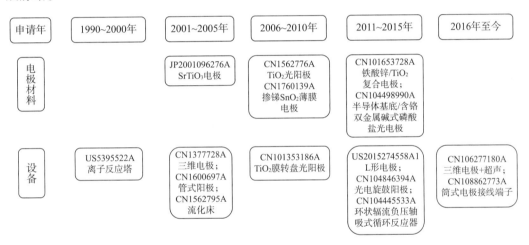

图 3 - 2 - 43　光电催化技术发展脉络

3.2.9.1　电极材料

松下在 1999 年提出一种水电解装置，其使用具有抗氧化性的 $SrTiO_3$ 作为电极（JP2001096276A）。

太原理工大学在 2004 年提出一种氧电极，由催化层和导电骨架构成，将该氧电极引入光电催化水处理体系，在 TiO_2 光阳极或 TiO_2 光催化颗粒发挥作用时，氧电极能同时发挥作用，使光、电催化反应有机结合，从而高效降解水中有机物（CN1562776A）。此后，针对 TiO_2 光电极，上海交通大学于 2008 年提出转盘结构电极（CN101254961A）以及斜板式液膜光电催化电极（CN101254962A）。此后还出现了贵金属负载或贵金属掺杂的 TiO_2 纳米管阵列电极以进一步提高光电催化活性，代表性专利有 CN102863046A、CN104694991A。日本国立东北大学在 2009 年优化了制备性能优异的金红石结构 TiO_2 光电极的方法（US20110160047A1）。

太原理工大学在 2005 年提出一种掺锑 SnO_2 薄膜电极，该电极能够捕获光生电子，或与空气氧电极联合生产羟基自由基，同时直接电化学氧化水中的有机污染物（CN1760139A）。

大连理工大学在 2009 年提出一种铁酸锌/二氧化钛纳米复合电极，可以降解有机污染物，其复合可见光光催化剂的光催化活性及其稳定性都得到提高，具有较好光吸收性能（CN101653728A）。

北京化工大学在 2014 年提出一种半导体基底/含铬双金属碱式磷酸盐光电极，其利用镀铬废液为原料，沉积含铬双金属碱式磷酸盐，用以增强光电极材料的性能，有效处理了重金属污染物，并能够有效利用污/废金属资源进行污水处理（CN104498990A）。

3.2.9.2 设备

（1）电极结构

中山大学在 2002 年提出一种三维电极，其以压缩空气为气源；以活性炭或者石墨填充床为三维粒子电极；以耐腐蚀的金属钛作为馈电极的材料，阳极为金属钛网，阴极为孔径 15 ~ 25μm 的商业微孔钛板。该三维电极构成能电致 H_2O_2 产生的三相三维电极反应器（CN1377728A）。

浙江大学在 2004 年提出一种管式阳极，其将均相光化学氧化和电化学氧化集成到一个反应器中，结构紧凑。电化学反应产生的微小氧气泡，将随水力流动进入光化学氧化区域；而这些气泡会增加污水中溶解氧的浓度，从而促进光化学氧化作用。这些溶解氧也可能通过电化学阴极还原作用形成 H_2O_2，并在紫外光照射下形成氧化能力更强的羟基自由基，从而高效降解有机污染物（CN1600697A）。

上海交通大学在 2008 年提出一种 TiO_2 膜转盘光阳极，其可以降低激发光在有机污水中传输时被溶液吸收而造成的光损失，提高激发光的利用率。同时，利用金属与 N - 型半导体 TiO_2 接触形成的肖特基势垒而不是外加偏压将 TiO_2 膜转盘光阳极表面的光生电子转移到转盘阴极表面，可以降低能耗。并且，在阴极转盘表面，光生电子与阴极转盘表面的饱和溶解氧反应生成 H_2O_2，进而参与有机污染物的氧化而将光生电子加以应用，由此可以实现双转盘的双极氧化，提高降解效率。另外，转盘的转动可以加快电极表面和主体溶液物质的交换更新，强化传质（CN101353186A）。

乔纳森·查尔斯·麦克莱恩在 2014 年的专利申请中提出一种紫外线流体反应器阴极和阳极，电极为 L 形，其优点在于能够使表面积最大化（US20150274558A1）。

上海交通大学在 2015 年提出一种光电旋鼓阳极，其利用疏水多孔膜将装置分为阴阳两区，膜两侧放置不同溶液以提供化学偏压，采用具有催化质子还原性能的材料（铂等）为阴极，并且将阴极区密封以隔绝空气，可以实现光阳极降解有机废物，外电路产生电流以及阴极产生氢气，实现将光能和有机废物的化学能转化成氢能和电能等可利用的能源形式（CN104846394A），其结构如图 3 - 2 - 44 所示。

哈尔滨工程大学在 2016 年专利中提出一种采用超声波强化三维电极光电催化反应体系。其中，超声空化作用产生的微射流能够清洗电极表面，避免被还原出的金属单质在粒子电极表面的沉积，延长粒子电极的使用寿命。同时，空化作用会分解水生产羟基自由基，可以增强反应体系的处理效果（CN106277180A）。

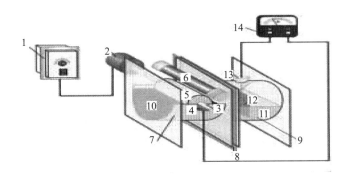

图 3 - 2 - 44　重点专利 CN104846394A 的结构

（2）电解槽

ANATEL 公司在 1993 年提出用于从水中去除有机材料的设备，其包括用于对水流中的有机物进行光催化氧化和/或电离的反应器以及用于从水流中去除反应器中形成的 CO_2、溶解的酸和离子化的有机物的离子交换塔。其中，电极为钛棒，电解槽内设置紫外线灯，将钛表面氧化为 TiO_2 参与光催化反应，外加电压（US5395522A），其结构如图 3 - 2 - 45 所示。

太原理工大学在 2004 年提出一种流化床光电催化有机水处理装置，通过流化床设计使得光电催化系统的传质得到改善（CN1562795A），其结构如图 3 - 2 - 46 所示。

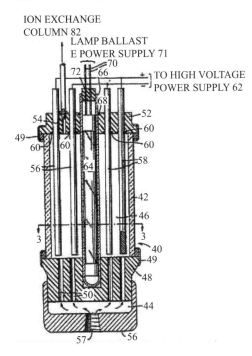

图 3 - 2 - 45　重点专利 US5395522A 的结构

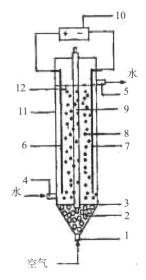

图 3 - 2 - 46　重点专利 CN1562795A 的结构

中国海洋石油集团有限公司在 2014 年提出一种环状辐流负压抽吸式内循环光电催化氧化反应器，其根据伯努利射流引力原理，当污水以高流速从反应器底部进水管经过液体喷射管喉道时，会在喉道处形成负压环境，这时反应器底部区域的污水就会通过辐流式环状进水器进入连接管道，进而通过液体喷射管喉道进入光电催化氧化反应系统阴阳极之间区域内形成循环流动。这部分污水与从进水口进入的污水混合，从而提高了循环的溶液总量，通过环状辐流负压抽吸式内循环进水系统能产生 2：1 ~ 5：1 的流率比率。该比率虽然和传统的曝气式内循环相类似，但是由于没有任何气体的进入，在相同的电流密度的条件下不会引起阴阳极间槽电压的增加，也不会降低紫外光在污水中的透过性，因此不会降低反应器的处理效果，并且大大降低吨水处理能耗（CN104445533A），其结构如图 3 - 2 - 47 所示。

山东尤根环保科技有限公司在 2018 年提出一种光电催化氧化混合处理废液污水的系统，其中，光电催化氧化单元通过筒式阳极接线端子和筒式阴极接线端子与外加直流电源相连，废液污水由光电催化氧化单元底部提升，污染物在柱形紫外光源、筒式阳极和筒式阴极的催化氧化作用下发生反应，从而实现污染物的彻底矿化（CN108862773A），其设备结构如图 3 - 2 - 48 所示。

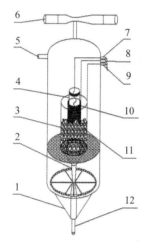

图 3 - 2 - 47　重点专利
CN104445533A 的结构

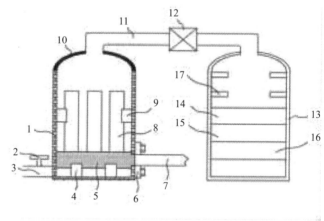

图 3 - 2 - 48　重点专利 CN108862773A 的设备结构

3.2.10　离子交换技术发展脉络

通过对筛选出的离子交换技术专利进行梳理，绘制出如图 3 - 2 - 49 所示的技术发展脉络。

3.2.10.1　树脂材料

1977 年，三菱通过在合成树脂载体上使用由无机吸附剂（碳质材料如活性炭等，硅铝复合材料如硅胶等）制成的配合物进行吸附过程和巴斯德除臭工艺，从而达到高效率、低成本净化水的目的（JPS5491955A）。

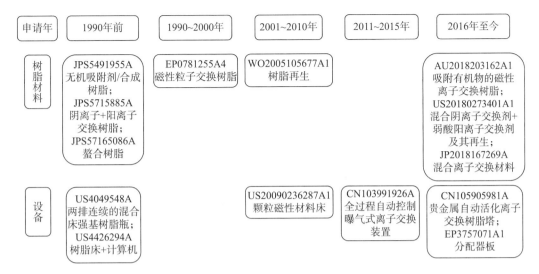

图 3 - 2 - 49　离子交换技术发展脉络

　　1980 年，三菱利用超纯水作为洗涤水，并通过活性炭和各种交换树脂处理主要被氟污染的洗涤污水，以经济方式回收污水，使其通过弱碱性阴离子交换树脂床以除去氟，再用强酸性阳离子交换树脂进行处理，从而除去钙和镁等阳离子（JPS5715885A）。

　　1981 年，三菱提出一种污水处理方法，其使污水流经多级串联的螯合树脂塔，并向流过每个螯合树脂塔的污水中添加氧化剂。具体为，使絮凝沉淀后的污水流过第一级螯合树脂塔，将氧化剂再次添加到污水中之后，使污水流过第二阶段螯合树脂塔，重复添加氧化剂并在螯合树脂塔中进行处理。其中的氧化剂可以使用亚氯酸盐、次氯酸盐、高锰酸盐、过硫酸盐、过氧化物等；螯合树脂，可以使用亚氨基二乙酸、多胺或双硫型，市售的双硫型树脂可以是 Sumichelate Q - 10 或 Eboras Z - 7（JPS57165086A）。

　　1995 年，南澳水务公司提出一种水处理方法，尤其涉及从水中除去溶解的有机碳的方法，该方法包括以下步骤：将离子交换树脂添加到含有诸如溶解的有机碳之类的污染物的水中，将树脂分散在被污染的水中以使溶解的有机碳能够吸附到树脂上，以及分离负载有污染物的树脂，所述离子交换树脂为磁性离子交换树脂（EP0781255A4）。

　　为了提高离子交换树脂材料的利用率，2005 年，澳瑞嘉澳大利亚私人有限公司提出一种连续再生负载有溶解有机碳的离子交换树脂的方法，该方法包括提供多个顺序连接的池体，包括第一单元和最后一个单元，以及任选的一个或多个中间单元；向各单元提供装有溶解有机碳的树脂和包含氯化物水溶液的再生剂；使所述树脂与再生剂接触，方法是将所述树脂以从第一单元依次通过中间单元直至最后一个单元的顺序连续流动，同时使所述再生剂从最后一个单元流动通过中间单元（WO2005105677A1）。

　　2018 年，澳瑞嘉澳大利亚私人有限公司等提出一种用于从含有不可接受的高浓度污染物的水中去除有机物和无机物的方法，所述方法包括：①以足以从所述水中吸附一定量的所述污染物的条件和时间，使以下物质的混合物在所述水中分散：能够吸附所述有机物质的磁性离子交换树脂或其他磁性吸附介质（"第一介质"）和磁性或非磁性离子交换树脂或其他吸附介质（"第二种介质"）；②分离负载有所述污染物的离子交换树脂或吸附介质的混合物；③任选地重复步骤①和②，直到所述污染物的浓度可以接受为止；④使步骤②中分离的负载离子交换树脂或吸附介质的混合物再生（AU2018203162A1）。

2018年，利希大学提出一种用于净化污水的方法以及一种双室净化系统，其中进水可以首先通过混合阴离子交换单元，然后通过弱酸阳离子交换单元，混合阴离子交换剂可包含具有双重功能吸附位点的混合吸附剂（HAIX-NanoZr）。弱酸阳离子交换剂可以是具有壳核物理构型的纤维，其具有相对短的颗粒内扩散路径长度，使得离子交换位点主要位于外围。该系统可用于实现水的淡化、降低总溶解固体或去除目标污染物（例如磷酸盐）。此外，可以使用 CO_2 再生系统作为杂化阴离子交换剂和弱酸阳离子交换剂的再生剂，无须额外添加化学品（US20180273401A1）。

2018年，格瑞福技术有限公司制备一种混合离子交换材料，其可选择性地去除饮用水、工业用水和污水中的分子（有机物）和阴离子（磷和砷），主要用于医疗和食品工业。具体为：制备多孔活性炭载体的粉末或颗粒；将含铝混合氧化物前驱体的水溶液喷洒到多孔活性炭载体的粉末或颗粒上；将浸渍的载体干燥；浸渍，使活性炭载体粉末与碱性试剂溶液相接触，从而中和载体孔中的酸性含铝混合氧化物前体，并在孔中形成纳米结构；用水洗涤离子交换材料以除去储存的电解质，并将混合离子交换材料干燥至干燥失重（LOD）约为10%或更少（JP2018167269A）。

3.2.10.2 设备

1976年，RICHARD C DICKERSON 提出通过两排连续的混合床并填充树脂来处理污水的设备（US4049548A）。

1982年，奥特罗公司提出一种自动化水处理装置，其采用微型计算机控制树脂床水软化器，该微型计算机从流量计获得软水量的输入数据，根据流量数据，微计算机确定所使用的水量，并确定平均每日软水消耗量；微型计算机还连接到数据输入装置，并接收总树脂床处理目标和进水硬度的输入数据；微型计算机在每天的规定时间根据水硬度、总树脂床处理量和使用的水量计算出剩余的树脂床处理量（US4426294A）。

2005年，澳瑞嘉澳大利亚私人有限公司提供一种使包含树脂颗粒和/或细粉的溶液通过颗粒磁性材料床，并利用磁性将树脂颗粒和/或细粉从溶液中分离的方法（US20090236287A1）。

2014年，四川恒达环境技术有限公司提出一种全过程自动控制、采用曝气式离子交换装置的电解锰污水离子交换处理系统，污水储存池分别连接离子交换器A和离子交换器B的下部液体进出口，再生配液池分别连接离子交换器A和离子交换器B的上部液体进出口，管路上设置有电动阀，电动阀与可编程逻辑控制器（PLC）电连接，离子交换器A和离子交换器B均为全接触曝气式离子交换装置。所述系统可以提高设备的自动化程度和系统运行效率；两个并列设置的离子交换器可以保证设备的连续吸附；采用全接触曝气式离子交换装置可以使树脂充分与待处理水接触，保证充分吸附（CN103991926A）。

2016年，夏夷虎提出一种贵金属自动活化离子交换树脂塔系统，包括含贵金属的废液储存槽、正洗泵、排放回路及多个树脂塔，正洗泵通过正洗管连接树脂塔冲洗回路，树脂塔冲洗回路与各个树脂塔的顶部连通；各个树脂塔底部分别通过管路连接循环回路，循环回路与树脂塔冲洗回路连通，还包括树脂活化剂储存桶，其通过管路与反洗泵连通，反洗泵通过反洗管与循环回路连通，而反洗管和正洗管分别与正反洗电动三通阀的其中两个接口连接，正反洗电动三通阀的另一个接口与排放回路连通，循环回路也与反洗管连通。该系统设置反洗泵及反洗管并设置有反洗流程，能充分洗净并活化树脂，提高树脂吸附贵金属的效能及树脂交换量，并且不用经常疏通及更换树脂，节约成本，提高效率（CN105905981A）。

2020 年，依科沃特系统有限公司提出一种水处理系统，具有水处理箱，该水处理箱的内部安装有至少一个分配器板，以支撑过滤介质和/或离子交换树脂。该水处理系统设计为使用填充的离子交换过滤介质处理硬水，并具有分配器板设计，以利于软水树脂床内的离子交换以及促进树脂床的再生；分配器板的顶部有空腔，用于截留过滤介质，空腔的底部有狭缝，可让流体通过（EP3757071A1）。

3.3　物理化学污水处理技术主要创新主体核心技术布局策略

本节主要针对物理化学污水处理技术中主要创新主体的专利布局策略进行分析，基于申请量、申请人类型、行业地位等因素，分别选取两个国外重要申请人——松下以及栗田工业、一个国内高校申请人——南京大学和一个国内企业申请人代表——波鹰科技有限公司，通过分析对比国内外申请人的专利布局的情况，来了解国外申请人和国内申请人在专利布局方面的差异，从中分析国外申请人的专利布局策略、优势领域，以及国内申请人需要关注和改善的地方。

3.3.1　国外重要申请人

3.3.1.1　松下

（1）申请人基本情况

松下是 1918 年由松下幸之助在大阪创立的，创业时做的是电灯灯座，1927 年制作自行车用的车灯。1951 年，松下幸之助到美国，打开了松下在美国的市场，由此使松下从 20 世纪 50 年代到 70 年代有突破性的成长。2008 年年末，松下与日本另一电器大厂三洋电机传出并购消息；2008 年 12 月 19 日，松下以每股 131 日元斥资 8067 亿日元折合 90 亿美元收购三洋电机大股东高盛（Goldman Sachs）、大和证券及三井住友金融集团共同持有的 4.3 亿张三洋电机特别股，换算后为 70.5% 三洋电机股权；并购三洋电机后的松下成为日本最大、世界第二大的电机厂商。松下的产品线极广，除了家电，还生产数位电子产品，如 DVD、数位摄影机（DV）、MP3 播放机、数码相机、液晶电视、笔记本电脑等；还扩及电子零件、电工零件（如插座盖板）、半导体等；间接与直接投资公司有数百家。松下与中国的合作始于 1978 年，从技术引进，投资创办合资、独资企业，到创办研发基地，松下在中国的事业规模日益扩大；包括 4 家研究开发中心在内，松下在中国已投资建立 60 家合资、独资企业，职工人数达到 6 万余人。松下在世界许多国家都设有基地，并正在开展与当地的人和文化及需求相吻合的全球性经营活动。

松下环境工程有限公司为松下的子公司，成立于 1976 年，长期致力于改善室内空气质量（IAQ）和其他环境业务，该公司的基本理念为"通过研究清洁技术为全球环境作出贡献"；主要涉及水处理、废气处理、土壤和地下水污染净化、废旧家电回收等。在水处理方面，涉及超纯水生产系统、化学品供应系统、纯水回收系统、化学溶液（溶剂）回收系统、压载水处理设备、雨水排水处理系统以及污水/废液处理系统等。其中，污水/废液处理系统包括有机工业污水处理系统、含氨废液处理系统（一种将工业污水中的氨排入气相并减少污水中氨的装置）、含 H_2O_2 的废液处理设备（通过使用 H_2O_2 分解和将 H_2O_2 分解为氧气和水；废液类型包括含有硫酸/H_2O_2 的废液和含氨/H_2O_2 的废液）、污泥减量装置、回转床生物处理系统等（针对每种污水使用特定的过滤介质，保持水质稳定并且减少产生的过量污泥量）。2014 年，松下环境工程有限公司开发首套用于在线电解的船舶压载水处理系统，该系统是日本首个在线电解系统，其在主压载管中安装一个电解装置，通过生成次氯酸来分解微生物，另外在压载水处理过程中通过使用独特的搅拌装置提高灭菌效果，可以在压载水中将微生物处理至低于 IMO 规定的污水标准，而无须使用过滤器。

（2）专利基本态势

松下关于物理化学污水处理专利申请趋势如图 3 - 3 - 1 所示。

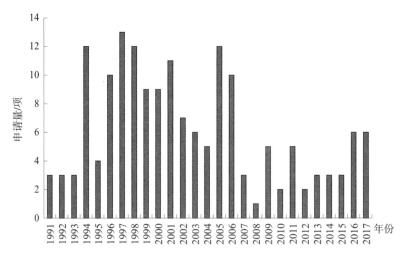

图 3 - 3 - 1　松下物理化学污水处理专利申请趋势

由图 3 - 3 - 1 可知，松下在 1993 年之前对于物理化学污水处理的研究相对较少，1994 年申请量呈现小幅增加；直到 20 世纪 90 年代后期，专利申请量大幅增长，1997 的申请量达到历年新高，这表明松下在该时期对物理化学污水处理专利进行集中布局；之后又略有下滑，2006 年之后的年均申请量均在 10 件以下，整体发展较为缓慢。

（3）重要专利技术

1）电絮凝技术

电絮凝技术是松下在电化学污水处理方面的研发重点，该公司在 1994～2012 年均有相应的专利布局，主要是针对生活污水、高氨氮/COD/盐污水及电镀污水等的处理和再利用，涉及的污染物主要为污水中的含磷物质。

1997 年，松下提出一种用于处理含磷酸盐离子的污水的处理装置，该装置具有排水口的入口和出口的污水处理腔室，其至少一部分布置成浸入处理腔室的污水中，电极至少包括铁离子和/或铝离子源，电源用于给所述电极通电，将催化剂装置设置在污水处理室的排气部分中，空气曝气装置将空气供应到污水处理室的污水中。在上述体系中添加钙离子或镁离子，可以抑制铁离子（铝离子）和氢氧离子的反应，进而促进铁离子（铝离子）和污染物磷酸根离子反应的有效执行；可减少通电量及铁和铝的溶出，因而可以节省电力（如 JPH10230271A、JPH10230273A、JPH10230274A 和 JPH10230275A）。

松下还在电化学处理污水过程中通过改变供电方式（如脉冲电源，或使用直流电源、定期调换电极极性）使电极极性发生周期性反转以去除电极表面的钝化膜，进而延长电极的使用寿命，代表性专利有 JPH11128984A、JP2000084584A、JPH11314093A、CN1436736A。

针对不同的污水，为了提高污染物去除率，松下开发了将电絮凝技术与生物技术（如好氧–厌氧处理、曝气处理）联用来有效去除污水中含磷物质的污水处理技术，代表性专利有 JPH10263546A、JPH11262794A、JPH11262796A、JPH11262797A、JP2000317477A 等。

2）电解技术

松下对于电解技术的研发主要集中于电氧化技术、电还原技术和电氧化–电还原技术，其主要涉及的污染物类型为有机污染物如卤代烃、有机染料和含氮化合物等。

① 电氧化技术

针对阳极材料的改进，松下于 1999 年提出一种用于去除含氮有机化合物的分解电极，其用电极覆盖材料覆盖电极基板的表面，捕获剂涂覆在电极覆盖材料的表面；该电极可将含氮有机化合物捕获在电极中，进而提高电解效率。其中，电极基材为钛、锆、铌、铌、钽或它们的合金；电极覆盖材料为掺杂氧化锡；捕获剂是铂或氧化铂（JPH11221570A）。

② 电还原技术

松下于 2001 年提出一种处理污水中含氮化合物的方法和设备，具体是通过安装在阴极和阳极之间的阳离子交换膜将处理室划分为阴极反应区域和阳极反应区域，使用阴极将氮化合物（硝酸根）还原为氨，所述阴极为包含铜和锌的金属材料（JP2003190958A）。对于电还原技术的改进还集中在阴极材料上，次年，松下提出一种用于去除污水中氮化合物的阴极材料，该阴极材料选自周期表的Ib 或Ⅱb 族的导电材料，阴极侧的硝酸根离子和亚硝酸根离子通过还原反应可被有效转化为氨（JP2003260464A）。

③ 电氧化–电还原技术

松下针对装置作相应改进，其于 2003 年提出一种污水处理装置，该装置包括电解槽，该电解槽用于通过借助水中的电化学反应，还原氧化态氮，对水进行脱氮处理。该装置包括：处理水路，该处理水路用于将水供给该电解槽，并且将处理后的水从电解槽排出；pH 传感器，用于测定流过处理水路的水的 pH；酸性剂供给机构，用于将酸性剂供给到供向电解槽中的水中；控制机构，用于控制酸性剂的加入量，以便在电解槽中的电化学反应时，将 pH 传感器的测定值保持在 8 以下。该装置可有效脱氮并抑制氯气的发生（CN1488585A）。

3）电渗析技术

2005 年，松下提出一种去除地下污水中氟离子的方法，其通过施加直流电压，使负离子（如氟离子）通过半透膜移至正极侧，正电极侧的水可以通过输送泵输送到沉降槽，然后通过引入钙剂（熟石灰、碳酸钙）使之发生化学反应，通过中和进行 pH 调节来产生氟化钙，进而除去污水中的氟离子（JP2006231101A）。

2008 年，松下提出一种从碱性二次电池制造过程中回收废电解质的方法，其在阳极和阴极之间放置至少两个双极膜、至少一个阳离子交换膜和至少一个阴离子交换膜；阳极室被阴离子交换膜隔开，阴极室被阳离子交换膜隔开。两双极膜间构成中间室，双极膜与阳离子交换膜间构成阴极侧室，另一双极膜与阴离子交换膜间构成阳极侧室。将废液供应至阳极侧室，通过电渗析作用，最终在阴极侧室回收碱性水溶液（JP2009231238A）。

4）生物电化学技术

松下在生物电化学技术处理污水方面的专利布局较晚，从 2015 年才开始有相关的研究，代表专利如下。

2015 年，松下提出一种去除污水中有机物和含氮化合物的方法，其主要是通过在导电体（电极）的第一面上担载厌氧性微生物群和在其第二面上担载氧还原催化剂来实现，所述氧还原催化剂为铂或掺杂了至少一种非金属原子和金属原子的碳粒子，非金属原子可以为氮原子、硼原子、硫原子、磷原子等，金属原子可以为铁原子、铜原子等；其中，厌氧微生物群的使用可提高被处理液中有机物等的氧化分解速度（CN106573809A）。

次年，松下研发一种 MFC，包括负极，其具有包含石墨烯片材的片材状第一碳材料，且担载着微生物；以及正极，其与所述负极相对设置；其中，所述负极的表面的算术平均粗糙度 Ra 为 4.0～10000μm。其可用于去除废液中的有机物及含氮化合物中的至少一种；上述负极可增加其表面积，进而增加厌氧微生物的担载量，从而能够提高 MFC 的输出功率、提高污染物的去除率（CN109716569A）。

同年，松下提出一种处理罐及其工作方法，其可容纳含有有机物质的液体，并且具有液体的入口和出口；一个或多个电极单元设置在处理槽的内部并且在平面图中沿着从入口到出口的方向布置；具有多孔结构的导电三维结构，其在电极单元和处理槽之间以及相邻的电极单元之间设置至少其中之一，待处理液体可以穿过三维结构的孔。配备有担载微生物的负电极和与负电极电连接的正电极的电极单元，将负电极和正电极浸没在待处理的液体中，并且正电极的至少一部分暴露于气相。通过提供三维结构，待处理液体得以扩散,并且有机物质被微生物有效地分解,从而可以进行稳定的发电 (WO2019078002A1)。

3.3.1.2 栗田工业

(1) 申请人基本情况

栗田工业成立于 1949 年 7 月 13 日,飯冈光一任董事长。栗田工业自创业以来,一直从事和"水"相关的事业,并致力于研究与开发。例如,栗田工业在水处理领域中,以无任何杂质理论超纯水为目标持续进行研究,并向支撑现代社会的半导体产业大规模集成电路(LSI)提供超纯净水。除此之外,栗田工业利用海水淡化技术,上、下水道水处理技术和中水利用技术为确保地球水资源作出贡献;在医药用水生产、办公室或工厂锅炉冷却水处理及排水处理等所有不可缺水的产业领域,栗田工业的技术均被广泛地采用。

栗田工业(苏州)水处理有限公司是其子公司的一员,于 2004 年 05 月 17 日在苏州高新区(虎丘区)市场监督管理局登记成立。法定代表人为田村安,公司经营范围包括开发、生产工业用纯水、水处理设备及其关联产品等。

(2) 专利基本态势

栗田工业关于物理化学污水处理专利申请趋势如图 3 - 3 - 2 所示。

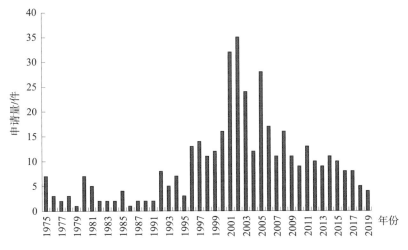

图 3 - 3 - 2 栗田工业物理化学污水处理专利申请趋势

从图 3 - 3 - 2 中可以看出,1996 ~ 2005 年是其专利申请量的快速增长期,其中 2002 年是申请量的最大值。2004 年之后,每年专利申请量在 2 ~ 9 件之间浮动,并且近几年并未表现出衰退现象,说明物理化学污水处理仍可能作为未来的专利布局方向。

(3) 重要专利技术

1) 电渗析技术

① 设备

栗田工业在 1981 年提出涉及石油工业废液的处理方法,具体是将石油精制过程中的废碱液供应到电渗析池的废液腔中,在阳离子交换膜的作用下,钠离子定向迁移并与氢氧根结合生成氢氧化钠，从而实现氢氧化钠的回收（JPS5870882A）。

由此衍生的最为常见的装置结构为多个阳离子、阴离子交换膜交替构成的电解槽，由此形成浓缩室和脱盐室，实现污染物的分离、浓缩和排除（JP2000229223A），其设备结构如图3-3-3所示。

类似的专利还有JP2001314865A、JP2002011478A、JP2004033977A、JP2007268337A、JP2008036496A、JP2009160555A、JP2011224445A、US20120217162A1、JP2013075259A、JP2016123914A等。

对于设备的改进包括电极结构的改进，用于去除水中的细颗粒，通过在异形电极之间施加电压，以在相向的电极之间形成电场的狭窄部分，在电极之间流通处理水，通过介电电泳进行水微粒的去除的方法（JP2000061472A），其设备结构如图3-3-4所示。

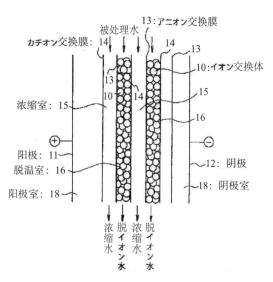 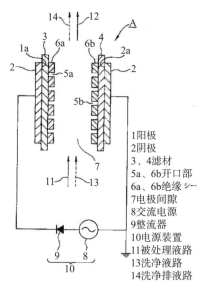

图3-3-3　重点专利JP2000229223A的设备结构　　图3-3-4　重点专利JP2000061472A的设备结构

另一种电极结构的改进涉及一种螺旋型电去离子装置，该装置能够防止在浓缩室内形成水垢。具体是交替层压和排列两片阴离子交换膜和两片阳离子交换膜形成叶片，叶片螺旋缠绕在中心电极的外周上。在电极之间的电去离子单元中，交替设置有被交换膜隔开的稀释室和浓缩室，层叠片被层叠地交替设置于电去离子装置中（JP2001198576A），其设备结构如图3-3-5所示。

其他层叠式装置结构的改进涉及设备的便携化——电去离子装置设计成使浓缩水通过浓缩室，在阳离子交换膜和阴离子交换膜之间形成有用于脱盐室的框形框架，并且待处理水的流入部分呈框架状（JP2002011477A）。

栗田工业还提出一种涉及隔膜室形状的改进方案，能够有效去除弱电解质和碱性成分，而无须在上游侧和下游侧串联布置不同厚度的分离脱盐室，并控制脱盐室和脱盐室的变形。具体是将脱盐室构造成使得其厚度从入口朝向出口逐渐增加以达到最大值，然后朝出口逐渐减小的形状，脱盐室和浓缩室的形状形成彼此的补偿（JP2003210946A），其设备结构如图 3-3-6 所示。

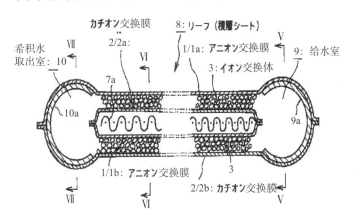

图 3-3-5　重点专利 JP2001198576A 的设备结构

2009 年，栗田工业对电渗析脱水装置的结构作出较大调整，使装置能够在不均匀地供给污水的情况下，仍可使电极板与被处理材料的整个上表面紧密接触来有效地进行电渗析脱水处理。沿电渗析脱水设备中输送带的方向进行脱水处理，同时将电极板从上方压在输送带上表面上的待处理材料上；电极相对设置，在电极之间设置过滤介质，电极可倾斜排布设置（JP2011072863A），其设备结构如图 3-3-7 所示。

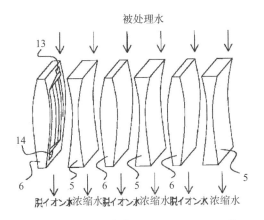

图 3-3-6　重点专利 JP2003210946A 的设备结构

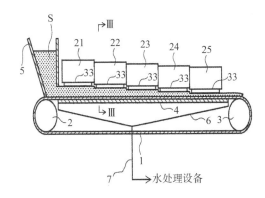

图 3-3-7　重点专利 JP2011072863A 的设备结构

后期，栗田工业在设计装置结构中借助外界压力抑制电渗透脱水装置中的功耗，并且能够避免导致能量损失（JP2011212523A）。

② 技术联用

技术联用主要表现在电渗析与反渗透分离和树脂吸附之间的联用（JP2001170658A、

CN106458651A），其用于提高污染物的去除率，以及与紫外杀菌的联用（JP2013184105A）、与生成软化水的技术联用（JP2015123401A、US20170313602A1）和与电解技术的联用（JP2015123401A、WO2016199268A1）等。

③ 膜材料设计

通过对膜材料的改进，栗田工业早期设计了一种具有脱氧功能的电去离子装置，其是通过将阴离子交换树脂和阳离子交换树脂混合以将它们的混合物填充到脱盐室中，使一部分阴离子交换树脂在脱盐室中负载催化金属，该催化金属可以实现装置的脱氧功能（JPH10272474A）。

在传统电解槽结构的基础上，栗田工业提出一种改进离子交换树脂的方案，能够在长期停止通水/通电的过程中稳定地存储电去离子设备，而不会导致设备性能变差。具体是在电去离子设备中存储交换树脂时，阴离子交换树脂被转换为 Cl^- 形式，而阳离子交换树脂被转换为 Na^+ 形式（JP2008126207A）。

2018 年，栗田工业设计一种离子交换膜材料，其具有叔氨基、仲氨基和伯氨基中的至少一个作为官能团，可以改进电渗析处理的效果（WO2019111475A1）。

2）电氧化技术

① 电极材料

栗田工业早在 1975 年就提出电极材料的改进方法，具体涉及一种有效去除有机物质的方法，该方法是通过在电解容器中电解氧化再生废液来有效地去除电极之间的堵塞，在电解容器中安装不溶性电极作为阳极使用（JPS5279566A）。

1999 年，栗田工业提出使用疏水性电极作为阳极，通过电解含有疏水性有机物和无机卤素化合物的水，在不使用氧化剂的情况下，在常温常压下选择性地分解水中的疏水性有机物（JP2000254651A）。同年，其提出一种使用贵金属材料的电极，具体采用具有包括铂和铱的混合层的液体接触部分的电极作为阳极，来有效地氧化/分解可氧化的污染物并延长电极的寿命（JP2000301153A）。随后，还有使用导电金刚石电极（如JP2003236552A、JP2004136194A、JP2005021744A）或导电金刚石颗粒（如JP2005186032A）处理有机污染物，以及将导电金刚石电极作为阴极、铂基电极作为阳极的技术方案（JP2003236544A）。

2002 年，栗田工业提出一种三维电极结构，将导电颗粒材料放置在阳极室中，通过施加电势以产生足够的电流来形成合适的氧化剂。这种方式可以容易地调节从浴体中取出的氧化剂溶液中的氧化剂浓度（JP2004105779A）。

② 设备

为了防止水垢附着在电极上、劣化电极材料，并且维持含氯氧化剂的生产效率，栗田工业在 2001 年提出一种电解槽结构，包括向电极表面供应气体，具体是通过将气体吹入所述电极下方的水中来将气体供应到电极的表面（JP2003154366A），其设备结构如图 3 - 3 - 8 所示。

为了防止产生电解液短路或电流降低等影响电解效率的现象，2005 年，栗田工业设计了一种堆叠式电解槽结构，通过将电解液分流而使电解质溶液向引导件的径

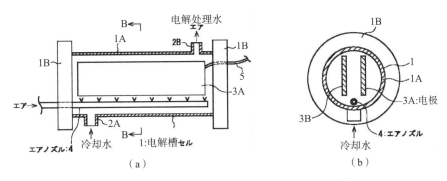

图 3 - 3 - 8　重点专利 JP2003154366A 的设备结构

向入口向下游侧延伸，从而使电解槽宽度方向的电极分散排布（JP2006225694A）。与之类似，栗田工业还提出了圆筒型电解槽的设计方案（JP2015157266A），其设备结构如图 3 - 3 - 9 所示。

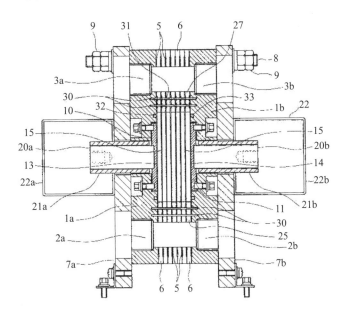

图 3 - 3 - 9　重点专利 JP2015157266A 的设备结构

除 JP2004105779A 同样涉及装置结构的设计外，2002 年和 2004 年栗田工业还提出了三维电极电解槽结构设计的构思（JP2004202405A、JP2005279608A）。

③ 技术联用

典型的技术联用方法包括：与化学氧化的联用，例如向溶液中添加过硫酸盐实现有机污染物的去除（JP2001113290A）；与超声的联用，产生空化作用促进电氧化的进行（JP2003236551A、JP2005103351A）。此外，还有与超滤技术的联用（JP2005138040A），以及将所要处理的溶液冷冻浓缩（JP2004237275A）或蒸发浓缩（JP2005193196A）后进行电解处理的方案。

3）离子交换技术

对于不同类型的离子交换树脂，栗田工业在 1975 年首次提出使用离子交换树脂来净化污水，如除尘污水、烟气排放的脱硫污水（JPS51124052A）；于 1976 年提出使用 H 型弱酸性阳离子离析树脂和游离碱型弱碱性阴离子交换树脂除去污水中的六价铬（JPS5290164A）。此后针对不同类型的污水研发不同类型的离子交换树脂，如采用 OH^- 型弱碱性阴离子交换树脂和 SO_4^{2-} 型弱碱性阴离子交换树脂处理含硼和 COD 的污水（JPS57197084A）；使用螯合树脂和阴离子交换树脂处理含氟和硼的污水（JPS58170589A）；使用高锰酸盐型阴离子交换树脂或带有锰氧化物的阴离子交换树脂除去超纯水中的 H_2O_2（JPH05261369A）；使用碱金属系阳离子交换树脂除去污水中的氨和氟（JPH05269460A）；采用丙烯酸多胺型弱碱性树脂处理含硒水（JPH08290163A）；使用 H 型阳离子交换树脂处理含钒水（WO2015146500A1）；使用弱碱性或中碱性阴离子交换树脂处理煤气化过程中产生的煤气洗涤污水（JP2003305467A）；使用螯合树脂回收污水中的金属（JP5540574B2）；使用弱碱性阴离子交换树脂、强碱性阴离子交换树脂和强酸性阳离子交换树脂处理原水（JP2019118891A）。

为了提高去除效率以及处理复杂组成的污水，栗田工业在 1978 年处理含 Hg 污水时，先使阴离子型 Hg 与带有 Co 和/或 Ni 的催化剂接触，然后再与螯合树脂接触，这使得存在于水中的氯试剂被有效地吸附和去除（JPS5575786A）。栗田工业还采用螯合型离子交换树脂床与活性炭一起来处理垃圾焚烧炉污水中的重金属（JPS55116484A）。1982 年，栗田工业提出通过液体废物与阴离子交换树脂相接触以除去螯合剂的方法，向树脂中加入铜催化剂，并对其充气以氧化肼，从而使污水中的肼和螯合剂发生氧化，达到去除污染物的目的（JPS58170589A）。2005 年，栗田工业提出通过臭氧反应装置、活性炭吸附装置和离子交换装置来处理水中的有机物以获得纯净水的方法（JP2006272052A）。2007 年，其提出一种用于处理煤气化污水的方法，该方法使煤气化污水与螯合树脂接触以去除溶解的金属，然后进行湿催化氧化；该装置包括用于使煤气化污水与螯合树脂接触的螯合树脂装置和用于对螯合树脂装置的流出物进行湿式催化氧化的湿式催化氧化反应器；该方法可以有效地去除煤气化步骤中产生的气体净化污水中所含的氰化物、金属等，从而获得水质良好的处理水（JP2009022878A）。

此外，栗田工业还研发一种离子交换装置，其可减少水处理设备中离子交换树脂的交换频率，具体为：在容器的内部装有防止水短路流动的流道板；在一端侧上具有流入端口并且在另一端侧上具有流出端口的管状容器中，管状容器内部的流路横截面积是流向横截面的 1/2 ~ 1（JP2007098198A）。为了改善去除性能，栗田工业于 2007 年提出一种过滤器，该过滤器能够使水无偏向地渗透到纤维的卷绕体层中，并确保在卷绕体层中有足够的水渗透性；枕形过滤器包括一个可透水的管状体和一个缠绕在管状体外围的纤维缠绕体层，在卷绕体层中，将等效直径为 1 ~ 1000nm 的多根单纤维捻合成束而形成一次纤维束；其中单纤维被赋予阳离子交换基团、阴离子交换基团和螯合基团中的至少一种，从而使过滤器具有去除离子的能力（JP2009034646A）。

4）光催化技术

早在 1996 年栗田工业就在 H_2O_2 共存的情况下进行紫外线氧化来降低污水中的 COD（JPH10461A），并与 2012 年进一步扩展其应用，将上述方法用于处理含甲醛污水（JP2013202584A）。类似的还有在臭氧存在下进行紫外线照射来处理含激素的水（JP2000042575A），此外将含过氧化物基团的硫化合物和 pH 调节剂添加到污水中，然后进行紫外线氧化处理，以去除水中的有机物（JP2008229417A）。该公司分别于 2002 年和 2007 年提出用于处理煤气化污水的方法，其主要是在氧化剂存在下对污水进行紫外线照射，氧化剂为氧气、空气和/或 H_2O_2（JP2004024995A、JP2007216225A）。

2005 年，该公司提出一种使用氧化钛作为光催化剂来进行水处理的方法，其在光利用效率、光催化剂效率和气体利用效率方面表现优异（JP2006281032A）。

3.3.2　国内重要申请人

3.3.2.1　南京大学

（1）申请人基本情况

南京大学是全国最早开展环境科学研究和教学的单位之一，1978 年教育部批准其成立环境科学研究所，1984 年成立环境科学系，1993 年更名为环境科学与工程系，1999 年成立环境学院，下设环境科学系和环境工程系，包括环境化学、环境生物、环境规划与管理、环境工程四个专业；拥有"污染控制与资源化研究国家重点实验室""国家有机毒物污染控制与资源化工程技术研究中心""国家环境保护有机化工污水处理与资源化工程技术中心""水处理与水环境修复教育部工程研究中心""国家级环境科学与工程试验教学中心"以及中美、中芬环境研究中心等研究单位。

（2）专利基本趋势

南京大学在物理化学污水处理方面的专利申请趋势如图 3 - 3 - 10 所示。

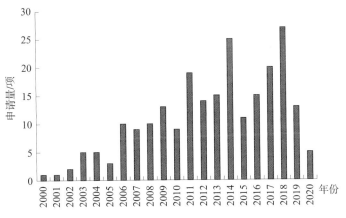

图 3 - 3 - 10　南京大学物理化学污水专利申请趋势

从图 3 - 3 - 10 中可以看出，南京大学早期对于物理化学污水处理的研究相对较少，直到 2010 年后，专利数量有所增加，研究领域不断扩大，研究深度也不断提高。

（3）重要专利技术

南京大学在物理化学污水处理领域的专利申请主要集中在电解、电絮凝、微电解、电渗析、生物电化学、光催化及离子交换技术等方面。

1）电解技术

对于电解等离子体污水处理技术的研究，孙亚兵课题组主要从放电方式、曝气方式、添加催化剂、技术联用等方面对电解－等离子体技术进行改进。等离子体技术可以有效地处理难降解污水，但是目前等离子体技术仍然存在一些不足，如效率不高、处理成本相对较高及降解效果好的方法和手段针对性不强。针对上述缺陷，孙亚兵课题组通过添加添加剂来提高电解－等离子体技术的降解效果。具体有：通过低温等离子体协同钼酸铋催化剂降解抗生素污水，实现等离子体氧化、催化剂吸附、催化剂催化降解的协同作用，可以提高抗生素的降解率（CN103848484A）；采用等离子体结合二氧化钛催化剂处理阿特拉津污水（CN104860381A）；采用 Ag_3PO_4/TiO_2 催化剂与低温等离子体联合处理难生化降解有机污水（CN104909428A）。

此外，现有的等离子体反应一般直接在反应器内曝气，不能实现反应器内的均匀曝气，且曝气类型单一，不能根据不同类型的污水和出水要求变更曝气种类，无法进一步提高低温等离子体的处理效率和放电距离。针对上述问题，孙亚兵课题组研发一种部分回流加压曝气式等离子体污水处理装置，通过将等离子体处理后的部分清水回流加压，然后经减压释放阀进入等离子体反应器，可使曝气更加均匀，气泡更加微小，增大气液两相的接触面积，提高低温等离子体的处理效率和放电距离（CN104229945A）。该课题组还在放电方式方面作出一些改进，如采用针板式电晕放电（CN102424449A、CN103086461A），采用改良型气液两相放电等离子体设备（CN104787854A）、线板放电等离子体（CN104828899A）以及转筒式电晕放电等离子体（CN109160592A）等。为了提高污水处理效果，该课题组还采用技术联用的方式，如2010年首次采用电解－等离子体与吹脱工艺联合治理景观水，其采用针板式反应器进行高压放电，其中针板式反应器的针电极采用中空不锈钢针电极，针板式反应器的板电极采用正方形不锈钢板，反应过程中产生的高能电子、臭氧、H_2O_2 和活性物质（羟基自由基、H·、O·等）能够无选择性地与景观水中的有机污染物反应，而吹脱塔可有效去除等离子体反应过程中产生的氨氮（CN101928090A）；2014年，提出采用等离子体处理和多级闪蒸脱盐联用处理含有难降解有机物和高浓度盐分的污水（CN104261612A）。

对于电氧化污水处理技术，任洪强课题组主要研究其与其他污水处理技术联用来处理污水，如2006年采用电解和生物处理技术处理丙烯酸污水，污水经电解后，进入厌氧反应器、好氧反应器进行处理，处理后的出水可直接排放（CN1948189A）；其还采用电解和生物处理技术处理有机颜料污水（CN100999369A）、化工园区污水（CN101381187A）、制药工业园区混合尾水（CN101659497A）、发酵工业污水（CN101708930A）等。课题组许柯等采用曝气、脉冲中子活化和电解技术对维生素 C 污水进行预处理，为后续的生物强化工艺创造良好的条件（CN108033625A）。此外，还研发了一种高盐污水电解氧化处理装置，电解装置为圆柱形，电极板辐射状排列，电极结构有很大的电极板面积，具备很好的脱色效果，可破坏污水中大分子有机物分子结构，提高污水的可生化性（CN102060357A）。

对于电氧化和电还原技术的研究，2013 年，李爱民课题组采用电氧化和电还原技术处理硝基甲苯生产污水，在阴极处发生还原反应，将污水中的硝基苯类物质部分还原转化为苯胺类等更易被氧化的物质；阳极处发生电催化氧化反应，将苯胺及硝基苯还原产物开环生成小分子有机物。经过电化学还原 - 氧化过程，混酸硝化污水的可生化性有明显的改善，生物毒性明显降低（CN103466852A）。2018 年，该课题组提出采用电化学还原 - 氧化处理氯霉素污水，将氯霉素污水通入反应器主体的阴极室，充满整个反应器主体内部并进行磁力搅拌，通过电化学处理，污水在阴极室发生还原反应，阴极室处理后的污水经由阴阳两室间的连接管路进入阳极室，在阳极室中发生氧化反应，通过还原氧化的方法可以克服单独氧化法对于氯霉素污水处理效率低、处理后污水毒性高的缺陷（CN108383216A）。2019 年，胡大波等采用电化学和树脂组合工艺深度处理污水中的硝态氮，包括树脂吸附工艺、饱和树脂脱附工艺、树脂解脱附液处置工艺、树脂循环再生工艺，其中树脂解脱附液处置工艺采用电解法，在阴极通过电催化还原作用将硝态氮转变成氮气和氨氮，在阳极通过直接氧化和间接氧化作用将副产物氨氮氧化为氮气，电解后的溶液经沉淀池分离可以显著降低硝态氮的含量（CN109626672A）。

2）电絮凝

2006 年，孙亚兵课题组采用串联的电解槽Ⅰ和电解槽Ⅱ处理制革污水，电解槽Ⅰ以不锈钢为电极极板，电解槽Ⅱ以铝板为电极极板，电解处理后沉淀分离，该处理方法对制革污水中的有机物、氨氮、硫化物、六价铬、悬浮物、色度都有很好的去除效果，同时还具有杀菌功能，且反应条件温和，反应器设备及其操作较简单，兼具气浮、絮凝作用（CN1830841A）。2010 年，其采用电絮凝 - 电气浮技术净化洗浴及洗衣污水，其电解槽采用双阳极氧化单元，以 Ti/SnO_2 阳极和 Fe 阳极分处在阴极的两侧构成组合阳极，阴极采用空气扩散电极，可以实现阳极氧化和电芬顿试剂芬顿氧化的一体化，可以显著提高对污水的降解效果（CN101875522A）。

3）微电解技术

2009 年，李爱民课题组采用微电解和芬顿技术联用对混酸硝化污水进行预处理，零价铁反应在填料床、固定床或沸腾床中进行，氧化剂是 H_2O_2、次氯酸钠或二氧化氯，通过零价铁反应和高级氧化技术组合工艺去除硝基苯类、苯胺类、苯磺酸类等有机毒物，提高污水的可生化性，为后续生化处理创造有利条件（CN101531430A）。2014 年，该课题组的喻学敏等研发了一种适于有机污水预处理的内循环流化床微电解装置，包括相互连通的主反应器和副反应器；所述主反应器由上至下依次设置斜管沉淀区、三相分离区、反应区，通过污水和电极颗粒在主反应器的内循环以及主、副两个反应器之间的外循环使水体呈现流态化。一方面，可以避免微电解电极材料的板结和沟流；另一方面，无须设置机械搅拌系统，而且主反应器进水与回流通过同一台循环泵实现（CN103922520A）。

4）电渗析技术

2014 年，任洪强课题组的许柯等研发了一种利用太阳能以及磁场强化的电渗析污水处理装置，包括高梯度磁处理器以及电源装置，高梯度磁处理器内部填充有高磁化率的填料。填料分布于高梯度磁处理器内交替排列的阴离子交换膜和阳离子交换膜之间，电源装置包括太阳能电池方阵，其利用太阳能为动力、结合高梯度磁场强化的电渗析装置，能够提高分离效果、节省电能、减轻有机物和微生物造成的膜污染、有较好的阻垢效果（CN104071875A）。

5）生物电化学技术

生物电化学技术的主要研究方向为 MFC 以及技术联用。

对于 MFC 的研究，2009 年，任洪强课题组的丁丽丽等研发了一种单室 MFC，包含阳极与阴极。其中，阳极全部浸入作为阳极室的容器中的污水中，阴极直接漂浮在水面上，阴极一侧与阳极室内污水接触，另一侧直接与空气接触，其靠近空气一侧涂有疏水层。在距离阴极为容器高度的 2/5～1/4 处，加入水平隔板，隔板中间有镂空孔洞，孔洞上覆载滤菌膜，构成"隔板–滤菌膜"屏障，将容器分为上下两部分，单室 MFC 应用于污水处理，不仅可以提高产电能效率，减少能源消耗，而且可以减少好氧呼吸作用，减少污泥产量，具有较高的经济效益和广泛的应用前景（CN101710626A）。其还研究一种藻类阴极双室 MFC，包括阳极室和阴极室，两室中装有电解液，阳极室接种厌氧污泥；阴极室接种蓝藻等藻类，光源辐照，将藻类悬浮在阴极电解液中。这样能够利用其光合作用放出更多氧气，在处理阳极污水的同时还能够对富营养化水体中大量的蓝藻等直接加以利用，可以大大降低其处理成本（CN101764241A）。

在技术联用方面，2016 年，任洪强等采用生物电化学和序批式生物应器（SBBR）耦合处理制药污水，使得反应器同步进行电解氧化和生物处理，不需要额外的沉淀池，过程简单易操作（CN106745675A）。2018 年，丁丽丽等采用直流电场与间歇式活性污泥处理法（SBR）反应器耦合来处理木质素污水（CN108928908A）。

6）光催化技术

对于光催化剂的研发，邹志刚课题组于 2003 年提出一种碱金属和 Ag 的铋系复合氧化物可见光响应的光催化剂，具体是采用 $MBiO_3 \cdot nH_2O$ 表示的复合氧化物半导体（式中，M 表示 Li、Na、K、Ag 中的至少一个元素，$0 \leqslant n \leqslant 2$），其可用于处理高浓度有机化学污水（CN1526475A）。

2006 年，该课题组研发了一种可用于处理高浓度有机污水的 $AgTO_2$ 型复合氧化物可见光响应光催化材料，具体是采用一般式为 $AgTO_2$ 的复合氧化物半导体构成光催化材料（式中 T 表示 Al、Ga、In、Cr、Fe、Co、Ni 元素），并可以进行掺杂改性，在 $AgTO_2$ 中掺入一定量的金属，包括碱金属、碱土金属、过渡族金属、Ge、Sn、Pb、Sb 或 Bi 元素，或采用上述金属的氧化物、氢氧化物、各种无机盐及有机盐类，掺杂量为 0.1wt%～10wt%（CN1799690A）。类似的还有 Ag_2ZO_4 型复合氧化物可见光响应光催化材料，式中 Z 表示 Cr、Mo、W、Mn 元素；在 Ag_2ZO_4 中掺入碱金属、碱土金属、过渡族金属、Al、Ga、In、Ge、Sn、Pb、Sb 或 Bi 元素，实现对 Ag_2ZO_4 的稳定性、耐光性等性质的改性，掺杂量为 0.1wt% ~ 10wt%；该复合氧化物半导体可以用于光催化分解有害化学物质（CN1799691A）。2010 年，该课题组的王英等研发了一种光催化 - 氧化深度净化有机毒物污水的方法及所用光催化材料的制备方法，在光辐照下使用一种核壳型 $Cu_2O - TiO_2$ 光催化材料与光氧化剂铋酸盐联用的技术深度净化有机污水；该 $Cu_2O - TiO_2$ 核壳型光催化材料中，TiO_2/Cu_2O 和 TiO_2 的摩尔百分比为 0.1/100 ~ 50/100（CN101838078A）。

　　为了降低成本，该课题组的王英等于 2011 年研发了一种不含金属的高分子光催化材料，其是两种单体通过固相聚合制得不含金属的高分子光催化材料，聚合温度为 100 ~ 400℃，单体包括有机胺类、酸酐类、醛类、羧酸类、酚类和异氰酸酯类。其中，光催化材料为超支化胺酐聚合物（HPI）、氨酸聚合物（PA）、酚异氰酸酯聚合物（PU）或胺醛聚合物（PAM），能利用太阳光对环境进行净化（CN102380416A）。基于不含金属的光催化材料，该课题组于 2013 年和 2014 年分别研发了使用离子液体或有机单体聚合的方法来制备聚酰亚胺光催化材料（CN103819672A、CN104277219A）。

　　7）离子交换

　　以张全兴院士为核心的科研团队长期致力于离子交换与吸附、工业污水的治理与资源化等的研发与产业化。早在 2001 年该团队中的李爱民等就研发了一种 4，4'- 二氨基二苯乙烯 -2，2'- 二磺酸（DSD 酸）生产过程中污水的治理与资源回收利用方法，其将污水通过大孔弱碱阴离子交换树脂（ND - 804 树脂或 D301 树脂等）固定床，污水中的 4，4'- 二硝基二苯乙烯 -2，2'- 二磺酸（DNS 酸）等有机物质被吸附在大孔树脂上。用该方法处理污水，吸附出水接近无色，COD_{cr} 由 13000 ~ 18000mg/L 降至 1000mg/L 左右，并可以大大提高污水的可生化性；吸附后树脂用稀碱脱附再生后可重复使用，可从高浓度脱附液中回收 DNS 酸，回收率达 65% 以上（CN1304882A）。其还采用苯乙烯 - 二乙烯共聚的大孔吸附树脂来吸附污水中的水杨酸、苯酚、山梨酸等有机物（CN1373092A、CN1400171A）；采用丙烯酸酯类大孔吸附树脂来进行间苯二甲酸二甲酯 -5 - 磺酸或 DSD 酸生产的氧化污水的治理，具有显著的环境、经济和社会效益（CN1837078A、CN1858007A）；采用磁性微球树脂去除硝态氮、四环素等（CN102430433A、CN102516679A）；采用磁性阴离子交换树脂进行化工污水和生化尾水的深度处理（CN103272654A）；采用弱酸修饰的磁性树脂去除微污染水中毒害有机物与重金属（CN103497281A）；采用螯合树脂去除和回收污水中的重金属离子和有机酸（CN104129831A）；采用季铵盐改性强碱阴离子交换树脂去除水体中的碳素氢根和碳酸根以减少水垢（CN111514944A）。

　　2017 年，李爱民等先后使用丙烯酸系碱性阴离子交换树脂和苯乙烯系强碱阴离子交换树脂去除水体中的有机污染物和硝态氮（CN107445249A）。

　　2010 年，该团队提出一种连续式含重金属离子尾水的深度处理系统及处理方法，所述系统包括混合反应罐、再生罐，混合反应罐连接磁力沉降池，磁力沉降池分别连接重力式水力旋流器和再生罐，再生罐与清洗罐和纳滤系统分别连通；处理方法的步骤为：预处理，用磁性阴离子交换树脂和弱酸性阳离子交换树脂的混合反应罐吸附，出水与吸附剂分离，固液分离，树脂输送至再生罐，树脂再生，清洗和树脂脱附液处置。该方法第一次用弱酸型阳离子交换树脂和磁性阴离子交换树脂在同一个混合反应罐内混合处理重金属离子的尾水，可以在较短的时间同时去除尾水中重金属离子和天然有机酸，还可实现尾水高效治理与资源回收利用的统一（CN101863530A）。

针对粉体树脂或磁性粉体树脂的小粒径、低密度、流体力学性能优等特点，李爱民等于2011年研发了一种连续流内循环拟流化床树脂离子交换与吸附反应器，包括反应器主体外壳、斜管分离器、集水堰、进水管、出水管，还包括变径流化槽、导流板、树脂再生槽、树脂排出管、再生树脂回流管、配水射流器；反应器主体外壳底部设有进水管和配水射流器连接，配水射流器与变径流化槽下部相连接，反应器主体外壳与变径流化槽之间设置导流板，反应器主体外壳与导流板之间设置斜管分离器，斜管分离器的上方设置集水堰，集水堰与出水管相连接，树脂再生槽通过树脂排出管和再生树脂回流管分别与反应器底部、变径流化槽相连接（CN102219285A）。

针对现有离子交换树脂存在的去除率低和使用寿命短的问题，李爱民等于2013年研发了一种抗有机物污染离子交换树脂及其制备方法和应用，其通过在离子交换树脂制备过程中，添加相当于树脂质量0.1%～30%的包裹改性剂的无机颗粒，可以使树脂含水率提高3%～30%，并使树脂的再生效率提高0.4%～70%。该方法能够提高离子交换树脂在水处理应用中的抗有机物污染能力，延长离子交换树脂的使用寿命；在水处理应用过程中，该离子交换树脂能够长期稳定地再生使用（CN103467645A）。

3.3.2.2 波鹰公司

（1）申请人基本情况

波鹰公司于2006年成立，主要从事水处理技术研发和相关成套设备制造、工程施工，已通过ISO 9001—2008质量管理体系认证、ISO 14001—2004环境管理体系认证和国家高新技术企业认证。

该公司核心技术包括电膜法海水淡化技术、纳米催化电解技术、纳米催化电解水净化技术、印染污水处理及循环利用技术、制革污水处理及循环利用技术、城市污水处理及再生循环利用技术、造纸污水处理及循环利用技术、矿山污水处理及资源综合利用技术和城市污水厂污泥减量及资源化利用技术等。

其中，该公司与厦门理工学院合作研发的"电膜法海水淡化技术及成套设备"获得2010年度福建省科技进步三等奖。该公司和厦门水务集团共同在厦门杏林污水处理厂实施的1000吨/日污水再生循环利用工程，通过纳米催化微电解预处理技术和膜过滤分离技术，能够实现对印染污水70%的低成本循环使用。

（2）专利基本态势

波鹰公司在物理化学污水处理方面的专利申请趋势如图3-3-11图所示。可以看出，该公司在2010～2013年持续加大对物理化学污水处理技术的专利布局力度。

（3）重要专利技术

1）纳米催化电解与膜技术联用专利技术

波鹰公司核心技术之一是纳米催化电解与膜技术联用，这种联用技术主要利用电解和膜技术优势互补，实现对污水的高效处理。对于这一技术，该公司主要于 2010～2015 年集中进行专利布局，主要涉及针对制革污水、造纸污水、印染污水、高盐采油污水等的处理和循环利用。

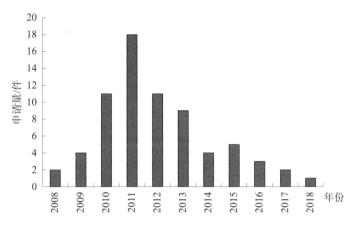

图 3-3-11　波鹰公司物理化学污水处理专利申请趋势

其在在制革污水处理、回用装置中，采用纳米催化电解对污水预处理，经过絮凝、生化处理后再次进行纳米催化电解处理，经过滤后采用膜过滤得到回收用水。相比传统的絮凝、生化、膜过滤方法，其能很大程度减少絮凝剂的用量和污泥排放量，同时二次催化电解降低 COD 并杀灭微生物，从而避免膜的生物污染而延长膜的使用寿命（如 CN101979344A、CN102010107A）。

其在在造纸污水处理、回用装置中，设置纳米催化电解系统、膜过滤分离系统和膜清洗再生系统。其中，纳米催化电解系统在电解后进行过滤，能够除去污水中的固体杂质、浮游生物、细菌、胶体；膜过滤分离系统将经过初步净化的污水处理透析液和浓缩液，透析液能够作为循环用水，浓缩液部分回流至纳米催化电解系统中进一步处理。上述系统同样利用纳米催化电解对强氧化物质和微生物的去除/杀灭作用，可以避免对膜材料的污染；同时，可以利用纳米催化电解实现 COD 的显著降低（CN201873589U、CN103265133A）。

其在在印染污水处理、回用装置中，主要通过过滤、脱硫对污水进行预处理，经过纳米催化电解处理后，进一步絮凝、沉淀、气浮、生化处理并再次沉淀后进行二次纳米催化电解处理，过滤后采用膜过滤得到循环用水。其核心在于利用纳米催化电解实现絮凝、脱色、杀菌、气浮作用，由此使得该装置能够减少絮凝剂用量和污泥排放量、显著降低 COD、减少膜清洗需要，并且能够实现较高水回收率（60%～95%）（如 CN102050555A、CN102092879A 等）。

其高盐采油污水处理循环装置包括化学脱钙系统、膜过滤系统和脱盐系统，其中在脱钙系统和膜系统之间设置电解系统实现过滤前预处理，同时脱盐系统为电渗析组件以实现污水金属离子的脱除，由此可以实现采油污水 50%～65% 的回收率（如 CN105130069A、CN105000727A）。

同时，该公司也针对电解、膜联用设备一体化进行开发，对具有膜过滤功能的电解装置进行专利布局，其中将具有过滤分离功能的金属膜组件作为电解阴极，在一个装置中可以实现电解和膜过滤联用技术，并证明其在印染污水、制革污水中的处理效果（如 CN202688048U、CN102633324A）。

2）纳米催化电解絮凝装置

波鹰公司的纳米催化电解除用于电氧化技术外，还用于电絮凝技术，其针对这种电絮凝技术在 2010～2012 年进行了专利布局。该装置将表面覆盖有晶粒金属氧化物涂层的钛基板作为阳极，阴极为圆弧状/圆筒状，通过电解产生的初生态氯杀灭微生物并氧化有机物，同时促使固体悬浮、胶体絮凝沉淀，由此可以实现污水的处理和消毒（如 CN102936072A、CN202519115U、CN202519073U 等）。

3）烟草薄片生产污水处理装置

2013 年，波鹰公司对烟草薄片生产污水的处理装置技术集中专利布局，其主要技术在于通过过滤、化学脱钙、厌氧生物处理除去二氧化碳、硫化氢、硫醇，通过电解降解生化大分子，通过厌氧、好氧工艺脱氮除磷或电渗析脱盐，通过二次电解进一步降解生化大分子，通过 MBR 去除剩余污染物和悬浮物，并用电解消毒去除微生物（如 CN103241912A、CN103359896A、CN103351088A 等）。

4）五氧化二钒污水处理装置

波鹰公司在 2012 年针对五氧化二钒污水处理装置集中进行专利布局，其主要采用化学还原六价铬，中和沉淀重金属离子，过滤并使用活性炭吸附后，采用电渗析脱盐得到再生水以供生产使用，同时回收钠盐，提高资源回收率（如 CN102627366A、CN102627372A 等）。

5）生化与电解技术联用

在波鹰公司近期的专利申请中，开始转向将生化技术与电解技术进行联用，提出厌氧和好氧、絮凝、MBR 污水处理工艺，能够实现更高的污水处理效果以及更少的设备占地面积（CN107055937A）。

3.4 本章小结

（1）物理化学污水处理技术的总体态势总结如下。

在专利申请量上，物理化学污水处理技术在近十年的专利申请量表现出高速发展的态势，其中，国外申请量虽有小幅波动但总体保持稳定，中国申请量呈现快速增长的态势；电解、电渗析、生物电化学及光催化技术的占比相对较高。在排名靠前的申请人中，中国和日本的申请人占据席位较多。其中，日本的申请人以企业为主，而中国的申请人通常是高校或研究所，反映出中国物理化学污水处理技术市场化和工业化的程度还不高。

（2）通过对物理化学污水处理技术各技术主题的上述分析，可将各技术主题的技术脉络和发展态势总结如下。

1）电解技术

其包括电化学氧化、电化学还原、电氧化与电还原的联用、等离子四个技术分支。针对廉价、高效的催化电极（三维电极）或电极材料的技术改进一直是电解技术的主要研究方向。此外，为了进一步提高处理效率，设计开发电极排布合理、结构紧凑、可回收利用资源的高效电解槽也是该技术的热点方向。

2）电絮凝技术

平板形和圆筒形的电解槽结构仍然是该技术的主要研究方向。1998年之后，电解槽的改进倾向于设计成更高效的湍流型电解槽，从而使电极表面得到及时更新，保持电流效率。

3）微电解技术

对装置结构及填料结构的优化改进一直是该技术的研究热点。此外，为了处理成分复杂、稳定性强的污染物成分，将其与其他技术的联合使用也是发展的主要方向。

4）电渗析技术

改进方向主要集中在转向电极、电解槽结构、防结垢试剂等方面，用于解决结垢问题，以及通过调整离子交换、供电等组件提高去离子效能。膜材料的主要改进在于制备工艺，在降低生产成本同时提高电效率。

5）生物电化学技术

具体可分为MFC和MEC两个分支。对MFC的主要改进在于通过电解槽结构调整实现电力和增值产品（如甲烷、氢气）产量的提高。MEC主要应用于含氮污水的处理，相关专利技术主要集中于提高系统的污水处理能力。

6）光电催化技术

主要研究方向表现在电解槽的结构改进上，例如含紫外光源的系统优化。除TiO_2外，还发展SnO_2等其他金属氧化物电极材料，同时改进氧化钛膜、纳米管阵列的制备工艺，以降低电极材料生产成本。

7）电吸附技术

技术改进主要集中在电极材料上，主流的电极材料仍以碳或其复合材料为主，近期也不乏一些新型氧化物电极材料。

8）电芬顿技术

该技术目前的研究瓶颈在于阴极材料，其存在种类有限、电流效率低、H_2O_2产量低等问题，因此对电极材料，尤其是阴极材料的研究依然会是该技术的热点研究方向。

（3）物理化学处理技术的中外重要创新主体的特点

① 松下主要研究领域是电絮凝污水处理技术，处理污水的种类主要是含磷物质、含氮有机化合物和卤代烃等污水。

② 栗田工业的研究领域主要集中在使用电渗析、电氧化及离子交换技术处理污水。

③ 波鹰公司主要围绕其纳米催化电解技术进行专利布局。

④ 南京大学注重技术研究创新以及知识产权的保护，其在物理化学污水处理领域的创新能力一直处于国内领先水平，申请量多，发明人较为集中，主要集中在孙亚兵、

任洪强、李爱民、邹志刚课题组等，其研究方向覆盖广，各技术主题均有研究，尤其在电解及离子交换污水处理领域研究较多，其可与相关企业加强合作，进行深入的产学研合作。

参考文献

［1］胡承志，刘会娟，曲久辉. 电化学水处理技术研究进展［J］. 环境工程学报，2018，12（3）：677－696.

［2］姚悦. 电絮凝法对制革废水的深度处理研究［D］. 天津：天津科技大学，2019.

［3］张帅，赵志伟，彭伟，等. 铁碳微电解技术在水处理中的应用［J］. 化学与生物工程，2016，33（12）：14－18.

［4］王毅博. 难降解工业废水的微电解及生物处理技术研究［D］. 西安：西安理工大学，2018.

［5］邱珊，柴一荻，古振澳，等. 电芬顿反应原理研究进展［J］. 环境科学与管理，2014，39（9）：55－58.

［6］赵永红，周丹，余水静，等. 有色金属矿山重金属污染控制与生态修复［M］. 北京：冶金工业出版社，2014.

［7］尤玉如. 乳品与饮料工艺学［M］. 北京：中国轻工业出版社，2014.

［8］曾郴林，刘情生. 微电解法处理难降解有机废水的理论与实例分析［M］. 北京：中国环境出版社，2017.

［9］蒋沁芮，杨暖，刘亭亭，等. 生物电化学脱氮技术研究进展［J］. 应用与环境生物学报，2018，24（2）：408－414.

［10］张青青，曾婷，张磊，等. 光催化膜反应器应用于废水处理的研究进展［J］. 环境化学，2020，39（5）：1297－1306.

［11］柯灵非，黄修玮. 高级催化氧化技术在水处理中的研究进展［J］. 能源环境保护，2020，34（4）：17－21.

［12］何晓文，伍斌. 水体污染处理新技术及应用［M］. 合肥：中国科学技术大学出版社，2013.

［13］苏伊士水务工程有限责任公司. 得利满水处理手册：上册［M］. 北京：化学工业出版社，2021.

第4章 膜处理技术专利状况总体分析

随着技术的发展，在常见的物理法、化学法、生物法和物理化学法的基础上，逐渐发展出一种在膜层上进行污水处理的技术。该技术通过很薄的膜层即可实现污染物的净化，其中包括结合物理法的过滤作用形成的过滤膜，结合生物法的活性污泥技术形成的 MBR，以及结合反渗透作用实现污染物浓缩的脱盐膜等。这类在膜层上完成污染物处理的技术统称为膜处理技术。

膜处理技术又称膜分离法，其是利用连续组织之间的孔或者分子排列间隙进行分离操作的过程。这些孔分布在 $10^{-9} \sim 10^{-6}$ m 的比较广的范围内，按照孔径的标准，分为微滤膜、超滤膜、纳滤膜以及反渗透膜等几大类。同时也可以按所述分离的物质的种类分，例如可以分为：微滤膜是用于过滤微粒子或者是微生物的膜；超滤膜是用于过滤胶质物质或高分子物质的膜；纳滤膜是用于过滤低分子物质的膜；反渗透膜则是用于过滤离子性物质或是低分子物质的膜等。[1]

本章按照其技术主题，将上述这些膜处理技术分为过滤膜技术、脱盐膜技术、渗透膜技术和 MBR 四类。

（1）过滤膜技术：超滤和微滤

超滤和微滤都是在压力差作用下，根据膜孔径的大小、形状及混合物中粒子的大小进行分离的过程。其分离机理主要依靠物理的筛分作用，一般用于液相分离，也可用于气相分离。

通常能截留分子量500以上、10^{-6} 以下分子的膜分离过程称为超滤，截留更大分子（主要包括微粒、亚微粒和细粒物质）的膜分离过程称为微滤其参数如表 4 - 0 - 1 所示。[2]

表 4 - 0 - 1 微滤和超滤的各项性能参数

膜处理技术	截留分子量	操作压力差/MPa	平均孔径
微滤	500 以下	0.1 ~ 0.3	0.02 ~ 10μm
超滤	500 以下，10^{-6} 以下	0.3 ~ 1.0	1 ~ 20nm

（2）脱盐膜技术：纳滤和反渗透

纳滤和反渗透是借助于半透膜对溶液中低相对分子质量溶质的截留作用，以高于溶液渗透压的压差为推动力，使溶剂渗透过半透膜。反渗透和纳滤在本质上非常相似，分离所依据的原料也基本相同。两者的差别仅在于所分离的溶质的大小和所用压差的高低。[3]

反渗透通常用于截留溶液中的盐或其他小分子物质；纳滤又称为低压反渗透，其分离性能介于超滤和反渗透之间，一般用于分离溶液中相对分子质量为几百至几千的物质，它兼有反渗透和超滤的工作原理。纳滤和反渗透可视为介于多孔膜（微滤/超滤）与致密无孔膜（全蒸发/气体分离）之间的过程。因为膜的阻力较大，所以为使相同量的溶剂通过膜，就需要使用较高的压力，而且需要克服渗透压。[4]其参数如表4-0-2所示。

表4-0-2 纳滤和反渗透的各项性能参数

膜处理技术	截留分子量	操作压力差/MPa	平均孔径/nm
纳滤	80～1000	0.5～2	0.1～1
反渗透	盐或其他小分子物质	2～10	<0.1

（3）渗透膜技术

这里所述的渗透膜技术包括以下几种。

1）正渗透膜技术

正渗透是一种自然界广泛存在的物理现象，该过程中水透过选择性半透膜从水化学位较高（或低渗透压）区域自发地传递到水化学位较低（或高渗透压）区域。正渗透膜技术在水处理领域的应用主要是依靠汲取液与进水在正渗透膜两侧形成的天然渗透压，使纯水流向汲取液，对稀释后的汲取液进行浓缩除盐，最终得到纯水。因此，与水处理常用的反渗透膜技术不同，正渗透膜技术无须外加压力，其驱动力为溶液渗透压差。[5]

2）气体分离膜技术

其是指在压力差为推动力的作用下，利用气体混合物中各组分在气体分离膜中渗透速率的不同而使各组分分离的过程。

3）脱气膜技术

其是利用扩散的原理将液体中的气体去除的膜分离技术。

4）渗透汽化膜技术

其是指液体混合物在膜两侧组分浓度差的推动下透过膜并蒸发或气化，从而达到分离目的的一种膜分离方法。

5）膜蒸馏

其是膜分离技术与蒸发过程结合的膜分离过程，它是以蒸汽压差为推动力的膜分离过程，是在常压和低于溶液沸点的温度下进行的。膜蒸馏（Membrane Distillation，MD）是一个有相变的膜分离过程，其不仅可从非挥发物质水溶液中分离水，也可以从水溶液中除去其他挥发性物质。

（4）MBR

MBR是将膜分离技术与传统污水生物处理技术有机结合的污水处理工艺。其以膜组件取代传统生物处理技术末端二沉池，在生物反应器中保持高活性污泥浓度，提高生物处理有机负荷，从而减少污水处理设施占地面积，并通过保持低污泥负荷减少剩余污泥量。主要利用沉浸于好氧生物池内的膜分离设备截留槽内的活性污泥与大分子有机物。MBR 系统内活性污泥浓度（MLSS）可提升至 8000～10000mg/L，甚至更高；污泥龄可延长至 30 天以上。

MBR 因其有效的截留作用，可保留世代周期较长的微生物，实现对污水深度净化，同时硝化菌在系统内能充分繁殖，其硝化效果明显，为深度除磷脱氮提供可能。

4.1　膜处理技术总态势

据统计，膜处理技术专利总申请量为 78381 项。图 4-1-1 显示了其专利申请量趋势，总体表现为：1994 年以前专利申请量虽然表现出小幅度增长，但总体仍维持在较低水平，说明膜处理技术在该时期并未普及，属于技术的引入阶段；不同于物理化学污水处理技术的是，直至 2003 年有关膜处理技术的专利申请量也没有体现出快速发展的态势，1995～2003 年专利申请量保持基本稳定，在该阶段属于膜处理技术的低速成长期；然而在 2004 年之后，随着中国申请量的快速增长，全球申请量出现猛增态势，发展迅速，属于技术的快速成长期。2004 年之后出现的快速增长表明，膜处理污水行业在进入 21 世纪后得到迅猛的发展。从图中还可以看出，国外关于膜处理污水的研究起步较早，2001 年以前其专利申请量呈逐年增加的趋势，而 2001 年以后的年专利申请量整体较为平稳。中国在这方面相对落后，直到 20 世纪 90 年代才有相关的研究；并且中国在 2005 年之前的专利申请量递增均较为缓慢；2005～2010 年，专利申请量才有小幅增加；而 2010 年以后，中国专利申请量快速增长且在 2017 年申请量达到最高。

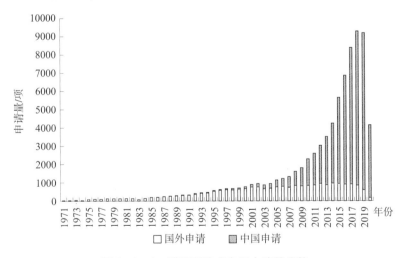

图 4-1-1　膜处理技术专利申请量趋势

进一步分析膜处理技术的国内外专利发展趋势，从中可以看出该技术的主要趋势与物理化学污水处理技术相类似：一方面，国外申请量自 2001 年之后趋于稳定，不同之处在于 2005 年之后并未出现下降的迹象，反而出现小幅度上涨的迹象。另一方面，中国申请量在 2005 年之后呈现稳定增长，预示着该技术在中国的应用受到越来越多的重视，而 2014 年就已呈现出高速增长的态势，早于物理化学污水处理技术的发展趋势。

为了探寻专利申请量增长的内在因素，通过梳理中国膜处理技术行业产值变化规律，结合标志性事件，可以看出中国膜法水处理行业的发展经历以下几个阶段。

① 实验室阶段（2001 年之前）：中国早在 1967 年就开始反渗透膜的研制工作，1986 年 CA 非对称反渗透膜实现产业化，1991 年 MBR 技术传入中国，1998 年第一个采用 MBR 工艺的中水回用装置在大连建成，处理量为 200 吨/天。这一阶段膜技术主要集中在高校和科研院所的实验室小试、中试阶段装置。

② 小型工程应用阶段（2001~2004 年）：2001 年，膜法水处理技术进入深入研究阶段，部分处理量为几百至几千吨/天的小型 MBR 污水处理工程开始建造，2004 年，慈溪杭州湾航丰水厂建成，成为第一个规模 5 万吨/天以上的膜法城镇供水项目。

③ 规模化工程应用阶段（2005~2010 年）：2005 年，国家推出的节能减排和污水资源化政策促进膜产业加速发展。以采用 MBR 工艺的北京密云 4.5 万吨/天再生水项目为代表的万吨级以上膜法污水处理装置陆续投运。这一阶段由于 2008 年北京奥运会和 2007 年无锡太湖蓝藻事件的催化剂作用，公众对水安全的重视程度显著提升，为膜法水处理技术规模化推广奠定了基础。

④ 全面推广阶段（2011 年至今）：国产膜材技术逐渐成熟，价格下降，同时伴随着环保标准日趋严格和民众环保意识不断增强，膜法水处理技术在全国多地开始商业化应用，目前全国投运或在建的万吨级 MBR 城镇污水处理系统已达上百个。

可见，专利申请量的快速增长与污水处理的客观需求和膜法水处理技术的快速发展密不可分，水质标准的提高、环保意识的增强和膜法水处理技术成本的降低促使专利申请量迅猛发展。

图 4-1-2 为膜法水处理技术的来源国家/地区构成，其反映全球膜法水处理技术原创专利申请量排名前五的国家/地区的原创专利申请量情况。原创专利申请的数量以"项"为单位进行统计，排名依次为中国、日本、韩国、美国、德国。这些国家/地区的原创专利申请量占到全球申请量的 94% 以上。其中，中国以 54288 项原创专利申请排名第一，占据总申请量的 69%。相较于电化学技术、其他物理化学技术，膜处理技术方面中国的领先地位更为明显。

图 4-1-3 为膜处理技术目标国家/地区申请量分布情况，原创专利申请的数量以"件"为单位进行统计，排名前六依次为中国、日本、韩国、美国、WO、欧洲等，这一排名顺序与电化学污水处理技术不谋而合。数据表明，向这些国家/地区提交的申请专利量占到全球范围内提交的专利申请总量的 83%。同样地，中国以 55% 的申请量占比位列第一，具有明显的优势地位。总体而言，亚洲仍然是膜处理技术的第一大目标市场，属于重点布局区。

表 4-1-1 是膜处理技术主要来源国家/地区的布局情况，可以较为直观地看出各来源国家/地区的专利布局情况。在前五名申请来源国中，中国、日本、韩国倾向于本

土布局，而美国虽然在本土布局上有所侧重，但同样重视国外布局，因而总体表现相对均衡，有多于半数的原创专利产出流向世界各国家/地区，属于典型的技术输出国。

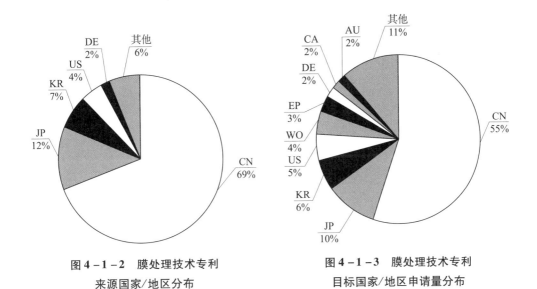

图 4－1－2　膜处理技术专利
来源国家/地区分布

图 4－1－3　膜处理技术专利
目标国家/地区申请量分布

表 4－1－1　膜处理技术专利主要来源国家/地区布局情况　　　　单位：项

来源国	目标国				
	CN	JP	KR	US	WO
CN	54021	63	46	217	381
JP	749	8783	458	759	932
KR	239	148	4815	276	322
US	616	519	311	2608	1320
DE	114	168	65	269	310

　　图 4－1－4 显示了膜处理技术全球专利申请量前十的申请人申请量分布情况，申请量均以"项"为单位进行统计。从图中可以看出，该领域全球排名前十的申请人同样集中在日本和中国，其中，日本申请人（栗田工业、日立、欧加农、东丽、久保田）占据了 5 席，表明日本的企业在该领域同样具有相对较强的整体优势。但是与物理化学技术相对比可以看出，中国申请人在该领域的优势与日本相当，排名中的中国申请人占据了 5 席（中国石油化工股份有限公司、美的、哈尔滨工业大学、同济大学、清华大学）。与物理化学技术不同的是，在该领域中的企业申请量占比有所增加，各大高校及科研院所的排名相对靠后，反映出市场化和工业化的程度较物理化学技术有所改善。

　　进一步结合电化学技术、其他物理化学技术的主要专利申请人情况可以看出，栗田工业在上述三个领域中都具有领先的优势地位，因此应当予以重点关注。

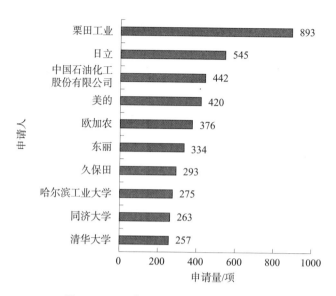

图 4-1-4 膜处理技术主要专利申请人

图 4-1-5 为膜处理技术的技术主题分布，其中 MBR 占 37%，属于重点研究方向；脱盐膜占 25%，也属于相对重点的研究方向；其次是过滤膜技术，占比 14%。上述排名靠前的三个技术主题占据总申请量的 76%，具有明显的优势地位。相对而言，渗透膜技术的占比相对较少，为 4%。可见，MBR、脱盐膜、过滤膜是膜处理技术的研究热点。

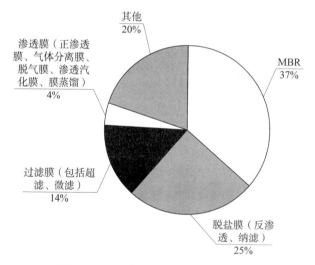

图 4-1-5 膜处理技术专利主题分布

通过以上专利分析，获得膜处理技术的总体态势表现如下：在总申请量方面，2004 年之后的专利申请量一直保持快速发展，其中国外申请量呈现小幅度上涨，而中国申请量呈现逐年快速增长的态势。通过对技术来源国家/地区和目标国家/地区进行分析可以看出，中国、日本、韩国、美国是主要的技术来源国和市场国。与物理化学技术相类似，亚洲国家倾向于本土布局，而美国等国家倾向于国内外均衡布局。在排名靠前的申请人中，中国和日本的申请人占据席位较多，并且中国的企业在申请量上占据一定的比例，反映出中国膜处理技术的市场化和工业化的程度较物理化学技术有所改善。通过对膜处理技术的具体技术主题进行分析可以看出，MBR、脱盐膜、过滤膜是该技术的研究热点方向。

4.2　膜处理专利技术的发展脉络

本节将按照其技术主题，从过滤膜（超滤和微滤）、脱盐膜（纳滤和反渗透）、渗透膜（正渗透膜、气体渗透膜、脱气膜、渗透汽化膜和膜蒸馏等）、MBR、多种膜联合使用五个方面来分析其专利技术发展脉络。

4.2.1　过滤膜技术发展脉络

1977 年，罗纳·布朗克化学公司提出一种处理纸浆漂白产生的含碱造纸废水的工艺，包括以下步骤：向流出物中引入次临界量的絮凝有效剂，所述次临界量为真正絮凝所需量的约 2%~50%；以及对流出物/药剂混合物通过稳定至 pH 大于 8 的膜进行超滤（US4155845A）。

1979 年，系统工程与制造公司提出一种低压、高通量水净化系统，其在连续循环系统中，用金属氢氧化物将废水中的杂质结合成大于 10Å 的颗粒，然后通过超滤膜从水中分离出来。其使用直径大于 100μm、长度大于 6in 的过滤管，且该过滤管被分组成束，每束都在自己的集水箱中，这样系统停机时间最小化，并且在系统部分故障的情况下可以保持净化标准（US4276176A）。

1979 年，蒸汽公司等提出一种水的超滤方法，其利用超滤膜对水进行净化，得到高纯度的超滤水；超滤系统的截留流通过大孔大网状阴离子交换树脂柱处理，以除去细菌、病毒、热原和胶体，处理后的流出物可直接重新引入超滤系统。该方法将大孔大网状阴离子交换树脂的高效利用与超滤截留流的回收和再循环结合起来；由于使用了大孔阴离子交换树脂，因此在进行超滤之前，不需要对整个体积的水进行预过滤；并且能够在不加速超滤膜浓差极化的情况下，保留了截留流量，减少了过滤所需的树脂（仅需在超滤器排出流量的较小体积上使用所述交换树脂）（US4276177A）。

1985 年，MEMTEK 公司提出一种使用膜过滤处理废水的方法，所述废水包括作为污染物的有机化合物和悬浮固体，所述方法包括以下步骤：用石灰与废水混合沉淀；将沉淀废水与颗粒助滤剂材料混合后通过膜过滤单元，在膜过滤单元中，膜孔不小于约一个数量级助滤剂材料颗粒的直径，例如具有 0.01~0.1μm 的有效孔径（US4610792A）。

1987 年，笹仓机械制作所提出一种处理被油污染的水例如海洋舱底水的方法，其将上述被污染的水通过重力分离室，在重力分离室中去除相对较大的油滴；然后，水通过纤维状聚结层，其中更多的油被聚结以促进其去除。水最终通过多孔膜，在多孔膜的表面上，基本上所有剩余的油滴合并成较大的油滴；其中的多孔膜由聚对苯二甲酸乙二酯制成，能隔离油和水（GB2190854A）。

1989年，马昌思·迪特里希提出一种从污染源生产饮用水的可移动模块化装置，其在用臭氧进行最终处理之前，至少用一种烧结聚丙烯制成的膜对污染水进行微滤，该膜的标称孔径小于$1\mu m$，首选约$0.2\mu m$，并且能够通过逆流进行清洗（EP0352779A2）。

1992年，帕尔公司提出一种处理废水的方法，通过将废水送入动态微滤组件以形成第一浓缩液流和滤液流，然后将滤液蒸汽送入超滤组件以形成第二浓缩液流和纯化水流（US5374356A）。

1997年，环境化学公司提出一种从大量废水中去除重金属、氟化物、二氧化硅和其他污染物的方法和系统，其中含有污染物的废水流用化学混凝剂处理以产生直径大于$5\mu m$的粒子；处理后的废水通过微滤膜，将金属污染物颗粒与废水进行物理分离；可使用孔径为$0.5\sim5\mu m$的商用微滤膜；通过定期对微滤膜进行反冲并排空膜所在的过滤容器，从膜表面去除固体（WO9823538A1）。

1998年，美国海军提出一种含油废水处理系统，将船上油水分离器流出的流出物在船外排放之前通过作为附加下游处理的串联超滤膜进一步降低油含量；油水分离器排出的废水通过给水泵和再循环泵进行缓冲，通过再循环泵，下游超滤处理系统受到有条件的流量控制并可以定期反冲清洗滤膜（US5932091A）。

2000年，微巴公司提出一种从大量废水中去除污染物的方法，该方法涉及用混凝剂处理含有污染物的废物流，该混凝剂与污染物反应以形成粒径大于$10\mu m$的微粒或微粒聚集体；处理后的废水在低压（小于20 psig）下通过孔径在$0.5\sim10\mu m$之间的微滤膜以去除污染物（US6428705B1）。

2002年，水道机工株式会社提出一种具有大孔径的滤膜单元的净水处理设备，其中，所述滤膜单元的孔径在$0.8\sim3.0\mu m$的范围内，并且使过滤后的水通过所述滤膜。通过预先过滤的原水储罐和滤膜单元之间的水位差来去除病原生物（US20020011438A1）。

2003年，SFC环境股份有限公司提出一种通过中空纤维膜将液体中的颗粒分离的过滤装置，所述中空纤维膜结合形成纤维束；液体从外到内流过中空纤维膜，并且已经清除了颗粒的液体从中空纤维膜的至少一个端部排出；中空纤维束缠绕在载体上，该载体的外圆周表面至少部分地通过其气体可以从内部流到外部；将中空纤维束缠绕到载体上，一方面可以节省空间，另一方面可以可靠地清洁中空纤维膜上的沉积材料；过滤装置可以原样使用，也可以在过滤模块中组合使用，以净化废水；优选由陶瓷制成的中空纤维膜，特别是氧化铝陶瓷，以及由聚乙烯、聚丙烯、聚醚砜或它们的混合物制成的聚合物膜；合适的孔径在例如$0.001\sim1\mu m$的范围内（EP1503848A1）。

2006年，TRISEP公司提出一种高流量、低压超滤或微滤螺旋缠绕膜滤筒，用于过滤具有高悬浮固体的液体原料。应用可使用真空或抽真空来获得跨膜驱动压力（TMP），并且气体可选择性地通过带有特定原料的筒鼓出。在跨膜驱动压力低于5磅/平方英寸时，可以获得高达90加仑/平方英尺/天的水渗透通量。通过将每个螺旋缠绕筒放置在其自己的壳体中并向壳体的开口下端供应液体原料，而不是将此类筒浸入充满原料的罐中，整体低压性能得到极大改善。其技术方案如图 4 - 2 - 1 所示（US20070131614A1）。

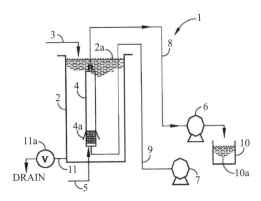

图 4 - 2 - 1 重要专利 US20070131614A1 的技术方案

2006 年，OTV 股份有限公司提出一种污水处理方法，该方法包括液/固分离步骤，然后是至少一过滤步骤，其中所述液/固分离步骤包括在大于 15m/h 的表面速度下进行的沉淀步骤，并且所述过滤步骤直接在至少一微滤膜或超滤膜上进行（CN101282913A）。

2007 年，纳尔科公司等提出一种使用膜分离工艺从废水中去除一种或多种重金属的方法：调整含有重金属的废水的 pH 以实现所述废水中所述重金属的氢氧化物沉淀；然后添加有效量的分子量为约 500~10000 道尔顿的水溶性二氯乙烷 - 氨聚合物，与所述重金属反应；之后使所述经处理的废水通过浸没式膜，其中所述浸没式膜是超滤膜或微滤膜（US2008060997A1）。

2010 年，安徽泰格生物技术股份有限公司提供一种维生素 C 及其衍生物的生产废水的处理方法，其将维生素 C 及其衍生物的生产废水调节为中性、沉淀、混合、厌氧处理、好氧处理后；流出的废水经 0.1~0.4μm 的中空纤维膜过滤。该方法处理后的生产废水稳定达到国家一类排放标准（CN102092892A）。

2013 年，嘉兴市永祥环保设备有限公司提出一种间歇式排污反冲超滤系统，包括超滤组件、水箱、清水泵、清洗加药池、超滤流路、反冲清洗流路和循环清洗流路，以及电器和 PLC 控制元件；水箱出口与清水泵入口连接。该系统解决了废水进超滤组件容易堵塞的问题。其技术方案如图 4 - 2 - 2 所示（CN103253739A）。

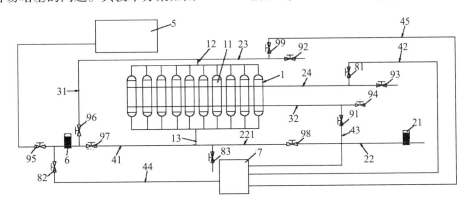

图 4 - 2 - 2 重要专利 CN103253739A 的技术方案

2014 年，轻工业环境保护研究所提出一种用于废水深度处理的臭氧/光催化氧化 -

膜分离集成方法，首先通过气液混合器将臭氧/氧气气体混合物溶于废水中产生高浓度溶解性臭氧、氧气，之后进入光催化反应器，利用羟基自由基等强氧化剂与溶解氧和溶解臭氧共同氧化去除水中有毒有害物质、异味、色度、病毒、细菌等，然后废水、催化剂和气体三相流体经过陶瓷膜过滤器，透过陶瓷膜的废水达标排放，未透过陶瓷膜的携带有悬浮催化剂的浓水返至回水仓，进一步参与气液混合和臭氧/光催化反应；其中陶瓷膜过滤器中可选用管式陶瓷膜，陶瓷膜的平均孔径为 $0.02\mu m$。该工艺及装置具有废水处理效率高、催化剂回收率高、臭氧利用效率高以及膜使用寿命长等优点（CN104016511A）。

2017 年，广西碧清源环保科技有限公司提出一种膜处理硫双灭多威生产废水的工艺，包括将硫双灭多威生产废水引入设有多孔陶瓷膜光的催化氧化器中，所述多孔陶瓷膜上负载有二氧化钛催化剂，在紫外光的照射下对其中的氨基甲酸酯类大分子有机物进行降解；将处理后的废水依次引入脱色反应池、中和絮凝池中进行处理；然后将处理后的废水引入设有陶瓷膜过滤器的过滤池中过滤，由此获得的陶瓷膜清液引入生化处理池中进行生化处理（CN106966556A）。

2018 年，北京交通大学提出一种负载针铁矿纳米催化剂的陶瓷膜及其制备方法，该陶瓷膜包括三氧化二铝、二氧化钛和负载在陶瓷膜表面上的针铁矿纳米催化剂；该方法制备的负载纳米催化剂的陶瓷膜具有污染物去除率高、光催化活性高、羟基自由基产生量高、催化剂流失量极少等特点，应用于水处理反应中可以高效处理难生物降解有机废水（CN108273395A）。

2018 年，水回收系统有限公司提出一种废水处理装置和方法，其可仅利用两个流体泵单元，其包括单个或多个处于纵向堆叠布置构型的膜模块；堆叠或串联模块可以沿竖向或水平向形成柱体。膜模块包含在大直径管道内，每个模块周围具有足够的空间，使得过滤后的渗透水收集在管道内，并且反冲洗水可以在管道内流动以对模块和包含的膜进行反冲洗；该装置包括一个或多个中空纤维陶瓷膜模块，每个模块包括多根优选通过端箍或端盖集束在一起的中空纤维以形成完整的膜模块；完整的中空纤维膜模块可以包括多根对称的中空纤维，每根纤维的内径在 $2.0\sim4.0mm$，可由氧化铝基材制成；单个陶瓷纤维壁的几何结构的厚度可以在 $1.0\sim2.0mm$；这种陶瓷中空纤维可以具有标称 $1\sim1400nm$ 的孔，其可包括附在标称 $1\sim100nm$ 的纤维壁上的单个或多个分离层，每个所述分离层可以是多孔聚合物或多孔陶瓷材料（CN111565824A）。

4.2.2 脱盐膜技术发展脉络

1971 年，尤萨戴尔有限公司提出通过反渗透将水分离成净化产品流和浓缩了矿物污染物的盐水流，然后将盐水流经过化学处理，沉淀去除作为污泥产品回收的矿物污染物，并通过反渗透分离回收化学处理的盐水，以回收额外的净化产品水。该工艺特别适用于酸性矿山废水的处理（US3795609A）。

1975 年，黑田水工业有限公司提出在原水处理中，采用二次铁盐作混凝剂，进行两级过滤，供给反渗透式脱盐装置。其能够有效去除原水中的悬浮物，延长半透膜的使用寿命，使其长期运行（JPS5268876A）。

1976 年，PERMO 公司提出一种通过海水淡化生产饮用水的工艺和装置，海水在低压回路中预过滤，然后在高压下泵送至由半透膜中空纤维组成的反渗透模块（FR2338901A1）。

1977 年，EL 帕索环境系统公司提出一种用于回收含有难溶固体的水溶液的液体和固体成分的方法和设备，其是将含有难溶固体的湿法冶金过程废水或其他水溶液源，如冷却塔、锅炉、工业工厂废物流的废水，通过反渗透和化学处理有效地分离为水和固体成分，从而实现废水零排放和污泥最小体积或有价值固体的回收（US4176057A）。

1980 年，黑格和埃尔塞瑟股份有限公司提出一种带有冷凝式汽轮机的火力发电站的冷却水和蒸汽回路的补充水处理系统，包括用于冷却塔补充水处理的反渗透装置；其浓缩液与冷却塔的出水混合，通过热交换器进入另一个反渗透装置进行脱盐；浓缩液在第三个反渗透装置中处理，浓缩液用蒸汽加热；最后一个阶段是稳定浓缩盐溶液，然后干燥。该系统通过多个反渗透阶段的工艺，降低了火力发电厂用水的要求和处理成本（US4347704A、US4434057A）。

1981 年，东丽提出一种从含有有机酸的废液中回收有机酸的方法，其通过用反渗透膜处理废液以浓缩和回收大部分有机酸，向渗透液中添加碱性剂以形成有机酸盐，通过上述处理得到浓缩废液，并在酸存在的条件下蒸发浓缩液以回收酸的残余部分。该方法有机酸的回收率最高可达 100%，节约了碱剂和酸的用量，降低了蒸发和浓缩负荷，实现了节能、产液再利用和防止环境污染的目标（JPS58118538A）。

1982 年，罗密克环境研究所提出一种从含有水、固体、碳氢化合物和溶解盐的钻井泥浆/废物混合物中去除可用水和其他成分的工艺和设备，具体是：固体从废水中分离出来，从而回收含有碳氢化合物和溶解盐的水流；将该水流分离成可回收烃流和含有溶解盐的水流；然后利用反渗透装置将含有溶解盐的水流分离成环境安全水的渗透流以供再利用和浓缩盐水流（WO8204435A1）。

1985 年，约翰·E. 哈特提出一种用于水净化的反渗透系统，其包括生产水的储存容器，该容器包括一个活塞，可通过反渗透装置的废物在其背面加压；在反渗透装置的废水出口和储存容器之间插入一个阀门，仅在从储存容器中分配生产用水时才使用该阀门；所有其他时间，废水排放到排水沟（US4705625A）。

1985 年，箭头工业用水公司提出一种化学强化反渗透水净化系统和工艺，其中第二反渗透单元的入口串联地耦合到第一反渗透单元的产品水出口。净化水由离子交换树脂型水软化剂调节，泵送至第一反渗透装置入口。从第一反渗透单元流出的产品水用化学处理剂（例如氢氧化钠溶液）处理，该化学处理剂置于从入口到第二反渗透单元的上游。来自第二个反渗透装置出水口的水再循环至第一个反渗透装置上游的水流管线（US4574049B1）。

1987 年，矿业联会股份有限公司提出一种焦化厂废水脱酚工艺，其包括以下步骤：将废水引入反渗透装置，将反渗透装置产生的浓缩液与焦化厂产生的焦油混合，将混合液进行相分离，将带酚焦油引入反应器的焦油蒸馏装置（EP0304427B1）。

1987年，Nimbus水系统公司提出一种净水系统，其具有包含反渗透过滤器的第一压力容器和包含活性炭预过滤器的第二独立压力容器，所述活性炭预过滤器通过公共集管在所述第一压力容器的上游串联连接。活性炭预过滤器包括置于活性炭上游的颗粒收集器，用于捕获未净化水中携带的沉积物。当颗粒收集器被沉积物堵塞时，颗粒收集器在系统中获得的操作水压下是可压缩的，沉积物用于从颗粒收集器表面裂开或脱离颗粒收集器，堵塞颗粒收集器，允许水流继续通过收集器进入活性炭，随后通过过滤器反渗透滤芯。其技术方案见图4-2-3（EP0256734A1）。

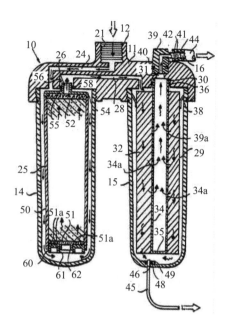

图4-2-3 重要专利
EP0256734A1的技术方案

1990年，蒂森奥托股份有限公司提出一种从选煤厂废水流中去除有害物质和回收有用物质的过程，其在煤加工和焦炉煤气净化过程中，优选在NH_3汽提塔的下游，产生的废水直接送至分馏反渗透（FRO）系统，该系统的第一阶段由管式或塔板式模块组成，溢流速度大于1m/s或溢流比大于1m/s、渗透率大于30：1（EP0439770B1）。

1990年，黑田水工业有限公司提出一种处理含氟水的方法，它将钙化合物和/或铝化合物添加到含氟水中进行反应，所得悬浮液进入循环槽；然后将来自循环槽的悬浮液通过膜分离进行处理，以将其分离为渗透溶液和浓缩悬浮液；其中从膜分离步骤中取出浓缩悬浮液的至少一部分返回到反应步骤，同时剩余部分循环至循环槽；以及从膜分离步骤中取出渗透溶液作为处理水；优选使用反渗透膜进行膜分离。该方法不存在所用设备的结垢紊乱，稳定高效地提供高质量的处理水（EP0421399A1）。

1991年，凯尔科水利工程公司提出一种从反渗透装置回收废水的装置，从反渗透装置排出的未过滤水被重复使用，以显著减少排放到排水管的量。反渗透膜的上游侧可能会被冲洗，当装置不运行时，膜上的压差也会被释放（US5282972A）。

1991年，库利根国际公司提出一种水处理装置，其具有连接到加压水管的进水口和连接到所述进水口下游的所述导管的废水出口，所述水处理装置具有位于所述进水口和所述出水口之间的导管中的限流器；其中水处理装置为膜式反渗透装置，其空隙率至少为0.5（CA2052712A1）。

1991年，久保田公司提出一种用于对原水进行反渗透膜处理的水处理设备，包括：在其前级设置曝气池；在该曝气池中设置浸有混合溶剂的外压式陶瓷过滤器；在该外压式陶瓷过滤器下部设置空气扩散器，并提供吸入泵，用于通过曝气池外部的外压式陶瓷过滤器从曝气池中的溶液混合物中提取过滤后的水，并提供与该吸入泵的排放侧连通的反渗透膜分离器。该方法允许使用比常规水处理设备更简单的设备执行水处理。

其技术方案如图 4 - 2 - 4 所示（JPH04305287A）。

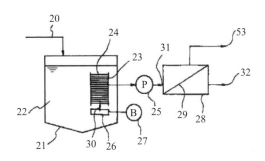

图 4 - 2 - 4 重要专利 JPH04305287A 的技术方案

1992 年，密理博公司提出一种反渗透水净化脱气系统，该系统包括：①一个反渗透装置，该装置具有一个膜、用于高压下纯化水和废水的入口和出口；②一个喷射器，废水通过该喷射器将气体降低到大气压力以下；③一个脱气器，该脱气器具有由疏水膜分离的纯化水和减压气体。其技术方案如图 4 - 2 - 5 所示（US5156739A）。

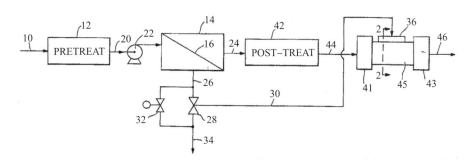

图 4 - 2 - 5 重要专利 US5156739A 的技术方案

1992 年，伊莱克斯公司提出一种反渗透净水装置包括：①含有渗透膜的过滤单元，该过滤单元具有入口、滤液出口、将相对大的流量返回入口的导管和用于小流量排出水的出口；②两个离子交换单元，并联布置并连接至过滤器单元；③用于选择通过过滤器和离子交换单元的流动方向的阀。进入过滤器的水首先通过其中一个离子交换单元进行软化，排出的水通过另一个单元回流以使其再生（US5364525A）。

1994 年，桑多斯有限公司提出一种处理工业废水的方法，该方法包括：①用从吸附、膜过滤和氧化中选择的至少两种不同的预处理方法对废水进行预处理，然后对废水进行生物净化；②中和和生物净化废水，然后通过膜过滤结合吸附或氧化处理废水，或者通过氧化结合纳滤膜吸附或过滤处理废水，或者通过纳滤膜过滤处理废水（US5405532A）。

1994 年，密理博公司提出一种净水方法，其是将待净化的水通过反渗透步骤以产生纯水流和废水流。废水流被引导至去离子步骤以产生净化的去离子水，该去离子水被再循环至反渗透步骤。与传统的反渗透工艺相比，该工艺产生的废水要少得多。该工艺还可生产有机和无机纯度高于单独通过反渗透或去离子获得的水（US6110375A）。

1994年，生态水系统公司提出一种反渗透系统，一种反渗透系统，包括：具有开口端的压力罐；容纳在所述压力罐内的可膨胀囊，所述囊具有开口端；用于将所述囊的所述开口端固定和密封在所述压力罐的所述开口端中的装置，为了在所述压力罐和所述气囊之间形成第一封闭可变容积，第二罐组件包括容纳在所述气囊内的第二罐，所述第二罐具有开口端和封闭端；用于固定和密封所述第二罐的装置在所述囊的开口端中的组件，以便在所述囊和所述第二罐之间形成第二封闭可变容积；接收在所述第二罐内的预过滤器和反渗透膜组件，所述第二罐组件包括用于封闭所述罐的盖。所述第二水箱的开口端，所述第二水箱组件具有第一开口，原水可通过该第一开口进入所述第二水箱，使得原水可流过所述预过滤器对于所述反渗透膜组件，所述第二罐组件具有第二开口，通过所述预过滤器和所述反渗透膜组件的净化产品水可以通过该第二开口流入所述第二可变

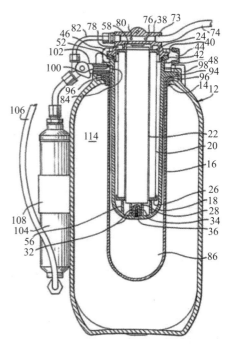

图4-2-6　重要专利US5358635A的技术方案

容积，所述第二罐组件具有第三开口，通过该开口已经通过所述预过滤器但未通过所述反渗透膜组件的浓缩水可以流动以进行处理，所述第二可变容积具有排放开口，净化的产品水可以通过该排放开口流动以供使用，由此反渗透系统包括预过滤器、反渗透膜组件渗透组件和净化产品水的储存罐被构造为紧凑的组件。其技术方案如图4-2-6所示（US5358635A）。

1995年，泽农环境有限公司提出一种用于延长具有高压侧和低压侧的反渗透膜的使用寿命的改进方法，所述反渗透膜用于从水溶液中分离可溶和难溶的无机材料，该方法将含有可溶和微溶无机材料的水溶液引入反渗透膜的高压侧，并对所述高压侧的水溶液加压以在低压侧产生基本上不含所述无机材料的液体；将含有浓缩无机材料的溶液从反渗透膜的高压侧转移到微滤膜的高压侧，以及转移到已沉淀的微滤膜的高压侧的可溶性无机材料，以提供含有无机材料颗粒的溶液（EP0754165A1）。

1995年，帕尔公司提出一种处理含有颗粒物和游离油的废水的方法和装置，该方法包括从废水中去除游离油，使废水通过具有约200μm或更小有效孔隙等级的第一过滤介质，利用第二种过滤介质对废水进行动态过滤，第二种过滤介质的有效孔隙率约为5μm或更小，并将废水与吸附床接触以形成纯化水流；其中所述第二过滤介质是反渗透膜（US5578213A）。

1997年，德巴斯什·穆霍帕德黑提出一种经膜分离降低水的硬度和用弱酸阳离子

交换树脂同时除去非氢氧化物的碱度的水处理方法及其所使用的设备，包括反渗透膜、混合床离子交换装置、微过滤器、紫外线消毒装置、脱碳装置和电离子化装置。其技术方案如图 4 - 2 - 7 所示（CN1236330A）。

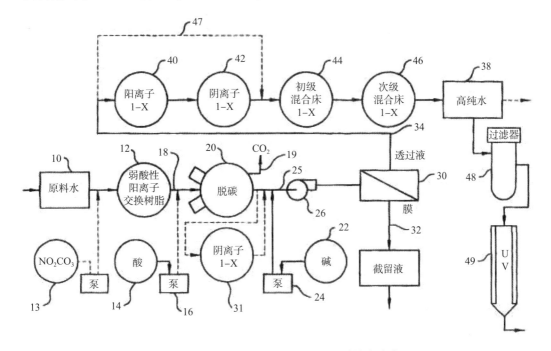

图 4 - 2 - 7　重要专利 CN1236330A 的技术方案

1998 年，普丽玛提出一种产生两种水质的净化水装置，所有水流经过膜过滤，然后进入反渗透装置；一些水通过渗透膜被进一步净化，而剩余的水则在其表面被冲洗，并被收集在缓冲容器中或立即使用。其技术方案如图 4 - 2 - 8 所示（FR2781168B1）。

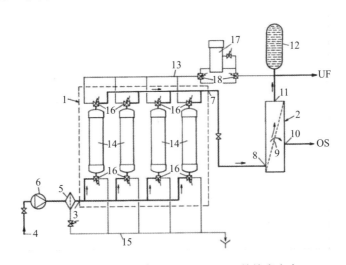

图 4 - 2 - 8　重要专利 FR2781168B1 的技术方案

2002 年，日本电工株式会社提出一种在洗涤螺旋膜元件的情况下也能提高回收率，长时间保持证渗透液的流量和质量的处理系统，该处理系统包括螺旋膜元件、其下游侧的反渗透膜分离装置以及洗涤液供应体系，通过反渗透膜分离装置将滤液分离为渗透液和浓缩液，渗透液和浓缩液作为洗涤液供应到螺旋膜元件，在一定背压下对分离膜进行回洗，其中螺旋膜元件包括多孔中空管及绕在其外周表面上的袋状分离膜，通过供应泵加压使螺旋膜元件在 0.05~0.3MPa 的背压下进行回洗；在洗涤螺旋膜元件时，将通过反渗透膜分离装置的至少一部分渗透液或者浓缩液作为洗涤液供应到螺旋膜元件（US2003127388A1）。

2006 年，怡口净水有限责任公司提出一种密封的水处理系统，其具有密封的歧管，该歧管带有反渗透筒和一个或多个过滤筒。过滤筒包括收纳在歧管头中的槽内的棘爪，以便固定锁闭啮合。该水处理系统进一步包括单个探针导电率监控系统，其用来监控反渗透膜的性能。该水处理系统还可以以模块化的结构提供，其中歧管头经夹具物理地联结在一起并可让流体流通，该夹具与模块化歧管头相连。该水处理系统还允许改装以包括渗透泵。筒也设计为提供最小化的圆形入口缺口，从而在更换筒的过程中使溢出最小化（CN101111302A）。

2007 年，背斜处理有限责任公司提出一种用于处理除其他污染物之外还被甲醇和硼污染的废水的系统和方法，该系统和方法专门用于去除甲醇和硼，而无须添加明显的化学物质以提高 pH。其通过在生物反应器中进行生物消化除去甲醇，通过反渗透从水中分离出大部分污染物，并用除硼的离子交换树脂除去通过反渗透系统的硼，从而对水进行处理（US20080053900A1）。

2008 年，漂莱特（中国）有限公司提出一种新的利用反渗透技术进行水净化的方法和系统。水在进入反渗透处理体系前使用离子交换树脂和吸附媒介进行预处理，可以减少膜表面和通道的污染、沉淀和化学侵蚀。该方法使用平均孔径在 1000~500000Å 和压碎强度或查狄伦值至少为 24g/PCS（粒径为 710μm）的大孔树脂（CN101646628A）。

2009 年，神钢环境舒立净公司提出一种可高效稳定地得到淡水的淡水生成装置和方法，将废水作为稀释水混合到海水中以得到混合水，利用第一海水用反渗透膜装置对混合水进行过滤处理，并将得到的淡水用作使用水而得到的作为废水的已用水作为稀释水混合到海水中（CN102933503A、JP4933679B1、JP5250684B2 和 JP5526093B2、CN102557196A）。

2010 年，东丽提出一种造水系统，所述造水系统用第一半透膜处理设备处理被处理水 A 来生产淡水，并且，使在第一半透膜处理设备中处理时所生成的浓缩水混合于被处理水 B 中，用第二半透膜处理设备处理该混合水来生产淡水，其中在所述造水系统中设置有旁通管路使被处理水 A 不经由第一半透膜处理设备就混合在被处理水 B 或浓缩水中，以便即使在第一半透膜处理设备由于产生问题等无法进行处理时第二半透膜处理设备也能够运转；其中所述半透膜是指使被处理液中的一部分成分例如溶剂能透过而不使其他成分透过的半透性的膜，例如纳滤膜、反渗透膜；作为这些纳滤膜或反渗透膜的膜材料，可以使用乙酸纤维素、纤维素类的聚合物、聚酰胺和乙烯基聚合物等高分子材料；作为代表性的纳滤膜/反渗透膜，可举出乙酸纤维素类或聚酰胺类的非对称膜以及具有聚酰胺类或聚脲类的活性层的复合膜（CN102471100B、CN102482123A）。

2010年，千代田化工建设株式会社等提出一种处理含有机化合物的废水的方法，其包括：将废水加入到缺氧槽中；向废水中添加含有氮和磷成分的化合物；对废水进行厌氧处理；将处理后的废水作为预处理水排放。将预处理后的水引入厌氧处理池，对预处理后的水进行厌氧处理，并将处理后的水作为一次水排放。将原水引入需氧处理槽，对原水进行好氧处理，并将处理后的水作为副水通过固液分离器排出。将至少一部分二次水引入反渗透膜分离单元，并将一部分二次水分离为反渗透渗透水和反渗透浓盐水，其中至少一部分反渗透浓盐水循环至缺氧槽（US20120181229A1）。

2010年，里亚德·阿尔－萨马迪提出一种经济的使用单级或二级膜工艺纯化含有可溶性以及略溶性无机化合物的水的工艺，该工艺将膜水纯化与化学沉淀软化以及对应地使用离子交换树脂和二氧化硅分离介质相结合将残留硬度和二氧化硅从膜浓缩物中去除，其中所述膜为反渗透膜。因此净化水回收率将不会受到在化学沉淀软化系统中的设计和/或操作缺陷的影响。其技术方案如图4-2-9所示（CN102656122A）。

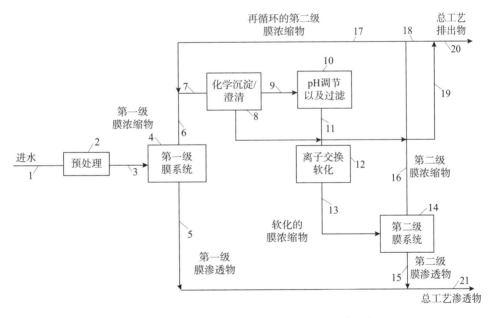

图4-2-9　重要专利 CN102656122A 的技术方案

2011年，里亚德阿尔－萨马迪提出一种多用途高水回收工艺，该工艺将包括反渗透和纳滤在内的净水膜与离子交换水软化树脂的使用整合在多种配置中，以优化操作并实现最大膜渗透回收率，同时消除了再生Ⅸ树脂所需的淡水、氯化钠和其他化学物质的使用。该工艺具有移动性和灵活性（US8679347B2）。

2012年，北京桑德环境工程有限公司提出一种纳滤、反渗透浓缩液减量化处理系统及方法，其包括：石灰软化处理器、臭氧反应器、曝气生物滤池处理器、超滤处理器和反渗透处理器；其中，所述石灰软化处理器依次与曝气生物滤池处理器、超滤处理器、反渗透处理器连接，超滤处理器的超滤浓水出口回连至混凝沉淀处理器，反渗透处理器设有连接外部回用装置的出水口。该处理系统可以较低成本对纳滤、反渗透浓缩液进行减量化处理，具有投资成本低、处理效率高的优点（CN102659291A）。

2012 年，中国海洋大学提出一种将废水、海水混合后利用反渗透膜深度处理的海水淡化工艺：将达标排放的废水与海水按一定比例混合后经预处理或废水与海水分别预处理后混合，进入反渗透原水箱，经过增压泵、保安过滤器后分流，一部分经高压泵进入反渗透膜，另一部分经过回收高压浓水能量的能量回收装置，经压力提升泵进入反渗透膜，经过反渗透膜的过滤，产水进入反渗透产水箱，达到回用标准，可作软化水或锅炉用水（CN102701326A）。

2012 年，LG 公司提出一种使用多个反渗透装置的水处理装置和水处理方法，包括：多个串联的反渗透膜装置，使得前端的浓水作为流入水流动；用于供给原水的泵向第一反渗透膜装置供水；用于测量流入每个反渗透膜装置的进水离子浓度的离子浓度测量装置；用于将原水引入每个反渗透膜装置的旁通导管；用于混合原水并将其引入除第一个反渗透膜装置以外的至少一个反渗透膜装置的控制装置（KR101929815B1）。

2013 年，张英华提出一种利用浓差极化和周期性瞬间冲洗原理的反渗透海水淡化及浓缩的方法：从海水罐里抽取预处理后的海水，送入反渗透膜芯里。随着海水中的淡水逐步从反渗透膜芯反渗透到淡水区，越往反渗透膜芯内的后段海水中含有的杂质和盐的浓度就越高。通过对反渗透膜芯的振动使杂质和盐不那么容易黏附在反渗透膜芯上。利用压缩空气周期性瞬间对封闭的淡水区的淡水施压，淡水穿过反渗透膜芯冲洗反渗透膜芯，使反渗透膜芯的微孔始终保持畅通（CN103466753A）。

2013 年，东丽提出一种淡水产生装置，用于将第一处理水加压并供给至半透膜单元，并通过半透膜将浓缩水和淡水分离为渗透水以获得淡水，半透膜、流量调节单元和过滤单元设置在浓水管路中，用于从半透膜单元中提取浓水，并且浓缩水的压力过滤为从过滤单元的上游侧和过滤单元本身中选择的至少一个（WO2014007262A1、CN105073652A、CN105246835A）。

2014 年，四川省百麟新能环保科技有限公司提出一种高效的反渗透废水处理装置：反渗透处理设备的浓水出口与三通阀的入口连接，三通阀的一个出口连接浓水池，另一个出口通过浓水回流管连接反渗透处理设备。其中的反渗透处理设备包括相互并联的石英砂过滤器、树脂过滤器、活性炭过滤器和反渗透膜体。该装置根据对水质的不同等级要求，可将反渗透所得浓水回流至反渗透处理设备进行二次处理；采用多级反渗透处理，利用石英砂过滤器预处理可有效去除废水中的胶体、固体残渣、悬浮物等，软化树脂过滤可去除硬度金属离子，再进行活性炭过滤和反渗透膜处理（CN104016446A）。

2014 年，西安瑞兰环保技术有限公司提出一种印钞废水的处理方法及分离回收系统：将待处理的印钞废水加压，粗过滤；将滤液进行膜过滤分离，分别得到过滤浓液和过滤清液；将过滤清液进行反渗透处理，去除废水中的盐分，得到反渗透浓液和反渗透清液；将反渗透清液的 pH 调节至中性后，经生化处理达标后排放；将反渗透浓液和过滤浓液进行蒸发处理，分离得到浓液和水，将浓液进行去固化处理，将水输送至原始印钞废水中混合后继续处理。其技术方案如图 4－2－10 所示（CN104030527A）。

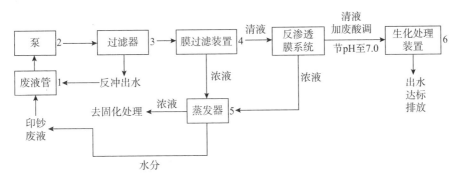

图 4－2－10　重要专利 CN104030527A 的技术方案

2014 年，三浦工业提出一种回收过滤装置：一个与现有废水处理设施相连的滤膜装置，该废水处理设施对有机废水进行生物处理，以获得初级处理废水，回收并过滤废水处理设施的一级处理水，将过滤后的水作为补充水供应至冷却塔，通过过滤膜组件对从废水处理设施回收的一级处理水进行膜过滤，以获得二级处理水；反渗透膜装置，其通过反渗透膜组件对来自过滤膜装置的二级处理水进行膜分离，以获得作为第三级处理水的渗透水，其中，通过反渗透膜装置获得的作为第三处理水的渗透水作为补充水供应给冷却装置塔（JP2016117016A、JP2016117017A 和 JP2016117018A）。

2014 年，三菱提出一种水处理装置，包括亚反渗透膜装置，该亚反渗透膜装置具有初级外壳和初级反渗透膜，该初级反渗透膜将初级外壳分为初级液体通过部分和初级渗透部分；低压给水泵，以等于或低于海水渗透压的压力向一次液体通过部分供给海水；一种主反渗透膜装置，其具有二次外壳和二次反渗透膜，二次反渗透膜将二次外壳的内部分为二次液体通过部分和二次渗透部分；一高压给水泵，该高压给水泵供给一次处理的液体，该液体是通过的海水的合成产物以及以高于一级处理液的渗透压的压力从一级液体通过部分流出到二级液体通过部分（US20170266622A1）。

2014 年，青岛澳德龙电子科技有限公司提出一种节能型水处理系统，包括依次串联的第一过滤器、第二过滤器和第三过滤器，以及利用反渗透原理对水进行过滤的纳滤过滤器，所述纳滤过滤器包括进水口、净水出口和废水出口，所述净水出口分两条支路，一条支路连接净水储水桶，另一条连接终端出水口的净水阀，其中所述纳滤过滤器采用纳滤膜滤芯，所述纳滤膜滤芯精度为 1nm；所述第一过滤器采用前置精密过滤滤芯，精度为 0.22μm；所述第二过滤器采用烧结活性炭；所述第三过滤器采用后置精密过滤滤芯，精度为 0.1μm。其技术方案如图 4－2－11 所示（CN204111429U）。

2014 年，杰富意工程株式会社提出一种废水的处理方法，其包括将原水罐中的用于反渗透膜处理的原水供应至反渗透膜处理装置以进行反渗透处理（JP6287666B2）。

2015 年，浙江光跃环保科技股份有限公司提出一种自动进排水反渗透净水系统，其包括聚丙烯（PP）棉滤芯一侧连进水口，另一侧连前置复合滤芯连自动开关连第一三通接头和反渗透膜，第一三通接头连接后置复合滤芯和纯水出口，反渗透膜连第一、第二单向阀和减压阀，第一单向阀连第二三通接头连第三单向阀和水驱动压力桶，第三单向阀连后置复合滤芯（CN105399232A）。

2015年，三菱提出一种水处理装置，包括一级单元，其具有多个一级元件，这些一级元件作为相互平行布置的反渗透膜装置，以将待处理水分离成一级冷凝水和淡水；泵，其将待处理水供给一级单元；二次单元，其具有作为反渗透膜装置的二次元件，所述二次元件的数量小于所述一次元件，并且彼此平行地布置以将所述一次冷凝水分离成二次冷凝水和淡水（US20180085709A1、US20180111845A1、US20180071683A1）。

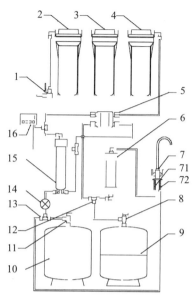

图4-2-11 重要专利 CN204111429U的技术方案

2015年，迪克苏有限公司提出一种用于家用和工业用反渗透水处理设备的系统，通过第二次（或三次、四次或五次）处理废水来减少用水量（WO2016007107A1）。

2016年，高频美特利环境科技（北京）有限公司提出一种工业废水零排放处理工艺，包括以下步骤：①工业废水依次进行pH调节、厌氧处理、好氧处理和MBR处理，得到预处理废水；②所述预处理废水依次进行碳滤和树脂吸附，得到软化废水；③所述软化废水通过苦咸水淡化反渗透膜元件进行处理，得到第一淡水和第一浓水；所述第一淡水回收；④所述第一浓水通过海水淡化反渗透膜元件进行处理，得到第二淡水和第二浓水；所述第二淡水回收；⑤所述第二浓水进行蒸发浓缩，得到蒸汽和浓缩液；所述蒸汽进行冷凝，冷凝水进行回收；所述浓缩液进行脱水，得到固渣（CN106746116A）。

2016年，栗田工业提出一种焚烧厂的废水处理方法，所述焚烧厂具备：使有机物燃烧的焚烧装置、对从该焚烧装置排出的燃烧废气的热进行回收的热回收装置、通过该热回收装置使热回收的燃烧废气进一步降温的降温装置。所述方法将混合有焚烧厂废水中的锅炉保罐水、锅炉排污水、冷却塔排污水以及杂废水中的至少两种的混合废水供给至膜分离处理工序中，利用分离膜将从焚烧厂排出的废水分离成透过水与浓缩水，然后将浓缩水的至少一部分供给至所述降温装置并吹入至所述燃烧废气中来使其蒸发，由此，使燃烧废气降温（CN107531515A）。

2016年，济州科技院提出一种熔岩海水淡化系统和方法，其包括：一个盐分分离单元，将取水装置抽取的熔岩海水按盐分分为高盐分熔岩海水和低盐分熔岩海水；一种反渗透装置，其包括海水反渗透装置和微咸水反渗透装置，其中所述海水反渗透装置过滤并将高盐度熔岩海水分离成高浓度冷凝水和第一淡水，微咸水反渗透装置将低矿化度熔岩海水过滤分离为低浓度凝结水和第二淡水，海水反渗透装置排出的淡水随低矿化度熔岩海水进入微咸水反渗透装置进行过滤（KR20170134806A）。

2016 年，盛发环保科技（厦门）有限公司提出一种脱硫废水零排放方法，脱硫废水经过原水调节池调节水量后，进入碱化模块，进行絮凝反应，絮凝后的脱硫废水进入污泥分离回收模块对污泥进行分选，分选后的脱硫废水经盐度测试，低盐度脱硫废水回至脱硫岛，高盐度脱硫废水进入除钙模块，除钙模块出水 pH 调节至中性后进入减量模块，减量模块采用纳滤系统和反渗透系统进行除盐。其能实现脱硫废水零排放（CN106396233A）。

2016 年，日立提出一种即使在使用纳滤膜的情况下也能提高能源效率的水处理系统，其包括纳滤膜，所述纳滤膜通过过滤待处理水来去除待处理水中的多电荷离子；高压泵，所述高压泵对供应给纳滤膜的待处理水施加渗透所述纳滤膜的压力；动力回收装置，其回收通过纳滤膜渗入被处理水而获得的渗透水的残余压力，以及不通过纳滤膜排出的浓缩水的残余压力。其技术方案如图 4 – 2 – 12 所示（JP2017124382A）。

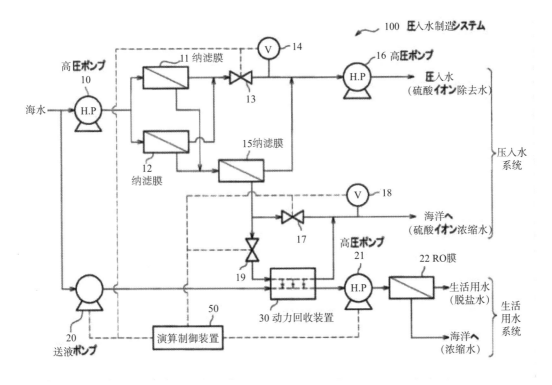

图 4 – 2 – 12　重要专利 JP2017124382A 的技术方案

2017 年，奥加诺公司提出一种使用反渗透膜的水处理方法，采用反渗透膜处理含氨的待处理水，其中，将包含溴系氧化剂或氯系氧化剂和氨基磺酸化合物的抗菌剂引入所述待处理水中，且所述反渗透膜是中性膜或阳离子带电膜（CN109863122A）。

2017 年，沙特阿拉伯石油公司提出一种用于由海水和采出水生成注入水的水处理装置，其包括：反渗透单元，该反渗透单元能够接收海水并产生反渗透产水和反渗透废水；预处理单元，其能够接收采出水并输出经预处理的采出水；载气萃取单元或动力蒸汽再压缩单元，其能够接收所述经预处理的采出水和所述反渗透废水，并产生淡水；混合器，其能够混合所述淡水与所述反渗透产水和海水的一部分以生成注入水，使得所述注入水的盐度在 5000 ~ 6000 份/百万份（ppm）总溶解固体的范围内。其技术方案如图 4 - 2 - 13 所示（CN110036181A）。

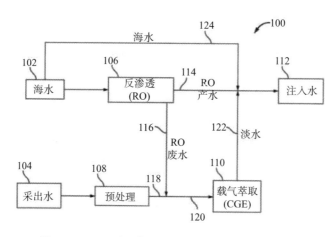

图 4 - 2 - 13　重要专利 CN110036181A 的技术方案

　　2018 年，威立雅水务解决方案与技术支持公司提出一种用于处理给水的系统和工艺，其包括至少一个反渗透或纳滤单元，所述反渗透或纳滤单元在高压下接收进料并产生浓缩液将其引导至浓缩液收集器并在低压下保持在浓缩液收集器中的浓缩液。通常，渗透水或入口给水保持恒定流速。定期将系统从模式 1 或正常操作过程切换到模式 2，在此模式下，浓缩液从浓缩液收集器中排出。然而，在模式 2 中，给水仍被导入系统，并通过反渗透或纳滤装置产生渗透液和浓缩液。其技术方案如图 4 - 2 - 14 所示（EP3565655A1）。

　　2018 年，日立提出一种反渗透处理装置和反渗透处理方法，其能够稳定地对高总溶解固体的待处理水进行反渗透处理，且能够抑制反渗透膜的污染而不使反渗透膜发生大幅度的劣化，该反渗透处理装置包括：第一反渗透膜单元，其对第一待处理水进行反渗透处理，并将其分离为第一可渗透水和第二可渗透水；混合单元，其混合蒸发总残渣大于第一待处理水的第二待处理水；第二反渗透膜单元，其对所述混合水进行反渗透处理，并将所述混合水分离为第二渗透水和第二浓水。第一冷凝水管将第一浓水从第一反渗透膜单元输送到混合单元，混合水管将混合水从混合单元输送到第二反渗透膜单元。其技术方案如图 4 - 2 - 15 所示（JP2020065953A）。

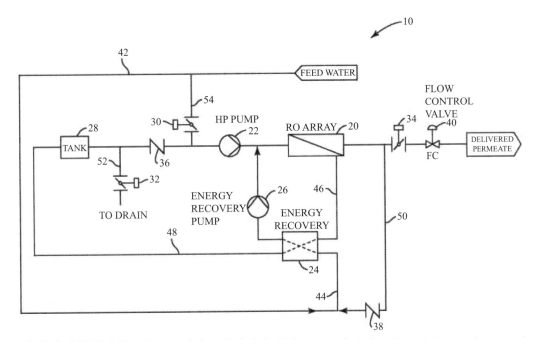

图 4 - 2 - 14　重要专利 EP3565655A1 的技术方案

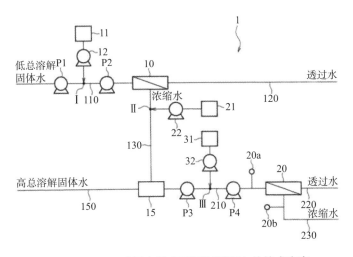

图 4 - 2 - 15　重要专利 JP2020065953A 的技术方案

　　同年，该公司还提出另一种反渗透处理装置，其包括：第一单元，其包括多个平行排列的反渗透膜组件，所述反渗透膜组件对待处理的水进行初级处理；多个第二单元，每个第二单元包括一个或多个平行排列的反渗透膜组件，其对在第一单元分离的浓水执行后续处理。每个第二单元包括浓水供应管、浓水排放管、供应管阀和排放管阀。浓水排放管通过浓水回水管和回水管阀门与浓水供水管相连。其技术方案如图 4 - 2 - 16 所示（US20190224624A1）。

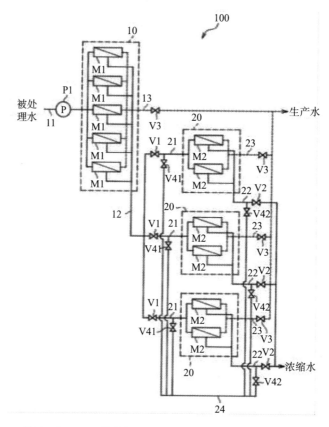

图 4 - 2 - 16　重要专利 US20190224624A1 的技术方案

2018 年，苏伊士提出一种用于处理来自工业中的待处理废水的零液体排放处理方法，其依次进行采用高级反渗透处理的脱盐步骤、浓缩步骤和蒸发结晶步骤。其技术方案如图 4 - 2 - 17 所示（EP3517508A1）。

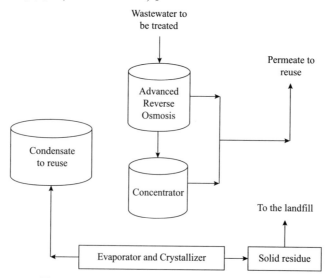

图 4 - 2 - 17　重要专利 EP3517508A1 的技术方案

2020 年，溢达企业有限公司提出一种纳米过滤膜及其制造方法，该过滤膜具有三层：非织造织物（诸如 PET）支撑层、聚砜纳米纤维过滤膜层和纳米多孔聚酰胺活性分离层；将聚砜纳米纤维过滤膜层静电纺丝至所述支撑层上；将所述纳米多孔聚酰胺活性分离层静电喷雾至所述聚砜纳米纤维过滤膜层上。所得到膜在 0.48MPa 下具有 40 ~ 200L/m²/h 的纯水通量，在氯化钠浓度为 2000ppm 时具有 10% ~85% 的氯化钠截留率，在硫酸镁浓度为 2000ppm 时具有 80% ~97% 的硫酸镁截留率（CN111790271A）。

4.2.3　渗透膜技术发展脉络

2010 年，水合系统有限责任公司提出一种正渗透水传输系统，其包括饱和盐水流，其第一部分被转移而形成饱和工艺盐水流，且其第二部分被转移到至少一个正渗透膜。所述至少一个正渗透膜使水从输入的废水流移入输入的被转移的饱和盐水流中，由此产生输出的浓缩废水流和输出的稀工艺盐水流。其技术方案如图 4 - 2 - 18 所示（CN102781557A）。

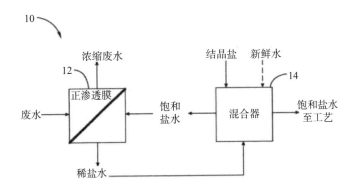

图 4 - 2 - 18　重要专利 CN102781557A 的技术方案

2012 年，久保田提供一种能够有效地进行曝气的水处理方法和水处理系统，其包括：将待处理的水引入反应池并进行曝气处理的步骤、提高反应罐中水的溶解物浓度的步骤。优先通过浓缩装置增加罐内水的溶解物质浓度，例如，可以通过浓缩装置增加来自反应罐的出水的溶解物质浓度，以获得浓缩水，优先使用正渗透膜装置作为浓缩装置（JP2014065008A）。

2014 年，张英华提出一种正渗透法工业污水处理设备及其工艺流程，其包括从淡污水池里抽取的淡污水经过过滤器，再经过水蒸气冷凝器，然后进入正渗透膜芯中；二氧化碳和氨气进入正渗透工业污水处理器的中水区生成碳酸氢铵溶液；中水区的碳酸氢铵溶液穿过正渗透膜进入正渗透膜芯中，正渗透膜芯中的中水渗透到中水区；从正渗透膜芯出来的浓污水被加热，进入浓污水罐（CN103819040A）。

2014 年，东洋纺公司提出一种正渗透处理方法，包括：渗透步骤，其中在具有第一表面和第二表面的正渗透膜中，通过使第一面接触进料溶液和第二面接触具有比进料溶液更高渗透压的吸取溶液，将进料溶液中包含的水通过正渗透膜从第一面侧移动到第二面侧；杀菌剂添加步骤，在渗透步骤之前，将氯杀菌剂添加到进料溶液和提取溶液中的至少一种中（JP2015188787A）。

2015年，河海大学提出一种正渗透膜和厌氧膜并联的废水处理方法及装置，预处理的废水进入反应器中，一部分废水中的水在抽水泵的作用下透过微滤膜，得到清洁的出水；另一部分废水中的水透过反渗透膜进入驱动模块稀释驱动液；驱动液中的水透过反渗透膜，获得清洁的出水，浓缩后的驱动液经过回流泵回流到驱动模块中重复利用。其技术方案如图4-2-19所示（CN105330106A）。

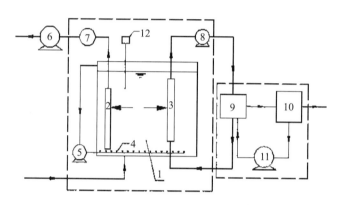

图4-2-19 重要专利CN105330106A的技术方案

2015年，韩国机械研究院提出一种使用多级正渗透工艺的脱盐装置和脱盐方法，其包括第一正渗透单元和第二正渗透单元；所述第一正渗透单元具有第一正渗透膜、与所述第一正渗透膜的一侧和流动废水接触的第一进料通道、与所述第一正渗透膜的另一侧接触的第一出料通道；所述第二正渗透单元包括第二正渗透膜、与所述第二正渗透膜的一个表面接触的第二进料通道，与所述第二正渗透膜的另一侧

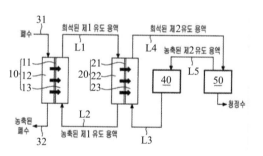

图4-2-20 重要专利KR101690977B1的技术方案

接触的第二出料通道；该工艺采用碳酸铵诱导溶液，由于出水不产生无机沉淀物，防止了正渗透膜的污染，从而提高了工艺水通量和工艺运行的稳定性，提高了处理水的水质，减少了浓缩废水的体积，从而降低废水处理成本。其技术方案如图4-2-20所示（KR101690977B1）。

2016年，神钢环境舒立净公司提出一种能够控制渗透水或浓缩水流量的水处理装置，其具有：正渗透膜部分，用于通过正渗透使待处理的水和驱动溶液彼此接触，用于获得浓水和液体混合物，其中渗透水和驱动溶液混合；转移部分，用于将驱动溶液转移到正渗透膜；控制部分，其控制转移到正渗透的驱动溶液的渗透压（JP2018023933A）。

2017 年，中国海洋大学提出一种基于正渗透原理处理含聚污水的处理装置，其包括膜池，所述膜池内固定有两个都沿竖直方向设置的超滤膜，以将所述膜池内部自左向右分割为第一汲取液腔、原料液腔和第二汲取液腔；含聚污水沿第二方向流经原料液腔，汲取液分别沿第一方向流经第一汲取液腔和第二汲取液腔，使得含聚污水中的水分通过正渗透原

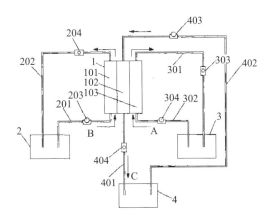

图 4 - 2 - 21　重要专利 CN107720888A 的技术方案

理透过超滤膜进入到第一汲取液腔和第二汲取液腔中，完成含聚污水中水和聚合物的分离，其中，第一方向和第二方向相反。其解决了现有的处理方法和装置在处理含聚污水时，无法有效去除水中的聚丙烯酰胺和水通量较低等聚合污染物的问题。其技术方案如图 4 - 2 - 21 所示（CN107720888A）。

2017 年，张英华提出一种正渗透工业污水处理设备，其主要由淡工业污水池、工业污水沉淀与过滤装置、螺旋曝气装置、抽真空风机、活性炭过滤器、正渗透工业污水处理装置、淡工业污水进水电磁阀和淡工业污水泵组成，正渗透工业污水处理装置的正渗透膜芯的结构是：石墨烯正渗透膜夹在内层的微孔陶瓷管和外层泡沫陶瓷管之间，或者正渗透膜芯使用陶氏渗透陶瓷管（CN107055693A）。

2017 年，OASYS 水有限公司提出一种用于从第一溶液中渗透提取溶剂的系统，其包括多个正渗透单元，每个正渗透单元都具有：第一室，其具有与第一溶液的源流体连接的入口；第二室，其具有与浓缩的驱动液的源流体连接的入口；半透膜系统，所述半透膜系统将第一室与第二室隔开并构造成使所述溶剂与第一溶液渗透分离，从而形成第一室中的第二溶液和第二室中的稀释的驱动液。所述系统还包括：分离系统、冲洗系统、流体传递装置、阀门装置和控制系统（US20180155218A1）。

2018 年，福伦斯水产品和创新有限公司提出一种用于处理污染的天然水体的系统，该系统包括一个或更多个水处理单元，每个水处理单元具有水密外壳，该水密外壳包括：可透氧且不透水的膜，以用于将氧气通过经过可透氧且不透水的膜渗透而释放到周围介质中；所述不透水且可透氧的膜由多微孔材料形成，例如非织造聚合物（例如闪纺高密度聚乙烯纤维、聚苯乙烯织物或聚苯乙烯织物等）（CN208561869U）。

2018 年，联邦科学及工业研究组织等提出一种纯化被污染物污染的进水的方法，其包括将所述进水提供至可透性石墨烯薄膜或可透性膜，使得该进水接触进料侧的连续的可透性石墨烯薄膜，使水穿过该可透性膜至滤液侧以提供滤液，并由此将污染物保留在进水侧。优选地，该方法是膜蒸馏，并且相对于滤液在提高的温度下将进水提供至该可透性膜；所述可透性石墨烯薄膜是纳米多孔石墨烯，或更优选地，纳米通道

石墨烯，其包含两层或更多层石墨烯，并且其中纳米通道延伸穿过所述薄膜，各纳米通道由在所述两层或更多层相邻片材中相邻石墨烯晶粒的边缘失配之间的流体连通的一系列间隙组成，所述纳米通道提供从该可透性石墨烯薄膜的一个面到另一个面的流体通道；该纳米多孔石墨烯薄膜或纳米通道石墨烯薄膜可以由常规膜基底支撑（CN110691756A）。

2018年，旭化成提出一种膜蒸馏装置，具有包括多个疏水性多孔中空纤维膜的膜蒸馏模块和用于冷凝从该模块中提取的水蒸气的冷凝器；多孔中空纤维的平均孔径为0.01~1μm，膜蒸馏组件的多孔中空纤维填充率为10%~80%，所述膜蒸馏的压力条件等于或大于1kPa，并且等于或小于所述被处理水的温度下的水的饱和蒸气压。其技术方案如图4-2-22所示（EP3603777A1）。

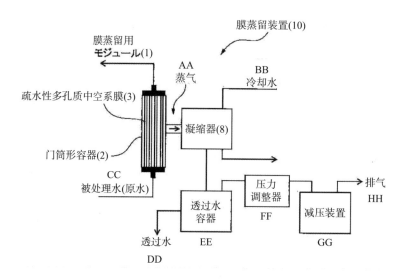

图 4 - 2 - 22　重要专利 EP3603777A1 的技术方案

2019年，埃墨伏希有限公司提出一种水处理模块，该模块包括至少一个长形的气体外壳，其包括气体入口和两个竖直的壁，至少一个竖直的壁包括具有面向水的侧面和面向气体的侧面的水不可渗透而气体可渗透的膜，该两个竖直的壁在外壳的外部的水和所述外壳内的气体之间隔开，该气体外壳处于卷绕或折叠的构造中，从而界定回旋状水平路径以及形成在外壳的相对的面向水的侧面之间的一个或更多个水处理空间。其技术方案如图4-2-23所示（US20190389754A1）。

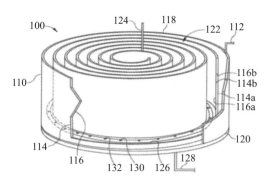

图 4 - 2 - 23　重要专利 US20190389754A1 的技术方案

4.2.4　MBR 技术发展脉络

1977 年，三基工程有限公司提出一种处理高氨氮废水的方法：通过使用膜分离器提高处理池中的微生物浓度，以使处理池容量较小的高浓度氨氮废水实现硝化和反硝化（JPS5394444A）。

1984 年，三菱提出一种废水处理方法，废水进入垂直设置有多个分离膜组件的生物反应池，向膜组件下部吹入含氧气体进行好氧处理（JPS61120694A）。1985 年，该公司又提出一种高浓度废水处理方法，处理没有稀释或超低稀释的含有高浓度有机物和氮的高浓度废液，其将高浓度废液依次在生物反应器Ⅰ、生物反应器Ⅱ进行处理，然后将处理后的液体进一步引入到膜分离器中进行分离和浓缩处理（JPH0645035B2）。

1987 年，东芝公司提出一种膜分离式污水处理装置，其中贮存箱中的盐溶液与胆碱或四甲基氢氧化铵（TMAH）型废水一起由化学液体泵供应至曝气箱。接着，曝气池中的活性污泥在泵的压力下被输送到超滤膜。胆碱或 TMAH 型有机物质通过浓缩液回流管返回曝气池。其通过在含有活性污泥的曝气池中设置能够分离活性污泥的超滤膜，使得活性污泥聚集产生浓缩物；通过该装置废水可以得到很好的处理（JPS63182099A）。

1991 年，泽农环境有限公司提出一种 MBR 系统，其在活性污泥存在的条件下对生化氧化材料进行曝气；水悬浮液从生物反应器中连续泵出，并以一定的速度和压力通过膜过滤区，在该速度和压力下，膜表面不会残留任何固体（US5151187A）。

1995 年，OTV 股份有限公司提出一种用于生产饮用水的生物水处理装置，包括至少一个具有用于注入含氧气体的装置的生物反应器、浸入该生物反应器中的至少一个分离微滤或超滤膜以及布置在所述生物反应器内用于以形成生物质载体的粉末状物质悬浮液进料的进料装置（FR2737202A1）。

1996 年，夏普股份有限公司提出一种废水处理的方法和设备，其可以防止浸没膜的渗透效率降低，而不会增加操作成本和污泥的产生，并且可以有效地处理高浓度的有机废水而无须稀释。该废水处理方法包括以下步骤：通过第一浸没膜浓缩生活污泥以产生浓污泥；将浓污泥混合到待处理的水中，然后将与浓污泥混合的待处理水引入厌氧处理部分，以进行厌氧处理。将经厌氧处理的水从厌氧处理部分引入需氧处理部分，该部分中设有第二浸没膜，以对水进行需氧处理。待处理的水用浓污泥处理，污泥的溶解氧含量降至零，污泥吸附其中所含的有机物，以便在厌氧处理部分进行后续处理（JP3332722B2）。

1999 年，泽农环境有限公司等提出一种用于处理氨氮或全氮含量不合格的给水的单罐式 MBR 器，其具有膜冲刷气泡供应和氧泡供给。膜的冲刷气泡供应持续提供大的冲刷气泡来清洁膜。渗透液以高速连续从膜中抽出，但大的冲刷气泡不能向混合液输送足够的氧气，从而在反应器中创造好氧条件。氧泡供给的操作是提供小气泡的空气或氧气，间歇性地在混合液的很大一部分产生好氧条件。在适合硝化和反硝化的池的很大一部分中，会出现交替的好氧和缺氧条件（WO0037369A1）。该公司 2000 年又提出一种用于生物去除磷酸盐的废水处理工艺，其包括膜过滤器（WO0105715A1）；一种船上废水处理系统，其利用活性污泥法和浸没式膜微滤或超滤组合，能够高峰值负荷并且能够维持在待机模式（US6361695B1）。

2003年，西奥·斯塔勒提出一种废水净化装置，根据浸没式接触曝气器-活性污泥法，使用生物反应器对废水进行好氧生物净化，所述装置设有与生物反应器结合的膜过滤元件。该生物反应器与膜装置的结合提供了一个低能系统，用于以经生物处理的废水生产没有任何污染风险的水（WO03064328A1）。

2003年，圣地亚哥德孔波斯特拉大学提出一种混合式生物膜反应器，用于处理工业和城市废水中的有机含氮物质，结合悬浮液和生物膜中的微生物。其设有三个室：缺氧室、气升式好氧室和过滤室；其中过滤室包括用于过滤的中空纤维超滤膜组件将处理后的水与生物污泥分离，将污泥再循环至缺氧室，以保持适当的微生物浓度。其技术方案如图4-2-24所示（EP1484287A1）。

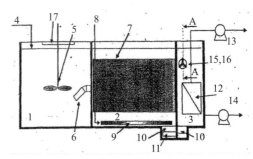

图4-2-24　重要专利EP1484287A1的技术方案

2004年，"工业技术研究院"提出一种污泥水解反应器、污泥中和反应器和MBR，其包括对生物废弃污泥进行水解和中和处理，以提供适合在MBR中处理的中间进料。水解污泥和微生物被保留在MBR中，使污泥进一步水解、有机物分解，达到稳定污泥和减少污泥的目的（US20050023202A1）。

2004年，"工业技术研究所"提出一种用于处理含有有机化合物的废水的系统，包括厌氧生物反应器、布置在厌氧生物反应器后面的好氧生物反应器和布置在好氧生物反应器后面的膜分离反应器。该系统能够通过生物处理工艺去除废水中的有机污染物，并利用膜将固液分离。采用该系统处理含有机污染物的废水，可有效去除有机污染物，防止膜表面结垢、积垢的问题，达到降低成本、提高效率的目的（CA2470450A1）。

2005年，东洋工程公司等提出当处理烃或含氧化合物的制造装置中副产的含有甲醛的废水时，对甲醛进行化学处理，然后使用具备微生物或酶与分离膜的MBR边进行曝气边进行处理各工序的废水的处理方法（CN101044099A）。

2006年，X-流体公司提出一种生物反应器，其具有膜过滤模块，所述膜过滤组件包括具有一个或多个结合的膜的壳体、入口侧、渗透物侧以及保留物侧，其中壳体限定了膜的入口侧上的连接腔，与池的流体空间连接的流体输入管线通向连接腔，其中壳体还包括与渗透物侧连接的渗透物排出管线以及与保留物侧连接的保留物排出管线。其技术方案如图4-2-25所示（NL1031926C2）。

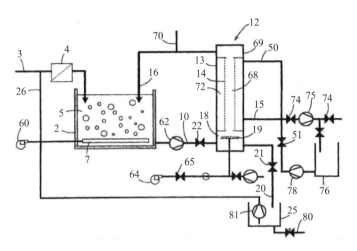

图 4 - 2 - 25　重要专利 NL1031926C2 的技术方案

2006 年，上海大学提出一种一体式膜生物反应水处理装置，它包含有一个由缺氧区和好氧区组成的反应池、设置在缺氧区中的搅拌器、置入好氧区的曝气管及连接进气管上的空气泵、缺氧区进水管上的进水泵、好氧区出水管上的出水泵以及从好氧区至缺氧区污泥回流管上的回流泵构成的循环式活性污泥水处理装置，所述的好氧区内设置一个膜组件，所述的出水管从膜组件的出水口连通至所述出水泵的进口（CN1800052A）。

2006 年，南洋理工大学提出一种膜蒸馏生物反应器，用于处理诸如废水等的受污染流入物：通过使用生物反应器中的生物试剂生物降解流入物中的污染物以产生较少污染物的流入物，然后通过膜蒸馏使较少污染物的流入物蒸馏穿过与生物反应器流体连通的蒸馏膜以产生流出物；流入物可以是废水，流出物可以是净化水。在一个实施方案中，膜可以位于生物反应器容器的反应室内，并可以浸入混合液中；在适用于废水处理的不同实施方案中，膜可以位于生物反应器之外；生物反应器可以是好氧或厌氧的（CN101374591A）。

2007 年，北京碧水源科技股份有限公司提出一种具有除磷脱氮功能的 MBR 的有机废水处理方法。该方法是在典型的厌氧—缺氧—好氧脱氮除磷方法的前面设置一个缺氧池，在该方法后面设置一个采用一体式 MBR 的好氧池。该方法不但具有 MBR 的优点，还可以比较彻底地除去有机污染物并除磷脱氮，以及能高效地消去出水的色度，是将废水一次处理就可以达到高品质再生水标准的方法（CN101139154A）。

2007 年，肖氏环境与基础设施公司提出一种废水处理系统，包括好氧 MBR 和厌氧消化器系统，所述厌氧消化器系统被连接以连续接收来自所述好氧 MBR 的废物固体，并且连续地将来自所述厌氧消化器系统的流出物返回到所述好氧膜生物反应器（US20080223783A1）。

2008 年，美得华水务公司提出一种侧流式 MBR 工艺，其不会导致生物反应器中活性污泥浓度（MLSS）的过度下降，并且不需要任何额外的废水处理设施来排放反冲洗废水,并能进一步保证分离膜过滤性能的稳定性。其在侧流式 MBR 工艺中,将含有通过反冲洗分离膜而产生的污物的反冲洗流出物收集在反冲洗流出物槽中,然后进行臭氧处理,并且将所得产物返回到生物反应器。通过这种臭氧处理,接近分离膜孔径的污染物被细化或变成易于进入活性污泥絮体的状态。因此,即使处理后的废水返回生物反应器,分离膜的膜过滤性能也不会恶化(EP2230210A1)。

2008 年,北京汉青天朗水处理科技有限公司提出一种污水处理装置,包括生物反应池和膜分离设备,所述膜分离设备设置于生物反应池外部,所述膜分离设备内部或者盛装膜分离设备的容器内部有曝气设备,所述膜分离设备或者盛装膜分离设备的容器和所述生物反应池通过管路相连通。其避免了现有负压外置式 MBR 普遍存在的膜滤池内高强度曝气能耗的浪费现象,这样可以从总体上使得 MBR 的气水比下降至 12∶1甚至 10∶1 以下,基本上接近传统活性污泥法等其他污水生物处理工艺,使污水处理系统的运行能耗能够维持在一个较低的水平。其技术方案如图 4-2-26 所示(CN101274810A)。

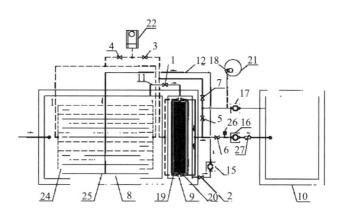

图 4-2-26　重要专利 CN101274810A 的技术方案

2008 年,"工业技术研究院"提出一种用于处理含有机化合物的废水的系统,其包括:一种厌氧生物反应器、位于厌氧生物反应器后面的好氧生物反应器,和位于好氧生物反应器的后面的一种膜分离反应器(JP5213647B2)。

2009 年,通用电气公司提出一种在无纺布 MBR 系统中对废水进行生物处理的方法。用孔径在 0.1m 到 5.0mm 之间的无纺布膜过滤生物反应器中包含的混合液。通过向混合液中添加有效量的水溶性污泥可过滤性改善化学品,控制膜污染并改善无纺布MBR 系统中的通量(US20120255903A1)。

2009 年,江西金达莱环保研发中心有限公司提出一种工业废水的处理方法,尤其涉及一种处理发酵类制药废水的方法,制药废水首先进入兼性池进行生化处理,兼性池出水通过 MBR 进行好氧生化处理,其特点是 MBR 内活性污泥浓度为 15000~20000mg/L,MBR 水力停留时间为 8~15h,是常规好氧处理工艺的 1/4~1/2,MBR 内设污泥回流泵,将 MBR 内泥水混合物回流至兼性池,回流比为 100%~300%。该工艺以中空纤维膜组件代替二沉池,进行泥水分离（CN101885555A）。

　　2010 年,OTV 股份有限公司提出将含有厌氧可生物降解成分的废物流送入厌氧反应器,然后将厌氧反应器中间部分的混合液泵送至膜分离装置,在膜分离装置中,混合液被分离成渗透流和用固体浓缩的滞留流,滞留液流被再循环回厌氧反应器并与其中的混合液混合。其技术方案如图 4 - 2 - 27 所示（US20110253624A1）。

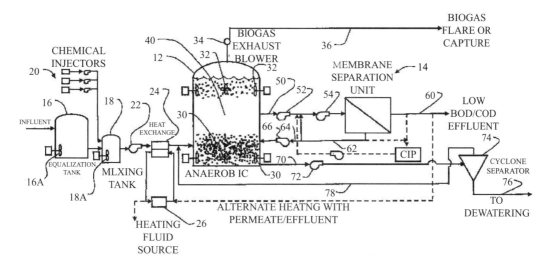

图 4 - 2 - 27　重要专利 US20110253624A1 的技术方案

　　2010 年,上海同济建设科技有限公司提出一种垃圾填埋场渗滤液废水处理工艺:废水调节水质水量后进入过滤器,从过滤器排出的水进入具有多级缺氧/好氧池和 MBR 的综合处理系统;若采用外置式 MBR,则浓缩液回流至多级缺氧/好氧池的第一级缺氧段;若采用内置式 MBR,则浓缩液回流至多级缺氧/好氧池的第一级缺氧段后,清液进入催化氧化塔（US20120012525A1）。

　　2011 年,香港科技大学提出一种生物污水处理工艺,其用于通过使用保持在高通量运行条件下的膜组件来处理曝气池内的污水中所包含的有机物及氮,该膜组件包括孔径为 5 ~ 150μm 的膜,经过所述膜的过滤形成透过水,以作为处理完毕的出水（CN103402927A）。

　　2011 年,泽农环境有限公司提出一种用于降解废水并产生生物气体的系统,该系统包括封闭的厌氧处理箱、泵送供应装置、膜过滤器、生物气体循环回路、穿过所述膜过滤器而从所述装置移除渗透物的出口、从所述装置移除产物生物气体的出口;其中膜过滤器位于所述处理箱中或位于与所述处理箱通过液体再循环连通的封闭的外部箱中;其中维持所述顶部空间和与所述膜过滤器相连通的废水中的压力,以使得至少在物质上有助于产生穿过所述膜过滤器的渗透物的通量。其技术方案如图 4 - 2 - 28 所示（CN103080022A）。

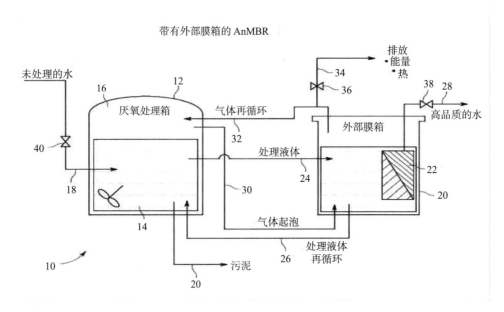

图 4 - 2 - 28　重要专利 CN103080022A 的技术方案

2012 年，江西金达莱环保研发中心有限公司提出一种利用兼氧 MBR 处理畜禽养殖废水的方法，包括：畜禽养殖废水先经预处理后进入兼氧 MBR，反应区内活性污泥浓度为 15000 ~ 20000mg/L，膜区中下部为好氧区，溶解氧保持在 2 ~ 5mg/L，膜区中下部以外的区域为兼氧或厌氧环境，溶解氧浓度低于 0.5mg/L；MBR 内的废水可连续交替地经过好氧 - 兼氧 - 厌氧区，不断地进行污染物的生物降解和转化，在同一 MBR 内实现厌氧氨氧化脱氮。整个 MBR 可实现有机剩余污泥近零排放，出水水质可达标准回用（CN102730914A）。

2014 年，中国科学院生态环境研究中心提出一种去除水中硝酸盐氮的方法，将厌氧流化床硫自养脱氮和膜分离两种过程进行结合和集成，可同时去除水中硝酸盐和截留分离微生物，提高硫利用效率（CN103723893A）。

2014 年，浙江清华长三角研究院公开一种短程硝化 - 反硝化脱氮 MBR 及其污水处理工艺，该短程硝化 - 反硝化脱氮 MBR 包括脱氮反应池、膜组件、布水系统以及曝气装置；所述膜组件设于末级反应室的兼氧区内。该 MBR 可实现 MBR 内部污水的内循环流动脱氮过程，提高污水的脱氮处理效果（CN104528934A）。

2014 年，科罗拉多州立矿业学校提出一种用于水回收的工艺、方法和装置，其包括渗透膜生物反应器（OMBR）、微孔 MBR、生物脱氮系统（BNR）和高渗压溶液源（吸取溶液）。其能以低能耗实现高水回收率，可并行产生不同质量的纯化水流。其技术方案如图 4 - 2 - 29 所示（US20150360983A1）。

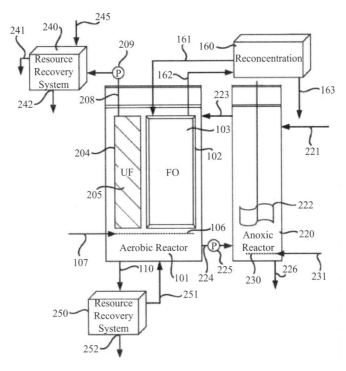

图 4 - 2 - 29　重要专利 US20150360983A1 的技术方案

2015 年，河海大学提出一种生物铁法与厌氧 MBR 法相结合的污水处理装置及方法，其包括：由进水池经进水泵将污水泵入厌氧 MBR 并与驯化好的生物铁污泥混合；定期检测厌氧 MBR 中的铁含量；微滤膜组件的出水口通过抽吸泵将净化后的水泵入出水池。该方法中膜组件不易污染，出水质量好，处理净化污水时间短，生物铁污泥使用寿命长，处理污水成本低，适合广泛推广应用。其技术方案如图 4 - 2 - 30 所示（CN104649519A）。

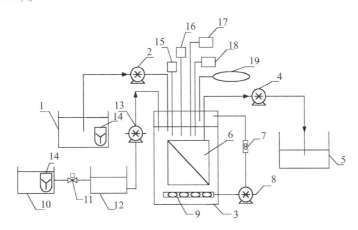

图 4 - 2 - 30　重要专利 CN104649519A 的技术方案

2015 年，天津城建大学提出一种曝气膜生物反应器（MABR）和 MBR 联用式污水处理装置及其控制方法，包括沿污水流动方向依次设置的预处理单元，MABR 单元和 MBR 单元，以及与所述的 MBR 单元匹配的反冲洗单元。MABR 前期的处理，减少了 MBR 的容积负荷；该装置结合了两种膜反应器的优势，能很好地实现脱氮除磷（CN104909520A）。

2015 年，中国农业大学提出一种处理高悬浮固体浓度有机废水的方法。该方法包括高温生物水解预处理、厌氧 MBR 处理、废水排出和回流步骤。其中在膜的分离作用下，MBR 的水力停留时间和固体停留时间分离，反应器体积大幅减小，单位容积产气率大幅度增加（CN104973737A）。

2015 年，东北大学提出一种油页岩干馏废水的分段进水多级厌氧/好氧（A/O）-MBR 处理方法，其按以下步骤进行：①将油页岩干馏废水引入分段进水多级 A/O - MBR 处理系统；分成三部分分别进入三个缺氧池；②在各缺氧池进行反硝化反应；③进入各好氧池进行亚硝化反应和硝化反应；④进入 MBR；⑤经膜组件过滤后产生的清水排出，截留下的污泥混合液返回第一缺氧池（CN105129988A）。

2016 年，江苏国松环境科技开发有限公司等提出一种厌氧 MBR 组块，包括 MBR 膜组件和冲刷机构，所述的 MBR 膜组件和冲刷机构均设置在厌氧池内，所述的冲刷机构位于所述 MBR 膜组件的底部；所述的 MBR 膜组件上设置有出水口，所述 MBR 膜组件的出水口连接有回流支管，所述回流支管通过循环泵连通所述冲刷机构的进水口。其将 MBR 膜组件分离出的水通入冲刷机构，使冲刷机构对 MBR 膜进行反冲洗，有效避免了 MBR 膜组件的堵塞，实现连续化不间断出水（CN105776537A）。

2016 年，广州华浩能源环保集团有限公司提出一种小型污水改良型 MBR 一体化处理设备，包括罐体，所述的罐体内依次设有缺氧区、兼氧区、设有膜组件的好氧反应区，所述的罐体内还设有进水配水堰和清水区，所述的缺氧区、兼氧区底部连通，所述的兼氧区、好氧反应区顶部连通，所述的缺氧区与进水配水堰连通，所述的好氧反应区与清水区连通（CN105776548A）。

2016 年，何旭红提出一种 MBR 三相分离厌氧反应器，包括反应器主体、三相分离器和上下均呈锥形的斜锥体，所述三相分离器设置在所述反应器主体腔体内的上部，所述三相分离器底部呈锥形，且其底部具有开口，所述的斜锥体设置在所述三相分离器开口的正下方，所述三相分离器的锥形结构上部设置有 MBR 膜组件，所述 MBR 膜组件通过泵和出水管与外界连通，所述反应器主体的腔体内部与所述三相分离器侧壁之间形成集气区（CN105923758A）。

2016 年，北京化工大学提出一种高效脱氮的厌氧氨氧化膜生物反应系统及方法，所述系统包括进水端、厌氧氨氧化反应区、膜生物反应区、出水端；该方法摒弃了传统厌氧氨氧化工艺重力分离而采用膜分离污泥，加快了厌氧氨氧化细菌的富集速率，可快速启动厌氧氨氧化反应，在提高脱氮效率的同时降低能源消耗，出水达标率高，解决了厌氧氨氧化工艺工程化的关键难题（CN106430576A）。

2016 年，北京林业大学提出一种处理含有高浓度有机物和氨氮的废水的厌氧

MBR - MABR - A/O - MBR 方法及其设备，其步骤为：①废水进入厌氧 MBR - MABR 中，通过间歇改变水流方向，使污泥保持较高活性，在厌氧格室中去除大部分有机物，在 MABR 中经同步硝化和反硝化去除部分氨氮；②厌氧 MBR - MABR 的出水进入 A/O - MBR（CN107867755A）。

2016 年，浙江大学宁波理工学院提出一种改良型 Ludzack Eittinger 脱氧工艺（MLE）- MBR 法高效处理海水养殖废水装置及方法，原水依次进入装置的缺氧区和好氧区进行处理；然后出水经过孔径为 $0.01\mu m$ 的膜组件，将污泥截留在反应器内，处理后的清水排出；其中 MLE 即广泛应用的 A/O 工艺；该方法解决了现有的海水养殖废水处理方法造价较高、易造成二次污染、占地面积大、剩余污泥多等问题（CN106064851A）。

2017 年，河海大学提出一种用于废水处理的正渗透膜磁性厌氧生物反应器，包括磁性生物反应模块和正渗透膜分离模块，其中所述正渗透膜分离模块包括驱动液存储罐、驱动液进水泵、正渗透膜组件、盐度补充罐和驱动液出水罐，所述正渗透膜组件设于所述生物反应器内，所述驱动液存储罐、驱动液进水泵和正渗透膜组件通过管道连接形成循环，所述盐度补充罐和驱动液出水罐连接所述驱动液存储罐（CN107089725A）。

2017 年，中国科学院生态环境研究中心提出一种厌氧污水处理装置及工艺：向厌氧 MBR 和厌氧氨氧化反应器中分别接种厌氧消化污泥和厌氧氨氧化污泥；废水依次流经厌氧 MBR、反硝化反应器和厌氧氨氧化池后出水，部分回流到反硝化反应器。其中，厌氧 MBR 回收沼气能源和去除有机污染物，反硝化反应器兼具反硝化脱氮和菌群预选择作用，厌氧氨氧化池去除总氮并有效降低脱氮曝气量。其技术方案如图 4 - 2 - 31 所示（CN107055813A）。

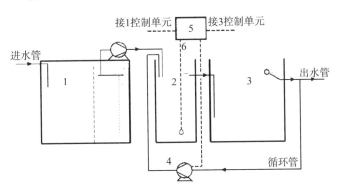

图 4 - 2 - 31　重要专利 CN107055813A 的技术方案

2017 年，北京大学深圳研究生院提出一种固定化厌氧氨氧化折流板 - MBR 处理城镇污水的装置与方法，所述装置是"微生物固定化 + 厌氧折流板反应器 + MBR"于一体的集成系统，由进水系统、厌氧折流板反应器、MBR、出水系统、水浴循环系统 5 部分组成。采用"厌氧折流板 - MBR"运行厌氧氨氧化工艺，并引入微生物固定化技术，将固定化微生物所用的无纺布载体放置于厌氧折流板反应器内部，以减少低水力停留时间条件下污泥的流失，提高反应器运行负荷，同时减缓膜污染。MBR 内部污泥定期回流至厌氧折流板反应器内。该工艺无需外加碳源，废水处理效果好，成本低且不存在污泥流失问题（CN108046423A）。

2017年，浙江大学宁波理工学院提出一种自动一体化MBR法高效脱氮除磷装置，包括MBR，所述MBR由隔板分割为好氧池部分和缺氧池部分，好氧池位于缺氧池的中部，且好氧池和缺氧池的底部相互连通；所述的好氧池内设置有中空纤维膜组件，中空纤维膜组件的上部设置有出水管道；所述的好氧池的下方设置有曝气系统，以实现好氧池内的泥水混合液由下向上推流、从上部两侧回流进入缺氧池；所述的MBR的左右两侧均设置有进水管道并通过进水口与缺氧池连通；所述的好氧池内壁和缺氧池内壁上均设置有海绵铁网兜；所述的MBR下部设置有排泥管（CN108178300A）。

2017年，广西永太和环保科技有限公司提出一种豆制品废水微生物处理工艺，包括如下处理步骤：废水依序流经MBR、水解酸化池、厌氧池、生物同步降解池和泥水分离系统。MBR将废水中的大分子蛋白质降解，加快后续水解速度。该工艺可以解决豆制品废水处理耗时长、氮超标、污泥量大和成本高等问题，处理出水达到《污水综合排放标准》（GB 8978—1996）一级排放标准（CN107935314A）。

2017年，中国科学院生态环境研究中心提出一种同步除碳脱氮的废水处理系统及其运行方法，所述系统包括：厌氧MBR、反硝化反应器、一体式部分亚硝化-厌氧氨氧化反应器以及自动控制单元。该系统及其运行方法可用于处理高浓度有机物、高浓度氨氮废水，可同步去除有机污染物和氨氮，并回收生物质能源，降低曝气能耗，缩短工艺流程（CN108059307A）。

2018年，浙江翔志环保科技有限公司提出一种基于耐铜微生物的铜镍废水处理工艺，该工艺依次包括加氨水反应、除铜、加碱、除镍、耐铜微生物吸附和MBR过滤等步骤；其中MBR过滤是通过分体式MBR进行微孔过滤得到复用水，膜形式为中空纤维维式，膜材料为聚丙烯，膜孔径为0.1μm（CN108423921A）。

2018年，河北南风环保科技有限公司提出一种高浓度有机废水处理方法，依次包括如下步骤：初步过滤及二次过滤、蒸发除盐、降解和脱氮、催化氧化、MBR膜生化处理和深度处理；其中MBR膜的孔径为0.2μm，从而使得废水中的小分子杂质得到准确的过滤，实现废水向优质水的转化。该处理方法使用组合工艺，出水水质达到污水处理厂接管标准，降低MBR膜污染，可回收利用废盐、处理效率高、运行稳定（CN108585378A）。

2018年，懿华水处理技术有限责任公司提出一种废水处理系统，其包括：接触罐、溶解气浮选单元以及MBR，所述MBR包括：生物处理容器以及膜过滤单元，所述膜过滤单元被设置在所述生物处理容器内，所述膜过滤单元包括多于一个多孔膜和滤液出口，所述MBR被配置成生物处理来自所述溶解气浮选单元的流出物的有机组分，以形成生物处理的混合液并且过滤所述生物处理的混合液以产生滤液（CN110431114A）。

2019年，广东华南环保产业技术研究院有限公司提出一种低碳氮比的生活污水高效脱氮除磷工艺，该工艺包括以下步骤：①将预处理后的污水分别通入厌氧MBR池和好氧MBR池；②将经过厌氧MBR池处理后的污水分别通入厌氧氨氧化反应池和好氧MBR池；③将厌氧MBR池和好氧MBR池产生的污泥排放至污泥消化池，经过污泥消化池处理的污泥的一部分通过回流管道回流到厌氧 MBR 池中,另一部分回流到好氧 MBR 池中。该处理方法可有效降解低碳氮比生活污水中的氮和磷,并且无须外加碳源 (CN110563266A)。

2019 年,新化学与氧化物有限责任公司提出一种使用 MBR 处理废水并实现膜渗透物流的目标磷浓度的方法,其包括以下步骤:用稀土澄清剂对废水流进行配量,然后将已计量的废水流通过膜,以得到渗透液浓度小于进水流中磷浓度的膜渗透液流。该渗透物浓度也可以等于或小于目标磷浓度 (US20200095144A1)。

4.2.5　多种膜联合使用技术发展脉络

在实际应用中,通常会根据不同膜的特点,将它们联合使用。这里梳理了多种膜联合使用技术发展脉络中的部分重要专利。

1985 年,卡尔有限公司提出一种焦化厂废水处理工艺,其包括:废水加热后添加碱,以释放结合氨;然后通过萃取和/或吸收和/或生物方式,将混合物从可降解有机成分中释放;然后废水在超滤器至微滤器范围内进行错流过滤 (CFF),浓缩物返回生物净化阶段;废水通过反渗透分离为渗透液以及一种浓缩物,其中一些被返回到生物净化阶段,并且浓缩物在真空蒸发后被返回到炼焦工艺 (DE3532390A1)。

1989 年,荏原制作所等提出一种通过滤膜将经过好氧处理的液体分离成污泥和渗透水的方法,其具体为:空气由空气扩散器供给好氧微生物处理储槽,储罐中的液体被输送至超滤膜或微滤膜,经过膜分离为渗透水和膜分离污泥;渗透水经过反渗透膜处理,产生反渗透膜浓缩液以及反渗透膜透过水,剩余在反渗透膜渗透水中的含氮化合物被引入生物硝化装置中被去除,由此获得优质水。其技术方案如图 4 - 2 - 32 所示 (JPH0368498A)。

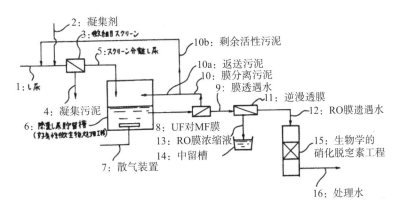

图 4 - 2 - 32　重要专利 JPH0368498A 的技术方案

1991 年,久保田提出一种水处理设备,其通过将外压式陶瓷过滤器浸入设备的曝气池中进行反渗透膜分离器的预处理,从而允许使用比常规水处理设备更简单的设备来进行水处理 (JPH04305287A)。

1991 年,希巴特殊化学控股公司提出一种用于净化地下水和废水的工艺,其在生物净化步骤和通过活性炭之间对水进行膜分离工艺；所述膜分离优选是在孔径为 0.001 ~ 10 μm 的膜上进行的反渗透、超滤和/或微滤，特别是在孔径为 0.02 ~ 10（0.2 ~ 0.5）μm 的膜上进行的微滤（EP0470931A2）。

1992 年，OTV 股份有限公司提出一种地表水处理线，其包括：安全屏障，安装在处理线的出口处，由物理过滤器组成，无论入口处的水质量如何，都确保在所述过滤器的出口处达到预定的最低质量；位于所述安全屏障上游的预处理设备，其中根据待处理的所述地表水的特性，通过测量手段调节处理强度，位于该物理屏障的入口处。安全屏障优选纳滤

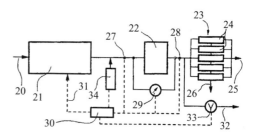

图 4 - 2 - 33 重要专利 EP0520921A1 的技术方案

膜，任选地与安装在下游的一个或多个反渗透膜串联处置。其技术方案如图 4 - 2 - 33 所示（EP0520921A1）。

1992 年，箭头工业用水公司提出一种用于处理含有氰化物、重金属和贵金属废物流的设备和方法，包括以下步骤：①提供具有入口、产品出口和排放出口的膜过滤装置，②用二氧化碳调节废物流的 pH 至 8.0 ~ 10.0，③将废物流进一步与可溶性金属化合物接触，以反应形成不可透过膜的氰化物，④使处理流通过膜过滤装置，从而分离可回收的氰化物和贵金属；其中所述膜过滤装置选自反渗透装置、超滤装置和纳滤装置及其组合（US5266203A）。

1998 年，泽农环境有限公司提出一种净化不纯水以提供饮用水的方法，该方法包括以下步骤：提供微滤单元、反渗透单元和一个原位清洁（CIP）水箱，该水箱中的渗余物相互连接，可以用以下方法反冲洗微滤过滤器：通过将滞留物引导至反渗透装置而使其滞留并继续不间断地进行操作。其技术方案如图 4 - 2 - 34 所示（US6120688A）。

2000 年，里亚德·阿尔 - 萨马迪提出一种从地表水、地下水和工业废水中分离污染物和广泛污垢材料的经济有效的方法，经过有效的预处理后，可采用高表面积螺旋缠绕微滤膜、超滤膜、纳滤膜或反渗透膜进一步净化水，由此以低成本生产无病原体和其他污染物的高质量饮用水。同时预处理的工业废水通过纳滤或反渗透膜以相对较低的成本进一步净化，从而产生适合于循环或地面排放的水（US6416668B1）。

2006 年，大唐环境产业集团股份有限公司提出一种脱硫废水零排放处理的装置以及处理方法，其包括：相互连通的除镁除重池组和除钙沉淀池组；连通所述除钙沉淀池组的纳滤系统，包括硫酸盐浓水出口及氯盐淡水出口，所述硫酸盐浓水出口通过浓水回流管路与所述除钙沉淀池组连通；与所述氯盐淡水出口通过浓缩输送管路连通的多级反渗透系统；与所述多级反渗透系统的浓水出口连通的蒸发结晶器。该装置能够通过对脱硫废水进行预处理，使脱硫废水符合反渗透等膜分离技术要求，并且能够大幅度降低运行和处理成本（CN105565573A）。

2007 年，斯坦福大学提出一种用于清洁废水的装置，包括浸没式膜组件 MBR 和浸

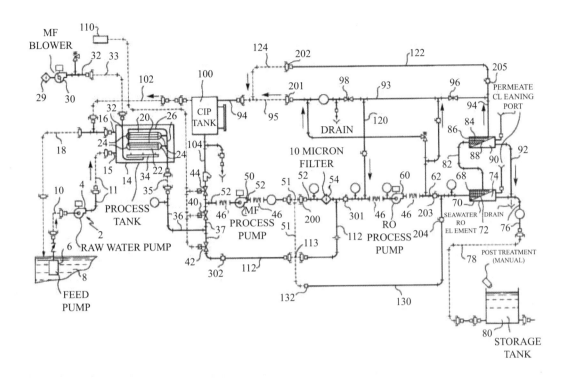

图 4-2-34 重要专利 US6120688A 的技术方案

没式膜组件 MBD，其中 MBR 与膜组件流体连通，用于将剩余污泥从 MBR 供给膜组件，并且其中 MBR 包括释放穿过 MBR 膜的渗透物的出口，所述膜组件与所述 MBR 流体连通，用于将穿过所述膜组件的膜的渗透液输送回所述 MBR（WO2008066497A1）。

2009 年，中国石油化工股份有限公司等提出一种高盐废水的处理方法，采用"调碱除硬 + 浸没式微滤 + 中和 + 膜蒸馏"的处理流程。该方法适用性广泛，膜蒸馏产水的水质好，可以直接回用于生产（CN101928087A）。

2010 年，中冶焦耐（大连）工程技术有限公司等提出一种焦化废水深度处理工艺：预处理和 A/O 生化处理后的焦化废水先后依次经 MBR 处理、臭氧接触氧化处理、活性炭吸附处理、反渗透膜处理后即可满足生产净循环水补充水水质要求。该工艺提高了生化污泥浓度和生化反应池的容积负荷，取消混凝处理，节省了空间；出水可直接回用于生产净循环水系统作为补充水，实现水资源的再利用及焦化废水的零排放（CN101786767A）。

2010 年，吴静璇提出一种焦化废水深度处理及全回用的装置及其应用方法，包括：经过预处理和生化处理后的焦化废水的出口与 MBR 连接；MBR 的出水口与氧化处理系统连接；氧化处理系统的出水口与反渗透膜处理组件连接；反渗透膜处理组件的一个出水口与浓水蒸发结晶系统连接；反渗透膜处理组件的另一个出口与回用水箱连接。

其采用生化、氧化加上膜分离技术及蒸发相结合的方法对焦化废水进行深度处理并达到零排放（CN101851046A）。

2011年，通用电气公司提出一种水处理系统，其将微滤或超滤膜系统与下游反渗透膜系统结合，其中微滤或超滤系统有多个系列的浸没式膜组件；这些组件与普通渗透泵相连；渗透泵直接排放到反渗透进料泵的入口；各膜系统承受相同的吸力；操作渗透泵以在反渗透进料泵的最小入口压力或以上向反渗透进料泵提供所需的流量（WO2013074228A1）。

2011年，日立提出一种获得纯净水的水净化方法及装置：未经处理的水由预处理装置处理，并送至正渗透膜组件，被处理水中的水分子透过半透膜渗透到循环水侧，被处理水被浓缩并作为浓缩废水排出；通过正渗透膜组件的循环水被泵加压，并被输送至反渗透膜组件，循环水中的水分子渗透反渗透膜，成为溶质浓度极低的纯净水，并从水处理系统中取出；水分子在反渗透膜组件中移动至纯净水，因此循环水具有较高的浓度，并移至正渗透膜组件中。

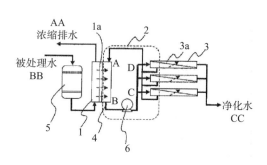

图4-2-35　重要专利JP2013013838A的技术方案

该系统使得含有大量能够引起反渗透膜结垢物质的待处理水不与反渗透膜直接接触，解决了结垢导致的反渗透膜污染（堵塞）的问题。其技术方案如图4-2-35所示（JP2013013838A）。

2011～2012年，该公司又提出一种海水淡化系统，该系统可以从海水中生产饮用水，增加工业用水，并降低海水淡化成本，该系统包括：①污水被泵被送至MBR，去除活性污泥絮凝物和细菌；MBR渗透水被泵送到低压反渗透膜，包含盐和离子等杂质的污水浓缩水被去除，由此获得工业用水；②海水被泵送至超滤膜，去除海水中的颗粒；超滤膜渗透水被泵送至高压反渗透膜；超滤膜渗透水几乎被除去一半，由此获得含有盐和离子等杂质的海水浓缩水，另外一半被脱盐的水即为饮用水；③在搅拌槽中，用盐度约为2%的污水浓缩水稀释盐度为6%～8%的海水浓缩水；然后泵送至高压反渗透膜进行处理，渗透水即为工业用水。其技术方案如图4-2-36所示（JP2013043174A、JP2013043173A、JP4973823B1）。

2012年，郑州江河环保技术有限公司提出一种含苯废水的处理工艺及装置，包括依次连接的预处理单元、臭氧氧化单元、生化处理单元和双膜深度处理单元（超滤和反渗透双膜处理）。其通过各处理单元的组合，在来水进入反渗透膜前，来水中带有苯环的COD_{cr}去除率可达80%以上，固体悬浮物去除率在90%左右，氨氮脱除率在85%以上，对双膜系统来讲，清洗周期增加了2～3倍，膜寿命增加了1～2年（CN103102042A）。

2012年，中国石油化工股份有限公司等提出一种煤气化废水的处理方法，其依次包括：石灰软化、臭氧氧化、MBBR处理、粗过滤、连续膜过滤或超滤、反渗透处理、多效蒸发步骤。该方法既可以高效去除煤气化废水中 COD、氨氮和色度等主要污染物，同时可以大大降低废水中的含盐量，保证双膜的高效和长期运行，实现煤气化废水的零排放（CN103771650A）。

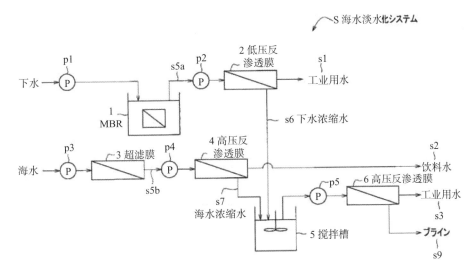

图 4 - 2 - 36　重要专利 JP2013043174A 的技术方案

2012 年，凡瑞尼亚公司提出一种处理系统和工艺，以从水基产品或副产品（例如来自纤维素乙醇工艺的废水）中分离组成部分。该处理系统可包括超滤系统、第一反渗透系统和第二反渗透系统。其技术方案如图 4 - 2 - 37 所示（US20130118982A1）。

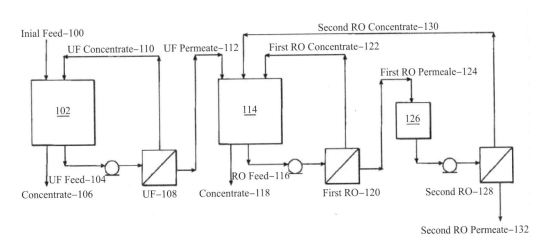

图 4 - 2 - 37　重要专利 US20130118982A1 的技术方案

2013 年，大唐国际化工技术研究院有限公司提出一种煤气化废水零排放的处理方法，该方法包括以下步骤：将煤气化废水依次进行生化处理和除盐处理，得到除盐后的浓盐水和净水；浓盐水依次通过石灰澄清池、多介质过滤器、第一超滤系统、纳滤系统和第一反渗透系统进行处理，得到的高盐浓水再进行蒸发，得到浓水和净水（CN103288309A）。

2014 年，郭强等提出一种含盐废水的处理方法，废水依次通过调节池、软化沉淀池、多介质过滤器、超滤装置、第一段卷式反渗透系统、第二段卷式反渗透系统、离子交换装置、卷式纳滤膜装置、高压反渗透膜系统、第三段卷式反渗透系统、高效蒸发器进行处理。该处理方法抗污染能力强、浓缩倍数高、回用效率高、处理效率高、自动化程度高、投资省、运行成本低，可以解决堵塞问题（CN103833172A）。

2014 年，天脊煤化工集团股份有限公司提出一种煤气化废水处理与回用方法及其装置，其是将煤气化废水依次进行中压汽提、换热预热/冷却、浅层气浮、水解酸化、厌氧－好氧生物处理、膜生物反应、臭氧氧化、物炭吸附、多介质过滤、自清洗过滤、超滤、保安过滤、反渗透、离子交换吸附工艺处理与回用，送入高压锅炉给水系统。其将各种治理废水的方法进行优化组合，解决了煤气化废水处理难于达标排放和回用"零排"的问题（CN103922549A）。

2014 年，西安瑞兰环保技术有限公司提出一种印钞废水的处理方法及分离回收系统，其包括：将待处理的印钞废水，加压进行粗过滤，去除大颗粒物质；将滤液进行膜过滤分离，分别得到过滤浓液和过滤清液；过滤清液进行反渗透处理，得到反渗透浓液和反渗透清液；将反渗透清液的 pH 调节至中性后，经生化处理达标后排放；反渗透浓液和过滤浓液进行蒸发处理，分离得到浓液和水；浓液进行去固化处理，将水输送至原始印钞废水中混合后继续处理。该方法操作简单可靠、分离效率高，实现了印钞废水的无害化及减量化排放（CN104030527A）。

2014 年，佛山市佳利达环保科技股份有限公司提出一种利用工业废水生产蒸汽的方法，包括以下步骤：经过初步处理的工业废水依次通过砂滤池、精密过滤器以及超滤膜进行一次过滤，去除工业废水中的较大颗粒污染物及漂浮物；然后再依次通过保安过滤器以及反渗透膜进行二次过滤，去除工业废水中的较小颗粒污染物及漂浮物；然后再通过反渗透膜及超滤产水，使工业废水的纯净度符合蒸汽生产的要求（CN104310688A）。

2014 年，内蒙古久科康瑞环保科技有限公司提出一种高含盐废水的处理方法，其包括如下步骤：高含盐废水→调节池调制→沉淀池化学预处理→V 形滤池过滤→第一段离子交换软化处理→超滤系统超滤→第一段反渗透系统反渗透处理→第二段离子交换软化处理→高压纳滤系统纳滤→纳滤产水→第二段反渗透系统反渗透处理→第一段高压平板膜系统浓缩→机械式蒸汽再压缩（MVR）蒸发结晶→工业级氯化钠；纳滤浓水→第二段高压平板膜系统浓缩→冷冻结晶→工业级芒硝；其将各种膜法合理耦合，并与机械式蒸汽再压缩结晶、冷冻结晶技术相结合，来处理高含盐废水，克服了单一技术的缺点，发挥了组合优势（CN104692574A）。

2014 年，POSCO 建设公司提出一种净化原水和浓水混合水的装置，包括由至少一个用于过滤部分原水的有机膜组成的有机膜过滤单元，用于过滤有机膜过滤单元中残留的原水和浓水的混合水的无机膜过滤单元，以及安装在无机膜过滤单元上部的、用于控制原水和浓水的混合比例的混合控制单元（KR101481079B1）。

2014 年，深圳市嘉泉膜滤设备有限公司提出一种污水净化处理以及海水淡化的工艺方法：对于一定种类的污水，选取合适的传统的前置污水处理工艺进行处理后，进入 MBR 进行过滤，出水泵入一级反渗透，一级反渗透的产水达到优质饮用水标准；一级反渗透的浓水，按照浓水和海水 3∶1 的比例，进行混合；然后混合水泵入超滤装置进行精细过滤，出水泵送入二级反渗透进行脱盐处理。二级反渗透的产水达到优质生活饮用水标准，二级反渗透的浓水予以排放（CN105417835A）。

2014 年，天津邦盛净化设备有限公司提出一种菌类罐头加工废水处理系统，包括依次经管路连通的调节池、气浮池、厌氧缺氧好氧活性污泥法（A2O）生化脱氮除磷装置、MBR 池、自吸泵、中间水池、紫外线杀菌器、活性炭过滤器、精密过滤器、高压泵、反渗透系统和清水池。该废水处理系统主要针对有较多的蛋白质和悬浮物的污水，将混凝气浮、厌氧缺氧好氧活性污泥法和 MBR 的组合以及反渗透工艺相结合，以满足排放要求（CN104176893A）。

2014 年，云南圣清环保科技有限公司提出一种煤化工废水深度处理方法，其将煤化工废水依次经过生化处理、膜分离、臭氧氧化、生物分子筛处理、膜过滤，由此得到净化水。该方法将膜分离技术和生物处理技术有机结合形成生物化学反应系统，将煤化工废水进行深度处理，处理负荷大，抗冲击能力强，对难分解有机物的降解能力强（CN104402174A）。

2015 年，中国石油集团东北炼化工程有限公司吉林设计院提出一种浓盐污水零排放处理方法，其包括以下步骤：浓盐污水依次经过破氰、除氟和软化预处理后，进入 MBR 生化系统，去除有机污染物，再进入二级反渗透系统进行除盐处理，反渗透系统产水进入回用水池，浓水进入纳滤系统；纳滤系统产水重新进入反渗透系统进行纳滤反渗透深度处理，浓水排入废水池；所述纳滤反渗透深度处理后的出水进入机械蒸汽再压缩蒸发结晶系统，产生的蒸汽冷凝水与进水换热冷却后进入回用水池（CN105481179A）。

2015 年，通用电气公司提出一种用于处理水的过程和设备，其包括：由微筛产生初级流出物和初级污泥；初级流出物经由 MBR 或集成固定膜活性污泥（IFAS）反应器产生二级流出物和废活化污泥；其中微筛可具有 250μm 或更小（例如，大约 150μm）的开口（CN107018659A）。

2016 年，青岛理工大学提出一种污水厂二级出水与浓盐水协同生产淡水的方法及系统，该方法包括：①将污水处理厂的二级出水抽吸错流通过微滤膜去除悬浮物；②经预处理的二级出水流入正渗透膜一侧作为原料液，海水淡化产生的浓盐水流入正渗透膜另一侧作为汲取液，使二级出水被浓缩，浓盐水被稀释；③被稀释的浓盐水通过反渗透膜形成淡水，被稀释的浓盐水被浓缩至海水含盐量浓度排放入海。该方法既可从二级出水中提取淡水资源，实现废水的零排放；又可对海水淡化排放的浓盐水进行利用，避免了排放对海域的影响（CN105668830A）。

2016 年，内蒙古君正氯碱化工技术研究院等提出一种氯碱厂浓盐水零排放的处理系统，其包括一级浓缩系统、二级浓缩系统和三级浓缩系统；所述一级浓缩系统包括顺次连接的浓水调节池和化学软化池，所述化学软化池连接有化学软化清水池；所述化学软化清水池连接有臭氧催化氧化池，所述臭氧催化氧化池的出水管路连接厌氧－好氧－MBR，厌氧－好氧－MBR 的产水口连接有二段反渗透单元，所述二段反渗透单元的出水管路连接有产水回用池；二段反渗透浓水管路进入二段反渗透浓水池，然后进入二级浓缩系统；所述二级浓缩系统包括顺次连接的树脂软化单元和纳滤单元，所述纳滤单元的产水管路顺次连接高压反渗透单元、第一高压平板膜单元，所述第一高压平板膜单元的出水口通过管路连接所述产水回用池，第一高压平板膜单元的浓水管路进入第一高压平板膜浓水池，然后进入所述三级浓缩系统；所述纳滤单元的浓水管路顺次连接过滤器和第二高压平板膜单元，所述第二高压平板膜单元的出水口通过管路连接所述产水回用池；第二高压平板膜单元的浓水管路进入第二高压平板膜浓水池，然后进入所述三级浓缩系统；所述三级浓缩系统包括第一膜蒸馏单元和第二膜蒸馏单元，所述第一高压平板膜单元的浓水管路连接第一膜蒸馏单元，所述第一膜蒸馏单元的产水管路连接所述产水回用池；所述第二高压平板膜单元的浓水管路连接第二膜蒸馏单元，所述第二膜蒸馏单元产水管路连接所述产水回用池（CN105906149A）。

2016 年，江南大学提出一种耦合正渗透膜与微滤膜的厌氧污水处理方法，该方法将正渗透膜和微滤膜技术与厌氧消化技术耦合形成污水处理工艺，保证了出水稳定达到再生水回用要求，污水中的有机物以沼气的形式进行回收，污水中的磷酸盐进行回收；正渗透的盐度积累得到了缓解，膜污染得到了有效控制；整个系统可以实现自动化控制（CN106007223A）。

2016 年，南通市康桥油脂有限公司等提出一种硬脂酸生产中甘油浓缩下水的处理方法，原水收集池中的甘油浓缩下水依次经 MBR 过滤系统、一级反渗透处理系统和二级反渗透处理系统进行处理（CN106348530A）。

2016 年，巴瓦达大学等提出一种集成渗透水处理方法，其通过提供双通道反渗透高总溶解盐浓缩进料，然后纳滤去除非一价离子，并通过全开阶段产生降低渗透压的溶液（US9604178B1）。

2017 年，盛发环保科技（厦门）有限公司和中国科学院城市环境研究所联合提出一种利用烟气中的 CO_2 循环软化废水的方法，在电厂脱硫废水经预沉、中和、絮凝、沉淀后，澄清出水进入循环软化反应池，完全循环软化反应后的溶液进入微滤膜过滤，进行固液分离，微滤膜浓水进入污泥浓缩池，微滤膜产水进入反渗透膜浓缩，产生60% 的反渗透产水回用，产生 40% 的反渗透浓水通过旁路烟道蒸发实现脱硫废水零排放（CN106882893A）。

2017 年，江苏京源环保股份有限公司提出一种从脱硫废水中分离泥盐的零排放工艺，包括预处理工艺、膜处理工艺和蒸发结晶工艺；在膜处理工艺中，进水经超滤过滤后进入 pH 调节池，泵入纳滤膜分离系统和反渗透膜分离系统。其技术方案如图 4－2－38 所示（US10633271B2）。

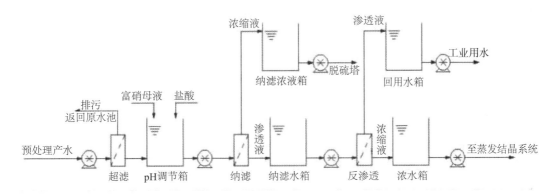

图 4 - 2 - 38　重要专利 US10633271B2 的技术方案

2019 年,江南大学提出一种自旋转式厌氧正渗透 MBR,所述反应器包括进水池、膜反应装置、汲取液池、反渗透膜处理装置;所述进水池与膜反应装置相连,所述膜反应装置中包括微滤膜组件和叶片式正渗透膜组件;该装置将叶片式正渗透膜组件固定在转轴上,通过进水水流的动力推动其做旋转运动,不仅提高了传质效果,而且缓解了正渗透膜污染,延长了反应器运行时间;通过微滤膜使盐度积累得到控制;反应器的占地面积较小,且污水中的有机物以沼气的形式进行回收;整个系统可以实现自动化控制(CN110395853A)。

2019 年,奥加诺公司提出一种水处理装置和水处理方法,由此可以以低成本处理含有可溶性二氧化硅和硬组分中的至少一种的相关水,所述水处理装置配备有预处理装置、反渗透膜处理装置以及正渗透膜处理装置,其中正渗透膜处理装置用于对在反渗透膜处理装置中获得的冷凝水进行正渗透膜处理,其中在正渗透膜处理装置中使用的吸取溶液也在预处理装置中使用。其技术方案如图 4 - 2 - 39 所示(WO2020071177A1)。

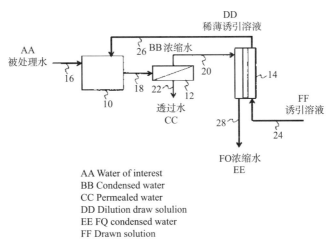

AA Water of interest
BB Condensed water
CC Permealed water
DD Dilution draw solulion
EE FQ condensed water
FF Drawn solution

图 4 - 2 - 39　重要专利 WO2020071177A1 的技术方案

4.3 膜处理技术主要创新主体核心技术布局策略

本节主要针对膜处理技术中主要创新主体的专利布局策略进行分析，基于申请量、申请人类型、行业地位等因素，分别选取两个国内申请人——中国科学院生态环境研究中心和中石化北京化工研究院，以及两个国外申请人——日立和东丽进行研究，对国内申请人侧重研究其核心技术布局情况分析，而对国外申请人侧重研究其在中国的重要专利布局情况，以给国内创新主体提供专利预警信息。

4.3.1 国外重要申请人

4.3.1.1 日立

（1）申请人基本情况

日立是来自日本的全球 500 强综合跨国集团，1997 年便在北京成立了第一家日资企业的事务所。其事业领域涉及能源系统、保障人们安全舒适出行的铁路等交通系统、运用大数据进行创新的信息系统，以及通过健康管理、诊断、医疗技术等提供健康生活的医疗保健等。

日立是日本水务领域的主要企业之一，其业务涉及自来水、污水和中水三部分，涵盖技术、设备、工程、投资等水务产业链各环节，提供的产品包括自来水和污水的机械设备、水管理的监控系统、区域内的配水系统，特别是以膜处理及生物处理为主的先进水循环系统。

（2）专利基本态势

对日立的专利申请进行检索、筛查、排除噪声文献后，获取污水处理领域膜处理技术相关专利共计 545 项，其申请趋势如图 4-3-1 所示。

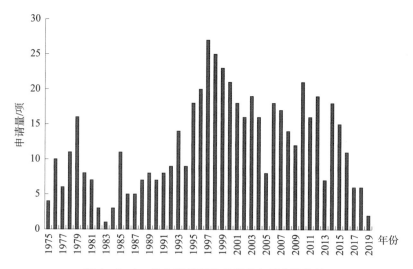

图 4-3-1　日立膜处理技术相关专利申请趋势

从图中可以看出，日立早在 1975 年就对膜技术应用于污水处理领域进行了相应的研究，但是早期研究较少，直到 1995 年后专利数量才持续增加。

（3）专利预警分析

对日立膜处理技术领域进入中国且尚在有效期的专利，从专利保护范围、技术重要程度、专利影响度等方面进行分析。表 4 – 3 – 1 列出了 11 个存在较高专利侵权风险的专利。

表 4 – 3 – 1　日立膜处理技术专利预警表

专利号	申请日	同族公开号	发明名称
ZL200410090065.6	2004 – 11 – 01	CN101445293A CN101428903A CN101428903B CN100480366C CN101445293B ES2305941T3 ES2402555T3 DE602005007102D1 EP1595851A1 EP1762547B1 KR20130001188A EP1595851B1 EP1762547A1 KR20060043554A JP3968589B2 JP2005324133A US7556961B2 US20090008315A1 US7897375B2 US8173419B2 US20070272610A1 US20050255539A1 US20090008314A1 US20090008326A1	菌体回收方法、装置及驯化方法以及废水处理装置
ZL200510079134.8	2005 – 06 – 24	CN100354031C JP4094584B2 JP2006021093A	超滤处理装置的运行支援装置
ZL200710108153.8	2007 – 05 – 30	CN101088923B JP2007330843A JP4347864B2	水处理设施的管理系统

专利号	申请日	同族公开号	发明名称
ZL200710186568.7	2007 - 12 - 12	CN101205110B JP5217159B2 JP2008155080A	污水处理装置及其方法
ZL201080004153.3	2010 - 02 - 15	CN102272052B WO2010103731A1 JP2010234353A5 JP2010234353A JP5581669B2	水处理方法及水处理部件
ZL201210029803.0	2012 - 02 - 10	CN102633319B JP5605802B2 JP2012166141A	平膜过滤装置及平膜过滤方法
ZL201280048509.2	2012 - 09 - 24	CN103917496B AU2012324220B2 AU2012324220A1 IN2014CN02930A EP2769961A4 WO2013058063A1 EP2769961A1 JP5779251B2 SG11201401638XA US9758393B2 US20140263013A1	造水系统
ZL201280062791.X	2012 - 12 - 06	CN104053491B AU2012355017B2 IN2014CN04583A AU2012355017A1 WO2013094427A1 JP5923294B2 JP2013126636A ZA201404637B US9725339B2 US20140360941A1	逆渗透处理装置

专利号	申请日	同族公开号	发明名称
ZL201410611958.4	2012 – 08 – 14	CN102951768A CN104326629B CN102951768B WO2013031543A1 JP5843522B2 JP2013043155A SG2014003701A EA026481B1 EA201490498A1 ZA201308076B US20140151283A1 US9988293B2 US10071929B2 US10005688B2 US20170121202A1 US20170120195A1 US20170121203A1 US9988294B2	海水淡化系统以及海水淡化方法
ZL201410771634.7	2011 – 12 – 14	CN103313775A CN103313775B CN104492270B WO2012086479A1 JP2012130840A JP5597122B2	反渗透处理装置
ZL201280022552.1	2012 – 05 – 09	CN103635248A ES2734376T3 EP2716347A1 WO2012153763A1 EP2716347B1 EP2716347A4 JP2012232274A JP5835937B2 US20140174290A1 US9333457B2	CO_2 的沸石膜分离回收系统

下面对这 11 项重要专利的技术方案进行详细介绍。

ZL200410090065.6 公开了一种菌体回收方法,将含有氨和亚硝酸的被处理水送入厌氧性氨氧化槽中,利用厌氧性氨氧化细菌使氨和亚硝酸脱氮,将脱氮的被处理水送入驯化槽,使厌氧性氨氧化细菌附着在固定化材料上作为固定化微生物回收。该方法可以有效地回收活性高的厌氧性氨氧化细菌,利用该回收的厌氧性氨氧化细菌进行驯化,能够大幅度缩短驯化时间。

ZL200510079134.8 公开了一种优化超滤处理装置运行条件的方法,取来自超滤处理装置的当前运行信息 11 和来自计划水量信息接口的计划水量信息,用超滤处理费降低运行操作量计算装置,计算超滤处理装置推荐运行操作量信息和该超滤处理费信息。在超滤处理费降低运行操作量计算装置中利用以全流量过滤为对象的 Ruth 的模式,计算相对过滤时的膜间差压 P_f 的单位时间的过滤流量,由此求出在加

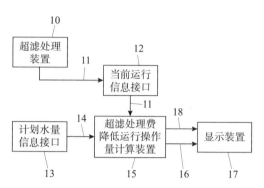

图 4 - 3 - 2　专利 ZL200510079134.8 的技术方案

压泵中消耗的过滤电力 W_f,另外求出反洗时的反洗泵的消耗电力 W_b。为了得到由过滤工序和反洗工序组成的 1 个循环的实际过滤流量所需要的电量 U 是 $\int W_f + \int W_b$。在超滤处理费降低运行操作量计算装置中具备把电费作为评价指标的过滤时间、反洗时间等的最佳解搜索算法。其技术方案如图 4 - 3 - 2 所示。

ZL200710108153.8 公开了一种水处理设施的管理系统,其中诊断机构利用破裂检测装置及膜间差压计的测量值和管理基准数据库所存储的管理基准值,诊断膜处理设施的运转状态的异常,危险优先数评价机构利用诊断机构的诊断结果及管理基准数据库的信息,计算设备机器的危险优先数。由于其可以供给通过利用膜的水处理而稳定水质及水量的自来水或再生水,因此可以持续地实施对膜处理设施的设备机器的维护检修频度设定进行的援助。其技术方案如图 4 - 3 - 3 所示。

ZL200710186568.7 公开了一种 MBR 中的污水处理装置及方法,在好气槽的后段底部与好气槽连通、下方设置散气装置且在散气装置上方浸渍有将流入好气槽的混合液过滤分离的过滤膜的膜分离槽和一部分与膜分离槽连通且流入膜分离后的好气槽混合液的滞留槽,使滞留槽的混合液向厌气槽循环,膜分离槽及滞留槽上部成为大气开放结构,与循环液联动、好气槽混合液自然流入膜分离槽及滞留槽中进行补充,使膜分离槽及滞留槽的水面位置保持好气槽的水面位置。其技术方案如图 4 - 3 - 4 所示。

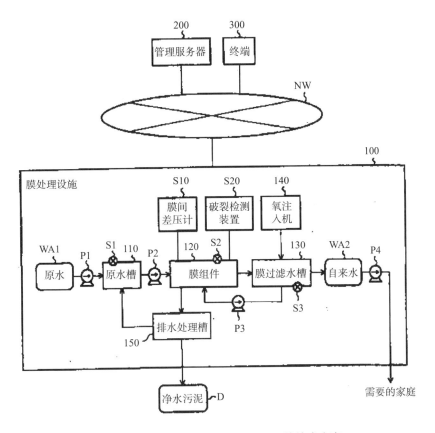

图 4-3-3 专利 ZL200710108153.8 的技术方案

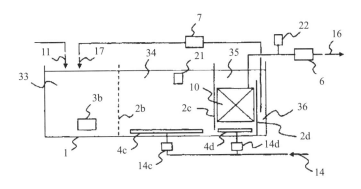

图 4-3-4 专利 ZL200710186568.7 的技术方案

ZL201080004153.3 公开了一种避免反渗透膜的表面吸附水中溶解有机物从而使膜性能劣化的方法，通过能够选择性地吸附原因有机物的吸附剂，在反渗透膜之前预先除去原因有机物，来降低反渗透膜的更换频率。

ZL201210029803.0 公开了一种平膜过滤装置及方法，该平膜过滤装置具备被处理水的处理槽，由壳体包围在所述处理槽内并列配置的多个平膜的侧面而成的膜模块，在平膜间的流路产生被处理水的向上流的散气机构，通过向上流而能够在所述处理槽内流动且密度比水高的载体。其技术方案如图4-3-5所示。

ZL201280048509.2公开了一种造水系统，包括把生物处理水用第一半透膜进行过滤，分离为过滤水与浓缩水的第一半透膜装置；以及把第一半透膜装置的浓缩水混入海水中，用第二半透膜进行过滤的第二半透膜装置；其中第一半透膜在水处理微生物的附着容易程度方面与第二半透膜相同或比第二半透膜大，从而使第二半透膜的药品洗涤次数或交换频率减少。其技术方案如图4-3-6所示。

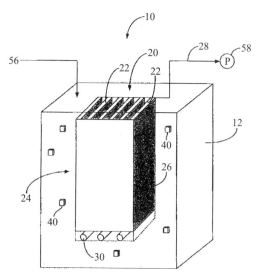

图4-3-5 专利ZL201210029803.0的技术方案

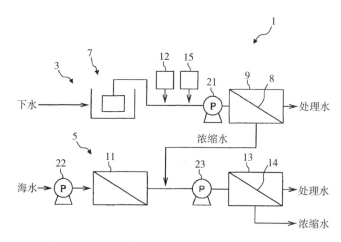

图4-3-6 专利ZL201280048509.2的技术方案

ZL201280062791.X公开了一种反渗透处理装置，具备对被处理水进行一次处理的第一容器和对通过一次处理的被处理水进行二次处理的第二容器，在第一容器内和第二容器（82）内，配置有1个具备反渗透膜的元件，或者配置有利用集水配管串联连接的多个具备反渗透膜的元件，第一容器具有排出透过水的第一排出管和连接于第一排出管，调整第一容器内的压力的透过水流量调整阀，在第一排出管与透过水流量调整阀之间具有能量回收装置。其技术方案如图4-3-7所示。

ZL201410611958.4公开了一种海水淡化系统以及海水淡化方法，该系统具有：从对下水进行净化除去活性污泥的MBR；将从MBR的透过水转移至第一浓缩水，生成工业用水的第一反渗透膜；使海水透过，除去该海水中的粒子的超滤膜；将盐分从透过了超滤膜的处理水转移至第二浓缩水，生成饮用水的第二反渗透膜；将由第二反渗透膜产生的第二浓缩水与由第一反渗透膜产生的第一浓缩水传送而被搅拌的搅拌装置；以及，使盐分由搅拌装置搅拌的混合液转移至第三浓缩水，生成工业用水的第三反渗透膜。其技术方案如图 4 - 3 - 8 所示。

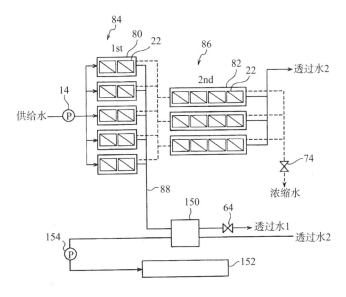

图 4 - 3 - 7　专利 ZL201280062791. X 的技术方案

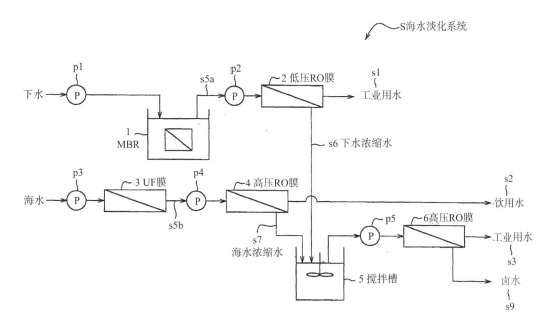

图 4 - 3 - 8　专利 ZL201410611958. 4 的技术方案

ZL201410771634.7公开了一种反渗透处理装置，其包括：对被处理水进行一次处理的第一压力容器；和对由一次处理处理后的被处理水进行二次处理的第二压力容器，在第一压力容器内以及第二压力容器内，分别将一个以上的具有反渗透膜的反渗透膜元件通过供透过水流动的集水配管串联连接地进行配置，第一压力容器内的反渗透膜元件的个数与第二压力容器内的反渗透膜元件的个数相同或比其少，从而能够容易地进行反渗透膜元件的更换。其技术方案如图4-3-9所示。

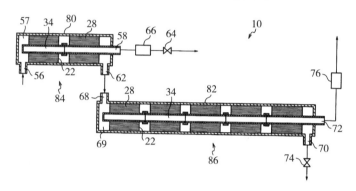

图4-3-9　专利ZL201410771634.7的技术方案

ZL201280022552.1公开了一种CO_2膜分离回收系统，在CO_2膜分离组件的前段具备脱水处理组件，并且CO_2膜分离组件具备在具有CO_2选择渗透性的多孔质基体上成膜的亲水性沸石膜，亲水性沸石膜通过100~800℃的加热处理进行了脱水处理。该系统对于CO_2渗透率和分离选择性优异。

4.3.1.2　东丽

（1）申请人基本情况

东丽成立于1926年，是世界著名的以有机合成、高分子化学、生物化学为核心技术的高科技跨国企业。东丽是世界上最早从事反渗透膜技术开发的企业之一，早在20世纪60年代就开始膜技术的研究，从原材料的选用、制膜技术的开发以及膜元件构造的设计等，为这一技术在超纯水、海水淡化等污水处理领域的应用发展作出卓越的贡献。其重要的产品有反渗透膜组件、MBR膜组件以及海水淡化系统等。

（2）专利基本态势

通过对东丽的专利申请进行检索、筛查、排除噪声文献后获取污水处理领域膜处理技术相关专利共计334项，其申请趋势如图4-3-10所示。

从图中可以看出，东丽早在1987年就对膜处理技术应用于污水处理领域进行相应的研究，但是早期研究较少，直到2001年后专利数量才持续增加。

（3）专利预警分析

对东丽膜处理技术污水处理技术领域进入中国且尚在有效期的专利，从专利保护范围、技术重要程度、专利影响度等方面进行分析，列出14个存在较高专利侵权风险的专利，如表4-3-2所示。

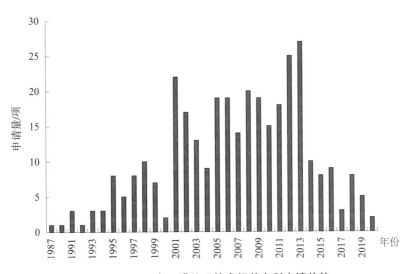

图 4 − 3 − 10　东丽膜处理技术相关专利申请趋势

表 4 − 3 − 2　东丽膜处理技术专利预警表

专利号	申请日	同族公开号	发明名称
ZL02800327.6	2002 − 02 − 05	CN1236842C AU2002230143B2 CA2432046C CA2432046A1 AU2002230143A1 DE60208994T2 DE60208994D1 AT316819T EP1371409A1 KR100909528B1 EP1371409B1 KR20080091519A WO2002064240A1 KR20030001426A KR100874079B1 JP2010221218A JP5127107B2 JP5310658B2 US9649602B2 US20080067127A1 US20030150808A1	分离膜、分离膜元件、分离膜组件、污废水处理装置和分离膜的制造方法

续表

专利号	申请日	同族公开号	发明名称
ZL03801023.2	2003 - 05 - 27	CN1283702C CA2458378C AU2003241797B2 ES2374814T3 CA2458378A1 AU2003241797A1 ES2374814T8 AT539105T EP1520874B1 KR100980571B1 KR20050018624A WO2003106545A1 EP1520874A4 EP1520874A1 JP4626301B2 JPWO2003106545A1 US7851024B2 US20030232184A1 US20070084794A1 US7258914B2	多孔质膜及其制造方法
ZL200680055132.8	2006 - 06 - 27	CN101472671B CA2655907A1 AU2006345112A1 AU2006345112B2 EP2033705A4 KR101306406B1 WO2008001426A1 KR20090026304A EP2033705A1 US20090178969A1 US9259690B2	聚合物分离膜及其制备方法

续表

专利号	申请日	同族公开号	发明名称
ZL200980136521.7	2009 - 09 - 18	CN102159305B CA2734378A1 AU2009293694A1 EP2332639A1 KR101603813B1 KR20110063547A WO2010032808A1 JP5732719B2 US20110226689A1 US9174174B2	分离膜及其制造方法
ZL201080034218.9	2010 - 05 - 25	CN102471102B AU2010285918A1 EP2468685A1 WO2011021420A1 JPWO2011021420A1 JP5488466B2 MX2012001956A SG178303A1 US20120145610A1 US9126853B2	造水装置
ZL201080049055.1	2010 - 10 - 18	CN102596822B AU2010334047A1 AU2010334047B2 EP2518020A1 WO2011077815A1 EP2518020A4 JP5691522B2 SG181937A1 MX2012004104A US9259686B2 US20120255907A1	造水系统及其运转方法

专利号	申请日	同族公开号	发明名称
ZL201180017098.6	2011 - 03 - 28	CN102834167B AU2011235748A1 WO2011122560A1 KR101744207B1 EP2554249A4 EP2554249A1 EP2554249B1 KR20130038195A JPWO2011122560A1 JP5776550B2 SG183809A1 US20130032530A1 US8672143B2	复合半透膜及其制造方法
ZL201180033106.6	2011 - 08 - 10	CN102985373B AU2011291837B2 AU2011291837A1 WO2012023469A1 EP2607320A4 EP2607320A1 JP5929195B2 BR112013002172A2 MX2013001765A SG187704A1 SG10201506473YA US20130140233A1 US20150158744A1	淡水制造装置及其运转方法
ZL201180058020.9	2011 - 12 - 01	CN103237760B WO2012074074A1 JP5842815B2 CL2013001560A1 AR084006A1 US20130292333A1	分离和回收精制碱金属盐的方法

专利号	申请日	同族公开号	发明名称
ZL201280006325.X	2012-01-26	CN103338846B EP2671628A1 WO2012105397A1 EP2671628B1 EP2671628A4 KR20140005936A KR101909166B1 JP5110227B2 US20130284664A1 US9527042B2	水处理用分离膜及其制造方法
ZL201380009898.2	2013-02-08	CN104125931B WO2013125373A1 JP5999087B2	水处理装置及水处理方法
ZL201380067871.9	2013-12-19	CN104854038B WO2014103860A1 JP6137176B2 SG11201504957RA US20150344339A1	水处理方法
ZL201180058613.5	2011-12-02	CN103249471A WO2012077610A1 JP2012120943A AR084007A1 CL2013001598A1	碱金属分离和回收方法以及碱金属分离和回收装置
ZL201480054044.0	2014-09-30	CN105579119B WO2015046613A1 JP6447133B2 SG11201602478WA US20160220964A1	淡水生成系统和淡水生成方法

下面对这14项重要专利的技术方案进行详细介绍。

ZL02800327.6公开了一种污废水用分离膜,其在多孔质基材的表面有多孔质树脂层,形成多孔质树脂层的树脂的一部分侵入多孔质基材与多孔质基材形成复合层的分离膜,其中多孔质树脂层表面的平均孔径在$0.01 \sim 0.2 \mu m$范围内,并且孔径的标准偏差在$0.1 \mu m$或以下;和/或将多孔质基材的厚度设为A,在多孔质树脂层中存在短径为$0.05 \times A$或以上的微小空隙,而且平均粒径为$0.9 \mu m$的微粒子的排除率至少在90%或以上。该分离膜具有高透水性，网眼难于堵塞，而且多孔质树脂层不会从多孔质基材剥离。

ZL03801023.2 公开了一种具有高强度、高透水性能和高阻止性能的多孔质膜，其是兼有三元网状结构和球状结构的多孔质膜，适合用作水处理用多孔质膜和电池用隔膜、带电膜、燃料电池膜、血液净化用多孔质膜等。

ZL200680055132.8 公开了一种氟化树脂型聚合物分离膜，其具有三维网状结构层和球状结构层，其中三维网状结构层由含有亲水性聚合物的氟化树脂型聚合物组合物形成，该亲水性聚合物为基本上不溶于水的亲水性聚合物，其含有纤维素酯、脂肪酸乙烯基酯、乙烯基吡咯烷酮、环氧乙烷和环氧丙烷中的至少一种作为聚合成分。该聚合物分离膜可用作水处理用过滤膜、电池用隔片、带电膜、燃料电池膜或血液净化用过滤膜。

ZL200980136521.7 公开了一种具有分离功能层的分离膜，该分离功能层含有熔融黏度为 3300Pa·s 以上的聚1,1-二氟乙烯系树脂，并且该分离功能层具有三维网状结构。该分离膜具有高病毒除去性能、高纯水透过性能。

ZL201080034218.9 公开了一种淡水生产用的造水装置，其在用第一半透膜处理设备处理被处理水 A 来得到淡水的处理工艺中，将由第一半透膜处理设备产生的浓缩水与另外供给的被处理水 B 蓄存在蓄存槽 A 和蓄存槽 B 中并使其流量比（混合比）保持恒定，并从各自的蓄存槽中将上述浓缩水和上述被处理水 B 以规定流量向第二半透膜处理设备供给。该造水装置，在将经第一半透膜处理设备处理时所生成的浓缩水与渗透压不同的被处理水混合并用第二半透膜处理设备处理的情况下，能够有效地用于抑制施加在第二半透膜处理设备的膜上的负荷，防止膜寿命恶化。

ZL201080049055.1 公开了一种造水系统及其运转方法，所述造水系统具备半透膜处理工艺 A、半透膜处理工艺 B 和半透膜处理工艺 C，所述半透膜处理工艺 A 对被处理水 A 进行半透膜处理，生成膜透过水 A 和浓缩水 A；所述半透膜处理工艺 B 具备使被处理水 B 分流为两支以上的被处理水 B 分流机构，并对被处理水 B 进行半透膜处理，生成膜透过水 B 和浓缩水 B；所述半透膜处理工艺 C 具备将通过被处理水 B 分流机构分流的其他分支的被处理水 B 与半透膜处理工艺 A 中所生成的浓缩水 A 的至少一部分混合的第一水混合机构，并对混合水进行半透膜处理，生成膜透过水 C 和浓缩水 C，从而利用配置有多个使用了半透膜的膜单元进行复合水处理，由渗透压不同的多种原水生产淡水，该造水系统在对应原水的取水量变动的同时，可确保必要造水量且可适应系统的大型化。其技术方案如图 4-3-11 所示。

ZL201180017098.6 公开了一种复合半透膜及其制造方法，该复合半透膜在微多孔性支持膜上具有分离功能层，其中分离功能层由在侧链上具有酸性基团和三烷氧基硅烷基的聚合物的缩合产物形成，该三烷氧基硅烷基具有咪唑鎓结构。该复合半透膜相对于一价离子，二价离子的选择分离性优异，并且长期耐性优异，适合用于海水淡水化、饮用水制造等各种水处理领域。

ZL201180033106.6 公开了一种淡水制造装置，其是用于从含有溶质的原水制造淡水的淡水制造装置，该淡水制造装置包含第一半透膜单元和第二半透膜单元，在所述第一半透膜单元上连接有供给所述原水的第一原水供给管路，在所述第二半透膜单元上连接有供给所述原水的第二原水供给管路，并且所述第一半透膜单元和所述第二半透膜单元通过浓缩水管路连接，所述浓缩水管路将所述第一半透膜单元的浓缩水供给至所述第二半透膜单元。

ZL201180058020.9 公开了从碱金属盐水溶液中分离和回收精制碱金属盐的方法，包括使用分离膜从碱金属盐水溶液中除去精制阻碍物质的处理步骤，在温度为25℃且 pH 为 6.5 的 1000ppm 葡萄糖水溶液 以 及 温 度 为 25℃ 且 pH 为 6.5 的

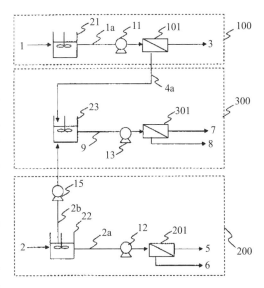

图 4 - 3 - 11 专利 ZL201080049055.1 的技术方案

1000ppm 异丙醇水溶液在 0.75MPa 的操作压力下分别透过所述分离膜时，葡萄糖除去率≥90%，并且葡萄糖除去率 - 异丙醇除去率≥30%。

ZL201280006325.X 公开了一种水处理用分离膜，其具有通过相分离法而获得的多孔层，其中相分离法在含有树脂、N，N - 二取代异丁酰胺和 N - 单取代异丁酰胺中至少一者的溶液中进行。

ZL201380009898.2 公开了一种水处理装置，其具有预处理单元 X、膜分离单元 Y 和膜分离单元 Z，所述预处理单元 X 对被处理水 A 进行预处理，所述膜分离单元 Y 将该处理水 B 的一部分 B1 分离为渗透水 C1 和浓缩水 C2，所述膜分离单元 Z 将混合水分离为渗透水 E1 和浓缩水 E2，所述混合水混合有该处理水 B 的剩余的至少一部分 B2 和不同于被处理水 A 的被处理水 D，并且，所述水处理装置具有将浓缩水 C2 的至少一部分回流至预处理单元 X 的管线。该水处理装置可从多种

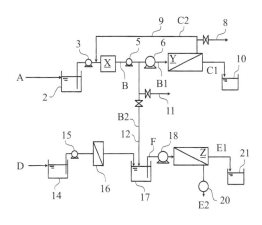

图 4 - 3 - 12 专利 ZL201380009898.2 的技术方案

被处理水得到处理水，同时分离膜的污染少，清洗频率、杀菌剂成本低。其技术方案如图 4 - 3 - 12 所示。

ZL201380067871.9 公开了使用分离膜将原水中的悬浮物质等杂质有效地除去的水处理方法，向原水中添加阳离子类凝聚剂作为一次凝聚处理水，在一次凝聚处理水的 ζ 电位低于 0mV 的情况下，将一次凝聚处理水直接作为最终凝聚处理水，在一次凝聚处

理水的 ζ 电位为 0mV 以上的情况下，添加阴离子类物质，使其 ζ 电位为低于 0mV，作为最终凝聚处理水，将最终凝聚处理水通过表面 ζ 电位低于 0mV 的分离膜来处理，可以得到处理水。

ZL201180058613.5 公开了一种碱金属分离和回收方法，通过使用纳滤膜从含有碱金属的原水中分离含有碱金属的透过水，以及通过后处理回收包含在所述透过水中的碱金属，其中构建有至少两级纳滤膜单元，并且使用前一级纳滤膜单元的浓缩水作为后一级纳滤膜的供给水。

ZL201480054044.0 公开了一种淡水生成系统，其包括第一杀菌剂添加单元，其将杀菌剂添加至待处理的水 A1 中由此获得待处理的水 A2；第二杀菌剂添加单元，其将杀菌剂添加至稀释水 B1 中由此获得稀释水 B2，所述稀释水 B1 的盐浓度低于所述待处理的水 A1 的盐浓度，并且所述稀释水 B1 的有机物质浓度和/或营养盐浓度高于所述待处理的水 A1 的有机物质浓度和/或营养盐浓度；混合单元，其将所述稀释水 B2 混合至所述待处理的水 A2 来获得经混合的水；第三杀菌剂添加单元，其将特定量的杀菌剂添加至所述经混合的水中；第一半渗透膜处理单元，其将所述经混合的水分离成浓缩水和渗透水。其技术方案如图 4 - 3 - 13 所示。

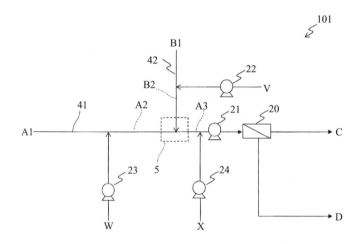

图 4 - 3 - 13　专利 ZL201480054044.0 的技术方案

4.3.2　国内重要申请人

4.3.2.1　中国科学院生态环境研究中心

（1）申请人基本情况

中国科学院生态环境研究中心始建于 1975 年，是中国第一个全国性生态环境领域综合性研究机构。其主要学科方向为持久性有毒污染物的环境过程与控制、环境污染的健康风险、污染水体修复与饮用水安全保障技术、人与自然耦合机制、城市与区域可持续发展理论与对策、环境生物技术的理论与应用。

在污水处理领域，中国科学院生态环境研究中心是国内领先、国际一流的研究机构，拥有环境水质学国家重点实验室（环境模拟与污染控制国家重点实验室）、中国科学院饮用水科学与技术重点实验室、水污染控制实验室等机构。中国科学院生态环境研究中心还积极推进与政府有关部门、高校和企业的合作，开展污水处理领域的研究，建设有住房和城乡建设部农村污水处理技术北方研究中心、国家发展和改革委员会高浓度难降解有机废水处理技术国家工程实验室，与南澳大利亚水务公司共建国际水科学科学技术中心、与中国节能投资公司共建中环水务 – 生态环境中心联合研发基地等。

（2）专利申请情况

通过对中国科学院生态环境研究中心的专利申请进行检索、筛查、排除噪声文献后获取污水处理领域膜处理技术相关专利共计 200 项，其申请趋势如图 4 – 3 – 14 所示。

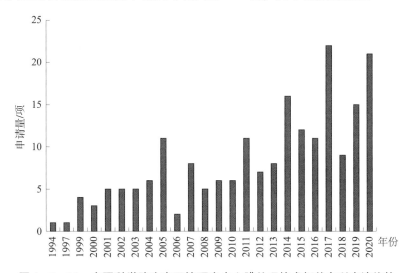

图 4 – 3 – 14　中国科学院生态环境研究中心膜处理技术相关专利申请趋势

从图中可以看出，中国科学院生态环境研究中心早在 1994 年就对膜处理技术应用于污水处理领域进行相应的研究，但是早期研究较少，直到 2005 年后专利数量才有所增加。

（3）重要专利技术

对相关专利进行筛查后，发现该申请人对该领域的研究主要集中在魏源送、曲久辉、刘俊新、王军、范彬等课题组，不同课题组研究的侧重点不同，下面对相关课题组的重要专利进行分析。

1）魏源送课题组

魏源送带领的膜技术研究与应用课题组在该领域的专利申请量最高，共 42 项，基于膜分离与生物处理的水处理技术开发与优化是课题组研究的重点。

课题组对于 MBR 技术的开发与优化作了大量研究。一是开发 MBR 耦合的工艺，提高了处理的效果。例如，CN105776712A 公开了一种密闭空间污水处理系统，将经预处理单元处理的污水依次输送至水解 MBR 和好氧 MBR 内进行处理，该系统可以高效去除污水中的有机物污染和氨氮，适用于空间狭小且综合排放要求高的密闭空间；

CN107827325A 公开了异养自养串联反硝化去除养殖海水中硝酸盐的方法及装置，将待处理的养殖废水依次通入异养生物反硝化生物反应器、自养生物反硝化生物反应器和固体过滤装置，实现养殖海水中硝酸盐的去除；CN111115964A 公开了高浓度氨氮废水的脱氮工艺，通过亚硝化生物膜反应器和厌氧氨氧化生物膜反应器，达到同时去除两种氮素的目的；CN103359873A 公开了一种多点进水生物膜耦合除磷过滤器污水处理系统，包括多级缺氧生物膜单元和好氧生物膜单元交替连接的生物膜反应器、除磷过滤器和化学除磷三个单元，其出水可达一级 B 排放标准，并可实现磷资源的回收利用。二是开发一体式 MBR，降低能耗。例如，CN110902966A 公开了一种一体式 MBR，原水经格栅或筛网、调节池、泵提升入生物反应器，膜单元装于自生物反应器池水面至水深 2.5m 范围水层内，其可使单位水处理能耗降低 49%～64%，提高该技术在水处理应用中的经济实用性；CN109592785A 公开了一种复合式 MBR，通过挡板将反应器分为缺氧区和好氧区，膜箱设在好氧区上部，好氧区混合液通过气提装置回流到缺氧区其可以克服单独使用一体式 MBR 存在的缺陷，适用于生活污水的深度处理、高浓度含氮污水和可生化性差的污水的处理。

课题组还对不同的膜技术组合应用于工业废水的处理进行了重点研究。例如，CN104445608A 公开了一种火电厂湿法脱硫废水深度处理组合工艺，首先采用混凝进行废水预处理，有效去除脱硫废水中难以重力沉降的悬浮物，进一步采用微滤/超滤进行颗粒物、胶体和大分子有机物的去除，最后采用膜蒸馏进行脱硫废水的深度处理，通过将混凝过程、低压膜过程、膜蒸馏过程联合，可以实现脱硫废水的高效稳定处理；CN104478172A 公开了一种高浓度盐工业废水深度处理的组合工艺，包括磁混凝、陶瓷膜微滤/超滤、膜蒸馏/膜结晶工艺的耦合，首先采用磁混凝进行预处理，实现快速高效的固液分离，进一步采用陶瓷膜微滤/超滤在高通量条件下实现悬浮物的长效稳定控制，最后采用膜蒸馏/膜结晶进行有机物、盐类及其他非挥发性污染物的截留，该工艺适用于水质水量波动较大的工业废水处理。

此外，课题组还针对膜分离技术应用于多个水处理的场景的工艺进行了研究。例如，CN1927737A 公开了一种采用低温膜处理淀粉废水的方法，其利用疏水微孔膜两侧的温差，使淀粉废水中的水分及小分子挥发性物质通过微孔膜到冷侧，实现大部分有机物及磷的截留，为后续利用淀粉废水进行深加工提供了便利条件；CN1931747A 公开了一种印染废水的处理方法，其采用纳米铁强化混凝－砂滤－超滤组合工艺使出水水质满足城市污水再生利用的要求；CN104118947A 公开了一种超滤膜联合光催化的再生回水用装置，其利用污水处理厂的二级出水或者达到同类水质要求的水作为水源，经过前处理阶段的超滤膜过滤与后处理阶段的光催化处理后回用；CN11099723A 公开了一种生物类酯/醋酸纤维素复合膜的使用方法，将复合膜置于水体中一定时间后，将膜材料放入有机溶剂中透析提取，进行分析。通过该技术可以使水中微量和痕量有机有毒污染物以半渗透方式进入膜内富集，达到环境监测中的样品预富集和去除水中微量和痕量有机污染目的。

膜技术应用于污水处理时，普遍存在膜污染和膜堵塞问题，课题组对如何解决该问题进行了研究。例如，CN108249572A 公开了采用聚砜类共混中空纤维超滤膜处理印钞擦版废液，纤维膜的内壁为分离层、外壁为开孔结构，耐油墨污染、强碱腐蚀，不易堵塞；CN207958059U 公开了一种原位清洗超滤膜组件的装置，其在膜组件的上方设置有淋洗管，淋洗管通过管路串联抽吸泵与储酸池连接，该装置将膜清洗与膜处理工艺有机结合，实现超滤膜组件的原位化学清洗；CN110981070A 公开了一种外置式气升循环膜分离设备，其安装在生化反应器外侧，利用生化反应器内液位水头驱动出水，同时利用为生化反应器供氧的空气冲刷膜丝表面，通过在线清洗可以降低膜污染；CN211620274U 公开了一种铸砂 MBR，采用的膜组件为铸砂膜组件，可以克服公知的 MBR 中采用的有机膜寿命较短，换膜费用较大的问题。

2）曲久辉课题组

曲久辉带领的水质净化研究组对膜分离技术应用于水处理领域进行了大量研究。课题组将开发新型的分离膜作为重要的研究方向之一。例如，CN108059250A 公开了一种采用相转化法制备非对称纳滤膜的方法，将含有聚间苯二甲酰间苯二胺、有机溶剂和添加剂的均相铸膜液，经过滤和脱泡后，在一定的温度和湿度下，以流涎法在洁净平滑的玻璃板或无纺布上刮制成具有一定厚度的初生态膜，进一步经一定时间的溶剂蒸发后，浸入凝胶浴中固化成型，该芳香聚酰胺纳滤膜适用于工业废水、高温流体的特殊处理及水的脱盐软化处理等领域；CN205627665U 公开了一种由陶瓷中空纤维膜和金属盐前驱体溶液制备具有催化臭氧氧化功能的中空纤维复合膜的方法，该中空纤维复合膜可用于废水的臭氧处理工艺过程，可有效提高臭氧传质速率、污染物降解速率；CN105948236A 公开了将充满全氟烷烃溶剂的中空纤维型的聚四氟乙烯催化材料加工为膜组件形式，进一步形成臭氧催化氧化装置，该装置可有效提高臭氧的利用效率，适用于辛醇－水分配系数较高的有机物的臭氧氧化降解工艺。

减缓膜污染也是课题组重要研究方向之一。例如，CN106277283A 公开了一种氧化石墨烯定向分离膜，制备方法包括选取孔径为 $0.01 \sim 1.0 \mu m$ 的微滤膜作为支撑层，在其表面形成氧化石墨烯功能层，进一步干燥使支撑层和氧化石墨烯功能层牢固连接，该氧化石墨烯定向分离膜结合其他抗污染技术能有效控制膜污染；CN101983933A 公开了一种基于氧化石墨烯定向分离膜的膜污染控制方法，通过在利用氧化石墨烯定向分离膜进行膜分离处理的待处理水中引入自由基，自由基的引入对膜表面官能团以及靠近膜表面的污染层官能团进行调谐，以控制膜分离过程中的膜污染。CN102659266A 公开一种覆膜铸砂板式膜组件，其是在铸砂元件表面附着一层聚偏氟乙烯（PVDF）溶液或聚乙烯基吡咯烷酮（PVP）和聚醚砜（PES）的混合溶液，该膜组件可以克服 MBR 中常用的有机膜寿命较短，换膜带来的费用较大的问题。

课题组另一个重要的研究方向是开发新型的膜分离工艺。例如，CN102351371A 公开了一种煤化工废水的集成膜深度处理方法，将经过生化处理后的废水经混凝沉淀处理后去除大部分的胶体、悬浮物以及部分大分子有机物，再通过活性焦炭吸附去除大部分难降解的有机物，进一步采用超滤处理去除细小的悬浮物，经超滤后的出水经高压泵加压后采用反渗透处理去除无机盐离子及残留的有机物，最后对经过反渗透处理后的浓水采用膜蒸馏浓缩，该方法采用集成膜技术深度处理煤化工废水，实现水资源的再利用及近"零排放"的目标；CN103224301A公开了利用膜蒸馏分离技术将盐酸酸洗废液中的亚铁盐与盐酸分离的方法，可以有效解决盐酸酸洗废液处理过程中能耗高、二次污染严重等问题；CN103723893A公开了应用膜蒸馏技术构建工业水冷却循环系统的方法，在由工业冷却器和冷却塔组成的传统冷却水循环系统中增设膜蒸馏技术单元，能够有效利用工业废热生产除盐水，减少污染排放；CN102583810A公开了一种厌氧MBR-部分亚硝化MBR-厌氧氨氧化MBR组合装置，该装置利用在厌氧MBR中去除污水的有机物，在部分亚硝化反应器中氨氮通过亚硝化作用一部分转化成亚硝酸盐氮，在厌氧氨氧化反应器中氨氮和亚氮经过厌氧氨氧化作用生成氮气排出，可以实现有机物和氮的深度去除。

3）刘俊新课题组

刘俊新带领的水污染控制技术研究组主要开展水污染控制过程中污染物迁移转化机制与关键调控技术研究，膜-生物组合技术是课题组重要的研究方向。例如，CN101468846A公开了去除饮用水中氨氮和有机物的一体化反应器，其包括生物氧化区和超滤膜过滤区，利用活性炭吸附中等分子量或挥发性有机物，利用生物填料表面和粉末活性炭表面的微生物去除氨氮和小分子量有机物，利用超滤膜过滤去除细菌、微生物膜等，水中密度较大的颗粒物、脱落的微生物膜、粉末活性炭等在重力作用下进入污泥槽，并通过排泥管排出，该反应器可用于受污染水源的饮用水处理。

厌氧MBR是厌氧消化与膜过滤技术有机结合的污水处理新技术，课题组对此进行了重点研究。例如，CN103979732A公开了去除水中硝酸盐氮的方法，其利用搅拌作用使自养反硝化污泥与硫磺颗粒在厌氧条件下呈流化态，充分进行硫自养反硝化去除硝酸盐，同时将膜分离组件集成到厌氧流化床内，截留反应器内的微生物以提高反应器内的生物量，通过将厌氧流化床硫自养脱氮和膜分离两种过程结合和集成，可同时去除水中硝酸盐和截留分离微生物，提高硫利用效率；CN1398796A公开了一种基于厌氧氨氧化生物脱氮反应装置的废水处理系统，其包括厌氧膜生物反应装置和一体式厌氧氨氧化生物脱氮反应装置，可以提升废水脱氮负荷，提高废水处理污染物去除效率，实现废水达标排放；CN105948251A公开了一种同步除碳脱氮的废水处理系统，该系统包括：厌氧MBR、反硝化反应器、一体式部分亚硝化-厌氧氨氧化反应器以及自动控制单元，该废水处理系统及其运行方法可用于处理高浓度有机物、高浓度氨氮废水，可同步去除有机污染物和氨氮；CN105967333A公开了一种厌氧MBR的实时调控方法，通过实时监控高浓度有机废水在厌氧MBR处理过程中产气率、pH和液位的变化，实时调控进、出水量与外源酸投加量，可以提高厌氧MBR的处理效能和运行稳定性。

课题组还对减缓膜污染的问题进行了研究。例如，CN1689986A公开了人工湿地-混凝联用预处理超滤给水处理系统，通过单级、多级串联或多级并联的人工湿地对饮用水原水进行深度预处理，降低水源水体中天然有机物（可溶性有机物及生物大分子物质）含量，从而有效降低膜孔堵塞，缓解超滤膜污染，该方法是绿色净水工艺，可为新建采用膜法工艺分质供水的水厂提供借鉴和技术支撑；CN105923906A 公开了一种基于"三明治"式松散絮体保护层的低压膜水处理工艺，该工艺采用一体式膜混凝反应器，通过间歇式分批投加的方式使混凝剂水解絮体在膜表面形成"三明治"式松散保护层，原水进入膜池内经过絮体层吸附和膜处理后出水，该处理技术能够在保证出水水质的同时，有效减缓膜污染，尤其是小分子有机物引起的膜污染。

4）王军课题组

王军带领的膜分离过程课题组以新型膜材料与节能高效膜法水处理技术研发为研究重点，对于难降解工业废水的处理是其重要的研究方向之一。例如，CN101468823A 公开了一种含喹诺酮类抗生素废水的生化处理反应器，该反应器由复合厌氧滤池（CAF）和固定床膜生物反应器（FBBR）构成，通过厌氧反应器的水解酸化菌将该类污染物分解为小分子化合物，再通过好氧反应器内的微生物将其降解，从而达到去除该类污染物的目的，该反应器可以解决含喹诺酮类化合物的抗生素废水难以生物降解的难题，可以为该类抗生素废水的处理开辟新途径；CN203307172U 公开了一种抗生素废水的深度处理及回用的方法，该方法以生化处理后的抗生素废水为处理对象，利用活性炭过滤进一步去除生化出水中残留的难降解有机物，减轻纳滤膜的有机污染，然后调节活性炭出水的 pH，减轻纳滤膜的无机污染，最后利用纳滤膜有效去除废水中剩余有机物和多价离子，纳滤产水 TOC < 1mg/L，COD < 10mg/L，色度 0PCU，SO_4^{2-} 去除率 >98%，可以实现抗生素废水的处理与回用；CN101468811A 公开了一种采用低温膜蒸馏技术处理含砷水的方法，该方法利用疏水膜两侧的温差，使得含砷水中的水以水蒸气的形式透过疏水膜进入冷侧，冷凝后形成高品质的纯水，砷则被截留在疏水膜的热侧，该方法可有效克服常规膜分离过程对亚砷酸盐去除效率低的弊端。

对于饮用水的安全保障研究也是课题组的研究重点之一。例如，CN101468824A 公开了去除饮用水中氨氮的一体化反应器，包括生物硝化作用区单元和超滤膜过滤区单元，其利用生物填料表面生长的微生物的作用将氨氮去除，并去除部分小分子有机物，同时利用超滤膜过滤作用将细菌、微生物膜等截留，确保微生物安全性，该反应器可用于受氨氮污染水源的饮用水处理，也可应用于城市污水和再生水中氨氮的去除；CN101665301A 公开了用于饮用水深度净化的反应器，其包括主臭氧氧化单元、生物氧化单元和超滤膜过滤单元，利用臭氧氧化破坏难降解污染物并将大分子量有机物转化为中小分子量有机物，臭氧反应后出水依次进入固定有生物填料和超滤膜组件的反应池，利用生物填料表面和粉末活性炭表面的微生物去除氨氮和小分子量有机物，同时利用超滤确保微生物安全性；CN101468825A 公开了热水器与纯水机一体化装置，该装置发挥膜蒸馏组件低温传质、传热等功能优势，以从太阳能热水器获取的部分热量作为膜蒸馏的传质热源，制取纯水，该装置具有热水器与饮水机双重功能，不仅可以拓宽传统太阳能热水器的应用范围，而且可以使太阳能资源得到有效利用。

膜过滤技术与厌氧消化过程的结合也是课题组的研究方向之一，例如，CN104817128A 公开了一种高浊度、高有机物、高磷的厌氧发酵沼液废水的强化处理工艺，其采用磁混凝进行沼液预处理降低悬浮物与有机物，之后采用陶瓷微滤膜进一步去除悬浮物与有机物，最后采取纳滤进行深度处理实现高品质产水与营养物质富集，该工艺适用于高悬浮物、高有机物的沼液的长效稳定处理；CN105110504A公开了一种厌氧污水处理装置及工艺，向厌氧MBR和厌氧氨氧化反应器中分别接种厌氧消化污泥和厌氧氨氧化污泥，废水依次流经厌氧MBR、反硝化反应器和厌氧氨氧化池后出水，部分回流到反硝化反应器，该工艺既可用于高浓度有机废水，实现以厌氧为主的碳氮达标和沼气回收，也可用于低浓度有机废水处理，大幅减少处理过程中所需的曝气量。

课题组还对膜污染的控制进行了研究。例如，CN107337266A公开了一种利用原位Fe（OH）$_3$絮体和纳米铁有效减缓超滤膜污染的方法，其利用原位Fe（OH）$_3$絮体对有机污染物的有效吸附性、纳米铁对无机污染物的有效吸附性，减缓污染物本身引起的跨膜压差增加，同时利用原位Fe（OH）$_3$絮体的腐蚀性抑制膜池内微生物的生长及减缓由此带来的膜污染；CN107162167A公开了控制MBR中膜污染的方法，其通过投加一定浓度的无机絮凝剂聚合硫酸铁，调控MBR中污泥混合液的性质，然后排出适量的处理后的污泥混合液，从而实现控制膜污染。

5）范彬课题组

范彬带领的乡村环境卫生与分散污水治理研究组对膜技术的应用进行了大量的研究。尤其是对减轻膜污染问题进行了深入的研究。例如，CN101734743A公开了一种减轻纳滤处理饮用水中腐殖酸膜污染的预处理方法，首先配制一定浓度的腐殖酸溶液进行混凝预处理，加入一定量的混凝剂调节pH后将出水后进纳滤膜处理系统，可有效缓解膜通量衰减、膜污染问题；CN106145377A公开了去除水体中有机物的混凝剂的制备方法，首先利用慢速滴减法制备具有一定铝离子浓度的聚合氯化铝，随后制备具有高效混凝作用的溶液，加入一定量的聚二甲基二烯丙基氯化铵后得到复合药剂，将其加入到高浊度的水体中搅拌，最后将在高浊度水体中形成的絮体与高有机物浓度的水样混合之后加入膜过滤装置进行过滤，该方法将高浊度水体的处理过程与高有机物水体的水处理过程相结合，可以减缓膜污染的情况，提高有机物的去除率；CN106145325A公开了多孔膜膜孔堵塞程度及孔径的检测方法，通过在膜两侧的电解液中施加不同电压，检测电流变化分析多孔膜膜孔堵塞的程度，该方法操作便捷、分析快速，可用于多孔膜的制备研发及膜滤过程中膜污染测试分析。

课题组还对膜分离工艺进行了研究，拓展了膜分离技术的应用场景。例如，CN1490259A公开了一种基于分体式厌氧MBR的水处理系统，该系统包括厌氧反应器、膜池以及气体循环装置，该系统通过膜分离技术截留污泥混合液中大分子量污染物，提升反应器内污泥浓度，对于易酸化的有机废水具有良好的适应性；CN1760137A公开一种高度氟化的聚偏氟乙烯滤膜，其基于氟氟亲和作用，对全氟化合物具有较高的吸附容量和较好的选择性，尤其适用于环境水样中长链全氟化合物的富集和/或净化；CN1966412A公开了一种糖精钠酸析废水的处理工艺，首先进行加碱中和、阻垢预处理，随后利用双级膜蒸馏系统可同时实现废水脱盐和脱除有机物，该工艺可以有效解决糖精钠酸析废水处理过程中能耗高、二次污染严重等问题。

4.3.2.2　中石化北京化工研究院

（1）申请人基本情况

中石化北京化工研究院历史悠久，可以追溯到由著名爱国实业家范旭东先生、著名科学家侯德榜博士于 1922 年 8 月在天津塘沽成立的黄海化学工业研究社，是中国最早从事石油化工综合性研究的科研机构之一。化工环保领域是中石化北京化工研究院的优势领域之一，其设有高浓度难降解有机废水处理技术国家工程实验室、工业节能与绿色发展研究中心以及全国化工环境保护信息总站等国家级和行业性技术中心；设有中国石化水处理药剂评定中心、中国石化环保技术中心、中国石化清洁生产技术中心等中国石化技术中心；拥有中国石化重点实验室分离用膜材料研究与应用实验室。

中石化北京化工研究院作为国内膜技术研究的中坚力量，开发了亲/疏水超滤膜、气体分离膜、纳滤/反渗透膜等具有场发展潜力的膜产品，形成了污水提标处理和深度处理回用、高盐废水近零排放、膜法 VOCs 回收处理、高效生物处理反应器等技术与产品，为石化行业绿色发展提供有力的技术支撑。

（2）专利基本态势

通过对中石化北京化工研究院的专利申请进行检索、筛查、排除噪声文献后获取获取污水处理领域膜处理技术相关专利共计 222 项，其申请趋势如图 4－3－15 所示。

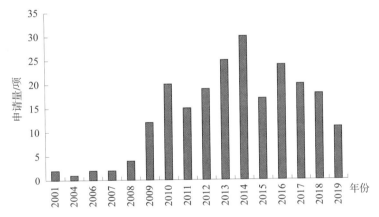

图 4－3－15　中石化北京化工研究院膜处理技术相关专利申请趋势

从图中可以看出，中石化北京化工研究院从 2001 年开始对膜处理技术应用于污水处理领域进行相应的研究，虽然早期研究较少，但是 2008 年后专利数量大幅增加。

（3）重要专利技术

1）分离膜制备

① 膜组件制备

膜分离装置的最小单元成为膜组件，目前市场上主要有四种膜组件，包括管式膜、中空纤维膜、平板膜和卷式膜。中石化北京化工研究院对膜组件的研究主要集中在中空纤维膜和平板膜。

平板膜组件由多个层叠设置的平板膜元件和用于固定平板膜组件的支撑框架组成，

通常用于高浓度水的处理。其优势在于容易拆卸，易于进行人工清洗或更换膜片。例如，CN104248918A 公开了通过向膜材料中添加氯化锂和含有羟基的亲水性高分子进行交联反应，制得具有半互穿网络结构的平板超滤复合膜，其具有良好的亲水性与力学性能，在使用过程中耐污染，纯水通量高；CN104248915A 公开了通过添加与制模材料具有较好结合力的聚合物制得增强型平板复合微孔膜，其具有良好亲水性，在使用过程中功能层不易剥离；CN105381723A 公开了经膜片羟基化、硅烷化反应、热交联等步骤制得超疏水平板膜，其具有优异的耐化学试剂性能、较高的机械强度，并且超疏水膜表面可以通过调节反应体系的含水量，得到微观结构可调的表面，能够有效避免在使用过程中的脱落；CN105327622A 公开了通过添加由水溶性寡聚环糊精、无机纳米粒子和表面活性剂组成的有机－无机复配添加剂，利用共混技术该水溶性寡聚环糊精与制膜聚合物材料共混制得有机－无机平板杂化超滤膜，其对水体有机污染物有较强的清除能力；CN102416300A、CN102755840A、CN103657440A 均公开了由聚丙烯树脂制得的平板分离膜，其具有网络状表面孔结构，渗透性能较好，并且膜的阻力小。

中空纤维膜组件是由上千根的中空纤维膜丝组装在一起排列成束制成的，其中中空纤维是将膜材料通过环形膜具挤压制得，它的厚度与直径的比例使其能承受运行时所受到的内部或外部压力。这种膜组件的显著优势是可以定期进行反冲洗，从而使膜丝可以一直在远低于其机械强度极限的工况下运行。例如，CN103785303A 公开了使用聚丙烯树脂和稀释剂制得聚丙烯中空纤维疏水膜，其用于石化企业采用外压式真空膜蒸馏进行反渗透浓水处理，具有膜蒸馏通量大、脱盐率和污水回收率高的优势，可以解决现有技术聚丙烯中空纤维疏水膜膜蒸馏通量低以及反渗透浓水的处理和回用问题，具有膜蒸馏通量大、脱盐率和污水回收率高的优势；CN103768958A 公开了在聚丙烯树脂中加入高分子相容剂、亲水性聚合物、稀释剂进行熔融共混，通过采用热制相分离工艺制备亲水性聚丙烯中空纤维膜，制得的聚丙烯中空纤维膜是内、外表面及断面具有亲水性的微孔膜，可以解决聚丙烯中空纤维膜亲水性差、亲水时效性短的问题，有效增强膜的抗污染性，降低膜的阻力，并使分离效率提高；CN107998903A 公开了以聚丙烯和高级脂肪胺环氧乙烷加成物为原料制得聚丙烯中空纤维微孔膜，通过控制挤出温度、冷却介质、冷却温度等热致相分离成膜条件得到环境友好型聚丙烯中空纤维微孔膜，其具有贯通、呈海绵状的微孔结构断面和微孔分布均匀的表面，可应用于膜蒸馏和膜脱气领域；CN104248913A 公开了利用多巴胺或多巴胺衍生物在聚烯烃中空纤维超滤膜表面和膜孔内生成亲水改性层的方法，该方法能有效保持聚烯烃膜的结构和力学性质，克服辐照接枝、等离子体表面接枝技术不能实现膜孔内改性的缺点，制得的超薄聚多巴胺或多巴胺衍生物亲水改性层能与聚烯烃中空纤维超滤膜材料结合牢固，改性膜性质稳定可靠；CN111841342A、CN111841337A 公开了将聚丙烯中空纤维微孔膜与有机酸、有机酸衍生物单体在不添加引发剂的情况下微波辐照接枝，进一步将所得接枝聚丙烯中空纤维微孔膜与氢氧化物反应，从而得到表面富含有机酸盐侧基的亲水性聚丙烯中空纤维微孔膜，制得的亲水性聚丙烯中空纤维微孔膜的聚丙烯分子量不下降、无残留单体，亲水效果好且持久，内外压法测试膜的纯水通量均大幅提高；

CN108273399A 公开了将纤维丝活化处理后使用改性组合物改性，进一步与金属盐进行接触反应得到表面具有纳米颗粒的纤维丝，最后进行编织定型得到增强型中空纤维膜。其具有较高的反洗膜破裂压力、较高的水通量和较高的断裂强度，可适用于 MBR；CN107126847A 公开了以市售的中空纤维膜作为基底膜，清洗后分别用硅烷偶联剂溶液、聚二甲基硅氧烷溶液进行两次涂覆得到中空纤维聚二甲基硅氧烷（PDMS）复合膜，将其活化后置于硅烷单体的有机溶剂中进行表面接枝聚合获得有机硅烷聚合物超薄皮层，从而制得耐水蒸气、耐有机溶剂中空纤维有机气体分离复合膜，其具有有机气体选择透过性高的优点，可用于有机气体分离回收技术；CN106256414A 公开了通过动态循环方式使反应液中的模板离子、引发剂、反应单体、交联剂等各成分吸附于中空纤维多孔膜组件中基膜的膜丝表面，再通过加热引发功能单体和交联剂在基膜表面修饰聚合，将模板离子洗脱后即制得可选择性分离金属离子的中空纤维膜组件，该方法通过控制模板离子、引发剂、反应单体、交联剂等反应溶液成分的流向，有针对性地对中空纤维膜组件的内表面、外表面及膜孔进行离子印迹修饰，制得中空纤维膜组件对金属离子分离的选择性强，可用于含重金属离子的废水处理。

② 过滤和脱盐膜

常见的膜根据跨膜迁移机理可以分为过滤膜、溶液化 - 扩散膜、渗透膜、渗析膜等，中石化北京化工研究院在该领域的研究主要集中于过滤膜和脱盐膜的制备。

常见的过滤膜包括超滤膜和微滤膜，中石化北京化工研究院的研究集中于超滤膜，其能截留大分子物质。例如，CN104415667A 公开了应用聚苯胺原位聚合法对聚烯烃超滤膜进行改性的方法，先将聚烯烃超滤膜浸泡在表面活性剂溶液中预处理，使苯胺单体在膜表面和膜孔内进行吸附，随后加入引发剂进行自由基聚合反应，生成聚苯胺改性层，该方法利用聚苯胺良好的亲水性和荷电性质，解决传统聚烯烃超滤膜亲水性差，跨膜压力大易受蛋白质等有机物污染的缺点；CN104548963A 公开了共混丙烯酰胺（AM）- 2 - 丙烯酰胺基 - 2 - 甲基丙磺酸（AMPS）共聚物制备亲水性荷电超滤膜的方法，首先制备 AM - AMPS 共聚物，然后将该 AM - AMPS 共聚物作为添加剂共混在制膜料中形成成膜液，最后通过非溶剂致相分离方法制备成共混 AM - AMPS 共聚物的超滤膜，通过共混的方法引入 AM - AMPS 共聚物，易于控制 AM - AMPS 共聚物的用量以及亲水性和电荷性质，并且 AM - AMPS 共聚物在使用过程中不会流失，可获得永久亲水性和荷负电性质，适用于以丙烯酰胺类高分子材料为主要污染物的油田三采废水的过滤和处理；CN109289555A 公开了包括依次层叠的支撑层、分离层和耐污染层的超滤膜，其中分离层由具有羧基的聚醚砜形成，耐污染层由聚乙二醇形成，通过在具有羧基的聚醚砜形成的分离层上形成有聚乙二醇形成的耐污染层，可以提高膜的透水性及抗污染能力，并且采用含羧基基团的聚醚砜形成分离层，通过分离层中的羧基基团与聚乙二醇分子中氧原子之间的相互作用，将聚乙二醇固定在超滤膜表面，从而可以进一步提高超滤膜的亲水性，增强膜的耐污染性。

脱盐膜因其能滤除离子（盐）或有机溶质而得名，其没有任何膜孔，由亲水和水胀的高分子结构组成，水过膜的形式为迁移扩散。脱盐膜一般归类为反渗透膜和纳滤膜。

反渗透膜是非对称膜或合成膜，在理想情况下其能让水分子通过同时截留住所有的盐类，其可以应用于所有的脱盐系统。中石化北京化工研究院对反渗透膜进行了较多的研究，主要分为以下四种。

一是磺化聚芳醚砜分离层的反渗透膜。例如，CN103785308A公开了由依次层叠的支撑层、酚酞型磺化聚芳醚砜层和亲水聚合物层组成的反渗透膜；CN104548976A公开了含有多面体低聚硅倍半氧烷和磺化聚芳醚砜的分离层与支撑层组成的反渗透膜；CN104548971A公开了半互穿网络结构层与支撑层组成的反渗透膜，其中半互穿网络结构层含有交联聚合物以及贯穿在所述交联聚合物的交联结构中的酚酞型磺化聚芳醚砜；CN109692582A公开了包括相互贴合的支撑层和分离层的反渗透膜，其中分离层为两种磺化聚醚砜交联得到的交联层，分离层中的磺化聚醚砜交联后，得到的反渗透膜分离层的分子结构变得更加致密，因此反渗透膜的截盐率以及耐氯性都取得了显著提高；CN107970780A公开了包括依次层叠的支撑层、分离层、中间连接层和交联层的反渗透膜，其中分离层由磺化聚芳醚砜形成，中间连接层由聚乙二醇形成，交联层由交联的海藻酸盐形成，该反渗透膜兼具有优异的脱盐率、透水性和耐氯性。

二是聚酰胺分离层的反渗透膜。例如，CN111036094A公开了包括依次层叠的支撑层、聚酰胺分离层和保护层的反渗透膜，其中支撑层和保护层均含有氧化石墨烯，通过分别向支撑层与保护层中添加氧化石墨烯，不仅可以使氧化石墨烯对聚酰胺表面进行改性，同时可以增强聚酰胺分离层与支撑层之间的键合能力，提高反渗透膜的耐氯性能；CN112007520A公开了包括支撑层、增强层和聚酰胺分离层的反渗透膜，其中支撑层为聚合物多孔膜，一个表面附着在增强层上，另一个表面与聚酰胺分离层的一个表面贴合，聚酰胺分离层的另一个表面为含有磺酸银和/或磷酸银基团的表面改性层，由于磺酸银和/或磷酸银基团的引入，可以提高膜的亲水性，且由于膜中银离子会缓慢地在水中溶解，可以起到长期的杀菌作用；CN110508162A公开包括相互贴合的支撑层和聚酰胺分离层的反渗透膜，其中聚酰胺分离层由多元胺类化合物和酸酐的反应产物与多元酰氯进行界面聚合得到，该反渗透膜同时具有高水通量和高截盐率；CN109692579A公开了包括支撑层和聚酰胺分离层的反渗透膜，其中聚酰胺分离层通过在固化促进剂的存在下，将多元胺、含环氧基团的铵盐与多元酰氯进行界面聚合得到，通过将铵盐基团固定到聚酰胺分离层中，可以提高膜的亲水性，使膜表面带有正电荷，提高膜对阳离子表面活性剂或其他正电荷污染物的抗污染能力，同时通过含环氧基团的铵盐中的环氧基团与聚酰胺发生交联，可以增加反渗透膜分离层的交联密度，进一步提高膜的截盐率；CN109289551A公开包括支撑层和聚酰胺分离层的反渗透膜，其中聚酰胺分离层的一个表面与支撑层贴合，另一个表面经过多元酚类化合物表面改性，使得多元酚类化合物与聚酰胺发生交联，通过多元酚类化合物与聚酰胺分离层中残留氨基反应，提高可以聚酰胺表面的交联密度，从而显著提高膜的截盐率；CN107970776A公开了包括依次层叠的支撑层、分离层和耐污染层的反渗透膜，其中分离层由交联的聚酰胺形成，耐污染层由磺化聚乙烯醇与含有巯基的硅烷偶联剂交联制得，该反渗透膜具有较强的耐污染性能；CN107970779A 公开了包括依次层叠的支撑层、分离层和耐污染层的反渗透膜，其中分离层由交联的聚酰胺形成，耐污染层由交联的海藻酸盐与聚乙二醇通过络合作用形成，在聚酰胺分离层上采用交联的海藻酸盐与聚乙二醇通过络合作用形成耐污染层，能够使得到的反渗透膜兼具良好的脱盐率和耐污染性能；CN107297158A 公开了包括依次层叠的支撑层、分离层和亲水耐污染层的反渗透膜，其中分离层由交联的聚酰胺形成，亲水耐污染层由含有羟基的聚合物与含有两性离子的硅烷偶联剂通过交联反应形成。该反渗透膜不仅具有较高的水通量和脱盐率，而且还具有较强的耐污染性能。

三是纳滤膜也是反渗透膜，作为反渗透膜的变种，近年来开始被使用，其能截留住高价离子和直径大于 1nm 的有机溶质。中石化北京化工研究院包括聚酰胺分离层的纳滤膜开展重点研究。例如，CN110960991A 公开了包括支撑层和聚酰胺分离层的复合纳滤膜，其中聚酰胺分离层中含有植酸以及与植酸螯合的多价金属阳离子，通过在界面聚合过程中引入植酸，可以使植酸与氨基形成氢键从而被固定在聚酰胺层中，再通过多价金属阳离子对聚酰胺层中植酸发生螯合作用，实现表面交联来提高截盐率，同时植酸分子中的磷酸基可以提高聚酰胺表面的亲水性，提高纳滤膜的水通量；CN110508154A 公开包括相互贴合的支撑层和聚酰胺分离层的纳滤膜，其中聚酰胺分离层由多元胺类化合物和酸酐的反应产物与多元酰氯进行界面聚合得到，该纳滤膜具有高水通量和高截盐率；CN109692584A 公开了包括支撑层和聚酰胺分离层的纳滤膜，其中聚酰胺分离层的一个表面与支撑层贴合，另一个表面与多元酚类化合物交联，多元酚类化合物与多价金属阳离子螯合，通过单宁酸与聚酰胺分离层中残留氨基反应，能够提高聚酰胺表面的交联密度，而且多价金属阳离子与单宁酸之间的螯合作用可以进一步提高膜表面的交联程度，从而显著提高膜的截盐率；CN109692585A 公开了包括支撑层和聚哌嗪酰胺分离层的纳滤膜，其中聚哌嗪酰胺分离层的一个表面与支撑层贴合，另一个表面经过含环氧基团的铵盐表面改性，使得环氧基团与聚哌嗪酰胺进行连接，通过在聚哌嗪酰胺膜表面连接有含环氧基团的铵盐，可以提高膜的亲水性，且使膜表面带有正电荷，可以提高膜对二价阳离子的截留率。

四是中石化北京化工研究院还对包括其他多种类型分离层的纳滤膜进行研究。例如，CN110394074A 公开了包括依次层叠的支撑层和分离层的复合纳滤膜，其中分离层的一个表面与支撑层贴合，另一个表面经过多元酚类化合物表面改性，使得多元酚类化合物与分离层中的氨基交联，分离层由包括具有氨基的聚合物和多元醇缩水甘油醚的组合物相互交联而成，该纳滤膜不仅具有优异的透水性和截盐性，而且由于材料本身的特性以及分离层所形成致密的交联网络结构，表现出优异的耐酸/碱稳定性，可以在 pH = 0 ~ 14 的条件下保持良好的分离性能；CN105435645A 公开了包括叠置在一起的支撑层和分离层的复合纳滤膜，其中分离层为含有羟基的聚合物与含有氨基的硅烷偶联剂通过溶胶－凝胶以及热交联反应后，再经甲醛与亚磷酸的水溶液或甲醛与亚磷酸酯以及高氯酸盐的醇溶液后处理得到的，该复合纳滤膜可以在 pH = 0 的水溶液中稳定运行，不仅具有较高的脱盐率和透水性，还具有较强的耐酸性；CN110394066A 公开包括依次层叠的支撑层和分离层的复合纳滤膜，其中分离层的一个表面与支撑层贴合，另一个表面经过多元酚类化合物表面改性，使得多元酚类化合物与分离层中的羟基交联，分离层由包括聚乙烯醇和具有羧基的聚合物的组合物相互交联而成。该纳滤膜具有优异的透水性和截盐性；CN107970774A 公开了包括依次层叠的支撑层和分离层的纳滤膜，其中分离层由交联的海藻酸盐与聚乙二醇通过络合作用形成，通过在支撑层上采用交联的海藻酸盐与聚乙二醇通过络合作用形成分离层，能够使得到的纳滤膜具有很高的脱盐率；CN106582326A 公开了包括支撑层、位于该支撑层表面上的交联网状结构以及附着于所述交联网状结构的银纳米粒子的复合纳滤膜，其中交联网状结构由含有羟基的聚合物、含有巯基的硅烷偶联剂在含有交联剂的溶液中进行交联反应得到，该抗菌复合纳滤膜不仅具有较高的截盐率和透水性，还具有较强的抗菌性；CN106139924A 公开了包括叠置在一起的支撑层和分离层的复合纳滤膜，其中分离层为羟基封端的聚二甲基硅氧烷、正硅酸乙酯以及含有巯基的硅烷偶联剂经热交联反应后形成的初始复合纳滤膜，再将所述初始复合纳滤膜在双氧水中进行后处理得到，通过用双氧水将初始复合纳滤膜进行后处理改性，能够将利用双氧水将巯基氧化成磺酸基，得到亲水的复合纳滤膜，可以进一步提高该复合纳滤膜的水通量和脱盐率；CN105498549A 公开了包括叠置在一起的支撑层和分离层的复合纳滤膜，其中分离层为含有羟基的聚合物与含有氨基的硅烷偶联剂通过溶胶－凝胶以及热交联反应后形成的初始复合纳滤膜，再将初始复合纳滤膜在磺酸内酯中进行后处理改性得到的。该复合纳滤膜不仅具有较高的脱盐率和透水性，还具有较强的耐酸性。

2）膜分离工艺

中石化北京化工研究院对于膜分离工艺开展了研究，拓展了其应用的场景。对于难处理的工业废水，中石化北京化工研究院通过膜处理技术的应用，不仅保证了处理后的废水的水质，还回收了有用物质。

中石化北京化工研究院对于石化工业废水处理进行了研究。例如，CN101423304A 公开了采用混凝调碱、预过滤、纳滤/反渗透过程处理乙二醇生产废水，通过混凝调碱、预过滤步骤避免胶体物质对纳滤/反渗透系统的污堵，有利于膜处理过程的稳定运行，处理后的废水可以作为工艺水直接回用到乙二醇的生产过程中；CN101734737A 公开乙烯装置工艺水汽提塔出水的处理方法：采用在进水中混入惰性气体的真空膜蒸馏法去除工艺水汽提塔出水中溶解的烃类和酸性气体，提高稀释蒸汽发生系统的进水水质，该方法不仅可以进一步降低工艺水汽提塔出水中烃类和酸性气体含量，避免稀释蒸汽发生系统的结垢，延长装置运行周期，并且可以减少稀释蒸汽发生系统的排污水量、乙烯装置的脱盐水用量和系统缓蚀剂的用量；CN102040303A 公开采用渗透汽化膜或蒸汽渗透膜回收甲醇制烯烃工艺废水中有机物，同时脱除有机物的废水可以直接排入污水处理场或经进一步处理回用于生产过程的方法，在回收废水中的甲醇及衍生产品的同时，达到处理废水的目的；CN102030433A 公开精对苯二甲酸精制废水的处理方法：精制废水经调 pH、树脂吸附单元吸附后，进行两次反渗透膜处理，该方法对精制废水中的钴、锰离子进行回收，同时回收其中的大部分废水，可以实现对精制废水进行综合利用的目的；CN101928089A 公开了针对对苯二甲酸（PTA）精制废水深度回用处理过程中产生的反渗透浓水，采用加碱中和、超滤、反渗透预浓缩、调节温度和 pH 后进行蒸发浓缩处理、固液分离处理等过程，将 PTA 精制废水从原来 60% 的回收率提高到废水零排放，可以实现 PTA 精制废水的资源化、减量化；CN102452762A 公开采用氧化剂预处理－铁铜微电解预处理－MBR 组合工艺处理己内酰胺生产废水的方法，在 MBR 系统的生化处理单元采用颗粒生物膜填料，在膜分离单元由脉冲含气水流带动颗粒生物膜填料对膜组件进行连续清洗，该方法不仅可以提高己内酰胺生产废水的处理效果，并且可以提高膜分离系统的运行效果和系统稳定性；CN102311193A 公开聚烯烃催化剂生产中的滤饼压滤滤液的处理方法，该方法采用"微滤＋膜蒸馏＋冷却结晶"的工艺流程，采用该工艺流程，可有效分离去除废水中的大量盐分、总溶解固体和 COD，实现滤饼压滤滤液的深度处理和回收利用；CN101723526A 公开了采用"催化氧化＋混凝沉淀＋超滤＋反渗透"的处理流程处理合成橡胶生产废水的方法，通过膜前预处理可以有效地去除对膜系统运行影响较大的有机物，该方法具有出水水质优良、可以长期稳定运行的优点；CN101723523A 公开了经废水均质调节、混凝沉淀、超滤处理、反渗透处理等过程处理干法腈纶生产废水的方法，通过采用在混凝沉淀中加入纳米级 SiO₂ 粉末的预处理措施，可以强化对废水中低聚物的去除效果，减少废水对膜系统的污染；CN110606592A 公开溴化丁基橡胶含溴废水综合利用方法，溴化丁基橡胶含溴废水经预处理、耐热型超滤膜组件过滤得到超滤废水，再经调酸、氧化得到含溴素废水，将其流经中空纤维疏水组件，得到含溴盐溶液进行回收，提溴后的废水可以进入常规工业废水处理流程。

对于硝基氯苯生产废水的处理和回用，中石化北京化工研究院开展一系列研究。例如，CN103771562A 公开了采用硝基氯苯高温废水经氧化－重力沉降后，依次经超滤膜过滤系统、一级反渗透膜系统、二级反渗透膜系统过滤得到工艺回用水，其可满足中低压锅炉补给水水质要求；CN103771550A 公开了通过膜蒸馏系统进一步处理硝基氯苯废水经强化氧化和双膜工艺处理后剩余的反渗透浓水的工艺，可以最大限度地回收水资源和热能；CN103771640A 公开了采用"真空膜蒸馏＋反渗透"的工艺流程深度处理硝基氯苯高温废水，可有效处理硝基氯苯废水经强化氧化后的高温出水，同时去除废水中未能完全氧化的小分子有机物及大量的无机离子；CN103663822A 公开了硝基氯苯生产废水经汽提处理、催化氧化处理后，经过陶瓷膜过滤器过滤，可以有效降低废水的色度、TOC 以及硝基氯苯含量，实现废水达标排放；CN101993165A 公开了采用"调酸＋膜蒸馏＋反渗透＋冷却结晶"的工艺流程处理硝基氯苯高盐有机废水，充分利用废水自身的低品位热能，可有效去除废水中的盐分和有机物，实现硝基氯苯高盐有机废水的深度处理和高度回收利用。

中石化北京化工研究院还对炼油污水的处理进行了研究。例如，CN102452760A 公开了一种油田采出水的回用处理方法，其包括气浮、生化、过滤、超滤、反渗透等步骤，对油田采出水进行生化处理，可以有效降低废水中易造成膜污染的有机物、石油类、低聚物含量，生化后出水次序经双滤料过滤器和碟片过滤器去除部分悬浮物，进入超滤装置，超滤采用强制循环和错流过滤方式运行，并运行设计常规反洗和加药反洗，超滤出水进入反渗透装置，反渗透设计定时低压正冲和定期杀菌，反渗透产水回用做高品质的热采锅炉用水，反渗透的浓水采用回灌处理，气浮、生化、过滤和特殊的膜运行方式可有效地延长超滤膜和反渗透膜的清洗周期和寿命；CN106256780A、CN106256781A 公开了油气田的高含硫废水的达标回注处理方法，通过采用"负压脱硫＋化学催化氧化＋絮凝沉降＋有机膜/陶瓷膜过滤"技术，可有效去除废水中的硫化物，解决油气田高含硫废水回注过程中硫含量过高的问题；CN103663847A 公开炼油污水处理稳定达标和资源化的方法，通过增加调节罐加强预处理和采用 MBR 工艺，可同时实现炼油污水稳定达标排放和污水回用。

此外，对于一些特殊的应用场景中石化北京化工研究院也进行了研究。例如CN104230039A 公开了城市达标污水深度处理回用方法，采用"简单预处理－浸没式超滤－反渗透"组合工艺，对达标城市污水进行深度处理，该方法可提高城市达标外排污水的利用率，最大限度降低废水排放量；CN104230076A 公开了城市污水回用过程中反渗透浓水的处理方法，首先将反渗透水调 pH 和加热后输送至疏水性膜组件中进行浓缩处理，随后经"调碱－重力沉降分离－微滤膜过滤"除硬后继续进行浓缩，最后经重力沉降后进行固液分离，分离后的母液进行干化处理，即可将城市污水经双膜处理后的反渗透浓水实现"零排放"；CN108017187A 公开了苦咸水的处理方法，首先将苦咸水深度软化后进行高密度沉淀处理，其后经微滤膜去除水中细菌、胶体等物质，再经反渗透膜脱盐，获得反渗透产水可直接用于灌溉；CN105582809A 公开了一种柴油车尾气处理液的生产装置及使用方法，该装置包括高纯尿素的料仓、计量罐、超纯水装置、配制釜、搅拌及加热装置、缓冲罐、在线质量分析仪、膜过滤装置、产品罐以及产品泵和连接管线，该装置的优势是一套集成系统，可以设置在加油站内，占地小、生产灵活，可以解决柴油车尾气处理液生产销售范围的局限性。

3）膜污染的控制

对膜污染的控制和膜污染的清洗也是中石化北京化工研究院的重要研究方向之一。

中石化北京化工研究院对于膜的清洗进行了研究。例如，CN101422700A 公开了一种超滤膜的化学清洗方法，针对处理 PTA 精制废水的超滤膜，将其表面沉积吸附的由钴、锰离子氢氧化物等形成的无机污染物用柠檬酸和亚硫酸氢钠配制的酸性洗液溶解、洗脱；其表面沉积、吸附的有机胶体污染物用含有次氯酸钠的碱性氧化洗液溶解、洗脱，该方法可以有效洗脱污染物质、恢复超滤膜的运行通量和运行压力，保证 PTA 精制废水超滤处理过程的稳定运行；CN102049198A 公开一种反渗透膜的冲洗方法，针对由高盐、有机硅胶体、高分子有机污染物及菌藻残骸引起的反渗透系统膜过滤表面污染及首段污染问题，其采用正向冲洗和浓水侧反冲洗方法，配合以有机溶剂等药剂对反渗透膜过滤表面形成水力冲洗，该方法对于膜表面化学清洗不能去除的污堵物质起到明显去除作用，可以缓解膜系统的首段污染问题，延长反渗透系统稳定运行周期。

中石化北京化工研究院还对膜阻垢剂进行了研究。例如，CN102397753A、CN102397754A、CN102397755A 均公开了反渗透膜阻垢剂，其由至少一种选自有机膦酸和/或有机羧酸类聚合物的物质与丙烯酸/丙烯酰胺共聚物、树枝状大分子或者甲叉型膦羧酸中的一种组成，这一类复合阻垢剂用于反渗透系统水处理时，可解决反渗透膜上 SiO_2 和硅酸盐、$CaSO_4$ 和 $CaCO_3$ 的沉积问题，可有效地消除 SiO_2 和硅酸盐、$CaSO_4$ 和 $CaCO_3$ 沉积而带来的膜污染，延长反渗透膜及反渗透设备的使用寿命；CN102408166A 公开了通过向循环水系统的排污水中投加阴离子化合物，同时调节污水的 pH，使得排污水发生絮凝沉淀，过滤去除对膜系统运行造成影响的水处理药剂的方法，该方法可以保证膜系统的稳定运行，减少膜清洗的频率。

此外，中石化北京化工研究院还对于膜前置设备进行了研究。例如，CN103055699A 公开了废水深度处理及回用过程中膜前保安过滤器中滤芯的制备，可以解决喷融或缠绕聚丙烯（PP）滤芯过滤精度不高、易造成深层污染，不能通过化学清洗达到反复使用的问题，该滤芯可主要用于膜法污水处理过程中的双膜系统中保安过滤器中滤芯的使用和更换；CN103055701A 公开了能够实现在线自动反洗的保安过滤器，解决工业中现用滤芯过滤精度不高、易造成深层污染，不能通过自动清洗达到长时间使用的问题，该滤芯可主要用于膜法污水处理领域中的双膜系统，如超滤、反渗透系统中的保安过滤措施，还可作为有效的预处理过滤手段，降低给水中颗粒物或因来水冲击造成的水质变化对后续工艺稳定运行造成的影响；CN102381801A 公开了针对 MBR 易受污染和难降解的有机物在系统中累积的问题，设置 MBR 前置生物处理系统的方法，该方法能够减少 MBR 运行中不正常来水直接冲击膜系统，防止池中造成膜污堵的难降解有机物的累积，与前置生物处理流程结合可以提高有机物去除率，并减少膜的污染，延长其使用寿命。

4.4 本章小结

通过以上对膜处理技术领域重要专利局分析，研究发现：

① 膜处理技术与过滤、精馏、萃取、蒸发等传统分离技术相比，具有能耗低、分离效率高、设备简单、无相变、无污染等优点，是污水处理领域的重要技术，作为污水处理领域关键技术之一，其发展迅猛、前景无限，2004 年之后的专利申请量一直保持快速的发展，特别是中国申请量呈现逐年快速增长的态势。

② 中国、日本、韩国、美国是主要的技术来源国和市场国。与物理化学污水处理技术相类似，亚洲国家倾向于本土布局，而美国等国家倾向于国内外均衡布局。在排名靠前的申请人中，中国和日本的申请人占据席位较多，并且中国的企业在申请量上占据一定的比例，反映出中国膜处理技术的市场化和工业化的程度较物理化学污水处理技术有所改善。

③ 通过对膜处理专利技术主题的上述分析可知：单一种类的膜处理技术的应用越来越少，对于单一种类的膜处理技术目前研究的热点主要集中在反渗透膜技术上；MBR 以及多种膜技术的联用是该领域目前的研究热点，特别是将各种膜技术与生物技术的联用；对于膜技术，解决膜的堵塞等污染问题是研究的热点之一。

④ 从专利申请趋势上可以看出，国外创新主体较早涉足膜处理技术领域，早在 20 世纪 70 年代便开始相关研究，相比之下国内创新主体研究起步较晚，高校在 20 世纪 90 年代才开始进行理论研究，而企业在 21 世纪初才进行相关研究。但是国内创新主体在近十年来技术发展迅速，这与中国的经济发展以及国家对环保行业的重视度密切相关。

⑤ 从申请人种类可以看出，国外主要创新主体为公司，而国内创新主体主要集中于高校和科研院所，高校和科研院所的技术转化能力差，导致大量技术止步于基础研究阶段，不能发挥其对产业的技术价值。

⑥ 从全球专利布局来看，国外创新主体虽然主要在其本国进行专利布局，但是对于其重点的核心专利，其在中国积极进行布局。国内创新主体对于国外大公司的重点核心专利应提高预警分析能力。

⑦ 国内创新主体注重技术研究创新以及保护知识产权的意识不断增强，例如中国科学院生态环境研究中心在膜处理技术应用于污水处理领域的创新能力一直处于国内领先水平。魏源送、曲久辉等课题组在该领域不仅申请量多，而且研究方向覆盖广，对于开发新型的分离膜、膜分离技术与其他相关工艺组合、拓展膜分离工艺的应用、减缓膜污染和膜堵塞问题进行大量研究；中石化北京化工研究院作为国内膜技术研究的中坚力量，在污水处理领域对于分离膜的制备、膜分离工艺的应用以及膜污染的控制开展了大量研究，尤其是对于新型膜材料的研究和开发进行重点研究，可以满足多样化的污水处理的要求。

参考文献

[1] 林野，陈建涌，朱列平. 供水膜过滤技术问答 [M]. 北京：化学工业出版社，2009.

[2] 李月红，原怀保. 化工原理 [M]. 2 版. 北京：中国环境出版社，2016.

[3] 张晖，吴春笃. 环境工程原理 [M]. 武汉：华中科技大学出版社，2011.

[4] 丁启圣，王维一. 新型实用过滤技术 [M]. 4 版. 北京：冶金工业出版社，2017.

[5] 董秉直，褚华强，尹大强，等. 饮用水膜法处理新技术 [M]. 上海：同济大学出版社，2015.

第5章 生物处理技术专利状况总体分析

在污水处理技术中，生物处理技术通过分解水中的有机物，将其代谢为无机物来实现污水处理。相较于沉淀和化学处理法，生物处理技术在去除废水中有机碳、氮、硫、磷等污染物方面，具有深度处理、效率高的优势。一是生化降解过程不需要高温高压，温和条件下经过酶催化可高效完成；二是微生物来源广、易培养，经过特定驯化，环境适应性增强。

5.1 总态势

据统计，污水处理领域生物处理技术专利申请共88651项，其申请量趋势如图5-1-1所示。该技术领域专利申请始于1971年，经过近30年的持续增长后，在2000年开始出现两种变化趋势，一是国外申请量稍降低后长年保持平稳，二是开始出现来自中国的专利申请并快速猛增。欧美日等发达国家/地区的生物处理技术发展起步较早，如美国早在60年前已发现并利用自然分解处理污水的方法，中国生物处理技术起步相对较晚。因此，近20年国内外专利申请量截然不同的变化趋势，反映了国外已进入专利布局较为全面的成熟期，而国内开始进入生物处理技术大步发展的快速增长期的态势。

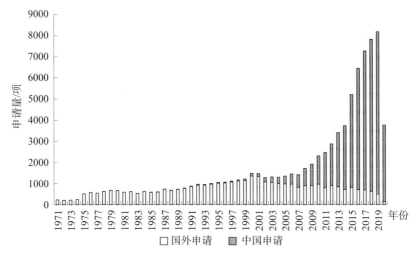

图5-1-1 生物处理技术专利申请量趋势

图5-1-2统计了生物处理技术专利的来源国/地区分布情况。可以看出，虽然中国相关专利申请仅在近20年才开始出现，比国外迟了近30年，但申请量在短期内爆发

式增长，使得中国申请在全部国家申请中占比位居第一。另外，其他主要的申请来源国家/地区还包括日本（JP）、韩国（KR）、美国（US）、德国（DE）、俄罗斯（RU）和法国（FR）。

为分析生物处理技术专利布局地区分布，先对专利目标国/地区进行分析，结果如图5-1-3所示。生物处理技术专利主要布局在中国（CN）、日本（JP）、韩国（KR）、美国（US）、德国（DE）、欧洲（EP）、加拿大（CA）、澳大利亚（AU）等国家/地区。

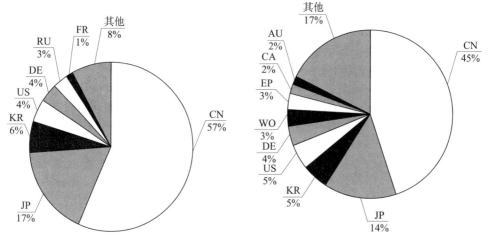

图5-1-2　生物处理技术专利　　　　图5-1-3　生物处理技术专利
来源国/地区分布　　　　　　　　目标国/地区分布

通过对专利布局目标国家/地区分析，能够清楚看到来自主要来源国的专利的布局流向，分析其布局侧重地域。表5-1-1显示了5个主要来源国的主要专利布局情况，呈现出三类布局模式：第一类以中国为代表，绝大多数专利在本国布局，极少专利布局其他地区；第二类包括日本和韩国，多数专利本国布局，而少量专利进行海外布局；第三类以美国和德国为代表，有相当数量专利（超过20%）进行海外布局。其次，还能够看到，主要来源国在进行海外布局的地区侧重点：日本是主要来源国最为偏好的布局地区（除日本外，其他来源国在日本的布局占比之和为19.23%），其次是中国（除中国外，其他来源国在中国的布局占比之和为15.60%）和美国（除美国外，其他来源国在美国的布局占比之和为15.28%）。

表5-1-1　生物处理技术专利主要来源国/地区主要布局情况❶　　　　　　单位:%

来源国	目标国				
	CN	DE	JP	KR	US
CN	99.63	0.02	0.07	0.03	0.25
JP	2.42	1.22	91.37	1.97	3.02

❶　表格显示数据为在相应目标国专利量在相应来源国总专利的占比。

续表

来源国	目标国				
	CN	DE	JP	KR	US
KR	2.43	0.26	1.44	93.76	2.10
US	7.37	6.68	10.05	3.59	72.31
DE	3.38	77.71	7.67	1.33	9.91

　　对生物处理技术专利申请人进行统计，图 5-1-4 显示了申请量前十位申请人申请量情况。其中主要为日本企业（日立、荏原制作所、栗田工业、久保田、三菱）、中国高校（北京工业大学、四川师范大学、哈尔滨工业大学、同济大学）和中国企业（中国石油化工股份有限公司）。

　　对生物处理技术专利主题进行初步技术划分，并进行统计分析，结果如图 5-1-5 所示。图中显示，生物处理技术以好氧处理、好氧和厌氧联用处理、厌氧处理、自然净化处理为主。值得注意的是，其中好氧处理专利申请量占据总专利申请量的约 1/3。

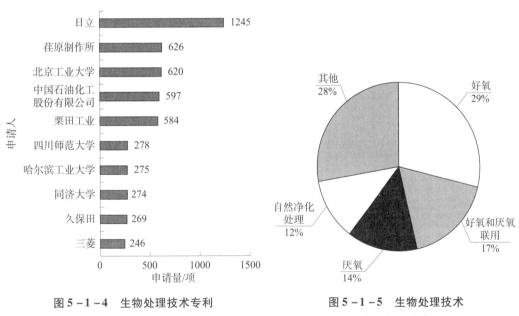

图 5-1-4　生物处理技术专利
主要申请人申请量

图 5-1-5　生物处理技术
专利主题分布

5.2　发展脉络

　　近年来，随着生物技术的不断发展，生物技术处理废水成为研究热点。自然界存活着大量借有机物生活的微生物，它们通过本身新陈代谢的生理功能，能够氧化分解环境中的有机物并将其转化为稳定的无机物。生物处理技术主要包括好氧处理技术、厌氧处理技术、好氧和厌氧联用处理技术以及自然净化处理技术。生物处理技术处理工业废水效果显著，对污染物有较强、较快的适应性，可有效降解、转化废水中的有机污染物，同时会产生有益的代谢物质，并具有高效、低能耗等特点。[1]

5.2.1 好氧处理技术

好氧处理技术是在提供游离氧的情况下，以好氧微生物为主，使有机物稳定降解的处理方法。微生物利用废水中的有机污染物作为营养源进行好氧代谢，高能位的有机物经过一系列生化反应，逐级释放能量，最终以低能位的无机物形式稳定下来，达到无害化的要求。好氧处理技术主要侧重于工艺、装置和微生物的改进，现对其专利技术发展脉络梳理如下。

（1）工艺

1972 年，美国联合碳化物公司提出一种在活性污泥存在下使用氧气通过生化氧化和化学沉淀法去除碳食物和磷污染物的方法（US3764524A）。

1975 年，埃克森研究工程公司提出一种废水处理方法，首先对废水进行预处理以去除其中的悬浮固体和油，然后使预处理的废水通过活性炭床，同时向活性炭床中添加受控量的氧气，从而从废水流中去除有机污染物。该方法可以控制吸附在活性炭上的污染物的好氧/厌氧生物氧化之间的平衡，从而抑制硫化氢的排除，同时最大限度地减少好氧生物污泥的形成（US4053396A）。其技术方案如图 5-2-1 所示。

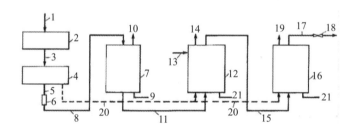

图 5-2-1　重点专利 US4053396A 的技术方案

1981 年，琳德股份公司在具有两个独立污泥循环阶段的活化装置中对污水进行生物净化。其中在第一阶段中，基本上分解大部分有机杂质；在第二阶段中，对分解残留物进行氧化，并在必要时将无机氮化合物氧化；将活性炭引入第二阶段的活化槽中，可以保持较高的硝化剂浓度，并且改善污泥的沉降性能，实现废水和污泥之间的良好分离，提高纯化废水的质量（EP0052855B1）。该公司于 1987 年提出一种含有有机物及含氮杂质的污水的生物净化方法。在载体上固定生物，在空气和（或）纯氧条件下使反应器中的污水曝气，而后以澄清装置使净化水和污泥分开；污泥至少部分地返入反应器中，反应器中放入用小块状和（或）粒状且以在污水中可自由流动的数量的颗粒作微生物的载体。该方法具有容器体积小、节约投资费用、节约能量以及去除率高的优点（CN87100172A）。

为解决活性污泥的固定问题，新日本制铁公司于 1987 年将高炉水渣用作活性污泥的固定化载体，能改善活性污泥沉降性，具有高浓度化的显著效果，而且具有将曝气槽的 pH 维持在适于活性污泥范围内的作用（CN87105407A）。

德国于利希研究中心于 1987 年提出一种在废水中获得一致低硝酸盐含量的向曝气池供应母水的废水净化工艺，包括间歇分批向活性污泥池供应废水，处理后的废水从活性污泥池连续排放。其中通过调节活性污泥池的曝气量，同时降低废水中的硝酸盐含量，从污水进入活性污泥池开始将废水排放至储罐，使溶解氧小于或等于 0.5mg/L。在这个过程中，存在的硝酸盐在涉及氧气节流的阶段被降解，而在随后的阶段（经过更长的时间），与所供应的废水一起输入的铵被转化为硝酸盐，为槽中保持足够数量的硝化细菌作准备（DE3710325A1）。

TOPOL JAN 于 1994 年提出一种连续和不连续流相结合的废水处理方法，通过活化池连续和不连续流动的组合进行废水处理。其中通过中断活化过程并减少进入缓冲池的废水流入来维持活化污泥的所需浓度，从中抽出废水进入活化罐中；污泥沉淀后，将多余的污泥抽出，并通过提高缓冲罐中的废水水位自动恢复活化罐的连续流系统。该方法的优点是在废水流入不足的情况下，大大缩短吹扫时间，从而降低污泥因缺乏营养而自溶的风险（CZ282411B6）。

克鲁格公司于 1995 年提供一种改进的硝化与脱氮化废水处理技术，其中包括以下步骤：a）将废水流入液交替地引入第一和第二处理区；b）在处理期间，将第一和第二处理区内的废水交替地进行硝化和脱氮；c）将第一和第二处理区的流出液交替地引入第三处理区；d）在处理期间，将第三处理区内的废水交替地进行硝化和脱氮；e）将第三处理区的废水引入澄清池，使活性污泥与净化的废水分离，并将至少一部分活性污泥与交替地引入第一和第二处理区的废水流入液混合。该方法减少了脱氮时间，节约电力，从而降低了总成本（CN1129677A）。

韩国科学技术研究院于 1998 年提出一种高效去除氮和磷以及有机物的间歇式倾析延时曝气（IDEA）法。其包括一个曝气阶段、一个沉降阶段和一个倾析阶段在一个单一的反应器中按此顺序连续重复进行，入流的废水在反应器的底部被横向输入并在反应器中缓慢地扩散。该方法中废水可被高效地处理而无须在干燥天气和潮湿天气条件以及暴雨天气条件下分流（CN1258267A）。其技术方案如图 5-2-2 所示。

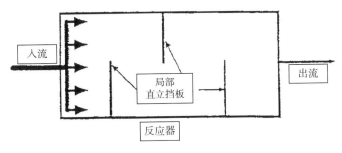

图 5-2-2　重点专利 CN1258267A 的技术方案

1998 年，日本神钢集团提出一种有机废水生物处理方法。该方法通过沉淀池将生物处理装置处理的废水固液分离为处理水和污泥，将沉淀池分离出的污泥经浓缩装置浓缩，使部分浓缩后的污泥返回生物处理装置，将浓缩后的污泥送至增溶池，使增溶后的处理液返回生物处理装置。该工艺可减少输送至增溶池的处理污泥量，减小溶解罐的尺寸（EP1302446B1）。

2004 年，日立提出通过将一种亚硝酸盐型硝化载体引入硝化方法中，可以实现硝化处理的稳定进行（JP4042719B2）。

西门子公司于 2006 年提出从低产废水处理工艺除去惰性固体的方法。所述方法包括在主流反应器中使废水与载菌污泥混合以形成混合液，使所述混合液分离成澄清流出物和活性污泥，使第一部分活性污泥返回所述主流反应器，在使第二部分活性污泥返回所述主流反应器之前在侧流生物反应器中处理第二部分活性污泥，以及在废水处理工艺中采用筛分装置以除去惰性固体（EP1928794A4）。

住友重工业公司于 2007 年提供一种废水处理装置和废水处理方法。其包括固液分离步骤，将有机废水分离成原泥和处理水，待处理的水采用产酸工艺进行处理，使污泥发酵，得到稳定的废水有机酸；从含有有机酸的原料液中获得颗粒污泥的颗粒生成步骤；以及通过颗粒生成步骤获得的颗粒污泥，在有氧条件下进行生物处理的有氧处理步骤。该工艺能够有效地利用从有机废水中分离出的原始污泥，并且能够充分稳定且有效地对有机废水进行生物处理（JP2008284427A）。其技术方案如图 5 - 2 - 3 所示。

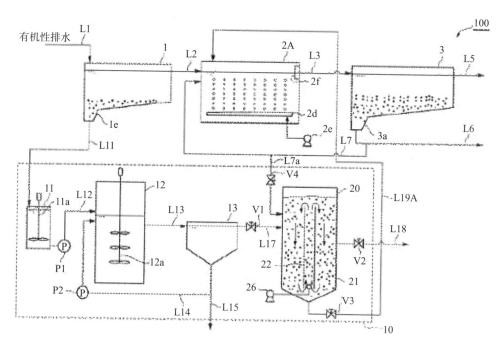

图 5 - 2 - 3　重点专利 JP2008284427A 的技术方案

2012 年，栗田工业提出一种有机性排水的生物处理方法，其利用微小动物捕食作用的多级活性污泥法。该方法可以提高处理效率、减少剩余污泥产量（CN103429540A）。

2012 年，Wolfgang Ewert 等提出一种处理污泥的方法，包括：污水污泥水解产生水解污水污泥；消化水解后的污泥，以便厌氧处理水解后的污泥；在水解的处理步骤之后和消化的处理步骤之前，从至少部分处理的污水污泥中除去磷酸盐，其中，由于去除物被送入消化步骤而减少污水污泥，水解产物的部分消化会释放出足够的铵，从而可以最大限度地减少消化池污泥的再循环（US20140374348A1）。其技术方案如图 5 - 2 - 4 所示。

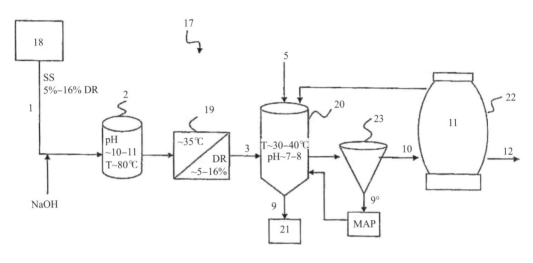

图 5 - 2 - 4　重点专利 US20140374348A1 的技术方案

2013 年，赛莱默水处理美国有限公司通过采用先进的控制算法来优化工艺和曝气性能的自动控制废水处理工艺，包括自动控制水源中的硝化、反硝化能力，水源中的固体停留时间和生物除磷，以及自动控制从容纳装置中除水（CN104903254A）。其技术方案如图 5 - 2 - 5 所示。

2015 年，John H. Reid 提出一种在活性污泥废水处理中操作第三级厌氧氨氧化反应器的方法。该方法包括在均流反应器中接收废水流入或污水流入；在硝化反应器中从流量均衡反应器接收流出 Q_2；将

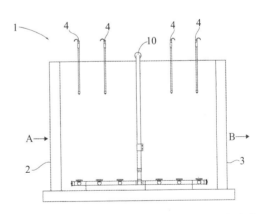

图 5 - 2 - 5　重点专利 CN104903254A 的技术方案

来自均流反应器的旁路流 Q_1 和来自硝化反应器的溢流混合，以获得混合液流；在第一级澄清器中接收混合液流；并在厌氧氨氧化反应器中接收一级澄清池溢流，控制从第一处理区和第二处理区流出的相对量，以促进和优化第三阶段反应器中厌氧氨氧化生物质的生长和积累，其对氧转移和补充碳源化学剂量的工艺要求大大降低（US20160200611A1）。其技术方案如图 5 - 2 - 6 所示。

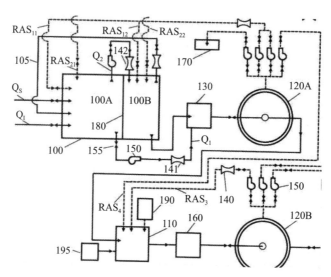

图 5 - 2 - 6　重点专利 US20160200611A1 的技术方案

　　威立雅水务解决方案与技术支持公司于 2015 年提出一种将废水处理厂主流中的铵（NH_4^+）转化为二氮气体（N_2）的工艺，包括以下连续步骤：①去除主流中可生物降解的碳化合物；②在硝化容器中，在含有铵氧化细菌（AOB）的曝气生物工艺中将主流中的铵（NH_4^+）转化为亚硝酸盐（NO_2^-）；③在厌氧容器中将步骤②所得流反硝化为二氮气体（DK3197838T3）。其技术方案如图 5 - 2 - 7 所示。

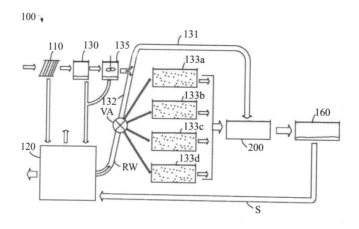

图 5 - 2 - 7　重点专利 DK3197838T3 的技术方案

　　北京工业大学于 2015 年提出一种常温低氨氮亚硝化启动方法。控制低溶解氧（DO = 0.30mg/L）条件，接种具有一定亚硝化效果的污泥，能在短时间内实现亚硝化的启动；接种全程硝化污泥，采用高 - 低梯度限氧培养的模式，先在 DO = 0.70 ~ 0.80mg/L 下驯化污泥 10 天，然后再控制低溶解氧（0.30 ~ 0.40mg/L）的条件，反应器出水即可出现亚硝酸盐的积累现象。在此溶解氧条件下持续驯化污泥，可实现在 38 天达到 90% 以上的亚硝化率，成功启动亚硝化。该技术相对常规工艺的优势在于：在常温（15℃～20℃）低氨氮条件下，通过控制溶解氧及反应周期即实现亚硝化的快速启动，最快仅需要 12 天，速度有明显提升；利用氨氧化菌（AOB）、亚硝酸盐氧化菌（NOB）两种细菌的比生长速率不同，通过高氧、限氧的方式，实现了快速启动亚硝化目的（CN102701438A）。

为解决以往生化工艺中处理效率低、剩余污泥难以重复利用、能耗高等问题，青岛锦龙弘业环保有限公司于 2017 年提出通过基于新型同化作用机理实现高效除氮的高盐度废水的脱氮方法，包括以海底沉积物或淤泥为接种污泥、氨氮驯化、总氮驯化和高盐度废水处理等 4 个步骤。该工艺总氮去除率高，剩余污泥肥效高，能耗低，反应速率高，尤其适用于海水冲厕等高盐度废水（CN107739086A）。

百可测科技有限公司于 2017 年提出优化废水处理厂中沉降增强化学品计量的方法。用一种或多种促进沉降的化学品对所述废水处理厂的第一流进行化学投加；对第二流进行测量，其中所述测量取决于生化氧所述第二流的需求，其中所述第二流位于所述第一流的下游，并且其中所述第二流包括来自所述装置的输入流和所述装置的 RAS（回流活性污泥）流的混合物；使用所述测量方法来控制所述一种或多种促沉降化学品的所述投加水平（GB2552854B）。

（2）装置

1971 年，GEORGE W. SMITH 提出一种用于污水处理的活性污泥处理方法和装置。其中将原始污水或类似的污泥与回水（活化的）污泥混合，混合的污水限制在水箱中，并经曝气（无论有无）在次表面充气中，空气与污水一起混合，并通过一个预定的垂直流型循环在其中，通过罐内的多个通行流道将空气排入整个废水中，从而将污水循环到一个预定的垂直流型中水流电路。一段时间后，将处理过的污水从水箱中清除，将污泥除去以进行再循环或最终处置，并对废水进行净化处理或以其他方式处理（US3703462A）。

1972 年，STENGELIN A. 提出需氧微生物对废水进行生物净化的设备。其中至少一个滴滤过滤器安装在竖井上，在竖井旋转过程中，过滤器的各个部分依次浸入废水中并从中重新冒出，该过滤器包括多个环形、段状或立方体形的过滤器部分围绕轴并排布置，并具有通道，通道具有大面积，浸入时流出物渗透入其中，并且在重新出现时流出物再次从中排出（US3847811A）。其技术方案如图 5-2-8 所示。

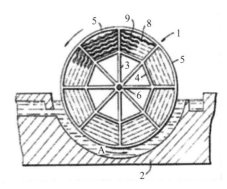

图 5-2-8　重点专利 US3847811A 的技术方案

1973 年，美国生态油股份有限公司提出通过产生由附着在固体颗粒载体上的生物群和废水形成的流化床。该流化床通过提供足够的氧气以使生物群减少流经其中的废水的生物化学需氧量，然后机械去除过程中在载体上形成的多余细菌生长（US4009098A、

US4009099A）。

1974 年，奥特罗公司提出一种生物废水处理设备。其中，安装在支撑在处理槽上的水平轴上的旋转生物接触器具有多个沿着接触器的长度并在其外周排列的袋；具有多个开口的气体导管被布置在处理槽内并且在接触器上的浸没的开口袋的下方；空气在压力下进入导管，并通过开口排出；当空气上升到表面时，它将被困在凹穴中并导致接触器组件旋转（US3886074A）。同年，Hartmann Hans 提出一种用于生物净化污水的浸入渗滤过滤器装置。其设置有生长聚集表面，该生长聚集表面适于绕旋转轴缓慢旋转，从而使这些表面交替地浸没在污水中并从中去除，以富集积累在其上的生物生长；生长累积表面由柔性材料形成，该柔性材料在张力下悬挂在彼此平行的平面内；该辊保持架支撑结构具有基本圆形的端面；滚子保持架支撑结构的端面均设有轴承装置，该轴承装置用于允许支撑结构绕旋转轴线旋转，其中一个轴承装置连接至合适的驱动源（US3962087A）。

联合信号公司于 1992 年提出从废水中去除有机污染物的方法和装置。所述废水流通过生物反应器，该生物反应器包含具有有效数量的开放或基本开放空间的生物活性固定生物质，以及包含具有有效量的一种或多种能够代谢的微生物的疏水性聚氨酯底物的多个生物活性体。该装置是在固定床反应器中使用多孔生物质支撑系统通过好氧生物降解去除此类污染物，特别是取代和未取代苯酚（EP0624149A1）。

1997 年，OKEY 等通过感测系统各个部分的氧化还原电位（ORP）并使用神经适应性过程控制技术在必要时基于 ORP 值进行调整，可以实现对水/废水处理系统的控制。通过调节内部硝酸盐的再循环、污泥的回流、有机底物的添加和/或曝气，以实现所需的环境条件（US5733456A）。

2000 年，栗田工业提出一种溶解大量气体的曝气装置。其通过使用具有低水深和低扬程的泵吸入大量气体以形成气液多相流，并且同时通过利用该泵吸入大量液体，气液多相流的动量保持原样，从而将大量的气体有效地溶解在大量的液体中，即使使用空气，也可以有效地将大量的氧气溶解在液体中（JP3555557B2）。

2007 年，日立提供一种即使在大型污水处理池中也能进行有效曝气的曝气机。其通过使分散的污水相对于表面曝气的水表面的入射角合适，确保污水处理池中的垂直循环水流，并在污水处理的底部产生水流（JP4777277B2）。

Argun O. Erdogan 等于 2014 年 提出在废水处理系统中配置溶解空气浮选（DAF）单元，以在接触罐和生物处理单元之间进行流体连通，以便从接触罐输出的一部分第一混合液中除去一部分固体，然后去除一部分第一混合液中的固体液体进入生物处理单元并将至少一部分固体再循环到接触罐。该装置具有更高的效率（US10131550B2）。

普莱克斯技术有限公司于 2014 年提出一种操作废水处理设施以在用于排出处理过的出水澄清池中防止膨胀的方法。其通过控制由细菌吸收和生物氧化的可生物降解的可溶性化学需氧量来防止膨胀，通过测量可生物降解的可溶性化学需氧量的去除率来控制吸收，并且通过测量温度校正的比耗氧速率来控制生物氧化（CN107074598A）。其技术方案如图 5-2-9 所示。

西门子公司于 2015 年提出一种用于污水处理设施的调节设备和方法。在污水处理设施中，在活化池中将废水经由可控制的通风装置通过间歇性的通风来硝化和脱硝，其中测量废水的铵含量，并且当所测量的铵含量低于阈值时，通过切断通风来结束硝化阶段；为了改进硝化的调节，在硝化阶段的持续期间根据废水的当前测量的铵含量和阈值调节通风装置的功率（CN105540829A）。其技术方案如图 5 - 2 - 10 所示。

清华大学于 2017 年提出一种一体式废水脱氮装置及使用方法。所述装置构造简单，稳定性和恢复性良好，反应器主体采用硝化细菌和低活性的絮状厌氧氨氧化污泥，通过长期间歇地投加一定浓度羟胺

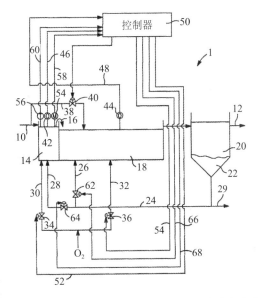

图 5 - 2 - 9　重点专利 CN107074598A 的技术方案

和/或联氨的方式，选择性地抑制硝化细菌的生长与活性，同时促进氨氧化菌与厌氧氨氧化菌的活性；通过调节排水比的方式实现对含高浓度氨氮进水的稀释，使得反应器内基质浓度在合适的范围内，不造成对短程硝化与厌氧氨氧化的抑制，改善硝酸盐积累的现象，使反应器脱氮效果迅速恢复（CN107188307A）。其技术方案如图 5 - 2 - 11 所示。

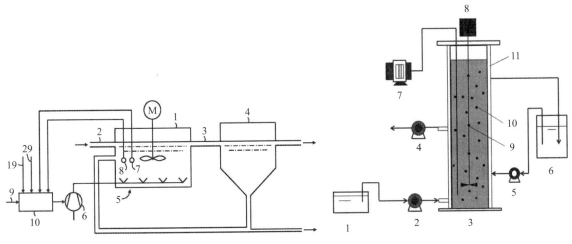

图 5 - 2 - 10　重点专利 CN105540829A 的
技术方案

图 5 - 2 - 11　重点专利 CN107188307A 的
技术方案

懿华水处理技术有限责任公司于 2017 年提出压载固体处理系统和方法。所述系统包括：生物反应器，所述生物反应器具有入口和出口，所述入口与废水的源流体连通，所述生物反应器被配置成处理来自废水的源的废水并从出口输出生物处理过的废水；

固体液体分离系统,所述固体液体分离系统具有与生物反应器的出口流体连通的入口,并且被配置成将生物处理过的废水分离成贫固体的流出物和富固体的废物活性污泥(WAS);处理子系统,所述处理子系统包括消化器、与固体液体分离系统的 WAS 出口流体连通的入口以及用于提供压载和消化的 WAS 的出口;以及压载物进料系统,所述压载物进料系统被配置成将压载物递送至生物反应器和处理子系统中的一个,该系统可以利用压载物来处理固体并从处理过的固体中回收压载物(CN109311713A)。同年,该公司又提出一种组合再生式消化与接触罐和溶气浮选的方法,其中的一种废水处理系统包括:接触罐,所述接触罐具有被配置为接收待处理的废水的第一入口、被配置为接收活性污泥的第二入口和出口;溶气浮选单元,所述溶气浮选单元具有与接触罐的出口流体连通的入口;生物处理单元,所述生物处理单元具有与溶气浮选单元的流出物出口流体连通的第一入口和出口;厌氧消化器,所述厌氧消化器具有入口和出口;浮选固体导管,所述浮选固体导管在溶气浮选单元的固体出口和厌氧消化器的入口之间提供流体连通;以及增稠器,所述增稠器具有与厌氧消化器的出口流体连通的入口、与厌氧消化器的入口流体连通的第一出口和第二出口。该系统具有操作成本低、环境友好、减少污泥产生、减少曝气量的供给等众多优势(CN109311714A)。同时还提出一种废水处理系统,包括具有生物处理单元的第一子系统和具有溶解气浮选单元的第二子系统,第一子系统可以包括废水导管、生物处理单元和固液分离单元,第二子系统可以包括接触罐和溶解气浮选单元;将第一废水流引导至生物处理单元,并且将溢流废水流引导至溶解气浮选单元(CN109311715A)。

2017 年,百克特有限公司提出一种纤维纱线扩散器和使用该纤维扩散器的扩散模块,其包括:能够附着微生物的多根纤维纱线;能够向多根纤维纱的一侧供应气体的入口,其中所述气体包括氧气和二氧化碳,并且所述氧气可以产生亚硝酸盐,并且所述气体的氧气浓度由所述氧气和碳来控制二氧化碳。该装置通过提供一个氧气管和一个氧气发生器模块来减少供应氧气所需的吹气量,该模块能够提高向微生物的氧气输送效率(KR101869069B1)。其技术方案如图 5−2−12 所示。

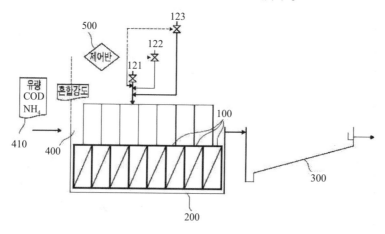

图 5−2−12　重点专利 KR101869069B1 的技术方案

GYEONGGI DO 于 2017 年提出一种使用亚硝酸盐氧化细菌（NOB）的选择性抑制剂对污水和废水中的氨进行部分硝化的装置，以及使用该装置对氨进行部分硝化的方法。其中发生部分硝化的生物反应器通过有效抑制细菌，可以稳定地进行氨的部分硝化，从而有效地进行反硝化过程（KR101875024B1）。其技术方案如图 5－2－13 所示。

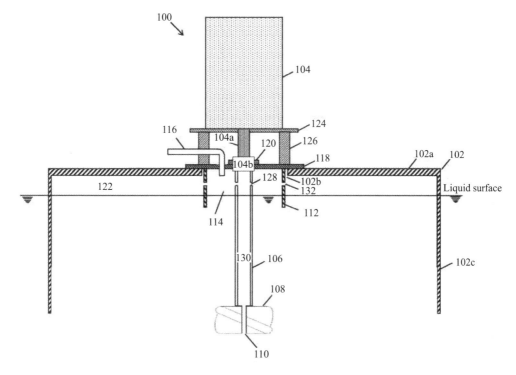

图 5－2－13　重点专利 KR101875024B1 的技术方案

为解决现有技术中相关系统接种量过多、启动时间长、脱氮效率低等问题，青岛思普润水处理股份有限公司于 2018 年提出一种基于 MBBR（移动床生物膜反应器）的高效自养脱氮系统以及快速启动方法，将反硝化同一段式自养脱氮耦合，反硝化池前置，自养脱氮出水回流，第一阶段实现硝酸盐和有机物的去除，第二阶段进行自养脱氮，可实现三种运行模式，分别为并联运行模式、双系列 A 运行模式和双系列 B 运行模式，通过连通阀控制四个反应池出水方向实现反应池串联、并列或单独运行；通过接种、流加等手段实现自养脱氮工艺的快速启动。该方法具有接种比例小、启动快、脱氮效率高、对进水有机物耐受性好等优点（CN109354167A、CN109354171A）。同年，该公司还提出基于 MBBR 的 CANON（全程自养生物脱氮工艺）系统的快速启动方法，通过将主体装置平均拆分为两个相同反应器并串联连接，每个反应器独立安装有搅拌装置、曝气装置、连接装置，且每个反应器内均投加悬浮载体。通过反应器之间阀门的控制，可实现五种运行模式，分别为串联 SBR（序批式活性污泥法）运行模式、串联运行 A 模式、串联运行 B 模式、串联运行 C 模式、串联运行 D 模式。该工艺具有接种量低、启动时间快、运行总氮负荷高、运行稳定等优点（CN109354172A）。

2019 年，帕克环保技术有限公司提出一种使用颗粒状细菌生物质处理废水的反应器和方法。该反应器，包括：（a）包括液体入口和气体出口的反应容器，该反应容器的下部低于反应器容器有效高度的一半，其中反应器容器的有效高度是最大反应器水平；（b）位于容器下部的一个或多个曝气器，用于向上移动反应堆内容物；（c）位于反应容器下部的用于从液体中分离固体的固体分离装置，其包括液体入口、液体出口和固体出口。该装置具有更好的颗粒保留性，并且通过允许改变反应器的液位来使该方法适应较低的进水速率（US20190292081A1）。

苏伊士于 2020 年提供一种脱气池，包括脱气池的活性污泥污水处理系统及处理方法，该脱气池用于使溶解于污水中的气体和黏附在污水中絮凝体上的气泡释放出来。在脱气池内，沿污水的流动方向依次设置：跌水区，设置为其下游的液位低于上游的污水处理池的液位，从而使污水在跌水区从上游的污水处理池跌落；第一搅拌区，设置为对污水进行第一次搅拌，所述第一次搅拌包括来自于跌水区的污水导致的跌水搅拌和第一空气搅拌；气泡上浮区，设置为引导污水向上流动；以及第二搅拌区，设置为对污水进行比第一次搅拌强度弱且仅包括第二空气搅拌的第二次搅拌，并使处理的污水流出脱气池。该系统不会损伤活性污泥絮凝体，可以提供稳定且灵活的脱气效果，避免水下机电部件的繁重维修，并且可以和活性污泥工艺鼓风系统完美兼容，进而减少建造成本；采用浮渣冲洗装置解决污水处理系统中的浮渣问题（CN111547946A）。其技术方案如图 5-2-14 所示。

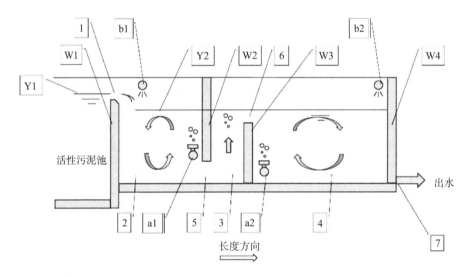

图 5-2-14 重点专利 CN111547946A 的技术方案

为了开发有效和低成本的方法以从污染的水中去除硫，美国水循环有限责任公司于 2020 年提出可缩放的微曝气装置、系统和方法，用于去除水、废水体和溪流中的硫化物。其包括一种系统包括歧管结构，该歧管结构包括一个或多个开口以使空气从歧管结构的内部流出；连接到歧管结构的一个或多个支撑结构；其中一个或多个支撑结构可漂浮在包括水或废水流体的表面上；以及使空气流到歧管结构的空气源，使得歧管结构供应包含预定量氧气的空气以氧化流体的硫化物（US20200270153A1）。

（3）微生物

SUT（西拉雅）私人有限公司等于 2003 年提出一种生成用于废水处理的好氧生物粒的方法，包括如下步骤：a）将废水引入反应器中；b）将活性生物质材料种入所述反应器；c）将含氧气体供给反应器，以进行所述废水中的生物质材料的混合，含氧气体的供给可提供大于 0.25cm/s 的表观上流气体速度；d）继续供应含氧气体的同时，开始一段生物质材料的营养饥饿期；e）允许形成的好氧颗粒在所述反应器内的沉淀区沉淀；f）排放至少一部分废水；g）重复步骤 a）至 f），直至在所述沉淀区中的至少一部分生物粒具有预定物理性质；以及 h）回收那些预定性质范围内的所述生物质颗粒（CN1596224A）。

住友重工业公司于 2005 年提出一种更早地产生颗粒状微生物污泥的方法，包括将有机废水流入装有微生物污泥的曝气池和曝气的流入步骤，以及对池内进行曝气的处理步骤。为了对有机废水进行需氧处理，在静态操作中停止通气，使包含微生物污泥的固体物质沉淀在通气池中，并对有机废水进行通气，并设有排放步骤，用于排放处理后的水。在基本步骤之后，从曝气池中经过曝气池的回火处理以及流入步骤、处理步骤、稳定步骤和排出步骤重复多次作为基本循环。同时，包括在处理步骤或静置步骤中加入促进微生物污泥颗粒化到曝气池中的造粒促进剂（JP2007136363A、JP2007136365A、JP2007275845A）。

2018 年，普林斯顿大学提供用于环境修复的系统，包括反应器，该反应器包括介质，该介质包含含铵的污染物、铁成分、氧化剂和能够将铵离子氧化而将 Fe（Ⅲ）还原为 Fe（Ⅱ）的 Feammmox 细菌和/或其酶，其中氧化剂通过 Fe（Ⅱ）氧化再生 Fe（Ⅲ）（US20200277211A1）。

生物保护公司于 2018 年提供作为用于废水处理添加剂的干燥微生物污泥颗粒，包含：第一组合物，其包含用于生物强化以处理废水中的 COD（化学需氧量）的古细菌微生物颗粒；以及活化硅酸盐珠粒的第二组合物，其允许去除磷酸盐、氮和悬浮固体。两种组合物的混合物通过促进有机物质降解并允许去除磷酸盐而不消耗经处理溶液的碱度来协同作用（CN110621772A）。

5.2.2 厌氧处理技术

厌氧处理技术主要是在兼性厌氧菌和专性厌氧菌等各种微生物共同作用下，将废水中的有机污染物降解生成甲烷、二氧化碳等物质的工艺。与传统的活性污泥工艺相比，厌氧处理技术具有有机负荷高、污泥产量少、运行成本低及可产生再生能源甲烷等优势，因此，厌氧处理技术是处理高浓度有机物制药废水的首选处理方法。[2]厌氧法处理污水的技术主要是侧重于工艺、装置和微生物的改进，现对其专利技术发展脉络进行梳理。

（1）工艺

1972 年，美国生态油股份有限公司提出通过微生物使含亚硝化废水反硝化的方法。该方法适用于通过废水中悬浮的固体，包括：①产生所述反硝化细菌的上流式流化床，所述细菌附着在固体颗粒载体上，所述载体的颗粒尺寸为 0.2～3 毫米，比重至少为 1.1 左右；通过将所述废水向上通过含有所述床的垂直柱，流速为每平方英尺床 6～40 加仑/分钟，以使所述细菌附着的颗粒在床内运动；②提供足够量的所述废水中的碳源，以使所述已硝化的废物被所述生物体转化为氮；③在足以允许生物活动的温度下保持所述床；④减少上述过程中在上述载体上形成的生物量过剩，减少了大量已硝化废物的重量，且总硝化重量通常减少 90% 以上，该过程还可以去除过量生长产生的絮凝物（US3846289A）。

1976 年，美国能源公司提出使高浓度硝酸盐废物反硝化的方法。在厌氧条件下，在每立方米至少包含 750g 硝酸盐和生物有效量的第一碳源溶液的存在下，培养混合反硝化细菌的培养物，以产生培养混合反硝化细菌的培养物；将所述废物流与第二碳源混合以形成流入溶液；使所述流入溶液垂直向上通过填充的圆锥形塔，该塔具有作为填充材料的反硝化细菌的载体，并且所述温育的混合反硝化细菌附着于其上；所述圆锥形柱的上直径大于其下直径；使所述流入溶液与所述填料接触，从而使所述硝酸根离子和所述碳源被培养的反硝化细菌转化为二氧化碳和元素氮，从流入溶液中分离出所述元素氮（US4043936A）。

1983 年，联合搜索有限公司提出一种用于废水中有机物质的厌氧细菌降解的系统，包括将废水引入接触反应器，将废水泵入流化床反应器的底部，该反应器中包含附着于床中颗粒的厌氧细菌，流化床反应器的有效体积不大于接触反应器有效体积的 0.35 倍，将已经通过流化床反应器的废水返回接触反应器，并从系统中连续或不连续地去除处理过的废水。该系统的启动程序包括通过向废水中添加硝酸根离子并逐渐减少流中的硝酸根离子量直到系统中的缺氧细菌群体被大量替换而在系统中培养缺氧细菌（US4505819A）。

荏原制作所于 2003 年把有机性排水的生物处理系统中生成的污泥混合液在厌氧性消化槽中处理来进行污泥的消化，同时往该厌氧性消化槽中添加镁源，在该厌氧性消化槽内使磷酸铵镁的结晶粒子生成及成长，从该厌氧性消化槽中取出含有磷酸铵镁的结晶污泥混合液，从该被取出的污泥混合液中分离及回收含有磷酸铵镁结晶粒子的固形物，把分离回收磷酸铵镁结晶粒子后的污泥混合液的一部分返回到厌氧性消化槽中。该工艺不仅可以大幅度地降低试剂的使用量，同时可以大幅度地提高氮及磷的去除效率且稳定化，使生成磷酸一铵（MAP）的高纯度化成为可能且使处理

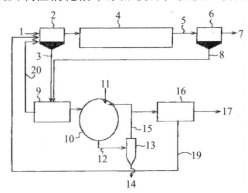

图 5-2-15　重点专利 CN1606533A 的技术方案

系统简略化（CN1606533A）。其技术方案如图 5-2-15 所示。

栗田工业于 2003 年提供一种用厌氧反硝化微生物（ANAMMOX 细菌）廉价而有效地生物处理 BOD（生化需氧量）和含氮废水的方法，特别是利用 BOD 和含氮废水中氨型氮作为电子供体，亚硝酸盐型氮作为电子受体的自养营养素（JP4496735B2）。

中国科学技术大学于 2006 年提出一种污水除磷脱氮生物处理方法。系统由吸附池、沉淀池、再生池、选择池、除磷池、硝化池、反硝化池及水解酸化池组成，污水首先进入吸附池，与选择池的回流污泥混合；混合液从吸附池排出到沉淀池，实现泥水分离，上清液进入硝化池硝化，再进入反硝化池实现脱氮后排出；沉淀池部分污泥进入水解酸化池进行厌氧水解，水解酸化池上清液进入除磷池进行化学除磷；沉淀池另一部分污泥回流，进入选择池，选择池工作在厌氧环境；选择池排出的混合液进入再生池；除磷池排出的另一部分上清液进入反硝化池促进反硝化。该方法通过吸附除去胶体和颗粒态有机物，厌氧水解酸化产生挥发性有机酸等易降解性有机物，用于污水生物脱氮除磷，效率高（CN1884151A）。其技术方案如图 5-2-16 所示。

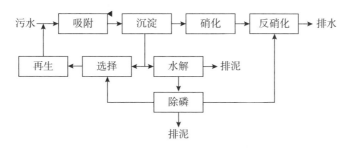

图 5-2-16　重点专利 CN1884151A 的技术方案

2011 年，中国石油化工股份有限公司提出一种移动床反硝化脱氮滤池及脱氮方法。所述脱氮方法是通过移动床反硝化脱氮滤池完成的，所述脱氮滤池包括反应系统、收集系统和气提再生系统，反应系统是在滤池中设底部布水器和滤料，污水与滤料表面的生物膜充分接触，降解污染物；收集系统是在布水器下部设滤料分配器，随着反硝化进行，部分滤料被收集至反应器底部；气提再生系统是在滤池底部出口设置气提进气管和滤料提升泵，气提进气管与滤料提升泵通过外部设置的滤料提升管与滤池顶部设置的滤料清洗器相连，滤料在气提进气管和滤料提升泵的作用下经由滤料提升管输送至滤料清洗器中，实现反硝化滤料的不断移动、循环及更新。该工艺具有生化速率快、反应负荷高、水力停留时间短、占地面积小、操作简易、维护方便等特点（CN108117151A）。

为了解决在沉淀反应器中抑制鸟粪石形成和结垢问题，同时允许和/或提高鸟粪石或其他含磷化合物的回收效率，2012 年，KUZMA MATT 等通过注入二氧化碳和磷酸中的一种或多种，抑制了鸟粪石沉淀反应器上游废水处理系统中水垢的形成（US20120261338A1）。

2015 年，中国电器科学研究院有限公司提供一种污水处理厂污泥减量化、资源化处理工艺。该工艺通过高效溶气气浮法强化污水的初沉效果，可以提高初沉污泥的产量，将初沉污泥在进入生化处理单元前除去，可以从源头上减少剩余污泥的产量，将初沉污泥和剩余污泥进行厌氧消化处理，能获得更高的有机质转化率和沼气产率。此外，污水在进入好氧生化处理之前可以截留大部分有机污染物，降低污水好氧生化处理的曝气能耗，并能实现污泥的减量化和资源化（CN104803546A）。

同年，中国石油大学（华东）通过氧化还原电位的调节，积累反硝化降解对甲酚的一种含酚中间代谢产物，进而促进亚硝酸盐的累积，在此基础上通过厌氧氨氧化微生物和体系内其他微生物的作用，实现对甲酚、氨氮和硝酸盐的同步去除，产物为无二次污染的二氧化碳和氮气（CN105330016A）。

安那吉亚公司于2017年提出多级高温消化池处理污泥，将部分或全部污水污泥浓缩或脱水至10wt%的干燥固体，然后进料至高温厌氧消化池；所述高温消化器具有多个阶段，所述阶段通过具有至少一个内壁的罐来提供；来自嗜热消化池的流出物在中温厌氧消化池中进一步处理，不仅可以处理污水污泥，还可以生产A类物质（US10730777B2）。

2019年，湖南大学提出一种剩余污泥资源化处理处置方法。主要步骤包括：①沉淀浓缩：将二沉池中排出的剩余污泥进行静置沉淀浓缩；②预处理：将浓缩后的剩余污泥转移至预处理反应器中，加入亚硝酸钠并搅拌，调节剩余污泥为弱酸性，之后迅速冷冻处理；③调质：将预处理后的剩余污泥静置融化并调节其pH为中性，氮气吹脱；④厌氧消化：将调制后的剩余污泥转移至厌氧发酵罐进行厌氧消化，收集甲烷。该方法以冷冻和游离亚硝酸联合处理技术为主，最后进行厌氧消化生产甲烷，不仅可以促进剩余污泥胞外聚合物及细胞的破裂，提高有机物的释放以及溶解性有机物的可生物降解性，而且可以在较短的时间周期内大幅度提高剩余污泥厌氧消化过程中甲烷产量，实现污泥和工业废物的统一处理，达到"以废治废"的效果（CN110818217A）。

为了提供用于处理含较少固体、富含磷和镁的污水的方法，2020年，得梅因都会废水回收管理局提出一种用于处理来自活性污泥法微生物的反应器系统。该反应器在具有挡板或其他装置的反应器中以增强的生物除磷能力运行，以诱导类似的塞流作用，其设计为最佳地释放磷和/或无化学添加的微生物中的镁。废水处理系统，包括：具有至少两个区域的活塞流反应器；流入反应器的进料流；从反应器流出的物流；其中反应器构造成使反应器的水力停留时间和固体停留时间解耦，并提供从进料流中去除磷和/或镁的方法。该系统减小顶部空间体积，从而消除过量恶臭产生的反应器系统（US20200216344A1）。

（2）装置

1985年，格尔·史特瑞有限公司提出一种用于废水处理的厌氧反应器。其包括悬浮生长型的一级反应器或区域，以及直接位于一级反应器上方并与之液体接触的固定式滤床型二级反应器或区域；将要处理的液体连续进料到一级反应器中，并向上移动通过一级反应器，然后通过滤床并通过滤床上方的出口流出；在一级反应器中产生的气体向上移动通过液体和通过滤床，以引起整个区域的垂直混合，并保持滤床不被堵塞（US4676906A、US4780198A）。

1997年，爱荷华州立大学研究基金会股份有限公司提出一种连续进料的隔室反应器，以水平方式反转其流动。该系统的开发无需复杂的气固分离器和进料分配系统，不需要废水回收，但是必须进行混合以获得足够的生物质/底物接触。此过程称为厌氧迁移毯式反应器（AMBR）（US5885460A）。

　　1999 年，佛里斯·尼克尔斯股份有限公司提出一种交替厌氧接触系统，其通过一种装置来处理废水。该装置包括一个被分成两个或多个封闭腔室的封闭容器，其中每个腔室通过导管与其他腔室流体连通；或者一个装置，包括两个或更多个封闭容器，其中每个容器与另一个容器流体连通。每个设备包括至少一个导管，该导管允许厌氧液在一对腔室或容器之间流动，以及用于从厌氧液中分离和收集处理后的废水；每个设备通过确保每个腔室或容器的分压保持一致，从而克服厌氧接触处理中常见的脱气问题（US6383371B1）。其技术方案如图 5 - 2 - 17 所示。

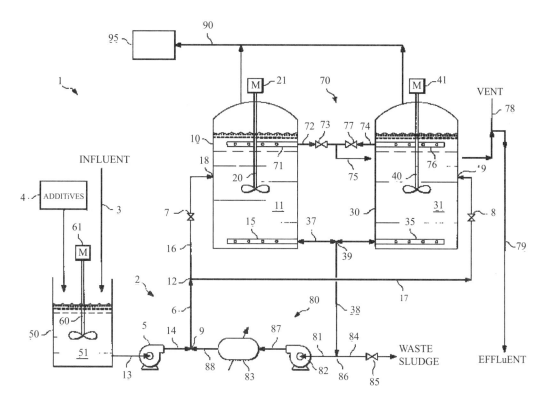

图 5 - 2 - 17　重点专利 US6383371B1 的技术方案

　　路易斯安那州立大学巴吞鲁日分校等于 2001 年提出一种用于以较短的停留时间处理有机废物的简单、可靠、廉价和有效的厌氧消化器。该厌氧消化池是一种多室消化池，可以高流量处理大量废水和污泥，蒸煮器还允许收集甲烷气用作能源，反应器基于一系列连续的反应室，其设计无须内部移动部件，调节腔室的容积以控制废物的相对停留时间，以选择可以有效消化提供给该腔室废物的一个或多个厌氧微生物组。在大多数情况下，无须添加细菌，蒸煮器利用废料中固有的微生物可以有效地工作（US20030034300A1）。其技术方案如图 5 - 2 - 18 所示。

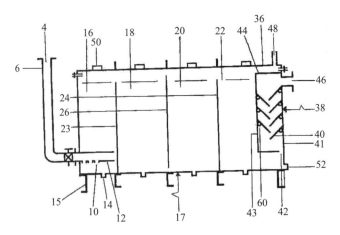

图 5 - 2 - 18　重点专利 US20030034300A1 的技术方案

2011 年，北京工业大学提出一种处理剩余污泥减量同步反硝化的系统。该系统中的原水注入机构、污泥注入机构、排水机构和排泥机构都分别与主反应器相连接，在主反应器的侧壁上分别设有与控制装置相连接的 pH 传感器和氧化还原电位（ORP）传感器，在主反应器的顶部设有温控装置。上述系统的实现步骤分为主反应器接种混合污泥后调试并启动控制装置，向主反应器中注入硝化液，通过搅拌器对主反应器中泥浆进行反应并判定是否需要排泥或换泥、沉淀、排水、闲置，计算机对循环次数的设定值进行判断。该设备通过将剩余污泥中的碳源释放出来以用于强化污水脱氮、除磷处理，实现了在同一时间和同一空间内完成碳源的开发与利用，同步提高污泥减量和反硝化脱氮性能；通过反应过程中 pH 和 ORP 的变化趋势指示污泥发酵以及反硝化的进程，并以此完成对系统进排水、进排泥的实时精确控制，建立起以达到污泥减量和污泥反硝化程度最大化为目的过程控制方法，同步提高系统的稳定性和处理性能；

节省建设和改造成本，可推广性强：省去了内碳源淘洗和输配过程，并可通过对初沉池或污泥浓缩池简易改造实现（CN102442724A）。

为了实现厌氧氨氧化技术成功应用在生活污水的深度脱氮处理，2012 年，北京工业大学提出通过分段并联厌氧氨氧化处理城市污水的装置。其包括原水水箱、去除有机物 SBR 反应器、短程硝化 SBR 反应器、调节水箱和自养脱氮反应器；其中，所述原水水箱通过进水泵与去除有机物 SBR 反应器相连；同时原水水箱通过另一进水泵与短程硝化 SBR 反应器相连；短程硝化 SBR 反应器出水阀与调节水箱

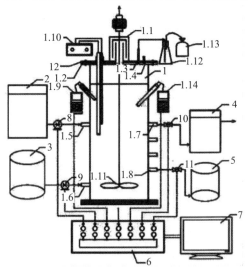

图 5 - 2 - 19　重点专利 CN102583883A 的技术方案

相连；去除有机物 SBR 反应器排水装置通过超越管与调节水箱相连；最终调节水箱中污水进入自养脱氮 UASB（上流厌氧污泥层）反应器。该装置具有低耗氧量、无须外加碳源、无须中和剂等诸多优点（CN102583883A）。其技术方案如图 5-2-19 所示。

2015 年，北京工业大学为解决传统生物技术能耗高、处理效率低、产生二次污染等问题，提出短程反硝化除磷耦合厌氧氨氧化的装置，包括 A2SBR 反应器、N-SBR 反应器、原水水箱、中间水箱和回流水箱；A2SBR 反应器内含有材质为聚氨酯泡沫的生物填料，填充率为 30%~40%，该填料相关的特征参数为：尺寸为 20~50mm 的立方体，密度为 0.23~0.24g/cm³，空隙率为 92%~94%；N-SBR 内含有富集培养的短程硝化细菌（AOB）；其中原水水箱通过 A2SBR 进水泵与 A2SBR 反应器连接，A2SBR 安装搅拌器，并通过中间水箱和 N-SBR 进水泵与 N-SBR 反应器连接；N-SBR 反应器安装有 pH、溶解氧（DO）探头、曝气头和曝气泵，并通过回流水箱和回流泵与 A2SBR 反应器连接。该装置将反硝化除磷技术和厌氧氨氧化技术耦合，并通过短程硝化进一步节省碳源和能源，并通过基于 pH 和 DO 的实时控制策略，对 SBR 反应时序的灵活控制，实现深度脱氮除磷（CN105347476A）。其技术方案如图 5-2-20 所示。

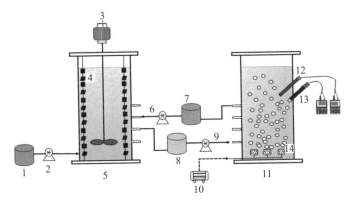

图 5-2-20　重点专利 CN105347476A 的技术方案

厌氧氨氧化反应中常因进气带入一定量的溶解氧使好氧菌增长，反应受到抑制其至遭到破坏。2016 年，北京工业大学针对厌氧氨氧化反应的严格厌氧条件提供一种装置。其包括严格厌氧反应器、中间水箱、温控探头、电导率探头、集气瓶、蠕动泵、三通阀门Ⅰ、三通阀门Ⅱ、三通阀门Ⅲ、加热磁力搅拌器、磁力转子。该装置通过中间水箱向严格厌氧反应器中进水排水，使反应处于完全不受溶解氧抑制的严格厌氧环境，在此条件下厌氧氨氧化菌能够更高效地富集纯化，同时，通过电导率探头实时监控电导率的变化，判断反应的进程，及

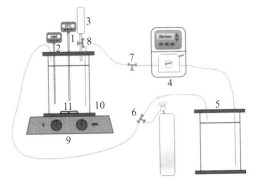

图 5-2-21　重点专利 CN105906042A 的技术方案

时进水排水提高运行效率（CN105906042A）。其技术方案如图 5-2-21 所示。

　　北京工业大学于 2016 年提出一种厌氧氨氧化耦合反硝化除磷同步内源反硝化处理低碳城市污水的装置和方法，实现无外加碳源的条件下低 C/N 比城市污水的同步脱氮除磷，将短程硝化与厌氧氨氧化技术联合应用于解决传统脱氮除磷工艺中存在的碳源不足，将强化生物除磷（EBPR）技术与同步硝化内源反硝化（SNED）技术相耦合。由于系统内聚磷菌和聚糖菌富集程度较高，可在厌氧/低氧条件下实现城市污水的高效、稳定脱氮除磷；内源反硝化耦合除磷 SBR 反应器在低氧曝气段可实现硝化、内源反硝化、好氧吸磷和反硝化除磷的同时进行，可以保证脱氮除磷过程的进行（CN105906044A）。其技术方案如图 5-2-22 所示。

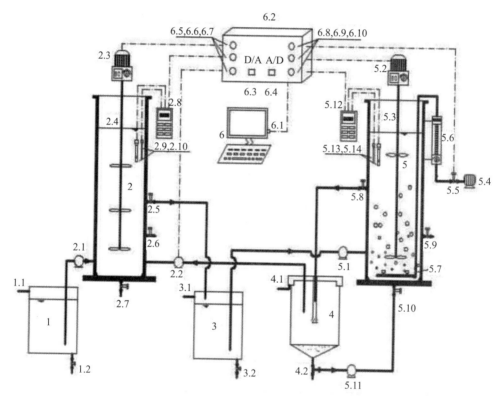

图 5-2-22　重点专利 CN105906044A 的技术方案

　　为了解决现有的厌氧氨氧化耦合反硝化的装置以及运行方法在处理废水时所存在的容积负荷不高、污泥流失严重、运行不稳定情况，中国矿业大学于 2017 年提出一种结构简单、操作方便、容积转化效率高的一体两段式厌氧氨氧化耦合反硝化脱氮除碳装置及其控制运行方法。装置本体主要有厌氧氨氧化耦合反硝化反应室和厌氧氨氧化反应室组成，两个反应室顶部设有填料层和带孔网状的挡板，本体侧壁从下至上依次设有布水器、排泥口、测定仪、取样口、进泥口、回流口、倾斜的防回流断流的挡板、排水管、排气管。在两个高径比不同的反应室分段驯化培养功能菌群，厌氧氨氧化耦合反硝化反应室中主要菌群是厌氧氨氧化菌和反硝化菌，辅助菌群是氨氧化菌，厌氧氨氧化反应室中主要是厌氧氨氧化细菌，菌群的纵向分布特性和控制回流比可以克服传统生物耦合装置的耐冲击负荷低、运行不稳定的缺点（CN107399811A）。其技术方案如图 5 - 2 - 23 所示。

江苏腾业新型材料有限公司于 2018 年提出适用于污泥厌氧消化制砖前处理的厌氧反应器。该反应器内从上至下分为沼气区和反应区，所述搅拌装置位于反应区的底部，所述搅拌装置包括搅拌轴、驱动搅拌轴转动的驱动电机和固定在搅拌轴上的搅拌叶。该装置采用若干厌氧反应器和若干搅拌装置，能够起到加快污泥有机物厌氧消化速度、缩短反应周期、提高污泥厌氧消化效率的作用（CN109020130A）。其技术方案如图 5 - 2 - 24 所示。

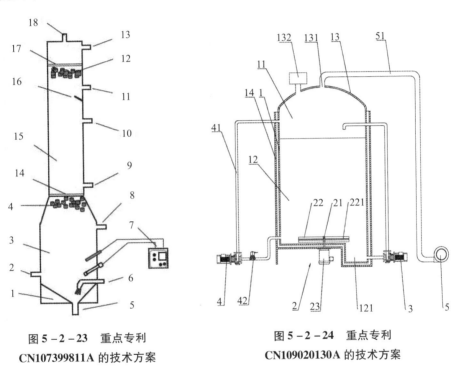

图 5 - 2 - 23　重点专利
CN107399811A 的技术方案

图 5 - 2 - 24　重点专利
CN109020130A 的技术方案

2019 年，斗山重工业建设有限公司提出一种能够适当地维持微生物的活性度并能够提高除氮效果的厌氧氨氧化反应器以及利用其的水处理方法。厌氧氨氧化反应器的特征在于，包括：待处理水供给管，被供给待处理水；待处理水排出管，排出待处理水；以及第一腔室，在内部容纳氨氧化细菌以及厌氧微生物；上述待处理水供给管以及待处理水排出管与上述第一腔室连通（CN110885134A）。其技术方案如图 5 - 2 - 25 所示。

2019 年，为了适应不同的 COD 浓度和污泥层中的阻力，帕克环保技术有限公司采用一种用于废水净化的厌氧净化设备。该厌氧净化设备包括：反应器罐，其配置为在运行时在底部形成污泥层；在操作中用于将流出物引入反应器罐的流体入口，该流体入口位于反应器罐的下部中；至少一个气体收集系统；至少一个气液分离装置；至少一根提升管，其连接到至少一个气体收集系统并排放到气液分离装置中；连接到气液分离装置并排放到反应罐底部的降液管；流体出口，其包括用于在操作中在预定范围内改变反应器罐中的液位高度的装置，该流体出口布置在反应器罐反应器的上部中；其中所述液位控制装置包括：流体阀，其被配置为将反应器罐中流体的高度控制在预定范围内；液位传感器；流量计气体，其被配置为测量厌氧净化设备中的产气速率。该设备通过改变反应器中水位与水在反应器的脱气装置中停留的水位之间水高度的差异来实现。该申请人还提供一种用于废水净化的厌氧净化装置的气液分离装置（CO2019001814A2）。

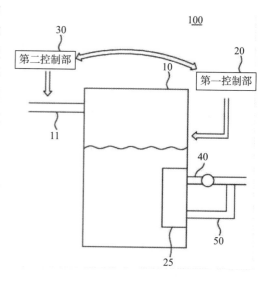

图 5-2-25　重点专利 CN110885134A 的技术方案

日立于 2004 年通过厌氧氨氧化细菌使待处理水中的氨和亚硝酸盐同时反硝化，使厌氧氨氧化细菌适应环境；从已完成的一个厌氧氨氧化罐中提取一部分厌氧氨氧化细菌，并放入另一个厌氧氨氧化罐中，使其适应环境以启动；在操作厌氧氨氧化罐的方法中，已经在其中一个厌氧氨氧化罐中驯化的厌氧氨氧化细菌是微生物固定材料，该微生物固定材料黏附并固定在固定材料上。该方法可以缩短具有缓慢生长速率的厌氧氨氧化细菌的驯化时间，不需要建立培养植物并提取厌氧氨氧化细菌（JP2006000785A）。其技术方案如图 5-2-26 所示。

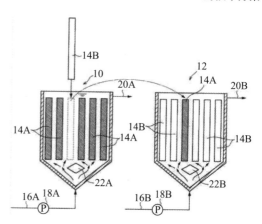

图 5-2-26　重点专利 JP2006000785A 的技术方案

2011 年，杭州师范大学提出一种厌氧氨氧化反应器的快速启动方法，通过定时向使用非厌氧氨氧化污泥（如硝化污泥、反硝化污泥、产甲烷污泥等）启动厌氧氨氧化工艺的反应器中投加少量富集培养成功的厌氧氨氧化污泥为反应器提供某些生长因子，改善厌氧氨氧化工艺的启动条件，并能够增加部分菌源，加快反应器污泥中厌氧氨氧化菌的富集；在此基础上及时调整基质浓度及水力停留时间以避免基质缺乏并加快厌氧氨氧化菌的生长及污泥的颗粒化进程，可以大大缩短厌氧氨氧化反应器的启动时间，有利于厌氧氨氧化工艺的推广应用（CN102259976A）。

2012 年，北京工业大学提出一种处理城市生活污水的厌氧氨氧化工艺启动及高效运行方法，通过降低进水基质浓度，使反应器对于低基质环境充分适应，之后再提升进水负荷，使反应器达到更高的处理能力（CN102897910A）。

2017 年，百克特有限公司提出一种使用 AOB 颗粒的部分硝化和 ANAMMOX 工艺捷径的氮去除工艺废水处理设备，包括一种 AOB 造粒槽，该 AOB 造粒槽包括使用污泥处理含有高浓度氮侧流的气浮式反应器，从而对该侧流进行部分硝化并生产 AOB 颗粒，同时将 AOB 颗粒供应至部分亚硝化反应罐。该设备在没有外部碳源的情况下，也能够使用 ANAMMOX 工艺快速而经济地去除氮，同时通过利用污泥中产生的侧流形成 AOB 颗粒来有效地进行部分硝化（US20200031701A1）。

为了连续流过程中控制絮状污泥的生长和保留条件，艾易康公司于 2019 年提出一种连续流废水处理系统，包括：主处理电路包括入口区、处理区和出口区；和侧流培养箱，包括：入口，其接收由出口区域处理的返回活性污泥（RAS）的第一部分；侧流处理区，用于处理 RAS 的第一部分；将经处理的 RAS 的第一部分传送到进入区域的出口；和绕过侧流培养箱以将 RAS 的第二部分传递到入口区域的 RAS 旁路路径。该装置可以将水力停留时间（HRT）和污泥保留时间（SRT）控制在最佳时期（US20200002201A1）。其技术方案如图 5 - 2 - 27 所示。

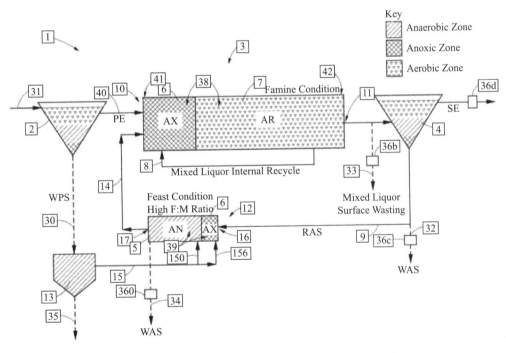

图 5 - 2 - 27　重点专利 US20200002201A1 的技术方案

（3）微生物

2006 年，日立提出一种厌氧性氨氧化细菌的培养方法，是以亚硝酸和氨为基质在培养槽中培养进行厌氧脱氮的厌氧性氨氧化细菌。其中，当将所述基质的供给速度设为 Y、将所述基质的供给常数设为 K、将进入对数增殖期后的培养天数设为 T、将培养运转开始时的基质浓度设为 A 时，从所述厌氧性氨氧化细菌已进入对数增殖期开始，对提供给所述培养槽中的基质的供给速度 Y 进行控制，以便满足下式 Y = A × exp（K × T）（CN1834231A）。

为了充分利用含氮液体中的氮成分作为底物，有效地培养用于从含氮液体（如废水）中去除氮并厌氧氧化铵和亚硝酸盐的厌氧铵氧化细菌，日立于 2008 年提出一种用于培养能够使铵和亚硝酸盐底物脱氮的厌氧铵氧化细菌的方法。该方法包括：在培养槽中培养细菌；将基板送入培养槽中；细菌进入对数生长期后，控制底物的进料速度（Y）满足公式：Y = A × exp（K × T），其中 Y 为底物的进料速度，A 为底物的浓度。培养开始时的底物，K 是底物的进料常数，T 是对数生长期开始后的培养天数（US20080280352A）。其技术方案如图 5 - 2 - 28 所示。

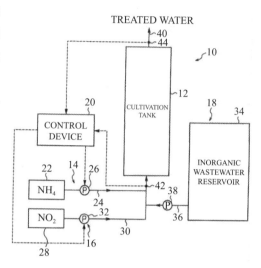

图 5 - 2 - 28　重点专利 US20080280352A 的技术方案

2011 年，VANOTTI MATIAS B. 等提出一种新型厌氧细菌分离物，其保藏号为 NRRL B - 50286，该菌株具有氧化铵和释放氮气的能力（US20110180476A1）。

北京建筑大学于 2017 年提出一种以氧化亚氮为终产物的反硝化菌培养方法。该方法包括如下步骤：通过进水蠕动泵向接种了反硝化污泥的 SBR 反应器中泵入含有碳源、硝态氮以及微生物生长所需营养元素的污水；使 SBR 反硝化反应器中的泥水混合液在氮气状态下进行反硝化反应；逐步降低进入 SBR 反硝化反应器中的废水的 C/N；通过氮气曝气将 SBR 中产生的氧化亚氮吹脱出 SBR 反应器到气体收集系统；当 pH 趋于稳定时，强制沉淀排水，终止反应，使得 SBR 反应器处于闲置状态；重复上述的 SBR 运行，以持续培养以氧化亚氮为终产物的反硝化菌。该方法可以筛选及培养反硝化过程终产物为氧化亚氮的反硝化菌体，实现反硝化过程中氧化亚氮的积累，有利于回收能源物质氧化亚氮（CN107827232A）。

齐鲁工业大学于 2017 年提供一种配置简便、价格低廉的厌氧氨氧化菌生长促进剂，其包括一种微量元素液 A，包括以下重量的组分：微量元素液 A：EDTA 0.5% ~ 1%；$FeSO_4$ 0.5% ~ 0.6%；琥珀酸 1.18% ~ 1.20%；KCl 17.88% ~ 18.00%；抗坏血酸 0.1% ~ 0.15%；余量为水。通过改进传统的配方，可以提高厌氧氨氧化菌内部酶的活性和细胞器的复杂程度，能够有效提升厌氧氨氧化菌的代谢速度和繁殖速度，大大降低厌氧氨氧化反应器的启动时间，可以在短时间内获得大量的厌氧氨氧化污泥（CN108103000A）。

5.2.3　好氧和厌氧联用处理技术

在提高有机负荷的同时加强脱氮除磷效率是摆在废水好氧处理技术系统面前的重要课题，而出水的后处理问题正是厌氧生物处理技术的一大弊端。因此，好氧和厌氧生物处理技术的优与劣正是好氧和厌氧组合法实现扬长避短的理论基础。国外从 20 世纪 60 年代，国内从 20 世纪 80 年代起先后围绕研究开发新的生物脱氮除磷工艺来对生物好氧与厌氧工艺组合进行广泛研究，相继产生一批可行的组合工艺。[1] 现从工艺、装置和微生物等三个方面梳理其专利技术发展脉络。

（1）工艺

1972 年，美国联合碳化物公司提出一种在活性污泥存在下通入氧气通过生化氧化从含 BOD 水中去除碳和氮食物的方法，其中仅在第一区域和至少包含第一区域流出物并含有 20～100ppm 的 BOD5 的进料流中去除碳食物和耗碳微生物，废水被送入硝化区，在此硝化区会与消耗碳和氮的微生物一起形成污泥（US3764523A）。

1974 年，奥特罗公司提出一种用于去除正常生活污水中存在的几乎所有氨氮以及 85%～95% 的碳质物质的生物方法。该方法可以包括第一阶段，将存在的少量氨氧化为硝酸盐；以及第二阶段，对剩余的含氮化合物进行硝化作用，第二阶段以排除分子氧的方式操作，以促进使用硝酸盐氧进行呼吸和使用氨作为能源的微生物的生长（US3871999A）。

1975 年，空气化工产品有限公司提出一种用于从废水中去除碳质 BOD 和含氮污染物的多阶段处理方法，其中在含有包含异养和自养生物混合培养生物质的再循环活性污泥存在的情况下，使流入的废水经历连续的硝化－硝化作用。废水与循环污泥的初始混合是在有足够的氧气以保持有氧条件下进行的。最初的好氧处理混合液没有固体的中间分离，被传递到缺氧阶段，其中由氨化合物氧化形成的亚硝酸盐和硝酸盐（NO_x^-，$x = 2,3$）被还原为氮气。从混合液中分离出固体之前的最后处理阶段可以是有氧的或无氧的，分离出的固体构成至少循环到初始混合阶段的活性污泥。为了避免污泥膨胀并促进活性致密的生物量，在有氧的初始阶段或第一部分保持较短的停留时间，从而导致食物与生物质的比率较高（US3994802A）。

1980 年，琳德股份公司提出在两级生物废水净化工厂中对含有机氮化合物的废水进行硝化和反硝化的方法，特别是高电荷废水。其中第一步是有机碳化合物的氧化和硝化进行富含氮化合物的分离，然后在第二阶段进行反硝化，并将进入的废水分配到两个阶段之间，从第一阶段流出的水被送入第二阶段，并且将活性污泥从每个阶段的流出物中分离出来，并至少部分地返回到所讨论的阶段；在第二阶段中，在发生缺氧条件的区域之后，发生富氧条件的区域得以保持；第二阶段，在富氧条件区和缺氧条件区之间进行内部回流，并向第二阶段的在缺氧条件下运行的区域提供浮选污泥（该污泥是在将活性污泥从第一阶段的流出物中分离出来时形成的）并且废水量的 25%～50% 流入废水净化厂。该工艺可使脱氮效率达到 95%，但两个阶段仅使用一个反硝化反应器，主要的反硝化过程也发生在第一阶段。该系统可以节省脱硝反应器，同时提高效率，脱硝过程被转移到第二阶段（EP0019203B1）。1983 年，该公司提出一种在含有硝化细菌的活性污泥和添加空气和/或氧气的情况下对气体区中的废水进行生物硝化的方法，其中，从加气区抽出的废水/活性污泥混合物随后被澄清为硝化水，污泥被分离，并且污泥至少部分返回熏蒸区，以简单经济的方式避免在二次澄清中形成浮渣（EP0087129A1）。

1986 年，施莱伯·伯德霍尔德公司提出在好氧反应器与废水入口相关的好氧和缺氧工艺阶段交替运行的条件下，除除磷工艺外，还运行脱氮工艺，从而使二沉池中几乎无硝酸盐的污泥回流增加在厌氧反应器中，从而改进生物除磷（DE3602736A1）。

为了改善厌氧条件下的磷酸盐返溶以及磷酸盐吸收，1987 年，琳德股份公司提出使循环污泥于池顶部与未处理污水接触，便于厌氧磷酸盐进入返溶池；以及可让厌氧条件下处理在沉淀池中进行，而沉淀池中污泥停留时间超过水力保持时间从而使得污泥的厌氧停留时间增长，促使处理池中磷的进一步返溶并因此而强化磷的吸收（CN87105996A）。

1989 年，埃·克吕格公司提出一种污水净化工艺和装置，在交替的缺氧和好氧条件下在两个处理区内处理污水，随后将上述处理后的污水在分离区进行好氧处理，最后引入澄清区，净化后的水和污泥排走，至少部分污泥再循环到进入两处理区之一的污水中。在污水进入澄清区前，将已经交替进行缺氧和好氧处理过的污水，引入一个只进行好氧处理的深度处理区，从而提供两个处理区在交替的缺氧和好氧处理过程中，以好氧条件处理污水的有限周期。该工艺可以增加原污水中碳的利用率，减少净化后污水中氨和硝酸盐的变化（CN1039402A）。

1997 年，代尔夫特理工大学提出一种处理含氨废水的方法。其中，在第一步中，通过使用硝化微生物和添加氧气对含氨废水进行硝化处理，产生含有氨氧化产物的溶液。在第二步中，氨和氨的氧化产物通过反硝化微生物的影响转化为氮气，通过使用含碳酸氢盐的废水，该废水通过供应空气基本上去除碳酸氢盐，并在第一步中通过控制曝气将 pH 保持在 ≤ 7.2，废水中的部分氨被转化为亚硝酸盐，产生含亚硝酸盐的溶液，在第二步反硝化微生物将由此形成的亚硝酸盐用作剩余氨的氧化剂（EP0931023B1）。

2003 年，美国过滤器公司提出一种利用三重流域废水处理系统去除废水中磷的方法。在该方法的一个或多个阶段中，废水被引导到其中一个池中并与活性污泥混合以形成混合液。池中的混合液维持在厌氧条件下。从这个水池流出的混合液流出物被引导到设施中的其他水池，在随后的阶段，废水首先被引导到其他池，在整个分阶段过程中，各池中的混合液保持在厌氧和好氧条件下，同时一个或多个池用于沉降。混合液经厌氧处理后，会产生贮磷微生物，这些贮磷微生物在好氧条件下吸收磷（US20040222150A1）。

2001 年，奥布莱恩·基尔工程有限公司提供一种处理废水的两阶段工艺。该工艺将进水置于缺氧和好氧过滤工艺中。第一阶段进行缺氧硝化，即在缺氧条件下由细菌将硝酸盐转化为氮气。进水（来自一级澄清池的出水）被送入缺氧脱氮池的底部，防止与大气接触，从而减少不需要的溶解氧。进水先向上通过一层污泥生物量，然后再接触细菌涂层的介质进行反硝化。该工艺允许进水接触污泥和生物质循环通过过滤器，可以提高除氧和系统的性能（US20020074286A1）。其技术方案如图 5 - 2 - 29 所示。

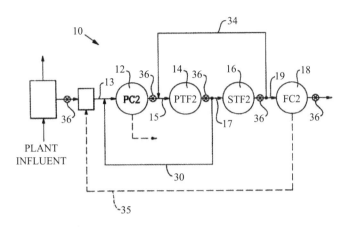

图 5 - 2 - 29　重点专利 US20020074286A1 的技术方案

2003 年，美国过滤器公司提出一种废水处理方法：确定混合液的氧化还原电位的设定值；测量混合液的氧化还原电位的测量值；比较氧化还原电位的测量值和氧化还原电位的设定值；至少部分地基于以下步骤来产生控制信号：比较，使用该控制信号控制曝气装置的操作，获取与该控制信号相对应的至少一个值并且使用至少一个来调节氧化还原电位的设定值，该值包括曝气装置的操作频率，以维持废水处理过程的稳定运行（US20050133443A1）。其技术方案如图 5 - 2 - 30 所示。

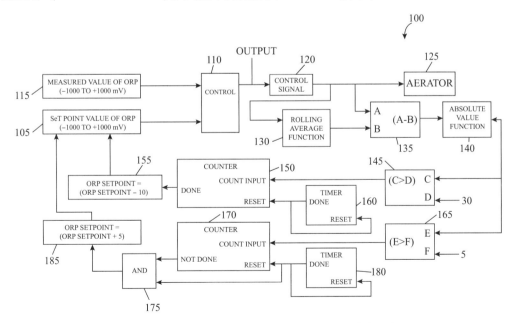

图 5 - 2 - 30　重点专利 US20050133443A1 的技术方案

为了寻找一种快速经济地将废水中的生物需氧量（BOD）降低到安全水平并排放回环境中的工艺，2004 年，PETERING JOHN L. 采用气泡流技术，将空气连续注入反应材料的循环流中。该循环流连续通过好氧或氧化处理容器或区域，可确保大量高含氧量空气连续接触系统中的材料，而材料本身通常以塞流模式循环。具体工艺为将一定量处理后的活性污泥物料装入好氧区中，并且将进口补给系统处理过的废水；用于填充一个或多个需氧区域；充注系统通过引入高压空气进行加压，该空气被连续注入，物料在厌氧和需氧区域之间作为多相气泡流循环，同时排出一定量的较低氧气含量的循环空气通过蒸气释放系统；处理后，通过蒸气释放系统在一定时间间隔内降低系统压力，并将处理后的批料排放到废水存储系统中，以分离处理后的水和污泥。该系统效率高，处理单元占用空间很小，可以减少污水处理所需的占地面积（US20050056588A1）。其技术方案如图 5 - 2 - 31 所示。

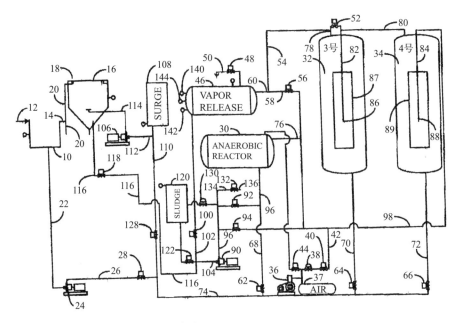

图 5 - 2 - 31　重点专利 US20050056588A1 的技术方案

2005 年，哈尔滨工业大学彭永臻课题组为了解决现有分段进水生物脱氮工艺中进水流量的分配问题，提出污水以分段的形式进入反应器的缺氧区中，优先供给反硝化菌进行反硝化反应，然后再进入好氧区进行有机物的降解和硝化反应，沿反应器在空间上构成缺氧/好氧/缺氧/好氧的交替运行结构。该工艺通过实验得出不同进水 C/N 比条件下工艺所能达到的最大流量比值、COD 和氨氮以及总氮去除率，为实际应用提供技术支持，具有简单易行、可控性高、操作管理方便的特点（CN1769213A）。

2007 年，克鲁格公司提出用于硝化和反硝化废水的工艺，并在该工艺期间降低或最小化反硝化区中的溶解氧浓度，废水交替地被引导到第一和第二区域。在该过程中的不同时间，第一区域保持为硝化区，第二区域保持为反硝化区。在其他时间，第一区域保持为反硝化区，第二区域保持为硝化区。或者，将第一区域和第二区域中的废水或混合液引导至下游好氧反应器，该反应器中包含一个或多个浸没膜。好氧反应器中的废水或混合液被导入一个或多个浸没膜中，用于将废水分离成渗透和回流活性污泥，渗透液从一个或多个浸没的膜中泵出，好氧反应器中产生的活性污泥返回到第一区域或第二区域。该工艺通过选择性地将回流活性污泥引导至保持为硝化区的第一区域或第二区域，并在工艺过程中在第一区域和第二区域之间切换回流活性污泥的流量，从而降低或最小化反硝化区中的溶解氧浓度，以引导反硝化反应将活性污泥返回作为硝化区的区域。该方法更具自我调节性，可以避免使用添加剂（EP1993957A4）。其技术方案如图 5 - 2 - 32 所示。

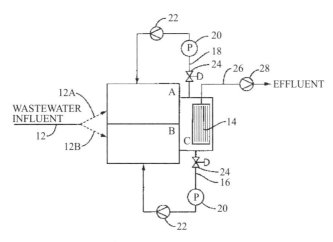

图 5 - 2 - 32　重点专利 EP1993957A4 的技术方案

2009 年，西门子公司提出用于产生定制的生物种群和/或将其应用到诸如废水处理之类的生物过程中的方法和设备，通过生成和引入特定的生物种群来增强废物处理过程。这些生物种群被定制为在主要过程中执行或支持特定任务，以形成或沉淀某些生物营养素，或在后处理过程中实现减少固体形成。将这些物质暴露在受控环境中，可以从活性污泥和废水流入物的专门混合物中生长这些细菌，然后可以将其返回到主要流程中，以执行某些任务，例如将微粒 cBOD 转化为可溶性 cBOD 以进行利用，在种群特征上补充低产率生物特征来减少高固形生物，以提供生物营养或氧合作用（US8454830B2）。

2010 年，戴蒙有限公司提出一种含铵废水的生物净化工艺。其中将污泥水脱氨化过程中产生的剩余污泥送入曝气池，并在曝气池中设置低于 1.0mg/L 的低氧浓度，以便通过以下方式初步分离废水中的铵，在好氧氧化菌条件下转化为亚硝酸盐，然后通过厌氧氧化菌，特别是平核菌素，将铵和亚硝酸盐转化元素氮，其中，由曝气池中的这种脱氨化产生的剩余污泥在被送入污泥消化之前进入主要含有厌氧氨氧化细菌的重污泥相，分离后，重污泥相被送回曝气池，轻污泥相作为剩余污泥被送入污泥消化池。该方法可以解决曝气池中的废水温度较低导致的低增长率问题（EP2366673B1）。

2011 年，MIKLOS DANIEL ROBERT 等提出将定制的生物种群产生和/或应用到诸如废水处理之类的生物过程中的方法和设备。该方法包括将一部分废物流引导至第一处理容器并使之与具有第一种群特征的第一生物种群接触，还包括将一部分经如此处理的废物流排出到离线处理容器中并将其隔离，在离线处理容器中控制引出部分以建立第二生物学种群，该第二生物学种群具有不同于第一种群概况的第二种群概况，控制步骤包括将引出部分与碳源结合并保持低氧条件，直到引出部分表现出增加的碳吸收能力。该方法可以产生有利于低固含量微生物、高去除效率微生物（US20120175302A1）。

2011 年，余静提出一种零能耗的城市污水强化吸附 AB（吸附－生物降解工艺）处理方法，包括如下步骤：经过预处理的城市污水和由厌氧污泥消化单元回流的消化污泥一同进入吸附池进行生化吸附反应；吸附池的出水进入中间沉淀池进行泥水分离，澄清后的污水流入曝气池；在曝气池中，污水和污泥进行有机物生物降解和硝化等生化反应；曝气池出水的混合液进入二次沉淀池进行泥水分离；中间沉淀池和二次沉淀池的剩余污泥经浓缩后排放至厌氧污泥消化单元进行消化处理，厌氧污泥消化单元在厌氧条件下消化污泥，一部分消化污泥回流至吸附池或者曝气池，另一部分消化污泥经脱水后进行污泥处置。该方法可以产生更多的甲烷气，并通过发电等方式回收的甲烷气能量，可以完全满足整个污水处理厂运行所需的电能，因而可以实现零能耗（CN102225825A）。其技术方案如图 5 – 2 – 33 所示。

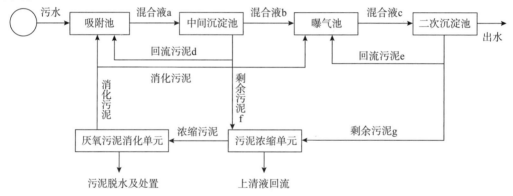

图 5 – 2 – 33　重点专利 CN102225825A 的技术方案

2011 年，美国水利工程股份有限公司提供用于通过反硝化方法部分减少氨的方法和系统，包含氨的流接触氧以形成处于低溶解氧条件的第一产物流；氧对氮的比率为约 2.28g O_2/gN – NH_3 或更小；然后以 0.57gCOD/gN – NH_3 的量使第一产物流暴露至有机物；该微生物反应最后生成氮气、水和二氧化碳（CN102753488A）。其技术方案如图 5 – 2 – 34 所示。

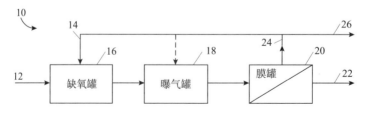

图 5 – 2 – 34　重点专利 CN102753488A 的技术方案

威立雅水务解决方案与技术支持公司于 2011 年提出在序列生物反应器中载有铵形式氮的水处理方法。所述方法包括至少：向所述序列生物反应器（10）供应所述水的第一步骤（i）；曝气亚硝化步骤（ii）；缺氧脱亚硝化步骤（iii）；从所述反应器提取处理过水的步骤（iv）。该方法还包括在线测量所述反应器中存在的所述水中亚硝酸盐浓度，测量所述反应器中存在所述水的 pH 的步骤，根据亚硝酸盐浓度的在线测量和所述 pH 的测量值确定代表所述反应器中所含所述水中的亚硝酸（HNO_2）浓度信息的步骤，以及亚硝酸浓度控制所述曝气亚硝化步骤（ii）持续时间的步骤，能够减少氧和含碳底物的消耗，其实施不会引起或者至少很少引起一氧化二氮的排放（CN103261103A）。

2013 年，西门子公司提出利用生物吸附、好氧处理、厌氧污泥消化，对带有膜过滤系统的间歇反应器进行排序的废水处理系统和方法，以减少的能量使用来处理废水。该方法包括：提供要处理的废水；在生物吸附接触池中促进待处理废水的生物吸附以产生混合液；从混合液中产生富固体污泥和贫固体部分；将第一部分富含固体的污泥与要处理的废水混合；将第二部分富固体污泥引入污泥浓缩机以产生增稠的污泥和贫油流；将贫泥流与待处理废水合并；厌氧消化增稠的污泥，产生厌氧消化的污泥；将厌氧消化污泥的第一部分与要处理的废水合并；需氧处理厌氧消化污泥的第二部分，以形成至少部分经需氧处理的污泥；和将至少部分需氧处理的污泥与待处理废水混合（US20140021130A1）。

针对亚硝化工艺对环境条件敏感、易转向全程硝化、失去亚硝化特性的特点，北京工业大学于 2013 年提出一种适用于低氨氮 SBR 亚硝化恢复方法。将长期稳定运行遭到破坏的污泥置于 SBR 反应器中；采用连续曝气，测定"三氮"浓度直到氨氮全部消耗完毕，将氨氧化率在 20%～50% 的时间设定为曝气时间；先进行前置厌氧，前置厌氧时间与曝气时间比例为 1：3，曝气过程中控制曝气量使溶解氧维持在 0.2～0.5mg/L，控制曝气时间使氨氧化率控制在 20%～50%；维持此条件运行，待亚硝化率达到 90% 以上，一直稳定运行 7 天 14 个周期以上。该方法可以实现常温低氨氮条件下的亚硝化性能快速恢复，为亚硝化的稳定运行及事故恢复提供保障（CN103058376A）。2014 年，该大学提出一种絮体污泥与颗粒污泥共生实现城市污水自养脱氮的方法。首先在高负荷活性污泥反应器中将污水中的有机污染吸附到污泥中，该污泥再用来厌氧发酵产甲烷以回收污水中的能量；而后污水再在自养脱氮反应器中，通过同步短程硝化厌氧氨氧化作用将氨氮转化为氮气从而实现脱氮的目的；关键是采用旋流分离器将混合污泥筛分为颗粒污泥和絮体污泥，而后定期用亚硝酸盐处理絮体污泥，控制亚硝酸盐氧化菌的增长。该方法在实现控制絮体污泥中亚硝酸盐氧化菌增长的同时，避免对颗粒污泥中厌氧氨氧化菌的抑制，最终突破城市污水自养脱氮反应器难以稳定维持短程硝化的瓶颈（CN104529056A）。2015 年，该大学提出一种硝化/部分反硝化/厌氧氨氧化耦合工艺处理低 C/N 城市污水的方法。所述方法包括以下步骤：城市生活污水分多次进入硝化/部分反硝化/厌氧氨氧化反应器，每次进入一定量的城市污水后，缺氧搅拌一段时间，进行不完全反硝化和厌氧氨氧化反应，紧接着曝气进行好氧硝化反应，然后再次泵入一定量的低 C/N 比城市污水，缺氧搅拌，好氧硝化，最后实现生活污水中总氮的高效去除。该方法采用多次进水方式，充分利用城市生活污水中有限碳源将硝酸盐还原为亚硝酸盐，从而无须或减少外碳源，降低运行成本；好氧硝化产物为硝酸盐，相比短程硝化，无需复杂的外在条件控制和实时监控，运行简单稳定；部分反硝化亚硝酸盐积累率高，反应条件易控制，并且能够长期稳定运行；部分反硝化菌可以将厌氧氨氧化产生的硝酸盐氮原位还原，提高反应器脱氮效率，出水水质高；自养的硝化菌、厌氧氨氧化菌及部分反硝化过程污泥产率低，系统污泥龄长，可以有效持留厌氧氨氧化菌，减少污泥的产量，从而降低污泥的处置费用，进一步减少实际水厂的运行费用（CN105129991A）。2015 年，该大学还提出一种好氧吸磷与半短程硝化耦合厌氧氨氧化双颗粒污泥系统深度脱氮除磷的方法。城市污水首先进入 A/O – SBR 反应器，进行厌氧释磷反应，控制 DO < 0.2mg/L，反应结束后开始曝气，进行好氧吸磷与半短程硝化，通过计算机输出控制硝化过程，反应完成后静置沉淀，排水进入 Anammox – SBR 反应器，进行厌氧氨氧化作用，反应结束后静沉排水，采集出水氨氮和亚硝态氮浓度，根据其调整反应时间。该方法充分发挥颗粒污泥和自养脱氮的优势，通过在线实时控制，优化系统运行，自动化程度高，可控性好，可实现低 C/N 生活污水的深度脱氮除磷（CN105217882A）。

2015 年，得利满水处理公司提出一种通过厌氧途径减少城市或工业废水净化站污泥的产生的方法，包括待处理污泥物流的嗜温或嗜热或者结合这两种操作模式的厌氧消化的步骤，以及至少一个生物增溶需氧处理步骤。该方法在该厌氧消化步骤的上游包括待处理污泥的脱水步骤，之后是将经脱水污泥与更液态的污泥再循环部分混合的步骤，该污泥再循环部分来自该消化的再循环利用和/或来自需氧处理步骤，和/或来自由经处理污泥的最终脱水产生的滤液和/或污泥，选择该再循环的比率以使得该混合物具有适合该消化的干燥度，然后这种混合物被引向该消化。该方法中消化器的尺寸相比于现有技术得以减小；消化收率增加；最终的污泥产生减少，无机物质更多地被转化为二氧化碳和甲烷；氨和硝酸盐被排除（CL2015000179A1）。

2016 年，南京大学盐城环保技术与工程研究院提出一种处理高氨氮制药废水的方法，通过解除游离氨对硝化的抑制作用，以达到氨氧化菌去除高氨氮的目的，包括如下步骤：①实时监测 A/O 系统进水的即时 NH_4^+ 浓度、温度 T 和 pH；②由游离氨计算公式算出即时游离氨浓度，如果即时游离氨浓度超过游离氨对氨氧化菌的抑制阈值，则根据抑制阈值计算出相应的临界 pH；③调节控制硝化过程中废水的 pH 恒定在稍低于临界 pH 的条件下运行。该工艺通过调节硝化过程的 pH 解除游离氨对 AOB 抑制作用，能使高氨氮制药废水中的氨氮去除率达到 95% 以上（CN105540851A）。其技术方案如图 5 – 2 – 35 所示。

2014 年，香港科技大学通过对碳氧化循环引入硫循环，开发一项基于硫循环协同作用的反硝化强化生物除磷工艺。该工艺可以实现生物脱氮除磷同时使污泥产生量最小化，包括第一循环利用包含硫和/或含硫化合物的含硫组分将电子从有机碳转移给氧、硝酸盐和亚硝酸盐，并将含磷化合物转化为固态物质截留在污泥中；而含硫化合物则进一步用于含氮化合物的反硝化反应；另一循环利用氧将所存在的氨转化为硝酸盐和/或亚硝酸盐（CN106660844A）。其技术方案如图 5-2-36 所示。

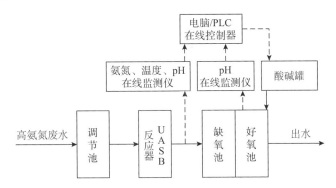

图 5-2-35　重点专利 CN105540851A 的技术方案

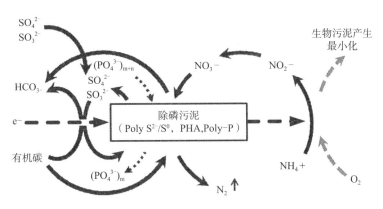

图 5-2-36　重点专利 CN106660844A 的技术方案

　　为实现维持氨氧化菌高氧化速率的可测量控制，同时实现选择出亚硝酸盐氧化菌（NOB），2015 年，直流水与污水处理局等提出的控制策略包括：①曝气控制，其确保接近饱和的氨浓度和 DO 分布（profiles），所述 DO 分布从高的设定值到迅速降低接近于零来改变，用于在好氧阶段中最大化 AOB 速率；②创新性的曝气控制策略，其基于在线测得的 NH_4 和 NO_x 信号比以便将总氮的脱除最大化，并提供用于厌氧氨氧化反应的最佳化学计量的底物配比；③用于去除 NOB 上压力的积极的好氧 SRT 管理；④厌氧氨氧化菌和更轻的絮体 AOB 部分的生物强化（IL237606A）。其技术方案如图 5-2-37 所示。

　　2017 年，上海华畅环保设备发展有限公司等提出一种包括旋流破解处理的 A_2O 污水处理方法及装置。该方法包括依次在包括好氧池、缺氧池和厌氧池的生化池以及二沉池中处理污水，在好氧池到缺氧池的内回流管线上设置第一旋流破解器组；在二沉池到缺氧池或厌氧池的外回流管线上设置第二旋流破解器组；且第一旋流破解器组和/或第二旋流破解器组包括至少一个旋流破解器单管。该方法在于强化脱氮除磷和污泥减量，实现污泥资源化利用，实现过程减排；旋流破解器结构简单，无二次污染且能耗低，具有经济和环保效益（CN106966505A）。其技术方案如图 5-2-38 所示。

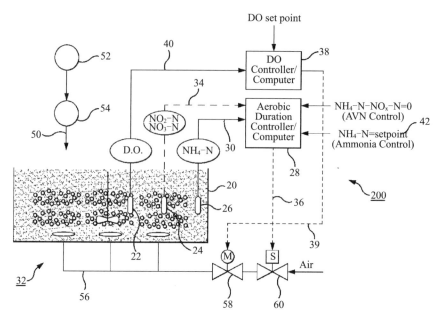

图 5 - 2 - 37　重点专利 IL237606A 的技术方案

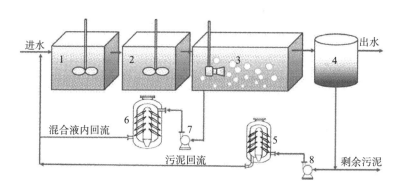

图 5 - 2 - 38　重点专利 CN106966505A 的技术方案

　　2017 年，北京工业大学提出短程硝化厌氧氨氧化耦合反硝化处理城市生活污水的方法与装置。该装置主要部分为一个短程硝化厌氧氨氧化耦合反硝化 SBR 反应器。第一阶段为高氨氮强化阶段，由城市生活污水投加氨氮配成高氨氮低碳氮比污水，进入 SBR 反应器，通过低氧曝气主要实现短程硝化厌氧氨氧化作用，且高氨氮浓强化主要的功能菌——氨氧化和厌氧氨氧化菌，最终实现较高的总氮去除负荷。第二阶段为过渡阶段，降低进水氨氮浓度，低氧曝气。第三阶段为处理城市生活污水阶段，分别进行厌氧搅拌、低氧曝气、缺氧搅拌，实现污水总氮和 COD 的去除。经高氨氮强化后的短程硝化厌氧氨氧化耦合反硝化污泥可以解决用其直接处理低氨氮城市生活污水的系统不稳定性问题，整个系统在进入处理城市生活污水阶段后运行稳定；可以处理城市生活污水阶段前置厌氧搅拌，充分利用原水中的碳源使其转变为内碳源储存在体内，降低后续曝气而无效浪费的碳源，节约曝气能耗；可以后置缺氧搅拌，进行剩余氨氮的厌氧氨氧化作用，并进行进一步反硝化作用，使出水总氮进一步降低；所有曝气均为低氧曝气，可以节约能耗（CN107162196A）。其技术方案如图 5 - 2 - 39 所示。

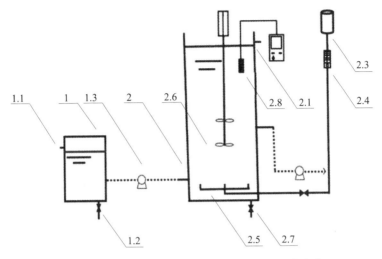

图 5 - 2 - 39　重点专利 CN107162196A 的技术方案

2017 年，苏伊士提出通过硝化 - 反硝化和/或脱氨化对废水中的氮进行生物处理的方法，其包括：在处理至少一个步骤中对包含废水的生物反应器充气的至少一个步骤 a。步骤 b 是除去步骤 a 中产生的至少部分亚硝酸盐，步骤 c 是从步骤 a 和步骤 b 中得到的反应器中提取一部分污泥（FR3071829A1）。原环境保护部华南环境科学研究所等提出通过控制溶解氧，控制微氧型细菌的群落结构，进行同步的硝化反硝化反应，实现碳氮在同一个污水处理池中同步去除，使处置后的污水碳氮浓度达到排放标准（CN107473382A）。

2018 年，北京工业大学针对现有低 COD、低氨氮城市生活污水，以及出水水质稳定性不易达标等问题，提出间歇曝气模式下短程硝化厌氧氨氧化同时除磷的一体化生物处理工艺。该工艺在短程硝化厌氧氨氧化同时除磷的一体化反应器中实现的。一体化反应器内主要存在三种微生物菌群：以絮体形式存在的氨氧化菌（AOB）和聚磷菌（PAOs）及以颗粒形式存在的厌氧氨氧化菌。城市生活污水未经脱碳预处理直接进入一体化反应器中，通过间歇曝气的运行模式，有效抑制亚硝酸盐氧化菌的活性，并且能够在短程硝化厌氧氨氧化自养脱氮的过程中为强化生物除磷提供碳源和电子供体，实现零外加碳源的投加（CN108383239A）。其技术方案如图 5 - 2 - 40 所示。

同年，北京工业大学提出缺氧饥饿和再活化实现活性污泥高效短程硝化的方法。该方法通过活性污泥硝化菌群在饥饿条件下和活性恢复期的不同生理特性，采用低基质缺氧饥饿处理的方式，使得衰减速率较低的氨氧化菌（AOB）相比亚硝酸盐氧化菌（NOB）更好地维持活性，并且在后续活性恢复期，活性恢复速率较快的 AOB 相比 NOB 更快地恢复活性，从而实现短程硝化。该方式能够通过更加节省能耗的方式实现短程硝化（CN108675448A）。其技术方案如图 5 - 2 - 41 所示。

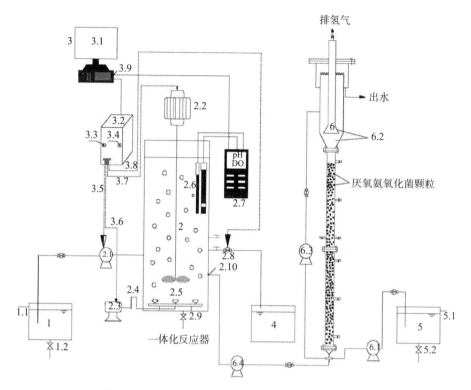

图 5 - 2 - 40　重点专利 CN108383239A 的技术方案

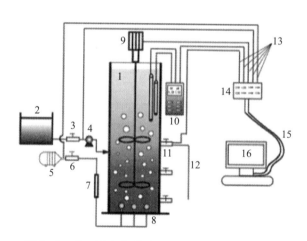

图 5 - 2 - 41　重点专利 CN108675448A 的技术方案

2018 年，直流水与污水处理局等通过实时测得的"氨浓度"与"亚硝酸盐和硝酸盐总和"的比例控制好氧 - 缺氧持续时间和/或反应器内溶解氧浓度，确定最佳比值为 1 时，可最大限度地去除废水中氮（IL263741D0）。

（2）装置

1971 年，ARAGON PAUL D. 提出一种污水处理箱，其中，污水要经受厌氧菌的作用，然后是需氧菌的作用（US3888767A）。其技术方案如图 5 - 2 - 42 所示。

1995 年，大和工业公司提供能在进行高 SS（固体悬浮物）成分污水处理时不发生网孔阻塞，并能达到高度的净化、构成简单能进行小型化高浓度污水的处理装置，在箱状的容器内部由多数隔离板形成多数小室，使污水顺次流过各小室达到净化，污水首先流过的小室是将污水进行厌氧性处理的厌氧室，内部充填着粒径比设置在流出壁上多数细孔孔径为大的浮游性过滤材，设在该厌氧室下流的多数小室中的一个是对流过厌氧室的污水以上向流方式进行需氧处理的需氧室，上述需氧室用具有多数孔的过滤材料防止体防止过滤材料的流失而形成的浮游过滤层，在上述需氧室中，以将该需氧室上下分割方式设置上述过滤材料流失防止体的同时，将污水从下向上流过上述浮游过滤层。设在该需氧室下流的与此邻接的小室是将从需氧室流出的处理水暂时性贮留的缓冲室（CN1129196A）。其技术方案如图 5 - 2 - 43 所示。

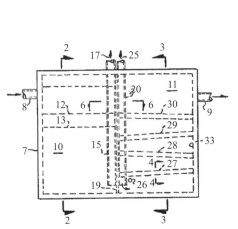

图 5 - 2 - 42　重点专利 US3888767A 的
技术方案

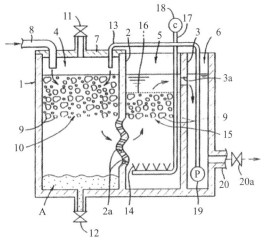

图 5 - 2 - 43　重点专利 CN1129196A 的
技术方案

1996 年，埃科技术株式会社提出在污水净化装置的净化池净化区填充块状净化部件，其中每一部件有多个等效直径为 1 ~ 5cm 的表面缝隙并且部件内部有多个与其他通道连通的连接通道，而每一缝隙与至少一个该通道不间断连通；含 SS、BOD 等的污水通入净化池净化区而与上述部件接触，同时从净化区底部以预定间距向上喷细小含氧气泡而使流

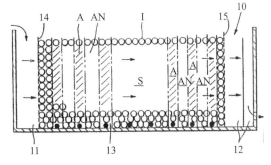

图 5 - 2 - 44　重点专利 CN1146979A 的技术方案

动污水与含氧气泡大体垂直接触，由此在净化部件表面和内部分别快速有效进行好氧和厌氧处理，通过形成填充有上述块状净化部件的净化区，以预定间距在净化区的预定位置上设置多个气体扩散管，从而同时在同一净化区域设置许多好氧处理区和厌氧处理区，

当污水流入净化池时反复对污水进行好氧处理和厌氧处理。与传统的净化方法相比，该装置能够提高氧溶解效率，并增加被处理污水与生物膜的接触效率，可快速有效地进行好氧处理（CN1146979A）。其技术方案如图5-2-44所示。

1997年，阿克·艾罗比克系统公司提出一种多阶段双循环周期的污水处理系统。它具有通常由竖直分隔壁分隔开的厌氧反应室和一分离室，一根进入厌氧反应室的污水注入管道，混合装置和用于转移混合液的可选择管道。该系统能够浓缩活化的污泥浆并将此脱硝污泥浆循环返回到好氧处理室，提供很有效的方法和装置进行污水处理，可使混合液得到最小的稀释（CN1781856A）。

2003年，韩国建设技术研究院提供一种在厌氧条件下使悬浮的微生物粒化而形成受厌氧微生物控制的粒化活性污泥处理污水的设备及其方法。该方法在包括需氧粒化罐和间接充气罐中间加入厌氧粒化罐，在每个粒化罐中使活性污泥粒化，并且在不传输微生物的条件下在每个粒化罐的环境中使微生物变成优势种，从而高效地去除污水中包含的污染物，例如有机物、氮和磷（CN1539762A）。其技术方案如图5-2-45所示。

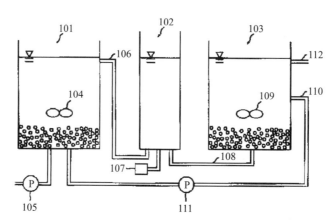

图5-2-45　重点专利CN1539762A的技术方案

2002年，三星工程公司提出通过在需氧槽内安装挡板来降低修理和维修费。该废水处理装置包括厌氧槽、缺氧槽、需氧槽以及澄清器，其中需氧槽包括安装在其一侧的挡板以形成溶解氧还原区，用于降低包含在回流自溶解氧还原区的内循环废水中的溶解氧浓度，同时提高包含在经处理的流出液中的溶解氧浓度，其中经处理的流出液是在后续阶段中自需氧槽的除溶解氧还原区以外的部分供给到澄清器，从而通过有效利用废水中存在的有机物质改善除去氮和磷的效率，减少有机物质量和需氧量，并且减少微生物的合成细胞（CN1622921A）。其技术方案如图5-2-46所示。

2006年，美国蓝天水域有限公司等提供一种紧凑、低成本的系统和方法来处理来自住宅和社区的废水。该系统包括：活性污泥源，用于供应加压空气的压缩机，至少一个用活性污泥进行厌氧处理废水的厌氧反应器，至少一个用活性污泥和加压空气进行需氧处理的好氧反应器，用于调节系统压力的压力控制系统、用于去除系统副产物的排放系统、用于从厌氧和好氧反应器中去除处理后的废水和活性污泥的排放系统以及用于容纳去除的废水和活性物质的缓冲罐污泥，从而进一步处理废水（US20070045181A1）。其技术方案如图 5 - 2 - 47 所示。

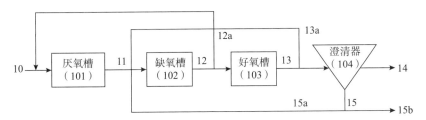

图 5 - 2 - 46 重点专利 CN1622921A 的技术方案

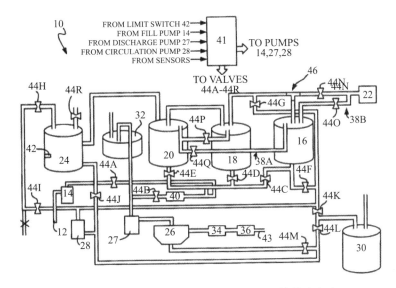

图 5 - 2 - 47 重点专利 US20070045181A1 的技术方案

2010 年，日立提出一种能够削减由于循环而带入厌氧槽的溶氧量，降低在污水处理工序中 N$_2$O 的生成量的水处理装置，包括：多级的好氧槽；设置于多级的好氧槽、靠上游侧且从后级的好氧槽、被输送硝化液的一部分的厌氧槽；设置于后级的好氧槽的第一溶氧浓度计；设置于前级的好氧槽的第二溶氧浓度计；分别设置于多级的好氧槽的散气部；以及向散气部送风的鼓风机；控制鼓风机的散气风量的散气风量控制部，散气风量控制部使由第二溶氧浓度计计测的溶氧浓度大于由第一溶氧浓度计计测的溶氧浓度的方式控制向散气部的散气风量（CN101891303A）。

2012 年，重庆大学提供一种强化反硝化除磷功能的低碳源污水处理系统及方法，采用前置缺氧段—厌氧段—微好氧段—好氧段—沉淀排水并在厌氧段和微好氧段连续进水的运行方式，可以提高进水碳源的利用率；在开始曝气初期，系统中异养菌较有优势，首先利用水中溶解氧进行有机物氧化分解，而硝化菌在竞争中处于劣势并不能立即进行硝化反应。该装置更合理地利用水中有限碳源；反硝化除磷和侧流除磷有机相辅相成，更加合理利用外加碳源，提高系统除磷效率；连续进水的运行方式可以合理地分配进水中有限的碳源；微好氧段的设立为同时硝化反硝化提供适宜的外部条件，并减少曝气量和碳源的无效氧化；最后的好氧段增加污泥活性，避免后续沉淀排水时释磷（CN102659288A）。

北京工业大学于2013年提出低溶解氧条件下剩余污泥发酵耦合反硝化装置与方法。所述装置包括原水池、储泥池、发酵耦合反硝化主反应器、排水池、空气压缩机和排泥池；在主反应器上设有搅拌器、温控装置和气体流量计。该装置可以实现同一反应器中完成剩余污泥内碳源开发、强化硝化液脱氮和污泥减量的目的。同时在连续低溶解氧条件下，剩余污泥发酵过程中释放的氨氮可通过硝化反硝化去除，可以解决发酵反应器出水氨氮浓度高的问题（CN103214156A）。其技术方案如图5-2-48所示。

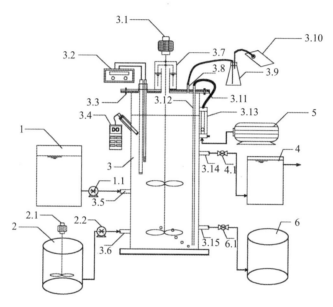

图5-2-48　重点专利 CN103214156A 的技术方案

同年，北京工业大学还提出一种低 C/N 比污水反硝化除磷与分段式短程硝化接厌氧氨氧化脱氮的装置和方法。装置包括城市污水原水箱、短程硝化反应器、第一调节水箱、反硝化除磷反应器、第二调节水箱、沉淀池、厌氧氨氧化反应器；城市污水分别进入短程硝化反应器和反硝化除磷反应器，在短程硝化反应器内实现铵向亚硝酸盐的转变，在反硝化除磷反应器内聚磷菌利用原水中的有机碳源厌氧释磷，两反应器出水分别经调节水箱调节水量后进入厌氧氨氧化反应器实现氮的去除，出水则回流至反硝化除磷反应器内进行反硝化除磷和好氧吸磷。该方法可以降低氧耗、能耗，脱氮不需碳源，解决除磷菌和脱氮菌在碳源、溶解氧、污泥龄等方面的矛盾和竞争，可以实现出水中 $NO_3^- - N$ 的回收利用（CN103663863A）。其技术方案如图5-2-49所示。

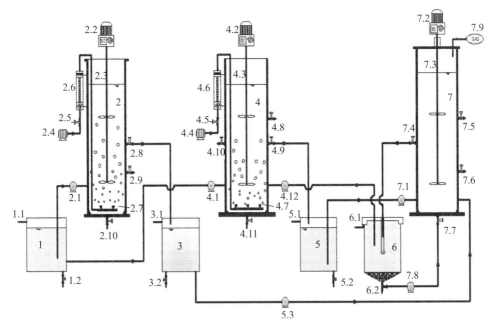

图 5 - 2 - 49　重点专利 CN103663863A 的技术方案

同年，北京工业大学提出一种反硝化脱氮除磷处理高氨氮厌氧氨氧化出水与生活污水的装置和方法。该方法包括顺序串联的高氨氮进水水箱、一体化短程硝化和厌氧氨氧化反应器、沉淀池、生活污水进水水箱、反硝化除磷脱氮反应器、出水水箱；所述方法为：在一体化反应器内，高氨氮废水通过短程硝化和厌氧氨氧化作用实现氮的有效去除；在反硝化除磷脱氮反应器内，聚磷菌先利用生活污水中的有机碳源厌氧释磷，后利用厌氧氨氧化出水中的硝态氮缺氧反硝化除磷，最后在好氧段对磷进一步吸收，并伴有硝化细菌产生的硝化作用。该方法将厌氧氨氧化脱氮与反硝化除磷耦合应用于污水生物脱氮除磷系统中，可以有效地利用厌氧氨氧化过程产生的硝态氮，大大降低氧耗、能耗（CN103539317A）。北京工业大学还提供一种强化污水处理过程中 N_2O 产生的装置与控制方法。所述装置包括原水水箱、进水泵、短程硝化液水箱、短程硝化液流进泵、产 N_2O 反应器、空压机。所述产 N_2O 反应器为一密封性 SBR 反应器，设有密封盖、水封装置、药剂投加口、N_2O 收集管、搅拌器、曝气气体管、曝气头、DO 探头和 pH 探头。所述方法是以污泥内碳源作为反硝化碳源，通过亚硝酸盐对 N_2O 还原酶活性的抑制，实现 N_2O 的积累；而后通过曝气将混合液中的 N_2O 吹脱至气相中，收集后可用于甲烷燃烧的氧化剂，来提高产能（CN103408141A）。其技术方案如图 5 - 2 - 50 所示。

针对污泥消化液高氨氮、高磷、低 C/N 的水质特点，在力求节能降耗、高效稳定的基础上，实现污泥消化液的脱氮除磷，北京工业大学于 2014 年提出污泥消化液半短程硝化厌氧氨氧化脱氮与反硝化除磷耦合系统的装置和方法。所述装置包括原水水箱、反硝化除磷反应器、第一调节水箱、半短程硝化反应器、第二调节水箱、厌氧氨氧化反应器、出水水箱，通过游离氨（FA）抑制和溶解氧（DO）抑制逐渐将亚硝酸盐氧化菌（NOB）淘洗出去，实现半短程硝化；通过两级半短程硝化厌氧氨氧化 SBR 工艺，实现污泥消化液的脱氮；通过反硝化除磷过程实现回流液厌氧氨氧化出水中 $NO_3^- - N$ 的去除和污泥消化液中磷的吸收（CN103864206A）。其技术方案如图 5 - 2 - 51 所示。

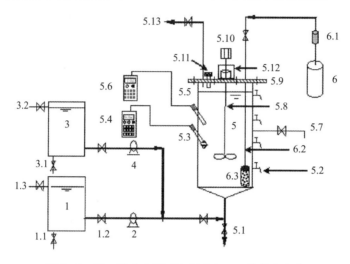

图 5 - 2 - 50　重点专利 CN103408141A 的技术方案

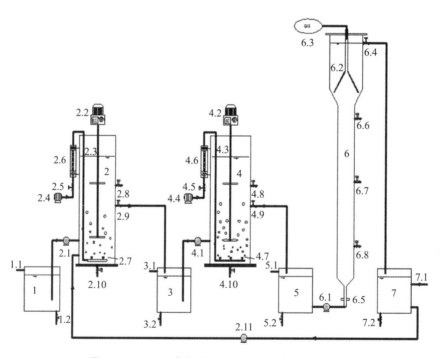

图 5 - 2 - 51　重点专利 CN103864206A 的技术方案

同年，北京工业大学还提出一种半短程硝化/厌氧氨氧化污水脱氮过程中 N_2O 产生的收集装置和方法。装置包括顺序串联的原水水箱、去除有机物 SBR 反应器、第一调节水箱、半短程硝化 SBR 反应器、第二调节水箱和自养脱氮 UASB 反应器，气体收集系统和在线检测系统。三个反应器将不同污泥按污泥龄分开，可以避免异养菌快速增殖对自养脱氮菌群的影响；硝化系统采用半短程硝化，可以保证硝化系统的亚硝化率，为整个脱氮系统稳定性提供保障；将厌氧氨氧化菌作为自养脱氮菌群，可以节约曝气量，并且无须投加外加碳源，其可以同时完成污水处理及温室气体收集采样（CN103922469A）。其技术方案如图 5 - 2 - 52 所示。

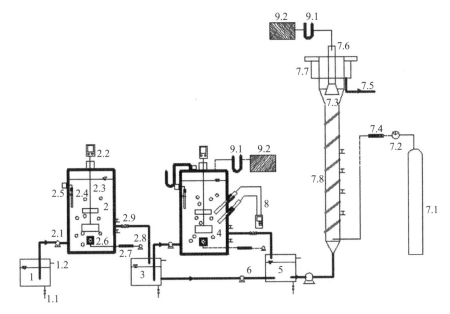

图 5 - 2 - 52　重点专利 CN103922469A 的技术方案

同年，北京工业大学还提出一种富集聚磷菌的厌氧/好氧同步硝化反硝化（SND-PR）系统处理低 CN 比生活污水的工艺，活污水通过生活污水进水水箱进入富集聚磷菌的厌氧/好氧 SNDPR 系统主反应器，先延时缺氧/厌氧搅拌，反硝化细菌利用污水中的有机碳源将上周期剩余的 $NO_3^- - N$ 以及 $NO_2^- - N$ 经反硝化作用转化为 N_2 并释放到空气中；聚磷菌（PAOs）则利用生活污水中的挥发性脂肪酸（VFA）进行厌氧释磷，并合成内碳源聚羟基脂肪酸酯（PHA）储存于体内；由于厌氧时间充足，为好氧段的同步硝化反硝化脱氮提供了足够的内碳源。此后，进行好氧曝气搅拌，脱氮菌群利用内碳源将污水中的氨氮通过同步硝化反硝化转化为 N_2 并释放到空气中，实现了污水中氮的去除，聚磷菌则利用厌氧阶段合成的聚羟基脂肪酸酯进行好氧吸磷，实现了污水中的磷的去除；待好氧段结束后，沉淀排水，出水排入出水水箱。该系统实现低碳氮比生活污水的深度脱氮除磷，工艺流程简单，节省了曝气量，并降低了运行费用，同步硝化反硝化以及除磷过程进行实时控制，可有效地维持系统运行稳定性（CN104193003A）。其技术方案如图 5 - 2 - 53 所示。

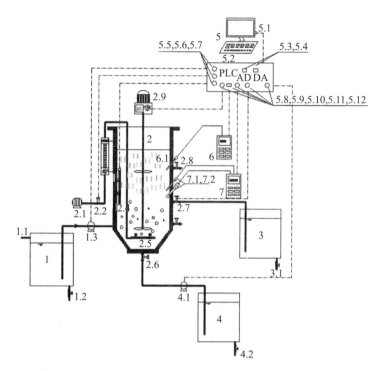

图 5 – 2 – 53　重点专利 CN104193003A 的技术方案

北京工业大学还提供了一种短程反硝化除磷耦合厌氧氨氧化的装置和方法。城市污水进入 A_2O – SBR 反应器后，聚磷菌利用生活污水中的有机碳源厌氧释磷并合成聚羟基脂肪酸酯储存体内，然后 N – SBR 反应器的一部分硝化液回流到 A_2O – SBR 反应器进行缺氧反应，缺氧反应结束后 A_2O – SBR 反应器进行微曝气完成剩余磷的吸收及吹脱氮气，静置沉淀，A_2O – SBR 反应器一部分排水进入 N – SBR 反应器完成短程硝化，短程反应后静置沉淀，上清液一部分回流至 A_2O – SBR 反应器的缺氧段，另一部分与 A_2O – SBR 反应器的另一部分排水进入 Anammox – SBR 反应器进行厌氧氨氧化反应。短程反硝化除磷耦合厌氧氨氧化技术，可以实现"一碳两用"，解决原水碳源不足的问题，节约碳源，节省曝气量，提高出水总氮去除率，减少污泥产率（CN104370422A）。

清华大学深圳研究生院于 2014 年提出针对污水处理厂厌氧消化液和脱泥水以及垃圾渗滤液等具有低碳源高氨氮类废水，采用两个串联的 SBR 反应器，第一 SBR 反应器主要通过反硝化去除废水进水中的碳源，同时发生部分短程硝化，而第二 SBR 反应器主要用于实现短程硝化。利用 SBR 序批式缺氧好氧反应处理，有利于驯化出具有 r – 生长策略的微生物种群，能够对低碳源高氨氮废水高效地去除氨氮，实现出水中氮元素以亚硝酸盐为主，从而为后续外加碳源反硝化或厌氧氨氧化等处理工艺提供优质进水（CN103833136A）。其技术方案如图 5 – 2 – 54 所示。

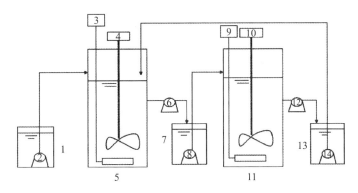

图 5 - 2 - 54　重点专利 CN103833136A 的技术方案

2015 年，山东省环科院环境科技有限公司提出一种对高含氮有机废水进行深度脱氮的装置及脱氮方法。该装置包括顺次连接的原水调节池、厌氧 SBR 反应器、除碳 SBR 反应器与脱氮 SBR 反应器，除碳 SBR 反应器位于厌氧 SBR 反应器与脱氮 SBR 反应器之间，过氨氧化菌和厌氧氨氧化菌的联合作用，使废水的最终深度脱氮，提高总氮去除效果。该装置不仅可以高效除氮，还无须添加碳源（CN104773926A）。其技术方案如图 5 - 2 - 55 所示。

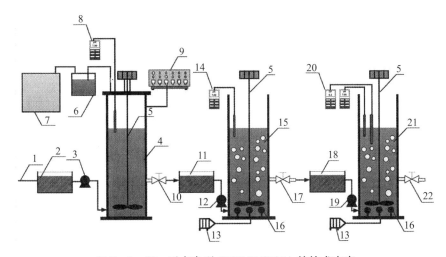

图 5 - 2 - 55　重点专利 CN104773926A 的技术方案

同年，北京工业大学彭永臻课题组提供一种基于 DEAMOX 强化改良分段进水工艺生物脱氮除磷的装置与方法。其装置主要由水箱（1）、改良分段进水 A₂/O（15）、二沉池（17）顺序连接组成；在低 C/N 比条件下通过控制缺氧区的平均水力停留时间（HRT）来实现短程反硝化，为厌氧氨氧化菌提供反应底物亚硝态氮；通过在第一缺氧区（4）、第二缺氧区（6）、第三缺氧区（8）投加生物填料为厌氧氨氧化菌提供生长载体，在缺氧区进行反硝化的基础上，增加短程反硝化、Anammox（厌氧氨氧化反应），厌氧氨氧化菌利用氨氮和亚硝态氮进行 Anammox 脱氮，实现市政污水的脱氮除磷。该装置适用于低碳氮比城市污水处理，工艺先进且出水水质稳定，节能降耗优势明显（CN105217786A）。

该课题组还通过投加羟胺实现短程硝化厌氧氨氧化快速启动，羟胺的投加可以达到很好的亚硝积累效果，在较短的时间内启动部分短程硝化反应器并维持较高的亚硝积累。与传统的脱氮工艺相比，该工艺节约曝气量，节省碳源，尤其适用于低 C/N 的城市生活污水（CN106865773A、CN108178302A）。其技术方案如图 5 - 2 - 56 所示。

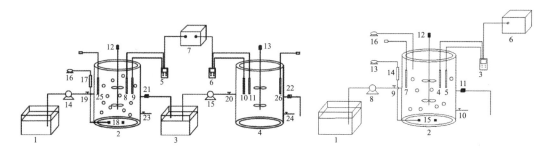

图 5 - 2 - 56　重点专利 CN106865773A、CN108178302A 的技术方案

2017 年，针对生活污水中碳源不足的问题，该课题组采用短程反硝化、反硝化除磷、分段进水、厌氧氨氧化联合运行，高效利用碳源，缓解脱氮和除磷之间的矛盾，提出短程反硝化厌氧氨氧化脱氮耦合生物除磷的装置与方法。该装置由厌氧区、缺氧区Ⅰ、好氧区Ⅰ、缺氧区Ⅱ、缺氧区Ⅲ、好氧区Ⅱ、沉淀池组成。该系统可以实现同步脱氮除磷协调除磷菌、反硝化除磷菌、氨氧氨氧化菌、硝化菌在污泥龄和适宜条件等方面的矛盾，无须外加碳源即可实现城市污水同步脱氮除磷，既可以节省能源，又可以提高出水水质（CN107010736A）。其技术方案如图 5 - 2 - 57 所示。

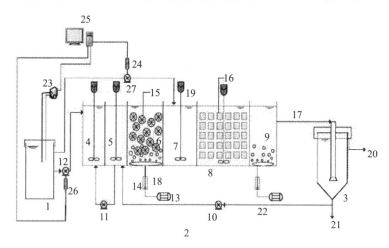

图 5 - 2 - 57　重点专利 CN107010736A 的技术方案

2017 年，该课题组提出好氧有机物迁移用于内源反硝化耦合厌氧氨氧化两段式深度脱氮装置与方法，主要由好氧有机物迁移兼内源反硝化 SBR 反应器耦合一个厌氧氨氧化反应器。深度脱氮方法：SBR 反应器中的污泥经过好氧：缺氧 = 0：110：25，排

水比 0：40：6，保持缺氧段过量硝酸盐氮浓度，驯化培养出具有内源积累兼内源反硝化能力的活性污泥。完成有机物转化积累后泥水分离，上清液进入厌氧氨氧化反应器内实现部分脱氮；最后将厌氧氨氧化工艺出水注入好氧有机物迁移兼内源反硝化 SBR 反应器进行内源反硝化，最终实现内源深度脱氮，解决厌氧氨氧化工艺中高有机物对氨氧化菌的抑制以及脱氮不完全问题（CN107973409A）。其技术方案如图 5 - 2 - 58 所示。

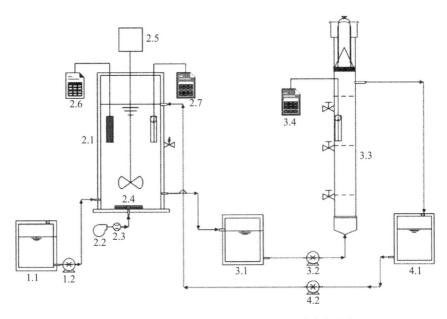

图 5 - 2 - 58　重点专利 CN107973409A 的技术方案

为了解决现有方法中目前主流亚硝化厌氧氨氧化工艺难以稳定运行、容易发生硝酸盐积累的技术问题，哈尔滨工业大学于 2018 年提出一种亚硝化 - 厌氧氨氧化工艺稳定运行的推流式反应装置和方法。装置包括：进水管、进水槽、进水孔、固定填料槽、溶解氧温度在线监测探头、水浴加热装置、廊道隔板、出水堰、出水槽、出水管及曝气头。该装置将间歇曝气、曝气总量控制、低溶解氧浓度、剩余氨抑制等多种对亚硝酸盐氧化菌产生抑制的手段相结合，可以实现主流亚硝化厌氧氨氧化工艺的稳定运行，抑制亚硝酸盐氧化菌的活性，避免硝酸盐的积累导致的反应器运行不稳定（CN108439588A）。

2018 年，北京工业大学提出 FNA 强化污泥发酵及实现污水短程脱氮除磷的装置和方法。该装置包括：原水箱、SBR 反应器、中间水箱、UASB 反应器、污泥处理反应器、污泥发酵罐。该方法将游离亚硝酸（FNA）抑制亚硝酸盐氧化菌实现短程硝化与作为污泥发酵预处理步骤促进水解酸化两者相结合，短程硝化反应器排泥经 FNA 处理后一部分返回，另一部分进入污泥发酵罐。SBR 反应器先缺氧反硝化去除上周期多余亚硝，再厌氧释磷，好氧吸磷并发生部分短程硝化，出水同污泥发酵液一起进入上流式厌氧污泥床（UASB），部分氨氮与亚硝通过厌氧氨氧化菌自养脱氮，剩余亚硝和产生的硝态氮利用污泥发酵液中有机物反硝化去除。该装置利用 FNA 促进内碳源开发并实现城市污水脱氮除磷，且污泥减量，降低污水处理能（CN108217950A）。其技术方案如图 5 - 2 - 59 所示。

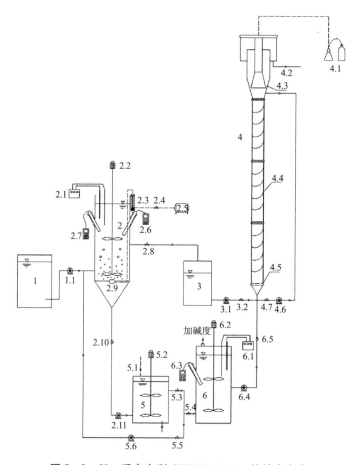

图 5 - 2 - 59   重点专利 CN108217950A 的技术方案

同年，北京工业大学还提出连续流分段进水 DEAMOX 联合污泥发酵处理城市生活污水的装置与方法。所述装置包括原水箱、缺氧段Ⅰ、缺氧段Ⅱ、缺氧段Ⅲ、好氧段、二沉池、污泥发酵罐、污泥贮存罐。所述方法主要是通过两段进水（40%、60%）的方式合理利用原水中碳源，并为厌氧氨氧化反应提供最佳底物浓度比；通过控制缺氧反应时间和投加污泥发酵物，从而实现短程反硝化和强化反硝化效果；通过在不同单元区添加不同填料，可以解决硝化菌和厌氧氨氧化菌在泥龄上的矛盾，通过将短程反硝化/厌氧氨氧化与污泥发酵结合起来，既可以实现污水的高效脱氮，又可以实现污泥的减量化。这可以为主流厌氧氨氧化工艺的应用和低 C/N 城市生活污水的处理提供新的思路（CN108439593A）。其技术方案如图 5 - 2 - 60 所示。

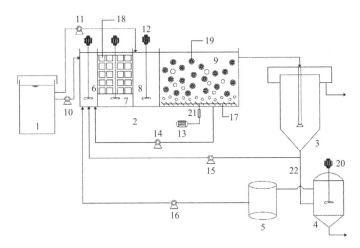

图 5 - 2 - 60　重点专利 CN108439593A 的技术方案

2018 年，富康科技公司提出用于短程除氮及抑制亚硝酸氧化微生物活性的装置及方法，其中短程除氮工序使用一种纤维纱气体扩散装置，其特征在于，包括能够供微生物附着生长的多个纤维纱、能够向所述多个纤维纱的一侧供应气体的引入部，所述气体包含氧气和二氧化碳，能够借助于所述氧气而生产亚硝酸，所述气体的氧气浓度由所述氧气和所述二氧化碳调节。上述扩散装置是使用可以使供应的氧被 100% 利用，飞跃性地节省氧气供应所需的送风能（CN111094194A）。

2018 年，北京工业大学提出间歇曝气同步硝化反硝化联合短程反硝化厌氧氨氧化实现生活污水深度脱氮的装置和方法。装置包括剩余污泥发酵罐、泥水分离器、原水水箱、中间水箱、两个序批式 SBR 反应器、空压机，蠕动泵等。方法是将生活污水加入第一序批式反应器，在间歇曝气模式下通过同步硝化反硝化作用除去全部氨氮和大部分总氮；其排水与经泥水分离后的污泥发酵液一同进入第二序批式反应器中，所余亚硝和硝氮通过短程反硝化耦合厌氧氨氧化去除，最终实现生活污水深度脱氮（CN109019862A）。其技术方案如图 5 - 2 - 61 所示。

2018 年，苏伊士提出有效抑制 NOB 活性的亚硝化方法来优化通过亚硝化 - 反亚硝化和脱氨处理氮的方法，包括：至少一个步骤 a，对含有待处理废水的生物反应器曝气；至少一个步骤 b，消除步骤 a 中产生的至少部分亚硝酸盐；以及步骤 c，从反应器中提取由步骤 a 和步骤 b 产生的污泥部分；该方法无须事先将亚硝化细菌接种到生物亚硝化反应器中而进行，通过亚硝化生物处理铵态氮的方法有效地抑制 NOB 的活性，因此可以在亚硝酸盐阶段阻止氮的氧化。该方法有利地用于通过亚硝化 - 反亚硝化和/或脱氨处理废水中的氮（CN111406036A）。

2019 年，百克特有限公司通过改进反应器的形状，并结合厌氧铵氧化工艺（ANA-MMOX）来从废水中去除氮和磷，能够经济有效地去除氮和磷，而无须分别注入有机材料（KR102099380B1）。其技术方案如图 5 - 2 - 62 所示。

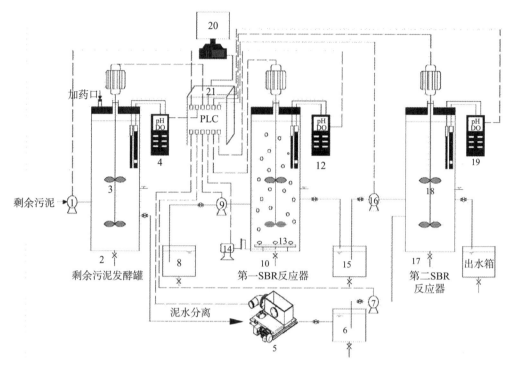

图 5-2-61　重点专利 CN109019862A 的技术方案

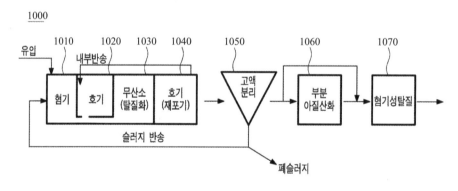

图 5-2-62　重点专利 KR102099380B1 的技术方案

2020 年，北京环球中科水务科技有限公司提出一种羰基复合碳源生物补碳剂及其制备方法。所述生物补碳剂以淀粉液化浆为原料，加入有机酸，控制合理的 pH，在糖化催化酶的作用下，把淀粉转化成羰基中间产物，然后加入有机酸和醇，控制温度，生成利于微生物生长的羰基复合物。该产品既可以保障补碳剂的功能性要求，又可以不引入盐及其他有害离子，同时淀粉作为一种可再生资源，原料来源丰富，价格低廉（CN111252897A）。

（3）微生物

2004 年，HOUGH STEPHEN G. 等提出一种不会使一个厌氧氨氧化槽性能恶化的厌氧氨氧化槽的操作方法，在厌氧氨氧化菌同时反硝化氨和亚硝酸的厌氧氨氧化中，对厌氧氨氧化菌进行驯化。从一个已建成的厌氧氨氧化池中提取一部分厌氧氨氧化菌，放入另一个厌氧氨氧化池中进行驯化，通过将厌氧氨氧化菌作为固定在固定化材料上的微生物，可以从一个厌氧氨氧化池中提取厌氧氨氧化菌或转移到另一个厌氧氨氧化池中。厌氧氨氧化菌易于输入，提取量和输入量可精确控制（US20060027495A1）。

2008 年，中国石油化工股份有限公司提出一种含铵废水高效生化处理方法，首先将接种物放入生物反应器中进行扩大培养，接种物为包括亚硝酸菌、反硝化除磷菌等的微生物菌群，扩大培养后的微生物菌群与好氧活性污泥混合后投加到硝化反应池处理高氨氮、低 COD 废水。该方法具有降低能耗、节约碳源以及耐受冲击能力强的优势（CN101723512A）。

2011 年，同济大学提出一种无须外加碳源的生活污水深度脱氮工艺及装置，该装置由厌氧酸化池、微曝气垂直潜流湿地与水平潜流湿地组成的一种组合工艺。其具体流程如下：生活污水进入厌氧酸化池；厌氧池出水进入微曝气垂直潜流湿地；微曝气垂直潜流湿地处理后的污水进入水平潜流人工湿地。水平潜流湿地的出水可用作补充静止景观水体等用途。该装置结构简单、成本低、运行维护方便，可实现 TN 去除率达 95% 以上，污染物去除效果稳定，出水水质可达地表水 IV 类标准（CN102260021A）。其技术方案如图 5 - 2 - 63 所示。

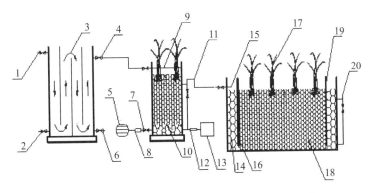

图 5 - 2 - 63　重点专利 CN102260021A 的技术方案

2012 年，中国环境科学研究院提出一种低温连续运行的人工湿地污水处理装置。该装置将水平流与垂直流有机结合，冬季可以灵活调节湿地的运行方式，采用冰层 + 绝缘空气层 + 双墙结构间微生物代谢产生的热量的隔离保温方式，使湿地内水温基本不受气温的影响，可以保证人工湿地成功完成越冬。该发明的装置于深秋启动，可持续整个冬季，待产热完毕后可将内部的产热产物收集用作农田的有机肥（CN102633362A）。其技术方案如图 5 - 2 - 64 所示。

2012 年，山东大学针对目前垂直流人工湿地技术的不足，提供一种脱氮能力强、效率高、占地面积小、耐冲击负荷能力强的缺氧 - 好氧垂直流人工湿地系统。其包括湿地池体、曝气装置、进水管、排水管、出水回流装置和湿地植物，曝气装置设

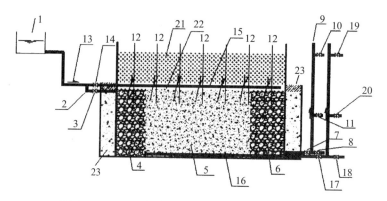

图 5 - 2 - 64 重点专利 CN102633362A 的技术方案

置于垂直流湿地中上部，从而使湿地下部保持缺氧状态，在一个垂直流人工湿地系统中同时形成硝化、反硝化反应所需的好氧区和缺氧区；运行时，原污水首先由底部进水管经进水泵进入垂直流湿地池体，经过池体底部的缺氧区，利用污水中充足的碳源进行反硝化反应；随后污水进入池体中部设有曝气装置的好氧区，经曝气增氧硝化反应处理及植物根系的共同作用，最终净化后的污水由上部的排水管排出湿地池体（CN102923857A）。其技术方案如图 5 - 2 - 65 所示。

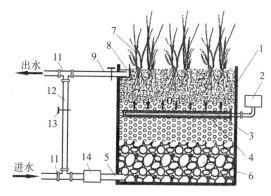

图 5 - 2 - 65 重点专利 CN102923857A 的技术方案

5.2.4 自然净化处理技术

自然水体中的水生生物主要有微生物（如细菌）、原生动物、浮游生物、底栖动物、水生维管束植物和鱼类等若干类。它们在水体中构成复杂的食物链关系，形成一定的生态系统，互相依存、生息繁衍。[3]

1989 年，KICKUTH REINHOLD W. 提出一种包含水生植物滤床设置的排水装置（US4904386A）。

1991 年，MURRAY DAVID P. 提供一种人工水蓄积系统，以从径流水中除去可生物固定的污染物。该系统利用潜水的水生植物吸收污染物（US5106504A）。

2005 年，法国滤园环境科技工程有限公司提出一种植物修复的方法。该方法包括将固体、液体或气体形式的污染物引入种植的滤床中，灌溉所述种植的滤床以限定需氧或厌氧期。该方法通过连续的好氧和厌氧相，能够改善种植滤床中污染物的降解，而且还可以增加种植滤床循环过程中氧化还原电位的变化，从而增加非有机物的溶解度（US20080197073A1）。

2009 年，HARRISON MARK 提出一种用于处理动物饲养操作产生废水的系统，包括：至少一个第一泻湖从所述限制操作中接收水；衬里中包含的第一人工湿地，所述第一人工湿地是自由水表面湿地，来自所述泻湖的水通过进水流入所述第一人工湿地，并包含在所述第一人工湿地和所述第一人工湿地中，包括第一批湿地植物；流量控制装置，其接收来自所述第一人工湿地的水，并且所述流量控制装置将水提供给第二湿地，其中所述第二湿地是地下流动湿地，其包括砾石床、一种将水从所述地下流动湿地再循环至包括第二多个湿地植物的垂直流动再循环介质过滤器的泵，其中，当所述水中的氨与所述第二多个湿地植物的根接触时，所述水中的氨被转化为硝酸盐。该方法非常适合通过将氨氧化为硝酸盐氮的方式去除，这种独特的再循环系统在存在氮污染问题的地区具有优势。再循环系统可延长循环时间，提高整体效率，减少废水进入生态处理池水平阶段的强度，并使微生物生物量保持在垂直流式植被过滤器根部附近（US20090255862A1）。

2009 年，WANIELISTA MARTIN P. 等提出采用绿色吸附介质用于现场排水系统。绿色吸附介质包括一种或多种可回收材料，包括轮胎屑、木屑、桔皮、椰子壳、堆肥、牡蛎壳、大豆壳和一种或多种天然材料，包括泥炭、沙子、沸石和黏土。该系统具有高度的可持续性以适合任何景观和建筑环境，而且高度适用于处理任何类型的化粪池系统（US20100062933A1）。其技术方案如图 5 - 2 - 66 所示。

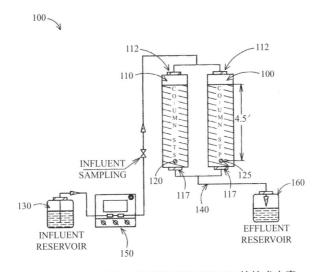

图 5 - 2 - 66　重点专利 US20100062933A1 的技术方案

LUCAS WILLIAM 于 2010 年提出一种用于从流入该系统的水中去除物质的水处理系统，包括：至少一个保留层，其包含配制用于磷保留的介质，所述介质包含水处理残余物、赤泥、赤石膏、富铁土壤或富铝土壤中的一种或多种；排水层，在保持层下方包括排水系统，构造和布置为使得至少部分通过保持层的水可以由排水系统收集；排水层下面的底层；排水系统的构造和布置，使水可以通过保留层流入排水系统；所述保持层有效地处理在24h内穿过保持层的至少24in深的水。该方法用于在生物保留系统中长期保留磷的改进的介质和用于促进氮保留的改进的出口（US20110011797A1）。

特拉维夫大学拉玛特公司等提出微生物组合物可用于清洁和处理被烃污染的水和表面，使废水中的烃被降解（WO2007093993A1、WO2004094316A2）。2012年，印度石油公司提供一种用于提高废水处理厂烃类降解效率的生物增强组合物及其方法。该组合物包含选择性微生物的协同组合，以形成能够有效降解废水中存在的烃并将其转化为无害和环境友好物质的联合体，该细菌联合体由分离的和表征的属于芽孢杆菌属或具有协同微生物代谢活性的类似微生物组成（US20140144838A1）。

2016年，中国石油化工股份有限公司提出一种利用微藻处理氨氮废水的装置及方法，使用膜接触器分离废水中的氨氮，利用微藻细胞溶液流经文丘里管产生的负压和吸力作用，将原水侧穿过疏水微孔膜的氨气分子快速带出，作为微藻生长所必需的氮源被利用，在处理净化氨氮废水的同时，获得微藻生物质。该方法操作简单，处理时间缩短，可以提高氨氮去除效率（CN107473384A）。

使用污染物分解微生物在土壤或地下水中分解污染物的方法众多（JP11090411A、JP2000312582A、JP2007160209A、JP2009154044A）。2018年，里德科学服务有限公司提出一种制备土壤改良剂以增加被污染的水或被污染的土壤的去污率的方法，该方法包括：①提供根茎；②将根茎暴露在受污染的水中；③在步骤②之后从根茎中提取微生物；④从提取物中制备微生物悬浮液；⑤使微生物悬浮液经受生长条件以增加微生物的浓度，从而制备土壤改良剂。在用于制备土壤改良剂方法的一些实施方案中，湿地植物选自芦苇等（US20200002203A1）。其技术方案如图5-2-67所示。

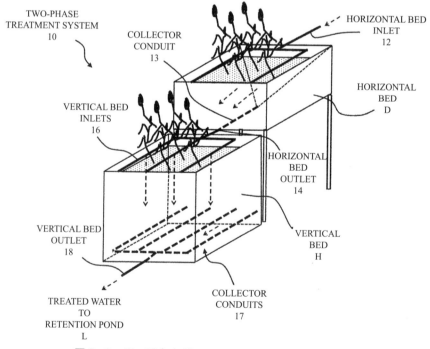

图5-2-67　重点专利US20200002203A1的技术方案

5.3　主要创新主体核心技术布局策略

根据第 5.1 节中生物处理技术专利申请人的排名，本节选择排名靠前的重要申请人作为主要创新主体进行核心技术布局的分析。其中申请总量排名第二的荏原制作所近 10 年几乎没有专利申请，因此选择日立、栗田工业、北京工业大学和中国石油化工股份有限公司作为研究对象。

5.3.1　国外重要申请人

5.3.1.1　日立

（1）申请人基本情况

日立是来自日本的全球 500 强综合跨国集团，成立于 1910 年，业务涉及电力、能源、水、城市建设等领域。2010 年 6 月，日立集团成立水环境综合解决方案事业本部，其水环境系统包括水质监视系统、运行管理系统、污水深度处理系统和城镇的小规模污水处理设备等。其中，污水深度处理系统又包括包埋固定化除氮系统、膜下水道处理系统、生物学除氮除磷工艺的设计/运行支撑系统等，城镇的小规模污水处理设备包括间歇曝气式活性污泥处理系统、自吸式螺旋搅拌曝气机、立轴式曝气搅拌机等。

（2）专利申请情况

通过对日立在生物处理技术领域的专利申请进行检索、排除噪声文献后共获得 1245 项专利申请，其申请趋势如图 5 – 3 – 1 所示。

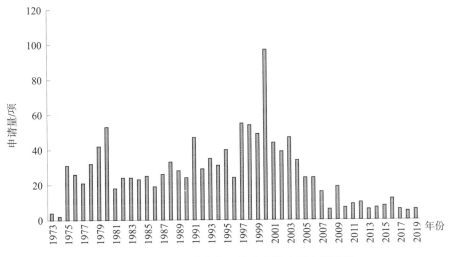

图 5 – 3 – 1　日立生物处理技术相关专利申请趋势

可以看出，日立早在 1973 年就开始申请生物处理技术方面的相关专利，且有较高的申请量；1981 年开始有所下降，但年申请量较为平稳，直到 20 世纪末又有所上升，并在 2000 年达到最高点；随后申请量呈下降趋势，尤其是 2010 年前后一直维持在较低的水平。这与日本国内的水产业发展趋势较为一致。日本从19世纪70年代起开始对水环境进行整治，日立在日本市场占有较大的份额；21世纪以后，日本国内市场的需求已经走向成熟阶段，市场逐渐趋向饱和。

（3）重要专利技术

发明专利的保护期限为20年，2000年以前的专利申请均已过保护期，进入公知领域，因此，本部分主要针对2000年以后的重要专利申请。

1）好氧技术

日立对于硝化反应的反应装置和方法进行研究。2003年，日立提出一种硝化方法及其装置，使氨性含氮液和在浓度约100mg/L的低浓度硫酸铵溶液中培养4~8周检出的硝化菌AL菌，优先繁殖后的AL菌固定化载体于硝化槽内，在好氧气氛中接触进行硝化处理，同时将该硝化槽内的亚硝酸性氮浓度/氨性氮浓度的比控制在2~10的范围内。该方法可以缩短硝化槽内的开始时间并能够迅速开始，抑制AL菌存在硝化槽内开始时或恒定作业时硝化速度急剧下降的现象，从而使硝化速度稳定保持较大的状态（CN1533989A）。其技术方案如图5-3-2所示。2004年，日立申请一种能够有效将氨硝化成亚硝酸的硝化处理方法及其装置，其含有5个并联的含硝化细菌的硝化罐，含氮废水分配到各个硝化罐中并发生硝化反应（JP4042719B2）。

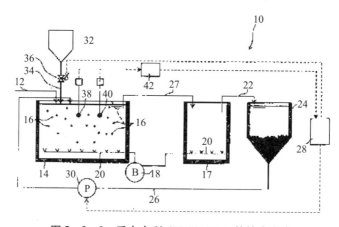

图5-3-2　重点专利CN1533989A的技术方案

2017年，日立又提出一种利用微生物污泥氧化氨性氮以所期望的比例生成亚硝酸性氮、硝酸性氮的含氮废水的处理方法和装置（CN108341484A）。其技术方案如图5-3-3所示。在此基础上，2019年，日立又提出一种包含利用微生物污泥将被处理水中含有的氨态氮氧化而生成亚硝态氮的硝化处理工序，使硝化处理工序中的氨态氮的容积负荷为 $0.3kg-N/m^3 \cdot d$ 以上且 $5kg-N/m^3 \cdot d$ 以下的高负荷，在硝化处理工序中，进行将被处理水的pH调整为8以上且10以下的处理，以及对微生物污泥施加对微生物进行灭菌或抑菌灭活操作处理中的至少一种（CN111954644A）。其技术方案如图5-3-4所示。同时，日立还对硝化反应污泥进行研究。例如，2010年，日立申请一种用于制造亚硝酸型硝化反应污泥的方法，包括对活性污泥进行碱处理，以使得至少包含铵氧化菌和亚硝酸氧化菌活性污泥的 pH 可以为 10 或更高，从而在活性污泥中优势聚积铵氧化菌的步骤（CN10179224A）。

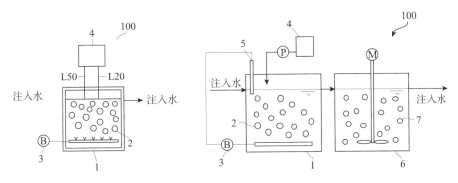

图 5 - 3 - 3　重点专利　　　　　图 5 - 3 - 4　重点专利 CN111954644A 的
CN108341484A 的技术方案　　　　　　　　　技术方案

　　日立还通过对改进水处理装置的结构以控制好氧技术所需的需氧量。例如，2010年，日立提出一种高效、环境友好的废水处理装置，包括生物反应器、扩散管、换气装置、富氧气体生产装置和一个控制氧给量装置（JP5331735B2）。2015 年，日立提出一种水处理控制装置，其包括流入水；生物反应槽；作为生物反应槽的一部分、位于上游侧的上游侧需氧槽；作为生物反应槽的一部分、位于下游侧的下游侧需氧槽；流入水质推定部；推定上游侧需氧槽水质的上游侧需氧槽水质推定部；推定下游侧需氧槽水质的下游侧需氧槽水质推定部；根据流入水质推定部与上游侧需氧槽水质推定部的推定结果运算向上游侧需氧槽的风量的上游侧需氧槽风量运算部；根据上游侧需氧槽水质推定部与下游侧需氧槽水质推定部的推定结果运算向下游侧需氧槽的风量的下游侧需氧槽风量运算部，用下游侧需氧槽推定部推定的水质是溶解氧浓度，用流入水质推定部与上游侧需氧槽水质推定部推定的水质是因基于氧的氧化而值发生变动的物质（CN104418428A）。2016 年，日立提出一种具备水处理装置（2）和风量控制部（3）的水处理系统，通过在水处理装置（2）中设置多个序列，该多个序列具有包括好氧槽的反应槽（4 - 1、4 - 2）和散气部（6 - 1、6 - 2），在多个序列的全部设置的 DO计（12 - 1、12 - 2）、测量向各序列流入被处理水的流量的流量计（11 - 1、11 - 2）、设置于一序列的好氧槽（4 - 1）中的水质计（10）及鼓风机（7），该风量控制部对向各序列的风量进行控制，风量控制部（3）基于水质计（10）的测量值对向一序列的风量进行控制，并且基于 DO 浓度测量值、一序列和其他序列中至少一个序列的被处理水的流入流量，对向其他序列的风量进行控制（CN108025935A）。其技术方案如图 5 - 3 - 5 所示。

　　另外，日立还对曝气装置进行研究。例如，2002 年，日立提出一种曝气搅拌机，具有安装于由电动机驱动回转的回转轴的搅拌叶片和覆盖上述回转轴的周围地配置的筒体；其特征在于：从水面下到水面上方配置上述筒体，并且将上述搅拌叶片分开形成为配置于筒体内的上部搅拌叶片和配置于筒体下方的下部搅拌叶片（CN1397505A）。

其技术方案如图5-3-6所示。在这之后继续对曝气装置进行改进, 2007年, 日立提出一种如图5-3-7所示的曝气机 (CN4777277B2)。2008年, 日立提出一种如图5-3-8所示的能够产生微气泡的曝气搅拌机 (JP4987811B2)。2009年, 日立提出一种如图5-3-9所示的高效率运行的曝气搅拌装置 (JP5188997B2)。2011年, 日立提出一种如图5-3-10所示的曝气搅拌机, 其通过增加浸渍深度以及增加空气量, 进而抑制相应的动力增加量, 从而最终可以进行高能量转换效率的需氧运转 (CN102432113A)。同年, 日立还申请一种在能够切换地进行好氧运转和厌氧运转的螺旋桨形曝气机及其支撑结构的专利 (CN202214252U和CN202080956U), 该曝气机能够防止污泥等附着堆积在空心轴内, 且能够去除密封部件等容易磨损的零件的螺旋桨形曝气机。其技术方案分别如图5-3-11所示, 以及一种如图5-3-12所示的能够通过目视确认曝气机设置在发挥最佳曝气性能的浸渍深度情况的螺旋桨形曝气机 (CN202246225U)。

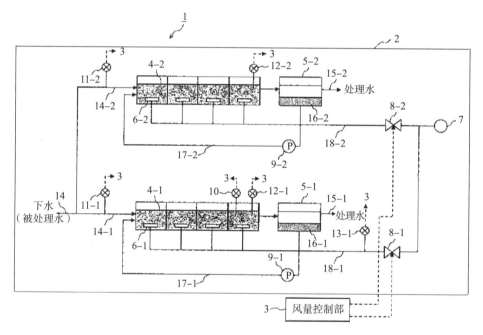

图5-3-5　重点专利CN108025935A的技术方案

2) 厌氧法

一方面, 日立对厌氧反应方法及其反应装置等进行研究。例如, 2004年, 日立提出一种厌氧性氨氧化槽的运转方法及其装置, 从具有驯化厌氧性氨氧化细菌后微生物固定化材的驯化完成槽抽出微生物固定化材的一部分, 投入要开始驯化的未驯化槽, 进行调试。该方法能够缩短增殖速度慢的厌氧性氨氧化细菌的驯化时间, 不需要设置培养设施, 同时也不使抽出厌氧性氨氧化细菌一方的厌氧性氨氧化槽的性能降低 (CN1709806A)。其技术方案如图5-3-13所示。

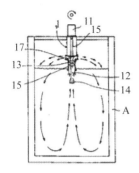

图 5 - 3 - 6 重点专利
CN1397505A 的技术方案

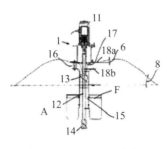

图 5 - 3 - 7 重点专利
CN4777277B2 的技术方案

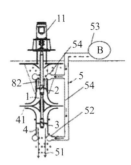

图 5 - 3 - 8 重点专利
JP4987811B2 的技术方案

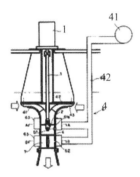

图 5 - 3 - 9 重点专利
JP5188997B2 的技术方案

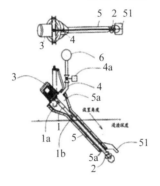

图 5 - 3 - 10 重点专利
CN102432113A 的技术方案

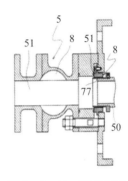

图 5 - 3 - 11 重点专利
CN202214252U 和

CN202080956U 的技术方案

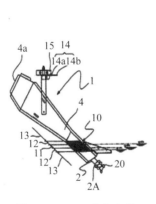

图 5 - 3 - 12 重点专利
CN202246225U 的技术方案

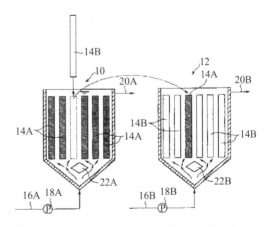

图 5 - 3 - 13 重点专利 CN1709806A 的技术方案

　　2005 年，日立提出一种能够稳定处理含氨液的方法及装置，在通过厌气性方法生物脱氮含氨液的氨的处理中，使含氨液和厌气性细菌在生物处理槽内的厌气性环境下进行接触的同时，从贮存有一定浓度亚硝酸的亚硝酸贮存槽向生物处理槽添加必要量用于处理氨的亚硝酸，能够一直稳定地得到良好水质的处理水（CN1769210A）。同年，日立还申请一种通过氨和亚硝酸反硝化反应的厌氧氨氧化法废水处理方法和装置，其中，氨和亚硝酸分别在上游和下游浓缩（JP4811702B2）。

2017年，日立提出一种利用厌氧氨氧化法稳定脱氮处理的排水处理装置，具备由微生物污泥对包含于排水氨态氮进行氧化的氨氧化槽和对从氨氧化槽抽出的微生物污泥进行加热处理的加热槽，排水处理方法利用从由厌氧性微生物对废污泥进行消化的消化槽或用于对在消化槽中被消化的废污泥进行加温热源供给的热，对从氨氧化槽抽出的微生物污泥进行加热处理，将通过加热处理降低活性的亚硝酸氧化细菌污泥送回到氨氧化槽，将包含于排水的氨态氮氧化成亚硝酸盐氮（CN108217970A）。

另一方面，日立也对厌氧细菌的培养方法及其装置进行研究。例如，2006年，日立提出一种厌氧性氨氧化细菌的培养装置，是以亚硝酸和氨为基质在培养槽中培养进行厌氧脱氮的新型厌氧性氨氧化细菌，可以在没有浪费的情况下，提供基质并生成菌体浓度高的种污泥，或者在短期内进行运转的调试（CN1834231A）。

3）好氧和厌氧联用技术

2005年，日立提出一种基于将反应槽分隔为无氧槽（2）、无氧槽（4）与好氧槽（3）、好氧槽（5）的步进流入式多级硝化脱氮法的深度污水处理方法。对于将从污水处理厂的最初沉淀池（1）抽出的部分初沉污泥投入无氧槽的投入量进行控制，即将表示反应情况的总有机物与总氮的规定比设为目标值，并以使无氧槽实测值的总有机物与总氮的比达到目标值的方式，控制初沉污泥的投入量（CN1706755A）。其技术方案如图5-3-14所示。

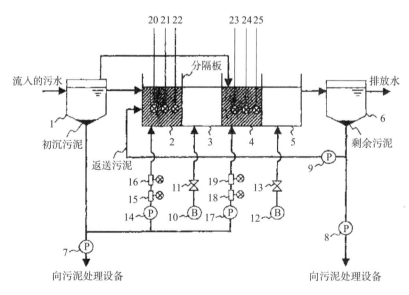

图5-3-14 重点专利 CN1706755A 的技术方案

2010年，日立申请一种能够维持硝化液氮浓度目标值的水处理装置专利。其通过降低自好氧槽后级向厌氧槽 DO 的带入量，增加好氧槽前级的 DO 浓度，抑制 N_2O 的产生（CN101891303A）。

2011年，日立提出一种具备间歇式水处理装置。其能够通过使用在好氧搅拌功能的基础上，还具备厌氧搅拌功能的自吸式曝气搅拌机，提高好氧运转以及厌氧运转的处理效率。该装置将自吸式曝气搅拌机（5）以追随处理槽（2）内的水位变动地升降的方式安装在浮子（3）上，在高水位的好氧运转中进行曝气搅拌，在低水位的厌氧运转中仅进行搅拌（CN102653422A）。其技术方案如图5-3-15所示。

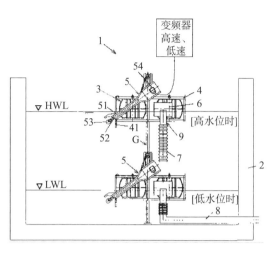

图 5-3-15　重点专利 CN102653422A 的技术方案

4）固定化微生物的制造方法和回收，以及固定化载体

日立对固定化微生物的制造方法和回收也进行研究。例如，2004年，日立提出一种能够以浓度极低的材料固定化微生物的制造方法。通过对分子量 3500 以上 20000 以下的预聚合物、分子量 71 以上且相对于上述预聚合物分子量的比为 0.045 以下的交联剂以及微生物进行混合，制作上述预聚合物和上述交联剂的合计浓度为 1% 以上 7% 以下的悬浊液；通过聚合该悬浊液，制造在聚合物内部包含固定有微生物的固定化微生物，获得高活性、流动性好的固定化微生物（CN1740100A）。同年，日立还提出一种能够从由厌氧性氨氧化槽处理的处理水中有效回收活性高的厌氧性氨氧化细菌菌体的方法。将含有氨和亚硝酸的被处理水送入厌氧性氨氧化槽中，利用厌氧性氨氧化细菌使氨和亚硝酸脱氮，将脱氮的处理水送入驯化槽，使厌氧性氨氧化细菌附着在固定化材料上，作为固定化微生物回收，通过利用该回收的厌氧性氨氧化细菌进行驯化，能够大幅度缩短驯化时间（CN101428903A）。

另外，日立还对固定化载体进行了研究。2007年，日立提出一种包含式固定化载体的制造方法。通过将微生物包含并固定于固定化材料中而形成包含式固定化载体，将固定化材料与聚合促进剂混合制成凝胶原料液，再将凝胶原料液与板状和/或针状的填料混合配制成混合液，将浓缩的微生物悬浮于所述混合液中而制成悬浮液，向该悬浮液中添加聚合引发剂，进行聚合反应，使聚合按照薄板状或块状凝胶化并成型（CN1896233A）。

5.3.1.2　栗田工业

（1）申请人基本情况

栗田工业是日本一家提供水处理化学品和设施，以及工艺处理化学物质的企业，成立于 1949 年。1950 年，栗田工业扩大产品组合，并开始提供企业污水处理设施、化学清洗业务（栗田工程有限公司）和维修服务。例如，在医药用水生产、办公室或工厂锅炉冷却水处理及排水处理等所有不可缺水的产业领域，均广泛地采用栗田工业技术。

（2）专利基本态势

通过对栗田工业检索、筛查、排除噪声文献后获取生物处理技术专利共计584项，其申请趋势如图5-3-16所示。

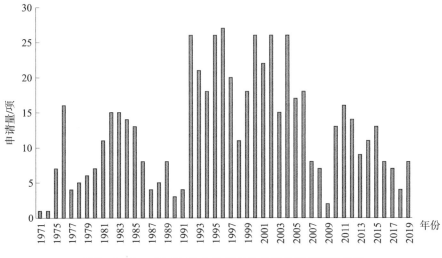

图5-3-16 栗田工业生物处理技术相关专利申请趋势

可以看出，栗田工业最早在1971年就开始申请生物法水处理相关专利，在1975年、1983年前后达到申请高峰，随后申请量有所下降，1992年开始申请量又明显增加且一直维持在相对稳定的水平，但自2005年开始申请量有所下降且相对稳定，近几年的申请量维持在10项左右。

（3）重要专利技术

与日立的重要专利分析一致，主要对栗田工业在2000年以后申请的重要专利进行分析。

1）好氧和厌氧联用技术

2002年，栗田工业提出一种在一个设备中同时实现硝化、反硝化和沉降生物处理装置，包含主硝化罐、辅助硝化罐、反硝化罐和分离罐，不同功能区之间用隔板分割。该装置用于废水处理，尤其是工业废水和家庭废水（JP5055667B2）。其技术方案如图5-3-17所示。

2005年，栗田工业提出一种利用含有厌氧氨氧化菌及氨氧化菌的生物污泥进行亚硝酸化和脱氮的含氮液体处理方法和装置，在容纳分散有含有厌氧氨氧化菌及氨氧化菌的生物污泥反应液的反应容器中引入

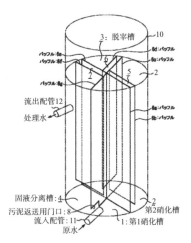

图5-3-17 重点专利
JP5055667B2的技术方案

一定量的被处理液，以不妨碍厌氧氨氧化菌增殖的量供给含氧气体，在利用氨氧化菌

将氨态氮亚硝酸化为亚硝态氮的同时，通过厌氧氨氧化菌进行脱氮，或分步地将一部分被处理液引入而进行亚硝酸化反应后，停止供给含氧气体，引入剩余部分的被处理液进行脱氮反应。在反应容器内的溶解氧浓度或 ORP 的测定值发生急剧变化的时刻停止含氧气体的供给（CN101076499A）。

2014 年，栗田工业提出一种有机性废水的生物处理方法以及装置，具有对有机性废水进行厌氧性生物处理的厌氧槽、对该厌氧槽处理水进行好氧处理的第 1 好氧槽、对该第一好氧槽处理水进行好氧处理的第二好氧槽。进行厌氧处理，以使好氧性生物处理工序整体的 $CODcr$ 容积负荷为 $10kg/m^3/d$ 以下、溶解性 $CODcr$ 容积负荷为 $5kg/m^3/d$ 以下，并且在第一好氧槽中进行好氧性处理，以使第一好氧处理水 SS 在第二好氧槽的载体的负荷为 $15kg-SS/m^3-载体/d$ 以下（CN105102379A）。

2）好氧技术

栗田工业对利用微小动物捕食作用的多级活性污泥法进行了大量研究。例如，2005 年，栗田工业申请一种利用微小生物捕食作用的多级活性污泥法，在具有高负荷处理有机性排水中 BOD 以使其转化为分散菌体的第一生物处理工序和将经转化的分散菌体絮凝化的同时使微小生物共存的第二生物处理工序的有机性排水生物处理方法和装置中，该第二生物处理工序在 pH 为 5～6 的条件下进行，维持稳定的处理水质的同时，将实现处理效率的进一步提高和剩余污泥产生量的降低。此后继续研究并申请专利如 CN101432233A、CN101374772A、CN102791640A、CN103429540A、CN10530798A、CN106132881A 等。2017 年，栗田工业申请一种有机性废水的生物处理方法以及装置。其将固定床载体用于第一生物处理槽（分散菌槽），从而能够在不生长微小动物的情况下形成固定床，并且无运行不良的顾虑，能够使分散菌槽进行高负荷处理（CN107250058A）。

为了减小水处理设备的整体体积，栗田工业于 2017 年申请一种在有机排水的两段生物处理中，在降低槽容积以求实现排水处理设备整体的小容量、小型化的基础上有效率地进行生物处理的方法。其以原水调整兼第一生物处理槽（11）在原水流入时的瞬时水力停留时间（HRT）为 2～8h 且水位为满水时的 40% 以上的方式运转，通过使原水调整槽具备第一生物处理槽的功能，省略第一生物处理槽以求实现排水处理设备整体的容积削减（CN109661376A）。

为了提高好氧生物处理装置的氧溶解效率，栗田工业于 2000 年申请一种用于有机排水处理单元的曝气装置，使气体在短时间内有效且较少消耗能量溶解在排水中（JP3555557B2）。2019 年，栗田工业又申请一种好氧生物处理装置及其运转方式，在上下方向对氧溶解膜模块通气，并且经由排水配管向反应槽外部排出氧溶解膜模块的凝结水，因此将凝结水从氧溶解膜快速向反应槽外排出，并能够将氧溶解膜的氧溶解效率始终维持为高水平（CN111315691A、CN111542500A）。其技术方案如图 5-3-18 所示。

另外，栗田工业还对含有机硫黄化合物的废水处理进行研究。例如，2005 年，栗田工业申请一种通过串联地设置 2 个以上的需氧的生物反应槽的装置，每当对含有有机硫黄化合物的排水进行处理时，可通过简单的设备减少所产生的臭气，并且进行稳定的处理，获得良好水质的处理水；由于通过分别注入包含有机硫黄化合物的排水，减少所注入的每个反应槽的 BOD 负荷量，故即使在每个反应槽的氧要求量降低，不采用特殊曝气装置的情况下，仍可防止容易地处于缺氧状态的情况（CN1789169A）。

3）厌氧技术

栗田工业对厌氧反硝化进行了研究。例如，2001 年申请一种用自养反硝化微生物作为电子供体，亚硝酸盐作为电子受体的未加工废水的脱氮方法（JP5055667B2），随后于 2003 年又申请1 件相关主题的专利，利用 BOD 和含氮废水中的氮含量作为氨型氮作为电子供体（JP4496735B2）。

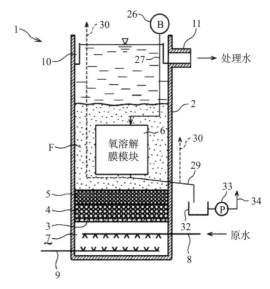

图 5 - 3 - 18　重点专利 CN111315691A 的技术方案

2008 年，栗田工业申请一种在使颗粒污泥产生崩解的条件下，能够防止颗粒污泥的崩解从而稳定地进行高负荷高速度的厌氧性处理方法。其通过供给形成颗粒污泥的微生物基质，在微生物中产生黏质物，提高颗粒污泥的强度从而防止崩解。对于作为使微生物中产生黏质物的物质，也可以使用淀粉这样的糖质代替亚硝酸或硝酸（CN101679085A）。

2015 年，栗田工业申请一种有机废水的厌氧处理方法和装置，设有一对将容器分割成生物反应室（A）和含载体的水接收室（B）的隔板，可以减少安装面积（WO2017051560A1）。其技术方案如图 5 - 3 - 19 所示。

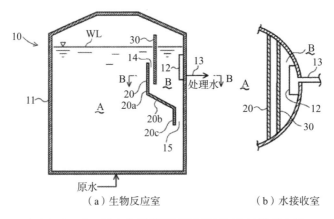

（a）生物反应室　　　　　　　　（b）水接收室

图 5 - 3 - 19　重点专利 WO2017051560A1 的技术方案

2019 年，栗田工业申请一种含锑废水的处理方法，将水溶性的五价锑与厌氧污泥接触，从而将锑从水相中移除（JP2020151648A）。

此外，栗田工业也对厌氧处理中涉及的载体进行研究。例如，2011 年，栗田工业申请一种厌氧处理方法中，将具有流动性的非生物载体填充于反应槽内，使在该非生物载体的表面上形成生物膜且在厌氧条件下使被处理水通过而进行厌氧处理时，防止反应槽内的载体上浮、因固着造成的阻塞，并且以简易的方法有效地恢复因气泡的附着而上浮载体的沉降性，进行稳定的高负荷处理（CN103228580A 和 CN103228581A）。

4）其他技术

栗田工业对流动床式生物处理装置进行了研究。例如，2010 年申请一种提供载体流动性良好、生物处理效率高的流动床式生物处理装置。当旋转旋转翼时，槽体内的液体通过从旋转翼所受到的离心力和旋转力，在槽体的上下方向的中间附近以放射方向且旋转方向流动，并碰撞槽体的内周面而区分为向上的旋转流动和向下的旋转流动，载体可以在槽体内形成良好的循环，在水面位置附近槽体的内周面停留的载体量减少，可以提高生物处理效率（CN102030403A）。其技术方案如图 5 - 3 - 20 所示。

随后在 2012 年，栗田工业又申请一种既能防止或抑制生物膜剥离又使得附着气泡从载

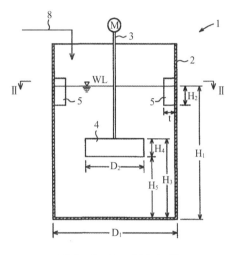

图 5 - 3 - 20　重点专利 CN102030403A 的技术方案

体扩散的流化床式生物处理装置。用回转板和固定板夹持在槽内浮上的载体，使得附着在该载体上的气泡扩散。该气泡扩散机构，能减小给与载体的冲击，既能防止或抑制生物膜剥离，又使得气泡扩散（CN102695681A）。

5.3.2　国内重要申请人

5.3.2.1　北京工业大学

（1）申请人基本情况

北京工业大学二级学院环境与能源工程学院在原化学与环境工程学系和热能工程学系的基础上，于 1999 年 1 月组建而成。其中的环境工程专业建立于 1978 年，是国内最早建立的环境工程专业。该学院拥有 1 名专职院士——彭永臻教授，1 个国家工程实验室——城镇污水深度处理与资源化利用技术国家工程实验室，1 个"111 计划"学科创新引智基地——京津冀区域环境污染控制创新引智基地，1 个北京市研究中心——北京市"污水脱氮除磷处理与过程控制工程技术研究中心"，1 个北京市国际科研合作基地——北京市"污水生物处理与过程控制技术"国际科研合作基地，1 个国家级教学团队水污染控制工程教学团队。

（2）专利申请情况

1）专利发展趋势

通过对北京工业大学的生物处理技术进行检索、排除噪声文献后共获得 620 项专利申请，其申请趋势如图 5－3－21 所示。

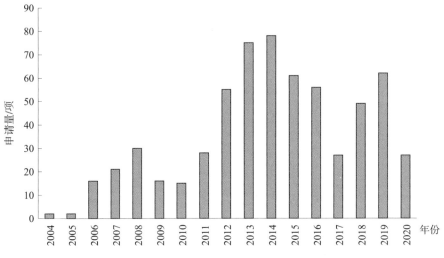

图 5－3－21　北京工业大学生物处理技术相关专利申请趋势

可以看出，北京工业大学最早在 2004 年申请生物法水处理相关专利，但早期申请较少，自 2012 年以后，专利申请数量显著增加，并于 2014 年达到高峰；随后有所下降，但每年仍有较多申请。可见，北京工业大学在该领域的研究总体保持着较高的热度。

2）目标地专利

通过对上述 620 项专利申请的目标地进行分析可以发现，只有 2 件 PCT、6 件美国专利申请，具体的申请情况如表 5－3－1 所示。

表 5－3－1　北京工业大学生物处理技术国外专利申请情况

公开号	同族公开号	优先权文件	第一发明人	技术领域
WO2020200262A1	CN109912030A	CN2019010259853	彭永臻	好氧和厌氧联用
WO2020220922A1	CN110015757A	CN2019010358952	彭永臻	厌氧
US2016123949A1	CN104360035A CN104360035B US10539546B2 US2018164272A1	CN2014010602859	韩红桂	智能优化控制方法
US2016140437A1	CN104376380A CN104376380BB US9633307B2	CN2014010655729	韩红桂	智能优化控制方法

续表

公开号	同族公开号	优先权文件	第一发明人	技术领域
US2018029900A1	CN106295800A CN106295800B US10570024B2	CN2016010606146	韩红桂	智能优化控制方法
US2018276531A1	CN107025338A CN107025338B	CN2017010186738	韩红桂	智能优化控制方法
US2019359510A1		CN201810499231X	韩红桂	智能优化控制方法
US2020024168A1	CN108898215A US10919791B2	CN2018010790763	韩红桂	智能优化控制方法

由此可见，北京工业大学的生物处理技术的专利申请主要集中在国内，全球布局弱。

（3）重要专利技术

北京工业大学在生物处理技术领域有多个课题组，研究方向各有侧重。其中，最知名的是彭永臻院士团队，他们的研究主要集中在好氧和厌氧联用技术与自动控制/智能控制方面，同时在好氧技术、厌氧技术等方面也有较多涉足。另外，李冬课题组对厌氧硝化工艺方面进行深入的研究，包括亚硝化颗粒污泥的高效培养、厌氧氨氧化生物反应快速启动和恢复；杨宏课题组对生物活性载体填料及其制备方法进行了深入研究，韩红桂课题组对污水处理系统的智能优化控制方法进行研究。

1）彭永臻课题组

彭永臻院士的研究团队在国内生物处理技术技术领域处于领先地位，他们的主要研究方向为污水生物处理的理论与应用、污水处理系统的自动控制与智能控制、脱氮除磷的新工艺与新技术。

① 好氧和厌氧联用技术

课题组通过对工艺的装置进行改进以实现工艺优化。例如，CN2711156Y 公开在传统的一段 SBR 工艺的基础上改进为两段 SBR 工艺，两个 SBR 反应器之间设置出水转换装置，可以解决无法控制异养菌与硝化菌同时处于最佳的生存环境、降低处理效率以及出水有机物浓度过高的问题。CN1903745A 公开在 UCT 工艺装置中将好氧反应器分成两级，两个好氧反应器之间设有脱氧反应器，实现以亚硝酸盐作为电子受体的反硝化除磷，具有稳定的出水水质和较低的能耗。CN1907889A 公开在城市生活垃圾渗滤液生化处理方法中，采用两级 UASB + A/O 工艺，缺氧反硝化和厌氧产甲烷同时在一级 UASB（II）中进行，在二级 UASB（III）进一步进行厌氧产甲烷反应，可以实现不经任何物化处理，通过生物处理实现可生化有机物和高氨氮的几乎全部去除，大大提高城市生活垃圾渗滤液处理效率。CN20101110580Y 公开采用三套控制回路改进的曝气控制装置，以控制系统低氧运行且不受冲击负荷的影响。CN101113060A 将 A^2/O 工艺升级为厌氧－缺氧1－好氧1－缺氧2－好氧2（$A^2/O + A/O$）工艺，并可针对不同的进水水质和水量，通过开启缺氧2区的曝气和搅拌以及旁流泵的开关来优化（$A^2/O + A/O$）工艺的营养物去除性能，可以实现（$A^2/O + A/O$）工艺内充分发挥反硝化除磷性能和高效利用进水碳源，有效提高出水水质，明显减少运行费用和改善运行状况。CN101186390A 针对目前氧化沟工艺生物除磷效果较差的问题，在传统氧化沟处理装置的基础上，增设厌氧池、缺氧池 A 和缺氧池 B，开发具有反硝化除磷能力的新型氧化沟工艺，增强其除磷能力。CN202688093U 通过将 A/O 工艺缺氧段增加一道隔墙，变成前置预缺氧反硝化段和厌氧段，污泥回流至预缺氧反硝化段；硝化阶段改良为缺氧/好氧交替运行模式，同时将原水分四点进入各缺氧段和厌氧段，可以实现低浓度污水高效同步脱氮除磷效果。CN108217948A 在传统 AUSB 全程好氧连续流反应器的基础上，提高反应器内部曝气盘的高度为距离反应器底部 50cm，形成高度为 0~50cm 的厌氧区和 50~150cm 的好氧区，同时通过调节水力停留时间以及好氧区的溶解氧，可以实现亚硝化的稳定运行。CN110078213A 公开一种 SBR/厌氧折流板反应器强化厌氧氨氧化处理城市污水稳定运行的装置与方法，通过实时控制启动部分短程硝化反硝化反应器，通过应用厌氧折流板反应器来为厌氧氨氧化菌提供厌氧环境，与此同时向反应器中投加三氯化铁，联合厌氧折流板反应器中污水呈升流式的特点，促进颗粒污泥的快速形成，可以有效持留厌氧氨氧化菌。

课题组在工艺参数方面也作了大量研究，从而提高处理效率，扩大应用范围等。CN1887740A 公开在城市垃圾渗滤液短程深度生物脱氮方法中，根据进水碳氮比，调整出水回流比和污泥回流比，使 A/O 反应器 IV 缺氧区游离氨一定范围内，实现只抑制 $NO_2^- - N$ 氧化菌，但不抑制 $NH_4^+ - N$ 氧化菌；通过"氨谷"有效准确地控制曝气时间维持稳定的短程硝化，而后分别通过处理水回流和污泥回流完成短程生物脱氮，从而实现短程硝化反硝化节省 25% 供氧量，可以节约 40% 反硝化所需碳源和减少污泥生成量。CN101074137A 公开在中国城市污水中 C/N 比普遍偏低的情况下，利用倒置 A^2/O 反应器，通过外加碳源控制进水 C/N 比和 C/P 比，可以提高工艺脱氮除磷效果。CN101130447A 通过优化 A^2/O 工艺二沉池内反硝化和磷释放，可以实现高效率低消耗。CN101264978A 通过控制整个反应过程的温度、硝化阶段水中溶解氧浓度、系统污泥平均停留时间，并通过基于在线参数 pH 变化特征点实时控制 SBR 法短程深度脱氮的曝气量和反硝化时间，以快速实现 SBR 法短程深度脱氮，适于处理低 C/N 比的污水。CN102432106A 公开一种 A－A^2O 连续流污水脱氮除磷系统及短程脱氮方法，通过调控好氧区 DO 浓度、好氧区名义水力停留时间、好氧区实际水力停留时间实现短程脱氮，拓宽短程脱氮的应用范围，可用于指导连续流的污水生物脱氮除磷系统实现短程脱氮的运行调控。CN102583743A 通过工艺调整使反硝化聚磷菌成为 AAO 单元的优势菌属，实现聚磷菌和硝化菌的分离、二沉池沉淀和贮泥功能的分离、曝气生物滤池硝化和过滤功能的分离，最终可以实现组合系统节能、稳定、高效脱氮除磷和污泥减量。CN103058377A 将连续曝气改为间歇曝气运行，控制曝气参数，如曝停比、曝气和停曝时长，可以实现亚硝化的恢复。CN103880181A 通过控制低曝气，并通过间歇曝气段深度处理、污泥筛选和抑制释磷等作用，强化回流污泥活性，提升系统污泥浓度，延长污泥龄，使氨氧化细菌和反硝化除磷菌富集于系统内，可以成功实现稳定的连续流 A^2/O 工艺的短程硝化反硝化除磷。CN104556381A 将内碳源脱氮技术与 UCT 分段进水工艺结合起来，在最后一段好氧区后增加一缺氧反应区，开发具有内碳源反硝化和同步硝化反硝化效果的深度脱氮工艺，在无外加碳源的条件下提高污泥内碳源的储存能力，强化同步硝化反硝化效果，可以提高总氮去除率，并减少污泥排放量。CN107032488A 通过逐步加大进水氨氮负荷，长时间的厌/缺氧对 NOB 进行饥饿处理，实现城市污水短程硝化内源反硝化脱氮，达到深度脱氮除磷的目的。CN108675448A 通过活性污泥硝化菌群在饥饿条件下和活性恢复期的不同生理特性，采用低基质缺氧饥饿处理的方式，使得衰减速率较低的氨氧化菌（AOB）相比亚硝酸盐氧化菌（NOB）更好地维持活性，并且在后续活性恢复期，活性恢复速率较快的 AOB 相比 NOB 更快地恢复活性，从而实现短程硝化。CN108840433A 通过梯度控制溶解氧实现推流式一体化短程硝化/厌氧氨氧化处理城市生活污水。CN109721159A 通过缺好氧交替，实现同步短程硝化反硝化联合厌氧氨氧化处理低碳城市污水，适用于低 C/N 城市生活污水，能够减少曝气量，降低能耗，提供碳分离的有效手段，减缓有机物的消耗速度，提高脱氮除磷效率，同时实现剩余污泥的减量化。CN109824145A 通过调控菌群结构快速实现生活污水自养脱氮，在过程中通过额外添加厌氧氨氧化颗粒污泥和即采用间歇曝气的方式来强化自养脱氮。CN110451643A 在多级 A/O 好氧段和厌氧段分别添加厌氧氨氧化菌胞外聚合物（LB‒EPS），促进多级 A/O 生物膜的形成、更替，提高多级 A/O 处理低温市政污水效果，又不会对厌氧氨氧化细菌和多级 A/O 工艺中微生物种群造成伤害。CN111995049A 公开一种基于双聚磷菌协同作用强化生物除磷的方法，减少对进水 VFA 的依赖，同时在好氧段两者共同吸磷，有效强化生物除磷。

　　在污水处理领域，通常使用多级技术耦合工艺，而不同生物法的耦合工艺也是常用手段。CN103086511A 公开一种利用序批式反应器，将污泥发酵作用与城市污水的脱氮和除磷过程作用耦合在同一体系中，使得污泥发酵产生的易降解碳源可以及时被聚磷菌和反硝化细菌消耗，强化低 C/N 比城市污水的脱氮效果，避免发酵过程中产物积累导致发酵反应速率减缓的问题，同时实现初沉污泥的初步稳定。CN103288211A 公开利用缺氧/好氧 SBR‒DEAMOX 脱氮工艺处理低 C/N 比城市污水，一部分城市污水首先进入缺氧/好氧 SBR 反应器，经过前置反硝化和硝化反应，产生的硝化液与另一部分原污水混合后再进入部分反硝化耦合厌氧氨氧化（DEAMOX）反应器进行脱氮，利用原水中碳源，无须外加碳源，可以节省曝气能耗。CN104163493A 公开一种微曝气硝化联合污泥发酵耦合反硝化处理低碳氮比生活污水的方法，硝化阶段采用微曝气，反硝化阶段无须投加外碳源，最终实现在同一反应器内进行污泥内碳源开发、硝化反应和发酵耦合反硝化反应的目的。CN105621615A 公开将倒置 A^2/O 分段进水工艺和好氧颗粒污泥法相结合，脱氮除磷效果稳定，节能降耗，抗水量水质波动强。CN105776538A 公开将单级 SBBR 短程同步硝化反硝化除磷耦合厌氧氨氧化处理低碳生活污水在能源节约、碳源充分利用的基础上，实现生活污水的同步深度脱氮除磷。CN108862581 通过

AO生物膜+污泥发酵耦合反硝化实现污水深度脱氮同步污泥减量，适用于低C/N比、高氮负荷污水深度脱氮。CN109912032A采用AOA-SBR的运行方式，实现较高的亚硝积累率，通过厌氧氨氧化以及反硝化作用达到低C/N比污水的深度脱氮的目的，通过厌氧释磷和好氧吸磷作用达到深度除磷的目的，在AOA-SBR中实现异养与自养耦合污泥减量同步脱氮除磷。

② 好氧技术

在工艺装置改进方面，CN102923840A设计一种用于倒伞曝气机中的可调式集成叶轮，以解决现有叶轮的结构无法根据实现需要进行调整的问题，通过增加叶片后倾角α的角度，使叶轮的曝气功能微降而使推流效果得到增强。

在工艺参数改进方面，CN101306871A公开SBR工艺供氧节能优化控制方法，通过采用频率作为过程控制参数，实时控制SBR法脱氮过程的反应时间，从而提高反应效率，减少反应时间，节约曝气能耗。CN101423290A公开一种常温污水处理系统中硝化菌群AOB与NOB竞争优势的调控方法，用于常温下全程硝化生物脱氮系统实现由普通的全程硝化污泥启动并维持短程硝化。

在好氧颗粒污泥培养方面，CN102583705A公开一种主要采用序批式活性污泥法快速富集亚硝酸盐氧化菌的培养方法。通过逐渐提高培养液中亚硝酸盐浓度及溶解氧过程控制的方法进行富集，使污泥中的异养菌和氨氧化菌的生长受到明显抑制，最终促使富集的亚硝酸盐氧化菌在活性污泥中占微生物细菌总数量的85%~90%，并耐受越来越高的亚硝酸盐浓度，最终达到处理浓度高达1000mg/L的亚硝酸盐废水，使废水中高浓度亚硝酸盐降到0.2mg/L以下。CN104163490A公开一种通过好氧饥饿快速实现城市污水短程硝化的方法，利用氨氧化细菌和亚硝酸盐氧化细菌对于好氧饥饿环境不同的饥饿敏感性，较高的NOB好氧衰减速率使得NOB大量衰亡；曝气时间和污泥龄的控制可以进一步实现AOB优势菌种地位的长期维持。

③ 厌氧技术

在工艺装置改进方面，包括厌氧处理装置、启动装置等方面的改进。例如，CN101003404A公开一种升流式复合厌氧水解酸化处理装置及其方法，可以解决现有工艺水解酸化效率低、易堵塞、构造复杂的问题。CN102976483A采用UASB用于快速启动厌氧氨氧化颗粒污泥。CN104628131A采用轻质悬浮填料为载体，使短程反硝化污泥附着在填料表面，以进水中有机碳源为电子供体，将进水中硝酸盐不断还原为亚硝酸盐，可以有效解决上流式反硝化反应器中污泥上浮及流失的问题。CN105347476A公开一种短程反硝化除磷耦合厌氧氨氧化的装置，主要由一个厌氧/缺氧（A2SBR）和一个短程硝化反应器（N-SBR）组成，实现低C/N比生活污水深度脱氮。CN105923760A公开一种利用群体感应机制快速形成厌氧氨氧化颗粒的装置，在主体反应器中添加信号分子发生装置，信号分子扩散入主反应器中，使厌氧氨氧化絮体污泥快速形成颗粒污泥，在形成颗粒污泥的同时，厌氧氨氧化菌的活性也有显著提高。CN106145337A公开一种改良DEAMOX连续流工艺处理高浓度NO₃⁻-N废水和城市污水的装置，将沉降性能良好的短程反硝化颗粒污泥和厌氧氨氧化颗粒污泥投加至反应器内，连续流反应器中增设缺氧搅拌强化底物传质，解决传统连续流反应器沟流和死区现象导致脱氮效果差的问题。CN107010723A 公开一种两级厌氧氨氧化对垃圾渗滤液深度脱氮控制方法与装置，解决垃圾渗滤液深度脱氮耗能高的问题。CN10668566A 公开将污泥发酵耦合短程反硝化串联二级厌氧氨氧化实现污泥减量与总氮去除，既降低污泥处置的费用又节约碳源，同时为厌氧氨氧化菌提供更适宜的生存条件，从而实现污泥减量与总氮去除。其技术方案如图 5 - 3 - 22 所示。CN112408593A 公开一种基于 FA 预处理强化同步短程反硝化厌氧氨氧化耦合原位发酵深度脱氮装置与方法，在无须外加碳源的情况下，可以实现低 C/N 生活污水和硝酸盐废水的经济高效脱氮。

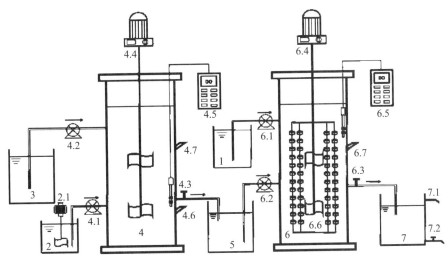

图 5 - 3 - 22　重点专利 CN10668566A 的技术方案

　　在工艺参数改进方面，包括碳氮比、污泥停留时间、水力停留时间、菌、污泥或添加剂种类、固定方法等的调整。例如，CN101602545A 通过甲醇或其他外加碳源调整污水的碳氮比并将其控制在 2.4 ～ 3.2 之间，利用 pH 的变化特征指示活性污泥法的反硝化过程，最终实现将污水中硝酸盐转变为亚硝酸盐，获得稳定的亚硝酸积累。CN103112948A 将少量厌氧氨氧化颗粒污泥破碎后与普通厌氧发酵污泥及好氧活性污泥混合均匀，制得的颗粒污泥中厌氧氨氧化细菌含量较高，适合处理低氨氮废水。CN103663687A 公开可降解硝酸盐氮的厌氧氨氧化菌的培养方法。CN104909455A 利用甜菜碱作为添加剂，有效缩短厌氧氨氧化系统在遭受盐度负荷冲击时厌氧氨氧化活性的恢复时间，提高氮去除速率，实现更高的总氮去除率。CN104909452A 利用氨氧化过程中电子受体促进污泥消化液中慢速生物降解 COD 降解，并且降低污泥消化液氮磷排放。CN105858880A 公开一种固定化厌氧氨氧化耦合短程反硝化处理城市污水和硝酸盐废水的方法，选取聚乙烯醇和海藻酸钠作为包埋剂进行厌氧氨氧化细胞固定化，将制备得到的厌氧氨氧化凝胶小球应用于厌氧氨氧化 - 短程反硝化处理城市污水和硝酸盐废水的 SBR 系统中，固定化小球中的厌氧氨氧化菌不易受到抑制，可以增强该系统处理过程的稳定性。CN112250171A 通过投加蒽醌启动以生活污水中有机物为碳源的短程反硝化，无须外加碳源，可以实现硝酸盐废水与生活污水的同步去除，节约碳源等。

④ 污水处理系统的自动控制与智能控制技术

课题组对污水处理系统的自动控制与智能控制研究较早且持续进行，通过对反应进程中的特定重要参数进行实时监控，从而实现工艺条件的智能化控制，提高处理效能。

课题组通过对污水处理系统的曝气量和反应时间进行在线控制，准确地把握反应进程，如通过测量氧化还原点位（ORP）控制曝气时间。早在 2002 年 6 月 14 日彭永臻就以个人名义申请 1 件发明专利——间歇式活性污泥水处理法工艺模糊控制方法及其控制装置（CN1387099A）。其通过采集 ORP、DO 和 pH 信号作为模糊控制参数，准确地把握有机物降解反应过程进行的程度，及时地采取相应措施，确保出水水质达标，并节省运行费用，实现自动智能化控制。其技术方案如图 5 - 3 - 23 所示。再如，CN1850657A 通过过程控制参数，实时控制 SBR 法脱氮过程的曝气量、反应时间，以提高生化反应的速率，减少反应时间，节约成本。CN1948184A 通过 DO 在线监测仪监测在氧化沟曝气池内形成的宏观好氧 – 缺氧环境，通过 ORP 在线监测仪监测在氧化沟曝气池内形成的微观好氧 – 缺氧环境，利用计算机变频鼓风机曝气量，保证宏观和微观状态的硝化反应和反硝化反应同时进行，实现 A^2/O 氧化沟工艺同步硝化反硝化总氮 80% 以上的去除率和氨氮 90% 以上的去除率，并且同步硝化反硝化生物脱氮过程可以稳定进行。CN101306878A 公开在 CAST 分段进水深度脱氮的过程控制中，通过增加缺氧搅拌阶段，并采用变时长好氧/缺氧的方式运行，控制好氧曝气和缺氧搅拌的时间由实时过程控制策略来实现，使在进水污染物浓度发生较大变化时仍能准确地控制交替好氧/缺氧时间，使整个系统的抗冲击负荷能力大大提高，同时，设定值范围内，大大降低曝气运行费用，提高系统抗冲击负荷能力，出水效果好。CN109721156A 公开在间歇曝气一体化/短程反硝化厌氧氨氧化处理晚期垃圾渗滤液的方法中，通过控制曝气量使得反应器在曝气阶段溶解氧为 0.1 ~ 0.5mg/L，实现短程硝化/厌氧氨氧化反应；通过曝气/缺氧搅拌，缺氧搅拌当 pH 曲线的一阶导数小于 0.3 时停止搅拌。

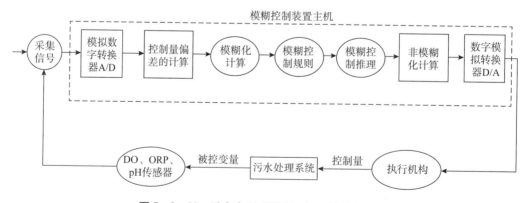

图 5 - 3 - 23　重点专利 CN1387099A 的技术方案

在脱氮除磷过程控制中，课题组通过在线采集 ORP、硝酸盐、pH 等数据，以调节外碳源加入量、监控氨氮浓度，从而实现反应进程优化、减少外碳源加入量、节约成本等。例如，CN101012088A 公开在分段进水 A/O 生物脱氮工艺低氧曝气控制方法中，通过实时采集好氧区 DO 浓度、氨氮浓度和最后一段缺氧区的氨氮浓度，来反映系统进水负荷的变化，实时调整曝气量，使好氧区 DO 浓度保持在设定值范围内。CN101570383A 公开了一种深度脱氮除磷装置及过程控制方法，将倒置 A^2/O 工艺和分段进水工艺联合，不需设置硝化液内回流，在第一段设置厌氧反应器，第二段和第三段缺氧反应器分别安装 ORP 在线传感器和硝酸盐在线传感器，以在线采集 ORP 和硝酸盐数据作为过程控制器的输入，经模糊化处理输出并作用于执行机构变频器及外碳源投加计量泵的开启或关闭，节约外投碳源量，如图 5 - 3 - 24 所示。CN103011507A 公开在短程硝化联合厌氧氨氧化对垃圾渗滤液深度脱氮处理的控制方法中，通过实时 ORP 和 pH 监测控制，准确控制反硝化搅拌时间、有机物去除和短程硝化曝气时间，具有节省能耗、缩短反应时间、不需要外碳源、TN 去除率高等优点。类似的实时监控还有 CN103496818A、CN103880183A、CN104761056A、CN104944583A、CN106045033A 等。

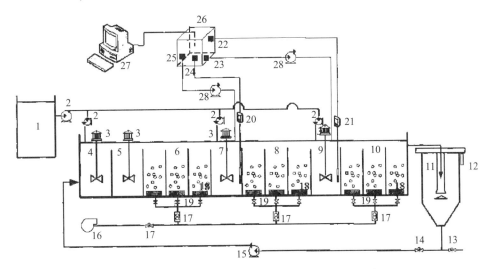

图 5 - 3 - 24　重点专利 CN101570383A 的技术方案

课题组通过活性污泥反应动力学计算，确定初始溶解氧设定值并通过计算机设定规则。例如，CN1966426A 公开一种 Orbal 氧化沟脱氮工艺溶解氧控制装置，根据分析的进水水质，通过活性污泥反应动力学计算，确定各沟道初始溶解氧设定值，并由计算机控制过程控制器，通过三沟道的曝气变频控制器控制鼓风机的曝气量；当水质水量发生改变时，通过各沟道内溶解氧的变化情况及设定规则，调整鼓风机曝气量。CN101880111A 公开一种 A^2/O - BAF 实时控制装置，在线采集出水箱中的氨氮浓度得到实时控制变量调整气泵的曝气量；在线采集出水箱中的硝态氮浓度得到实时控制变量调整蠕动泵的回流比；在线采集出水箱中的 TP 浓度得到实时控制变量调整蠕动泵的回流比，可以克服传统污水生物脱氮除磷工艺的局限性。

课题组通过控制进水负荷动态变化和恒定溶解氧，实现非稳态进水水量。例如，

CN102053615A 公开一种非稳态分段进水深度脱氮除磷过程控制系统及控制方法，上位 PC 机通过以太网与可编程控制器 PLC 控制器连接；PLC 控制器与对进水负荷动态变化控制与恒定溶解氧控制的电机/变频控制柜连接；控制柜与执行机构及监测装置连接；进水负荷动态变化包括进水相位角变化流程、周期变化流程和正弦曲线波峰波谷变化流程；控制进水负荷动态变化和恒定溶解氧，实现非稳态进水水量条件下改良分段进水工艺性能。其技术方案如图 5-3-25 所示。

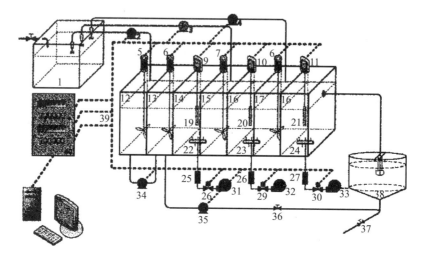

图 5-3-25　重点专利 CN102053615A 的技术方案

课题组还研究了基于神经网络模型预测 pH 变化来实现 SBR 短程硝化。CN106745739A 利用实时控制策略控制曝气时间，以长期运行稳定的 SBR 数据为基础数据，建立 3 层 BP 神经网络预测模型，提前预测 pH 变化曲线，根据预测的 pH 变化点，提前设定停止曝气时间，防止 $NO_2^- - N$ 进一步氧化，达到快速实现短程深度脱磷的效果。

2）李冬课题组

李冬课题组的主要研究领域为城市水系统健康循环、城镇污水处理技术、饮用水安全保障技术等。该课题组在生物技术水处理领域共申请专利 103 项，其中在厌氧消化工艺方面进行深入研究，包括亚硝化颗粒污泥的高效培养、厌氧氨氧化生物反应快速启动和恢复。

在亚硝化颗粒污泥的高效培养方法方面，例如，CN103121750A 采用柱状间歇序批式反应器，包括驯化活性污泥的亚硝化性能阶段、颗粒污泥培养阶段、颗粒污泥强化阶段和处理能力强化阶段，培养出具有亚硝化性能稳定、污泥浓度高、处理能力强等特点的高效亚硝化颗粒污泥。CN103539260A 采用 UASB 反应器，通过提高进水流量和回流比，经过颗粒污泥培养阶段、颗粒污泥强化阶段、颗粒污泥稳定阶段，在 70d 内，可以实现总氮去除负荷达到 6.5kgN/m³/d，平均粒径为 2.0mm，成功强化厌氧氨氧化颗粒污泥。CN104261555A 利用连续流反应器内存在着较强的水流剪切力，可以促进全程自养脱氮污泥的颗粒化进程，在连续流反应器内形成的颗粒污泥结构更加稳定。

　　该课题组在厌氧氨氧化生物反应快速启动方面的研究也较多。例如,针对城市污水厌氧氨氧化生物自养脱氮方面,CN101343116A 通过在常温条件下采用生物膜滤池系统,直接接种厌氧氨氧化菌,通过调整反应器的设备运行参数,使生物膜滤池系统满足厌氧氨氧化菌驯化和扩增的环境,并可以快速实现城市污水厌氧氨氧化生物自养脱氮反应器的成功启动。针对常温低氨氮废水工艺方面,CN10262924A 通过构建以亚硝化菌和硝化菌为主导的微生物系统,优化亚硝化菌与厌氧氨氧化菌共存的微环境,成功地启动 CANON 工艺,可以解决长期以来厌氧氨氧化菌生长富集较慢的难题,降低单级自养脱氮系统启动的难度。针对常温低基质下厌氧氨氧化工艺,CN102718314A 在以火山岩为滤料的上向流生物滤池中,采用连续曝气驯化培养硝化生物膜,采用间歇曝气/厌氧的方式进行 ANAMMOX 菌的筛选和富集,最后在厌氧后投加具有一定量的 ANAMMOX 菌进行快速诱导,在出现厌氧氨氧化特性的基础上,继续降低水力停留时间,可以提高进水负荷,实现 ANAMMOX 工艺在常温低基质污水下的启动;CN102897910A 通过在常温条件下适应高基质的厌氧氨氧化反应器,经过变基质启动阶段、变负荷启动阶段、生活污水启动阶段及生活污水运行阶段四个阶段,可以实现由高基质厌氧氨氧化工艺启动处理生活污水厌氧氨氧化工艺。针对快速启动厌氧氨氧化颗粒污泥方面,CN102976483A 采用 UASB 工艺,上部为生物膜反应区、下部为活性污泥区的 UASB 反应器,经过生物膜固定阶段、活性污泥启动阶段、颗粒污泥强化阶段;CN103058365A 采用升流式厌氧污泥床,反应区上部的 1/4～1/3 体积装填粒径 4～5mm 的火山岩填料,接种成熟厌氧氨氧化与亚硝化混合污泥,在低滤速下,逐渐培养为颗粒污泥,之后不断提升断面滤速,强化培养颗粒污泥,并通过改变水质强化其处理性能,最终实现其对于生活污水的处理。CN103058364A 和 CN103693734A 通过调节反应参数如进水氨氮浓度、曝气量等实现快速启动亚硝化。CN103058370A 通过在 SBR 反应器内利用反应前期的前置厌氧搅拌策略可以快速启动亚硝化。CN103880170A 可以实现连续流方式下处理城市生活污水的亚硝化颗粒污泥的启动。CN103896394A 可以实现间歇流方式下再生城市生活污水的 CANON 颗粒污泥的启动。

　　在亚硝化恢复方面,CN103058376A 针对亚硝化工艺对环境条件敏感等特点,采用连续曝气、前置厌氧、控制前置厌氧时间与曝气时间比例等措施,可以实现常温低氨氮条件下的亚硝化性能快速恢复。CN103539258A 在常温条件下,以生活污水为基础用水,通过控制进水的氨氮质量浓度和曝气时间来实现亚硝化颗粒污泥的恢复。

　　3）杨宏题组

　　杨宏课题组在生物技术水处理领域共申请专利 76 项,主要集中在生物活性填料种类及其制备方法的研究。

　　三明治型多层固定化生物活性填料,由包埋体和无纺布载体两部分组成,包埋液由细菌浓缩液和聚乙烯醇溶液混合组成,将包埋液均匀涂布于无纺布载体上,多层载体叠加在一起,经硼酸二次交联固定后形成类似三明治结构的层状填料,再经切割制成颗粒状生物活性填料。无纺布载体的纤维丝能够稳定地结合包埋体,并且包埋体和无纺布载体相间排布的形式,可以增加活性填料的稳定性（CN103951041）。该填料可以用于厌氧氨氧化细菌（CN103193315A、CN103951053A）、硫氧化细菌（CN103193315A、CN103951033A）、硫酸盐还原菌（CN103951087A）的固定化。另外，还可以将三明治型多层固定化生物活性填料切割成颗粒状（CN103951080A）。

基于网状载体的直筒状生物活性填料，由包埋体和载体两部分组成；载体是以聚乙烯、聚丙烯为主要材料，并添加聚乙烯醇亲水材料经热熔或板材热压而成的直筒状载体；载体的网状结构，可使包埋体贯穿网孔和载体形成铆固结构而增加填料整体稳定性；包埋液由细菌浓缩液和聚乙烯醇溶液混合组成；包埋液均匀涂布于网状载体上，经硼酸二次交联后形成包埋体，并结合直筒状网状载体得到氨氧化细菌直筒状生物活性填料，不仅可以解决硝化细菌优势建立困难、易流失等问题，而且可以提高反应器处理能力，缩短启动时间（CN103951084A）。该填料可以用于厌氧氨氧化细菌（CN103951042A）、硫氧化细菌（CN103951085A）和硫酸盐还原菌（CN103951088A）、反硝化细菌（CN103951050A、CN103951074A）的固定化。

基于聚氨酯载体的生物活性填料，由包埋体和聚氨酯载体两部分组成；聚氨酯泡沫载体的多孔结构，可为微生物提供非常良好、相对安定的生存环境，有利于微生物的附着、繁殖；包埋液由细菌菌悬液和聚乙烯醇溶液混合制成；可采用整张聚氨酯泡沫作为包埋载体，通过挤压等方式使包埋液浸入聚氨酯泡沫内部，经硼酸二次交联后形成包埋体，并结合于聚氨酯载体后，制成符合要求的填料形状得到生物活性填料。这不仅可以解决硫氧化细菌易流失等问题，还可以缩短反应器的启动时间，可用于硫氧化细菌（CN103951052A）、反硝化细菌（CN103951079）、氨氧化细菌（CN103951040A）、硝化细菌（CN103951039A）的固定化。

以立体三维网状聚乙烯醇纤维为骨架材料的颗粒状生物活性填料，由包埋体和纤维丝骨架两部分组成；包埋体由含细菌的包埋液经硼酸二次交联得到；包埋体嵌入纤维丝之间的孔隙中，骨架中的不规则纤维丝与包埋体结合为一个稳定的有机整体，将由立体不规则聚乙烯醇纤维丝组成的纤维块浸泡于细菌浓缩液和聚乙烯醇溶液混合而成的包埋液中，随后经硼酸二次交联固定后清洗，再经切割制成颗粒状生物活性填料（CN103952391A）。制备的生物活性填料稳定性好，可用于硫氧化细菌（CN103951086A）、硫酸盐还原菌（CN103951032A、CN103952390A）、反硝化细菌（103951078A）、氨氧化细菌（CN103951077A、CN103951046A）的固定化。

基于网状载体的星形生物活性填料，由包埋体和载体两部分组成，载体是以聚乙烯、聚氯乙烯、聚丙烯、ABS树脂为主要材料，添加聚乙烯醇后，经热熔或板材热压而成的网状星形载体。包埋液由细菌悬液和聚乙烯醇溶液混合组成并均匀涂布于网状载体上；包埋体由包埋液经硼酸二次交联固定后形成，并结合于网状载体上，得到生物活性填料（CN103951076A）。所制备的生物活性填料的网状载体结构，可使包埋体贯穿网孔形成铆固结构而增加填料整体稳定性；填料之间可始终处于蓬松状态，不会出现堵塞、水流短路等问题，生物活性填料处理效率高，性能稳定，可用于厌氧氨氧化细菌（CN103951051A、CN103951073A）、硫氧化细菌（CN103951071A）的固定化。

基于网孔结构的微孔生物膜载体填料，载体主材料为聚乙烯或聚丙烯的高分子聚合物，并添加辅助材料聚乙烯醇和石灰石粉末；整体结构呈网筒状，同时在网筒外沿网丝方向每间隔几条网丝设置一条高鳍翼片，高鳍翼片与网筒成一体结构，高鳍翼片与网筒的材料一致；生物膜载体含有两级空隙，一级微泡空隙是由发泡过程形成，二级微细空隙是由石灰石微小颗粒酸溶出形成（CN105906035A）。

基于网状条带微米级活性炭固着基水处理填料，网条状以网孔结构为基本特征的载体骨架材料，在这特定骨架材料的基础上利用薄层 PVA 为固着基材，表面敷以微米级活性炭细微颗粒，通过聚乙烯醇交联过程，微米级活性炭细微颗粒稳固黏结在具有网孔结构的圆筒状载体骨架材料表面，最终形成具有微米级活性炭细微颗粒表面的又具有网孔的网条状填料。该填料由于具有较好的水力学结构特征，又具有非常适合于细菌附着生长的活性炭表面，适合于污、废水生物处理（CN108751392A）。

4）韩红桂课题组

韩红桂课题组主要负责系统智能优化控制方法的研究，在智能特征建模、自组织模糊控制和多目标智能优化等方面取得创新性理论和实用技术，可以解决城市污水处理等行业的多个瓶颈问题。其在生物技术水处理领域的专利申请共有 12 项，均涉及污水处理系统的智能优化控制方法。

2008 年，课题组申请关于活性污泥吸附和稳定过程模拟的退火元胞自动机方法。其利用退火元胞自动机规则模拟活性污泥系统曝气池内污泥吸附和稳定的生化反应过程，较好地模拟微生物吸附分解有机物的情况，并很好地模拟活性污泥生长模式曲线的对数期、静止期和衰亡期，与理论上的活性污泥生长模式曲线基本一致，最终结果与实际的污泥浓度相差很小（CN101306872A）。

2009 年，课题组申请基于动态径向基神经网络溶解氧的控制方法，设计用于污水处理过程中溶解氧（DO）控制器的动态 RBF 神经网络拓扑结构，校正样本数据，训练神经网络，利用训练好的 RBF 神经网络对 DO 进行控制，期望 DO 浓度与实际输出 DO 浓度的误差及误差变化率作为 RBF 神经网络的输入，RBF 神经网络的输出即为变频器的输入，变频器通过调节电动机的转速达到控制鼓风机的目的，最终控制曝气量。整个控制系统的输出为实际 DO 浓度值，提高控制器的控制效果，能够快速、准确地使 DO 达到期望要求，可以解决当前基于开关控制和 PID 控制自适应能力较差的问题（CN101576734A）。

2011 年，课题组申请关于前置反硝化污水处理过程的优化控制方法，综合考虑出水水质、曝气能耗和泵送能耗，采用基于分工策略的粒子群优化技术动态优化好氧区溶解氧浓度和缺氧区硝酸氮浓度的设定值，底层比例积分控制器根据优化后的设定值实时调节氧气转换系数和内回流量，实现前置反硝化污水处理过程的优化控制，保证出水水质要求下减少运行费用，降低污水处理成本，促进污水处理厂高效稳定运行（CN102161551A）。

2013 年，课题组申请基于非线性模型预测的污水处理过程多目标控制方法，通过建立污水处理过程预测模型，利用非线性模型预测控制方法进行多目标控制，可以实现对污水处理过程中 DO 和硝态氮（SNO）浓度的控制，从而提高控制效果，能够快速、准确地使 DO 和 SNO 达到期望要求（CN103197544A）。

2014 年，课题组申请一种基于自组织粒子群 – 径向基神经网络的污水总磷 TP 软测量方法，并利用实时数据对出水总磷 TP 软测量方法进行校正，可以实现对污水处理过程出水总磷 TP 的预测，解决出水总磷 TP 难以测量的问题（CN104360035A）；申请基于递归自组织神经网络的氨氮浓度预测方法，利用一种递归自组织神经网络实现对关键水质参数氨氮浓度的预测，可以解决出水氨氮浓度难以测量的问题（CN104376380A）。这两项技术有利于加强城市污水处理厂精细化管理和提升实时水质质量监控水平，且都已申请美国专利并获得授权。

2016 年，课题组申请基于递归自组织 RBF 神经网络的出水总氮 TN 智能检测方法，利用基于递归自组织 RBF 神经网络建立出水总氮 TN 的软测量模型，可以完成出水总氮 TN 浓度的实时检测，取得较好的精度，提高污水处理的质量和效率，保证污水处理过程的稳定安全运行（CN106295800A）。该技术同时已申请美国专利。

2016 年，课题组还申请污水处理过程多目标实时优化控制方法，实现对污水处理过程中 SO 和 SNO 浓度的优化控制，可以解决污水处理过程多目标实时优化控制的问题，在保证出水水质的基础上降低能耗，促进污水处理厂高效稳定运行（CN106698642A）。2019 年，课题组还申请一种自适应选择策略的城市污水处理过程多目标优化控制方法，依据污水处理生化反应过程的动态特性，基于径向基核函数的综合优化框架来提取污水处理过程的动态特性，建立动态的能耗和水质模型，利用基于自适应选择策略的多目标粒子群算法来优化能耗和出水水质模型，从而获得最优变量设定值，通过获取的优化设定值实现 SO 和 SNO 浓度的跟踪控制（CN110716432A）。

此外，课题组还于 2017 年申请基于递归 RBF 神经网络的污泥膨胀故障辨识方法，能够根据故障变量提前控制污水处理过程，减少污泥膨胀的发生率（CN107025338A）。2018 年，又申请基于自组织二型模糊神经网络的污泥膨胀智能辨识方法，利用基于自组织二型模糊神经网络建立污泥容积指数（SVI）的软测量模型，可以完成污泥容积指数浓度的实时检测，结合目标相关性辨识算法，可以确定污泥膨胀故障类别（CN108898215A）。这两项技术均已申请美国专利。

5.3.2.2 中国石油化工股份有限公司

（1）申请人基本情况

中国石油化工股份有限公司是国家独资设立的中国石油化工集团下属公司，是于 2000 年设立的股份制企业，拥有众多分公司以及科研单位，其中科研单位包括历史悠久的北京化工研究院（可追溯至 1922 年）、抚顺石油化工研究院（1953 年成立）、石油化工科学研究院（1956 年成立）等多家直属科研单位。上述多家科研机构在污水处理方面具有较深入的研究，比如化工环保领域是北京化工研究院的优势领域之一，其设有高浓度难降解有机废水处理技术国家工程实验室、工业节能与绿色发展研究中心以及全国化工环境保护信息总站等国家级和行业性技术中心。抚顺石油化工研究院拥有以节能、环保、长周期运行为模板的共用技术平台，主要围绕着水务与环保、节能与储能等多项技术和产品开发开展工作。

（2）专利申请情况

这里将中国石油化工股份有限公司及其下属的科研机构和企业均标准化为中国石油化工股份有限公司，经检索和排除噪声文献后共获得 597 项专利申请，其申请趋势如图 5 - 3 - 26 所示。

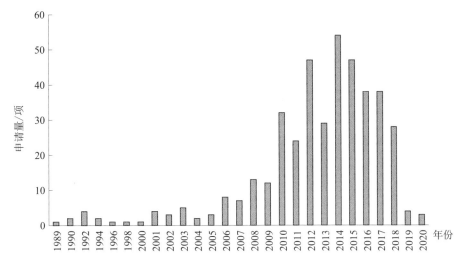

图 5 - 3 - 26　中国石油化工股份有限公司生物处理技术相关专利申请趋势

可以看出，中国石油化工股份有限公司早在 1989 年就可以申请生物处理技术相关专利，但早期申请较少；自 2010 年以后，专利申请数量显著增加，以后均维持较高的年申请量。可见，中国石油化工股份有限公司在该领域的研究较早，且近期保持相对平稳。

对相关专利进行筛查后可以发现，该领域的研究主要集中在中国石油化工股份有限公司直属的科研单位，主要科研单位的申请情况如图 5 - 3 - 27 所示。

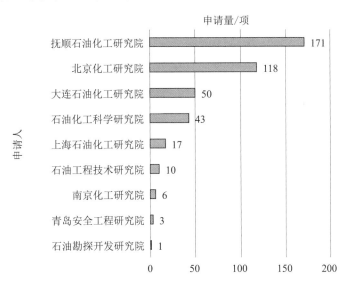

图 5 - 3 - 27　中国石油化工股份有限公司主要科研单位的专利申请情况

（3）重要专利技术

根据图 5 - 3 - 27 显示的中国石油化工股份有限公司直属科研单位的专利申请量可以看出，申请人对该领域的研究主要集中在抚顺石油化工研究院、北京化工研究院和大连石油化工研究院。不同研究院的研究则重点也不尽相同，下面对上述 3 个研究院的重要专利进行分析。

1）抚顺石油化工研究院

抚顺石油化工研究院在生物处理技术领域中的研究主要集中在于菌剂及其生长促进剂的研究，另外在工艺装置、脱氮颗粒污泥培养和驯化等方面也开展较多的研究。

对脱氮处理中的菌剂及其生长促进剂进行深入的研究，包括菌种的选择，例如，CN101723512A 选用包括亚硝酸菌（Nitrosomonas sp. ）、反硝化除磷菌（Denitrobacter sp. ）、Rhodanobacter sp. 等微生物菌群的接种物，CN103373762A 选用含有科氏葡萄球菌（Staphylococcuscohnii）FSDN - C、节杆菌（Arthrobactercreatinolyticus）FDN - 1 和水氏黄杆菌（Flavobacteriummizutaii）FDN - 2 中的一种或两种，同时含有脱氮副球菌（Paracoccusdenitrificans）DN - 3 和甲基杆菌（Methylobacteriumphyllosphaerae）SDN - 3 中的一种或两种作为脱氮菌剂，可以有效处理盐含量较高的污水，提高污泥的吸附性和絮凝性，对废水水质的适用范围宽；CN102464405A 和 CN103373758A 采用异养硝化菌进行优势组合作为废水处理的强化微生物，并且 CN103373763A、CN103373759A 和 CN103373759A 采用自养细菌和异养菌进行优势组合作为废水处理的强化微生物，可以实现同一反应器内氨氮、总氮和 CODcr 的脱除，适用于含氨氮废水的净化处理，可以实现短程硝化反硝化或同步硝化反硝化脱氮。关于菌种的培养，例如 CN1565991A 和 CN1597569A 采自生化曝气池中的菌种，经接种和利用废水进行驯化培养，得到的驯化微生物可以处理高温废水。

关于菌剂和活性污泥的组合使用，例如 CN103373764A 和 CN103373760A 均以硝化细菌或者硝化细菌与活性污泥的混合物作为接种物完成短程硝化过程，然后以反硝化菌剂作为接种物完成反硝化过程，启动要求不苛刻，启动速度快，可以处理高浓度含氨废水等优点。

关于菌剂和生长促进剂的组合使用，例如 CN107311307A 通过在好氧单元投加亚硝化优势菌群和生长促进剂 D 来控制亚硝化率，同时在脱氮单元投加反硝化颗粒污泥和生长促进剂 E，以达到深度处理 COD 和总氮的目的。CN105621610A、CN106745728A 和 CN106745727A 均采用脱氮菌和微生物生长促进剂的方式实现短程同步硝化反硝化，促进脱氮微生物的生长，降低脱氮微生物的投加量，保证系统维持稳定的脱氮能力。

关于菌剂、生长促进剂与调控操作参数如出水回流比相结合，例如 CN106554082A 通过投加生长促进剂和调控好氧单元出水的回流比来发挥菌群之间的协同作用；CN108117157A 通过投加亚硝化优势菌群、反硝化颗粒污泥和生长促进剂的方式，并通过控制好氧单元回流比发挥菌群之间的协同作用，以达到深度处理 COD 和总氮的目的，具有处理效率高、成本低、回流比低、无二次污染等特点。

关于脱氮颗粒污泥培养和驯化研究，CN102050521A 将接种污泥接入好氧反应器中，用高氨氮低 COD 废水进行好氧污泥的富集培养，然后分离筛选好氧反硝化菌并进行驯化培养，再将驯化培养好的好氧反硝化菌接种到硝化颗粒污泥中进行脱氮颗粒污泥培养即可获得脱氮颗粒污泥。CN102442725A 选择具有脱氮能力的活化颗粒污泥，对活化颗粒污泥进行颗粒结构降解，在诱导驯化后收集污泥进行颗粒重构，颗粒重构得到的颗粒污泥用含氨氮废水进行适应性筛选驯化，在驯化过程中充分考虑颗粒污泥的结构特点，有目的地加入脱颗粒结构和颗粒重构两个环节，使诱变剂作用更加充分，同时应用诱导和原生质融合两种方法，提高重组概率，增加驯化强度，使驯化效果更加明显。CN108117158A 公开通过培养调节获得的脱氮颗粒污泥活性高且性能稳定，总氮去除效果好，可以实现 SND 的稳定运行。

含氨废水短程硝化反硝化的快速启动方法研究，主要是通过进水方式和接种物种类进行调节。CN105621611A 采用间歇进水和逐渐提高进水氨氮浓度的方式进行启动，并投加氨氧化细菌生长促进剂，当进水氨氮浓度达 400～700mg/L 时改为连续进水，继续投加生长促进剂，当氨氮去除率大于 90%、亚硝化率达 80% 时开始投加脱氮菌剂，启动时间短，总氮去除率高。CN105645582A 先采用间歇进水，然后采用连续进水两种操作方式进行系统启动，不同的进水方式投加不同比例的脱氮微生物制剂，可以大大降低短程硝化的启动难度并且明显缩短开工时间，并可保证反应器的长期稳定运行。

关于工艺装置的改进研究，CN101638270A 公开一种高氨氮浓度废水的生化处理系统，包括厌氧段、缺氧段和好氧段，好氧段使用多层螺旋式生物反应器，厌氧段使用折流板式生物反应器，缺氧段使用多层螺旋式生物反应器或折流板式生物反应器，使用的螺旋式生物反应器底部曝气，反应器空间利用率高，形成的狭长水道，可以大幅度提高曝气和传质效率，使污染物能够进行超深度处理。CN104609550A 利用固定化和流态化技术，将不同脱氮性能和不同大小的固定化污泥颗粒在反应器中进行级配，使硝化污泥颗粒和反硝化污泥颗粒在同一反应器的不同区域发挥脱氮性能，可以减少彼此间干扰，实现高效的同步硝化反硝化脱氨氮过程。

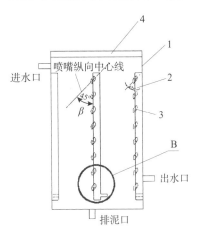

图 5 - 3 - 28　重点专利
CN108117160A 的技术方案

CN106554081A 和 CN106554080A 公开一种生物膜脱氮反应器及快速挂膜的方法，挂膜时从反应器底部进水，污水依次经厌氧区 – 好氧区 – 过渡区 – 厌氧区后，由反应器上部排出，反应器中各区域生物膜进行分区培养，能够更好形成具有特定性能的生物膜，挂膜快速、脱氮效果好。CN108117160A 公开一种抑制菌体或污泥上浮的反应器，通过在反应器中设置特定结构的组件，可以有效保证反应器内部水体的返混，且有效抑制菌体或污泥的上浮，提高菌体培养或污水处理的效率。其技术方案如图 5 - 3 - 28 所示。CN108117151A 公开使用移动床反硝化脱氮滤池完成脱氮过程，具有生化速率快、反应负荷高、水力停留时间短、占地面积小、操作简易、维护方便等特点。

2）北京化工研究院

北京化工研究院在生物技术处理领域中的研究主要集中在于工艺装置改进，另外在助剂的选择和好氧颗粒污泥的培养等方面也开展研究。

在提高厌氧反应效率方面，CN103663684A 公开一种筒形内循环厌氧反应器的三相分离器，整体上呈现中心轴对称的广口向下喇叭口结构，可以提高反应器横截面上液流分布的均匀性，改善内循环形成条件，有助于提高厌氧反应效率。

在提供曝气效率方面，CN103693733A（2012 年）公开一种气浮曝气式生物滤池处理系统，其生物滤池的曝气系统由加压溶气气浮曝气系统所替代，布水管由溶气水布水管取代，并增加刮泥系统。该系统在进一步降低进水悬浮物及少量油的同时，可提高曝气效率，具有反洗频率低、溶氧高等特点。其技术方案如图 5 - 3 - 29 所示。CN104556361A公开了一种低强度超声协同曝气装置，在曝气装置中引入低强度超声技术，利

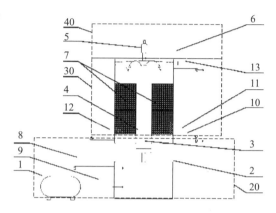

图 5 - 3 - 29　重点专利 CN103693733A 的技术方案

用超声技术的湍动效应、界面效应强化氧气的传质溶解过程，提高微生物好氧曝气装置的曝气效率；同时通过合理选择超声作用的操作参数，在提升曝气效率的同时提升污泥活性。

在提高脱氮效率方面，CN106698655A 公开一种废水反硝化脱氮处理装置及方法，通过调控循环水流流量实现缺氧膨胀床以膨胀态运行，可避免水流短路，提高有机物和硝酸根去除负荷。

通过前置过滤器以保障装置长期稳定运行，例如 CN107162185A 公开一种工业废水反硝化脱氮装置与工艺，主体装置是一个缺氧流化床，在循环泵前端安装有一台自清洗过滤器，内部的金属过滤网孔径略小于生物填料直径，利用自清洗过滤器的金属毛刷与过滤网之间的相对运动，使原附着在过滤网上的污泥或生物填料被打散、剥离而达到清洗过滤网的目的，可使循环系统长期稳定运行；CN110963566A 通过在循环泵前设置自清洗过滤器，对固体杂质进行拦截，使处理装置能够长期稳定地运行。

在控制生物膜厚度和生物活性方面，CN108002522A 公开一种好氧缺氧生物流化床装置，在生物流化床底部通过进气管与气体自控装置相连，根据需求来提供空气、氧气或者氮气，可实现好氧或缺氧两种方式运行，并进行自动脱膜过程，实现对生物膜厚度和生物活性的控制。其技术方案如图 5 - 3 - 30 所示。

针对助剂如微生物改性助剂的研究，例如 CN1162572A 涉及一种用于工业或生活废水处理的微生物改性助剂，包括以下几种药剂：皂荚提取液，可供活性污泥利用的碳、氮、磷和营养元素。该微生物改性助剂可以提高氧传递速度和微生物的耐冲击能力，可以显著改善活性污泥的沉降性能，有效地消除曝气池的泡沫，减少剩余污泥生成量。

CN104445612A 涉及一种快速启动反硝化 – 硝化生化处理系统的方法，其通过向均质单元或缺氧单元中增加反硝化所需氧化性物质，来提前驯化反硝化细菌；通过向均质单元或缺氧单元或好氧单元或好氧单元的出口添加含铁物质改善沉淀单元中污泥沉降性能；通过添加碱性物质消除所加含铁物质（除氢氧化铁以外）中铁离子对反硝化和硝化反应的抑制，可以实现反硝化 – 硝化生化处理系统的快速启动。

　　针对好氧颗粒污泥的培养的研究，CN104556362A 采用石化废水进行好氧颗粒污泥的培养，培养出的好氧颗粒污泥具有耐盐性、抗冲击性，能承受高浓度的有机负荷，可以直接应用于高盐、高 COD、强碱性石化废水的处理，进而扩大好氧颗粒污泥技术的应用范围。

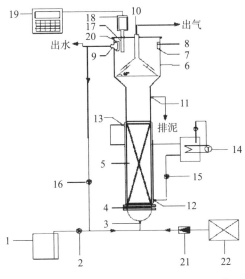

图 5 – 3 – 30　重点专利 CN108002522A 的
技术方案

　　3）大连石油化工研究院

　　大连石油化工研究院在生物技术处理领域中的研究主要集中于助剂的选择，包括细菌生长促进剂等，另外，在工艺装置改进等方面也有研究。

　　关于细菌生长促进剂的研究，例如 CN105621625A 公开一种亚硝酸细菌生长促进剂，可以用于亚硝酸细菌的培养过程中，也可以直接投加到污水处理系统中，加速短程硝化 – 反硝化及短程硝化 – 厌氧氨氧化工艺的启动并可实现稳定运行；CN109942095A 涉及一种完成反硝化过程的微生物脱氮组合物，主要包括糖脂、糖醇和有机酸盐；CN109942080A 涉及一种促进厌氧氨氧化菌脱氮的组合物，包括糖脂、丙酸盐、腐植酸或/和腐植酸盐，可以高反硝化微生物的脱氮活性，促进反硝化脱氮过程的顺利进行；CN111099743A 涉及一种强化废水反硝化脱氮的组合物，主要包括发酵液相、无机盐和吸附剂，可以实现反硝化脱氮体系的快速脱氮、快速启动、快速恢复。

　　关于其他助剂的研究，例如 CN111099742A 公开一种提高反硝化脱氮系统抗性的组合物，主要包括虫草素、烷基糖苷和聚乙二醇，用于含氰含氮废水的脱氮处理时，可提高脱氮微生物对环境的快速适应能力和对不良环境的抵抗能力，有效保护脱氮系统内微生物的脱氮活性，促进反硝化脱氮过程的稳定进行；CN111099722A 涉及一种促进反硝化脱氮的组合物，主要包括牛肉膏、无机盐和吸附剂，用于反硝化脱氮时，可以促进反硝化过程的快速启动，缩短处理时间，脱氮效果好；CN111099739A 公开投加一定量的羟胺和乙二胺四乙酸，可促进厌氧氨氧化菌群快速恢复活性；CN111348752A 涉及一种高盐难降解废水的处理方法，在处理高盐难降解废水的生化处理单元中，投加耐盐的脱 COD 脱氮微生物菌剂，同时投加耐盐强化剂（丙二醇、缬氨酸、蛋氨酸等中的至少一种），可以增强高盐难降解废水处理体系中微生物的耐盐性能，提高工艺整体的总氮和 COD 脱除率。

关于反应器方面的研究，例如 CN105712477A 公开一种好氧-缺氧-厌氧一体化生化反应器，外观呈圆柱形，可以根据待处理污水水质，在一个反应器中灵活选择各功能单元及其反应容积，并能有效隔离不同反应段的活性污泥，充分发挥其对不同污染物的高效降解作用，提高污水处理效率，实现污水处理的一体化和连续化。

针对环氧氯丙烷废水的处理方法的研究，在 2015 年申请 3 件发明专利，均采用生化法处理环氧氯丙烷废水，处理过程中采用逐级提高进水中 COD 和钙离子浓度的方式，处理过程中投加特定耐盐菌，处理体系能够耐受高盐、高钙环境，可以实现废水中 COD 的高效去除，3 件申请分别涉及不同种类的耐盐菌（CN106630174A、CN106630173A 和 CN106630172A）。

5.4 本章小结

本章对生物处理技术主要从以下几方面进行分析。

（1）生物处理技术总态势

① 从申请量趋势来看，生物处理技术领域的国内外专利申请量有截然不同的变化趋势，国外起步较早但近 20 年申请量持续下降，国内起步较晚但近 20 年快速增长。这反映了国外已进入专利布局较为全面的成熟期，而国内开始进入生物处理技术大步发展的快速增长期的两种态势。

② 从专利布局目标国家/地区来看，呈现出三类布局模式：第一类以中国为代表，绝大多数专利在本国布局，极少专利布局其他地区；第二类包括日本和韩国，多数专利本国布局，而少量专利进行海外布局；第三类以美国和德国为代表，有相当数量专利（超过 20%）进行海外布局。

③ 从申请人来看，申请量前十位的主要为日本企业（包括日立、荏原制作所、栗田工业、久保田、三菱）、中国高校（北京工业大学、四川师范大学、哈尔滨工业大学、同济大学）和中国企业（中国石油化工股份有限公司）。

④ 从技术分支来看，生物处理技术以好氧处理、好氧和厌氧联用处理、厌氧处理、自然净化处理为主，其中好氧处理专利量约占总专利量的 1/3。

（2）生物处理技术脉络

1）好氧技术

在好氧技术中，活性污泥技术占有较大比例，其通过吸附悬浮固体及其他物质，处理部分含磷和氮的有机物质，清除污染物；针对传统活性污泥法的成本和沉降性能有限，进而发展完全混合法、延时曝气法、高纯氧法、选择器法、批处理反应器法等。其中，延时曝气法可以降低污泥产量、硝化程度，出水好；高纯氧法可以减少反应器体积和溢出气体；选择器法可以改善污泥沉降性能；批处理反应器法运行模式容易调整，出水质量高。活性污泥法发展成熟，使用效果较好，在城市污水、工业废水中使用普遍。

与活性污泥法并行发展的还有生物膜处理法，使细菌和菌类的生物进行附着形成生物膜，通过摄取废水中的有机物作为营养物质，使得废水得以净化并完成自身的繁殖。早期的生物膜反应器，由于水力负荷低，其应用受限制。随着材料科学的发展，高性能人工合成填料的出现为生物膜反应器的使用提供了有利条件。生物滤池运行稳定可靠、操作简单；生物转盘成本低，无污泥膨胀、易沉淀脱水；生物接触氧化法运行稳定、剩余污泥量少；生物流化床耐冲击负荷高、产污泥量小。对废水经过生物膜处理法可以获得良好沉降性能的污泥，易于固液分离。此种方法在生活污水、部分工业有机废水方面得以应用。

2）厌氧技术

厌氧消化工艺兼备产能和低能耗双重优点。随着厌氧消化"三阶段理论"的研究深入，厌氧消化技术得到快速发展。厌氧消化工艺和低速厌氧工艺都能有效处理高浓废水，并能对剩余污泥进行消化；厌氧接触工艺在对剩余污泥进行消化的同时具有较好的出水水质；厌氧滤池可以高负荷运行，系统相对比较紧凑。对于可生化性质较差的石化废水，厌氧技术可提升水体的生化性，将水体中的有机污染物转化成甲烷和二氧化碳。

3）好氧和厌氧联用技术

厌氧和好氧生物处理技术的联用可以实现废水处理单一技术的"取长补短"。一方面能满足常规处理去除有机物、悬浮物的要求，另一方面可以达到脱氮除磷的目的。优化工艺和装置组合，可以实现厌氧、缺氧、好氧三种状态在数量和时空分布上理想交替，形成更加高效经济的脱氮除磷组合工艺。

4）自然净化法

自然净化法是通过恢复水体的自净功能由水体自身去降解污染物质的方法。该类方法目前主要包含植物修复技术、人工湿地净化技术、土地处理技术与人工浮岛等。因其强化水域自恢复能力以及自净能力，其净化效果有限，一般作为水质改良的保护方式。

利用单一生物污水技术处理废水容易出现成本高、效果不佳的问题，如何改进生物技术的联用方式以及与其他污水处理技术的联合应用，是针对工艺方面的研发热点；生物处理技术中膜反应器投入大、寿命短，对于新型膜材料的开发尤为重要，以此降低投入成本、提高效率；不同微生物的废水处理效果不同，开展高效、环境适应性强的微生物也势在必行。

（3）生物处理技术主要创新主体核心技术布局策略

① 日立和栗田工业在生物处理技术污水处理领域的研究起步较早，研究热度与日本国内的水环境发展基本同步。近十年的申请量均处于较低水平。其中，日立在好氧技术的装置研究深入，如曝气装置。栗田工业的主要研究集中在装置方面，但对好氧技术和厌氧技术也进行研究，例如利用微小动物捕食作用的多级活性污泥法和用厌氧污泥处理含锑废水。

② 北京工业大学在生物处理技术污水处理领域具有雄厚的科研实力，各课题组的

研究方向各有侧重，其中最知名的彭永臻院士团队的研究主要集中在好氧和厌氧联用技术和自动控制/智能控制方面，同时在好氧技术、厌氧技术等方面也有较多涉足。另外，李冬课题组对厌氧消化工艺方面进行深入的研究，包括亚硝化颗粒污泥的高效培养、厌氧氨氧化生物反应快速启动和恢复，杨宏课题组对生物活性载体填料及其制备方法进行深入研究；而韩红桂课题组对污水处理系统的智能优化控制方法进行研究。

③ 中国石油化工股份有限公司作为国内石化领军企业，在生物处理技术污水处理领域具有较强的技术水平和较高的专利申请质量，下属的不同科研单位的研究重点各有不同：抚顺石油化工研究院主要集中在菌剂及其生长促进剂的研究；北京化工研究院主要集中在工艺装置改进；而大连石油化工研究院究主要集中在助剂的选择，包括细菌生长促进剂等。

参考文献

[1] 许怡，杜国勇，赵立志. 生物法处理废水的现状与展望 [J]. 环境技术，2004 (6)：40－43.

[2] 张博，邓蕾，钱江枰，等. 厌氧生物处理技术的研究进展及其绿色化发展 [J]. 浙江化工，2020，51 (10)：42－47.

[3] 黄凌涛. 水污染治理方法探讨 [J]. 黑龙江科技信息，2013 (24)：272.

第6章　化学处理技术专利状况总体分析

化学处理技术是利用化学反应作用来除去水中的溶解物质或胶体物质，通常都是通过加入化学试剂与污染物反应来实现的，多用于工业污水。常见的化学处理技术有混凝技术、化学氧化技术、化学还原技术、化学沉淀技术。此外，中和技术、杀菌消毒法以及水体软化法也属于化学处理技术。

（1）混凝技术

混凝技术是通过向水中投加混凝剂，使其中的胶粒物质发生凝聚和絮凝而分离出来，以净化污水的方法。混凝是凝聚与絮凝作用的合称。前者系投加电解质，使胶粒电动电势降低或消除，以致胶体颗粒失去稳定性，脱稳胶粒相互聚结而产生；后者系高分子物质吸附搭桥，使胶体颗粒相互聚结而产生。混凝剂可归纳为两类：①无机盐类，有铝盐（硫酸铝、硫酸铝钾、铝酸钾等）、铁盐（三氯化铁、硫酸亚铁、硫酸铁等）和碳酸镁等；②高分子物质，有聚合氯化铝、聚丙烯酰胺等。处理时，向污水中加入混凝剂，消除或降低水中胶体颗粒间的相互排斥力，使水中胶体颗粒易于相互碰撞和附聚搭接而形成较大颗粒或絮凝体，进而从水中分离出来。影响混凝效果的因素有：水温、pH、浊度、硬度及混凝剂的投放量等。[1]

（2）化学氧化技术

化学氧化技术是利用氧化剂氧化分解污水中溶解性的有机物或无机物，从而达到净化污水的目的。常见的氧化法分为：①普通化学氧化法。该法是利用臭氧、氯气、高锰酸钾、二氧化氯、过氧化氢等氧化剂将污水中的污染物氧化成二氧化碳和水的一种处理技术。②湿式氧化法。湿式氧化技术是在高温、高压条件下，用氧气或者空气中的氧气来氧化污水中的难降解有机物，使其氧化分解成易生化处理的小分子有机物和无机物的处理过程。与常规水处理法相比，该法具有应用范围广、高效、快速、低污染以及一定程度回收有用物料等优点。③超临界水氧化（Supercritical Water Oxidation，SCWO）技术是一种可实现对多种有机废物进行深度氧化处理的技术。其原理是以超临界水为反应介质，经过均相的氧化反应，将有机物快速转化为二氧化碳、水、氮气和其他无害小分子。超临界水氧化技术在处理各种污水和剩余污泥方面已取得较大的成功，其缺点是反应条件苛刻和对金属有很强的腐蚀性，对某些化学性质稳定的化合物氧化所需时间也较长。④Fenton 氧化法。该法是利用亚铁离子与过氧化氢结合的 Fenton 试剂来处理污水的一种方法，适用于生物法和一般化学氧化法难降解的诸如醚类、硝基苯酚类、氯酚类、芳香族胺类、多环芳香族类等有机污水的处理，其反应机理是过氧化氢在亚铁离子的催化下，产生活泼的羟基自由基·OH，可以将有机物及还原性物质分解为二氧化碳、水等无机物。

（3）化学还原技术

化学还原技术是向污水中投加还原剂，将污水中的污染物还原出来，或使污水中的有毒有害物质转变为无毒或毒性小的新物质的方法。还原法主要用于处理并回收污水中的重金属离子。水处理常用的还原方法有金属还原法、硫酸亚铁还原法、亚硫酸盐还原法及水合肼还原法等。常用的还原剂有铁粉、铁屑、金属锌、硫酸亚铁、二氧化硫、水合肼、甲醛、亚硫酸钠及亚硫酸氢钠等。[2]

（4）化学沉淀技术

化学沉淀技术的原理是通过化学反应使污水中呈溶解状态的重金属转变为不溶于水的重金属化合物，通过过滤和分离使沉淀物从水溶液中去除，包括中和沉淀法、硫化物沉淀法、铁氧体共沉淀法。由于受沉淀剂和环境条件的影响，使用沉淀法出水浓度往往达不到要求，需作进一步处理，产生的沉淀物必须很好地处理与处置，否则会造成二次污染。根据沉淀剂的不同，化学沉淀法可分为：①氢氧化物沉淀法，即中和沉淀法，是从污水中除去重金属有效而经济的方法；②硫化物沉淀法，能更有效地处理含金属污水，特别是经氢氧化物沉淀法处理仍不能达到排放标准的含汞、含镉污水；③钡盐沉淀法，常用于电镀含铬污水的处理。化学沉淀法是一种传统的水处理方法，广泛用于水质处理中的软化过程，也常用于工业污水处理，以去除重金属和氰化物。[2]

（5）中和技术

中和技术是利用中和作用处理污水，使之净化的方法。其基本原理是，使酸性污水中的 H^+ 与外加 OH^-，或使碱性污水中的 OH^- 与外加的 H^+ 相互作用，生成弱解离的水分子，同时生成可溶解或难溶解的其他盐类，从而消除它们的有害作用。常见的中和处理技术有：①酸碱中和法；②投药中和法；③过滤中和法。

（6）杀菌消毒法

水的化学消毒就是用化学药剂杀灭水中的病原体，以防止疾病传染，维护人群健康。化学消毒法有投加重金属离子（如银和铜）、投加碱或酸、投加表面活性化学剂、投加氧化剂（氯及其化合物、溴、碘、臭氧）等的消毒法。在这些方法中以氧化剂消毒应用最广，其中以氯及其化合物消毒尤为通用，其次是臭氧消毒。

（7）水体软化法

硬水软化就是将硬水中的钙、镁等可溶性盐除去的过程。化学软化法主要分为：①石灰软化法，即将生石灰加水调成石灰乳，加入水中则可消除水的暂时硬度，同时石灰乳能使镁、铁等离子从水中沉淀出来，促使胶体粒子凝聚；②石灰纯碱软化法，即用石灰乳和纯碱的混合液作为水的软化剂，纯碱能消除水的永久硬度；③综合软化法，以石灰乳和纯碱作为基本软化剂，以少量磷酸三钠为辅助软化剂。磷酸三钠能与造成暂时硬度及永久硬度的盐类生成难溶盐使之沉淀。

6.1 总态势

据统计，化学处理技术专利总量为 78304 项。图 6-1-1 显示了该技术专利申请量趋势: 1970~2000 年国外申请占据绝对主导, 2000 年后国外专利申请量基本保持稳定, 而中国申请量突飞猛进。这一方面, 作为最为传统的污水处理技术, 化学处理技术在污水处理产业中仍然保有一席之地, 仍被国内外持续发展和推进; 另一方面, 化学处理法能够迅速有效地去除多种类污染物, 特别是生物处理技术不能处理的一些污染物, 对于水资源相对缺乏的中国是相当重要的处理技术, 因此得到中国创新主体的密切关注并持续创新。

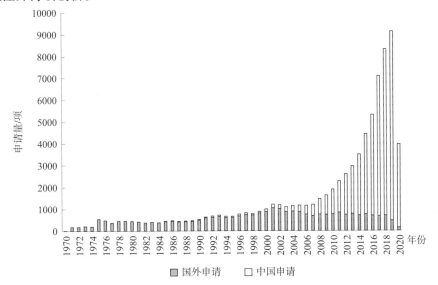

图 6 - 1 - 1 化学处理技术专利申请量趋势

对化学处理技术专利来源和布局目标国家/地区进行统计分析, 结果如图 6 - 1 - 2、图 6 - 1 - 3 所示。中国已经成为化学处理技术专利的最主要来源国家和布局目标国家; 专利来源国家还包括日本 (JP)、韩国 (KR)、美国 (US)、德国 (DE) 和俄罗斯 (RU); 专利布局目标国家/地区主要集中与欧美日韩等发达地区, 包括日本 (JP)、美国 (US)、韩国 (KR)、德国 (DE)、欧洲 (EP)、加拿大 (CA) 等国家/地区。

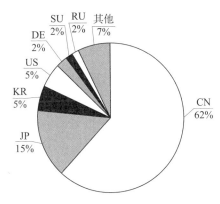

图 6 - 1 - 2 化学处理技术专利
来源国家/地区分布

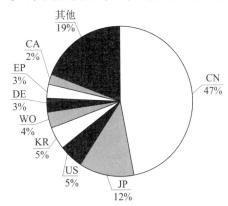

图 6 - 1 - 3 化学处理技术专利
目标国家/地区分布

表6-1-1显示5个主要来源国的主要专利布局情况。首先，中国、日本、韩国、美国、德国的不同布局表现为，中国、日本、韩国绝大多数专利布局本国，少量专利布局还外，而美国和德国有超过30%专利进行海外布局。其次，主要来源国在进行海外布局的地区侧重点表现为，日本是主要来源国最为偏好的布局地区（除日本外，其他来源国在日本的布局占比之和为26.92%），其次是美国（除美国外，其他来源国在美国的布局占比之和为21.03%）和中国（除中国外，其他来源国在中国的布局占比之和为18.01%）。

表6-1-1 化学处理技术专利主要来源国布局情况❶ 单位:%

来源国	目标国				
	CN	DE	JP	KR	US
CN	99.56	0.02	0.12	0.05	0.25
JP	3.73	1.78	87.34	2.79	4.36
US	8.18	9.02	12.98	5.04	64.79
KR	2.12	0.14	1.46	94.30	1.98
DE	3.98	66.49	12.36	2.74	14.44

对化学处理技术专利申请人申请量进行统计，排名前十的申请人情况如图6-1-4所示，主要为日本和中国的企业和高校。其中，日本申请人包括栗田工业、日立、欧加农、荏原制作所和三菱，中国申请人包括中国石油化工股份有限公司、哈尔滨工业大学、常州大学、同济大学。

针对化学处理技术进行技术分类并统计分析，如图6-1-5所示。该技术中主要涉及絮凝、氧化、沉淀、中和、还原等处理技术，其他技术包括软化和杀菌等处理技术。

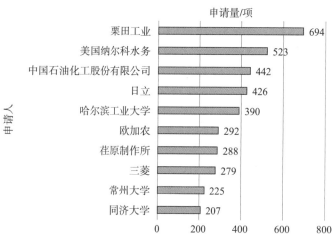

图6-1-4 化学处理技术主要专利申请人情况

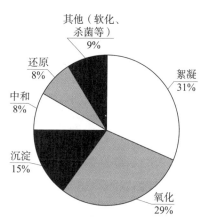

图6-1-5 化学处理技术
专利主题分布

---

❶ 数据为相应目标国专利量在相应来源国总专利的占比。

6.2　发展脉络

化学处理技术主要有混凝技术、化学氧化技术、化学还原技术、化学沉淀技术。以下对化学处理技术的总体态势及各个技术的发展脉络和态势进行梳理和总结。

6.2.1　混凝技术

混凝技术是通过向水中投加混凝剂，使其中的胶粒物质发生凝聚和絮凝而分离出来，以净化污水。混凝技术对多种工业有机污水都有一定的处理效果，适应性很强，操作管理简单。混凝法的主要改进方向为混凝剂、技术联用、设备等。

6.2.1.1　混凝剂

混凝剂的种类主要分为高分子聚合物类混凝剂、电中和类混凝剂以及复合混凝剂。

（1）高分子聚合物类混凝剂

1995 年，纳尔科化学公司采用一种亲水性分散共聚物用于污泥絮凝，其通过丙烯酰胺单体和选自丙烯酸二甲基氨基乙基丙烯酸甲酯氯化季铵盐、甲基丙烯酸二甲基氨基乙基甲基丙烯酸甲酯季铵盐或二烯丙基二甲基氯化铵的阳离子单体，通过自由基聚合而形成（US5938937A）；1997 年，纳尔科化学公司采用二甲基亚氨基乙基阳离子单体（MET）、丙烯酸甲酯季铵盐（DMAEA MCQ）和（MET）丙烯酰胺（ACAM）共聚获得聚合物絮凝剂，用于澄清来自纸再循环的载墨水（ES2210446T3）。1997 年，美国联用胶体公司采用分步添加凝结剂和絮凝剂处理废水，凝结剂是选自聚乙烯亚胺、多胺、环氧氯丙烷二胺缩合产物，双氰胺聚合物和 70 ～ 100mol% 离子性聚合物的聚合物凝结剂；絮凝剂是阳离子聚合物（US5846433A）。2002 年，美国聚合物公司采用一种聚芳胺絮凝剂用于油漆废水的絮凝脱色（CA2377940C）；2003 年，新日威斯公司采用选自丙烯酰胺 – 季铵化或成对的丙烯酸或甲基丙烯酸的二甲基氨基乙基酯共聚物和丙烯酰胺 – 季铵化或成对的丙烯酸或甲基丙烯酸甲酯 – 甲基丙烯酸的共聚物的分子材料作为絮凝剂，其中阳离子基团能絮凝废水中的污垢（US7014774B2）。2006 年，李奥纳多·大卫森采用聚合物絮凝剂用于从水溶液中去除胶体状有机物，可迅速将其沉淀去除（US20070108132A1）。2009 年，迪瓦西公司采用聚脒高分子絮凝剂处理地板抛光剥离废水（EP2319807A4）。2012 年，三菱采用由甲基丙烯酸二甲基氨基乙基酯基的季聚合物组成的低分子量和高分子量聚合物以 10/90 ～ 40/60 的质量比用作阳离子基聚合物凝结剂（JP5867125B2）。2019 年，德西里尔斯公司采用一种阴离子絮凝剂，包含半乳甘露聚糖和除半乳甘露聚糖以外的多糖（WO2020067284A1）。

（2）电中和类混凝剂

1992 年，南方化学股份公司采用一种阳离子絮凝剂清理屠宰场废水，形式为多价金属的可溶性盐或氢氧化物多价金属的可溶性盐或氢氧化物（AT400708B）。1999 年，德格蒙特公司向废水中添加聚电解质以产生絮凝，从而导致微絮凝物结块成絮凝物；使所得的絮凝流出物沉降以分离絮凝物和间隙水组分，从而形成致密的污泥和澄清的水；所述聚电解质是阳离子聚合物（US6210588B1）。2006年，美国的Wing Yip YOUNG采用一种负电荷硅藻土作为絮凝剂，是将硅藻土与氯化铝/氯化铁混合获得，并通过加热来增强其负电荷性，所得絮凝剂可用于污水处理（US20060273039A1）。2014年，南昌格润环保科技有限公司采用有机凝集剂、无机凝集剂、助集剂、黏结剂以及调节剂组合物，打破污水中胶体电荷平衡，而后进行物理及化学吸附捕捉污染物并将其沉降凝结（CN104071880A）。

（3）复合混凝剂

复合混凝剂是近年来混凝剂的研究热点，由于废水中成分复杂，单一组分或种类的絮凝剂难以去除所有的有机废物，采用多组分的混凝剂可利用各组分自身及其协同作用，有效地絮凝去除废水中的各类有机废物。

1997年，纳尔科化学公司采用丙烯酸二甲基氨基乙基丙烯酸甲酯氯丁二酸/丙烯酸）聚合物和表氯醇/二甲胺缩合聚合物作为复合絮凝剂，用来去除造纸厂或纺织厂废液中的有色体（US5961838A）。1998年，美国思美高控股公司通过分步添加水溶性阳离子聚合物、阴离子磺化酚醛清漆聚合物以去除废水中的着色剂，所述阳离子聚合物选自由双氰胺/甲醛聚合物、表氯醇/胺聚合物和双氰胺/胺聚合物组成的组中的多胺（US6059978A）。1999年，美国聚合物资源公司采用一种包含酸性化合物、无机絮凝剂、碱性化合物、水溶性胺、有机改性黏土以及有机絮凝剂的复合絮凝剂，用于对废水进行净化和除臭（US6261459B1）。

2002年，ZHUANG J. MING使用木质素衍生物（例如木质素磺酸盐和牛皮纸木质素）、碱性凝结剂（例如石灰化合物）和碱性组合物从酸性矿山废水中去除金属污染物。其可与废水形成絮状物，絮状物包含金属－木质素胶体、金属氢氧化物和金属盐。絮凝物凝结形成污泥，可通过过滤与处理后的水分离（US20040094484A1）。2002年，宝洁公司采用包含主要凝结剂材料和桥接絮凝剂材料，还包含一种或多种阳离子促凝剂等复合物用于水处理用絮凝剂（US20040026657A1）。2002年，宝洁公司提供一种净化、澄清和/或营养化被污染饮用水的组合物。所述组合物包括主凝结剂物质、杀微生物消毒剂和氧化剂体系，还包含一种或多种桥连絮凝物质、阳离子助凝剂（尤其是脱乙酰壳多糖）、水溶性碱、水不溶性的硅酸盐和食物添加剂或营养物源。被净化的水在延长的贮存期限内不会发生变色（CN1620407A）。2003年，希巴特殊化学控股公司采用由聚合物材料的混合物组成的组合物，可用于对嗜热污泥进行脱水，所述聚合物材料包括阳离子聚合物（US7084205B2）。2004年，威尔·史蒂文采用线性聚合物和结构化的聚合物作为复合絮凝剂引入悬浮液中，可以显著改善废水的澄清效果（US20040124154A1）。2004年，保洁公司提供一种纯化和澄清饮用水的组合物，其包含主要凝结剂材料、杀微生物消毒剂和氧化剂系统，还包含一种或多种桥接絮凝材料，净化水在较长的存储时间内保持不变色（US7201856B2）。2004年，罗伯特·戴维斯提出一种工业洗衣中去除污染物以产生较小污染废水的方法。其将预混合的中/高分子量和中/高电荷阳离子凝结剂溶液聚合物与无机铝物质注入废水中，至少延迟两秒钟后，再将高分子量高电荷阴离子絮凝聚合物溶液注入废水中。该方法可减少污泥的产生

（US20050230318A1）。2004 年，美国聚合物公司依次将第一阴离子聚合物、阳离子聚合物和第二阴离子聚合物与被污染的水混合，然后从水中分离污染物来纯化含有高水平污染物的水（US20050061750A1）。

2007 年，幽若泰博公司提供促凝剂－絮凝剂复合剂，包含至少一种多价无机盐、至少一种水溶性阳离子聚合物和至少一种高分子量阴离子聚合物（CN101516789A）；2008 年，OMYA 国际股份公司采用表面反应的天然碳酸钙和疏水性吸附剂作为废水用絮凝剂（CN101679077A）；2009 年，中国科学院生态环境研究中心提供一种多元复合絮凝沉降剂，其由铁盐、铝盐、高锰酸钾、聚丙烯酰胺等溶液配制而成（CN101503255A）；2010 年，美国水溶液公司通过向污水中添加无机凝结剂和低分子量聚合物以增加水中固体颗粒的尺寸，从而使固体颗粒得以过滤或去除，可用于处理气井中的污水（US2011042320A1）。2013 年，北京科技大学采用混凝剂、Fe_3O_4 颗粒、絮凝剂用作废水处理用絮凝剂（CN103241890A）；2013 年，化学工业研究所提供一种含锌液体废物处理剂，包含无机絮剂、镁盐和阳极有机絮剂，进一步包括钙盐和/或离子有机絮剂（JP6330186B2）。2013 年，克拉里安特国际有限公司采用天然碳酸钙、天然膨润土和阴离子型聚合物作为废水絮凝剂（CN104837775A）；2014 年，新日铁住友金属通过在第一搅拌槽中加入无机絮凝剂，在第二搅拌槽中加入聚合物絮凝剂和沉降促进剂联合处理废水（JP6265822B2）。

2015 年，宁波高新区巴艺新材料科技有限公司提供一种钢铁废水用混凝剂，采用钾长石、沸石、海泡石混合，再与混凝剂混合，所述的混凝剂由木质素、聚合氯化铝和对苯乙烯磺酸钠混合而成（CN105084493A）；2016 年，OMYA 国际股份公司提供至少一种经表面反应含碳酸钙矿物材料和/或经表面反应沉淀碳酸钙，利用至少一种阴离子聚合物涂覆以获得经表面涂覆含碳酸钙材料，可用于水纯化和/或污泥和/或悬浮沉积物脱水（CN107406283A）；2016 年，中石化石油工程技术服务有限公司提供一种压裂返排液无害化预处理药剂，该药剂包括：分别配制并在使用前分开存放的复配的破胶剂和复配的絮凝剂；所述复配的破胶剂为过硫酸钾、氧化钙、酶破胶剂配制而成；所述复配的絮凝剂为硫酸铝、七水合硫酸亚铁、聚丙烯酰胺、活性白土配制而成。上述复配的破胶剂和复配的絮凝剂对于水质波动大的压裂返排液具有非常好的处理效果（CN106044884A）。2016 年，北京林业大学提供一种锰盐污泥调理剂及污泥脱水方法，锰盐调理剂包括二价锰、三价锰、四价锰和七价锰的化合物，这些锰盐可以造成污泥絮体发生絮凝或胞外有机物的破坏，释放部分结合水，并可以构建污泥骨架和脱水通道，可以有效降低污泥含水率，提高污泥的安全卫生性能（CN106242242A）。2016 年，无锡普立顺环保科技有限公司提供一种高效重金属捕捉剂，由以下组分制备而成：凹土 20%～40%、硫化钠 10%～20%、二硫代氨基甲酸钠 5%～15%、聚合硫酸铝铁 10%～20%，余量为去离子水。使用该重金属捕捉剂后，可直接与重金属形成絮体，可大大节省水处理车间的处理空间（CN106430484A）。

2018 年，深圳市鸿卓环保科技有限公司提供一种复合混凝剂，包含：聚合氯化铝溶液、氯化铁溶液、磷酸二氢钾。聚合氯化铝溶液稀释，水解后生成氢氧化铝沉淀，进行絮凝和沉降。氯化铁溶液稀释，水解后生成氢氧化铁沉淀，有极强的凝聚力，形成的矾花密实，絮凝性能优良，沉降速度高于铝盐系列絮凝剂（CN108328905A）。2019年，中国农业科学院麻类研究所提供一种复合吸附絮凝剂，采用黄麻叶粉与铁盐混合制备。其不仅可以保留铁盐的高效絮凝效果，改善单一铁盐色度大、浊度大的缺点，而且通过引入黄麻叶可以明显改善在沉降速度及高效吸附上的性能，能够有效去除废水中的重金属铬和酸性染料，具有良好的净水效果和广泛的应用前景（CN110142029A）；2020年，德西里亚（DEXERIALS）公司提供一种由颗粒状产品形成的净水剂，所述颗粒状产品包括植物粉和聚合物絮凝剂的混合物，其中聚合物絮凝剂作为植物粉的包衣部分（US20200369539A1）。

6.2.1.2　技术联用

1985年，先进精选技术公司采用"混凝－吸附"联用用于制浆厂工艺液流的脱色。首先把废水送入一酸化反应器，降低pH，造成一部分发色体的沉淀，再加入一种絮凝剂来凝结沉淀的木质素，并过滤。然后滤液通过一系列腔室，在分离装置ASD里与活性碳接触，通过该工艺，废水中的发色体可显著减少（CN1006199B）。

1993年，克朗普顿＆诺尔斯公司采用"混凝－还原"技术联用处理高度着色的染料废水。该方法需要酸化废水并添加阳离子絮凝剂，然后，加入还原剂以进一步降低废水的色值，还原剂优选是亚硫酸氢盐或亚硫酸氢盐和碱金属硼氢化物两者（US5360551A）。

1998年，法国城市规划公司采用"混凝－沉降"联合技术在沉降槽中对装载有悬浮物的被处理废水进行水处理，包括在至少一个凝结区域中进行的至少一个凝结步骤。在至少一个絮凝区中进行至少一个絮凝步骤，在至少一个沉降区中进行至少一个倾析步骤，其中将含有悬浮物的污泥与澄清的废水分离。该方法还包括在絮凝区之后的至少一个未搅拌区引入沉降助剂。所述沉降助剂是氧化铁，尤其是磁铁矿、锰铁矿、黄铁矿等（FR2787781A1）。

2002年，韦斯勒·伊涅尔（WECHSLER IONEL）采用"混凝－磁分离"联合工艺从流体中去除溶质的方法，具体为：向所述流体中添加凝结剂，以使溶质从溶解状态转变成形成颗粒状态的非溶解胶体，并使所述颗粒的胶体悬浮液不稳定，向流体中添加磁性种子，并向流体中添加絮凝剂以形成絮凝物；絮凝完成后，通过沉淀将絮凝物分离，以去除絮凝物，并留下透明的液体溢流；并从上述溢流中磁性过滤小絮状物（US20020190004A1）。2010年，日立采用"絮凝－磁分离"技术，不仅可以减少絮凝剂以及磁粉的用量，而且可以实现水质量的改善。其通过向待处理的目标废水中添加絮凝剂和磁性粉而产生磁絮的絮凝部分；通过磁力将产生的磁絮凝物分离，分离出的磁絮可以回收磁性材料（JP5422516B2）。采用"絮凝－磁分离"技术的类似专利还有CN101948157A、US20110168639A1、US20120043264A1、US20170267555A1等。

2009年，阿奎罗（AQUERO）公司采用"气浮－絮凝"技术，在絮凝处理的过程中通过喷射器或其他合适的装置将空气或其他气体的微气泡与絮凝剂一起引入，在随后的絮凝物形成、团聚成较大块的过程中，微泡被夹带并黏附在固体絮凝物上。产生的团块具有浮力，可通过多种方法（包括撇油、倾析、过滤和筛选）轻松地与水分离。其可获得固相和高度澄清的水相（US20110272362A1）。

2010 年，同济大学采用"絮凝 – 沉淀"联用技术处理含重金属钼废水。其采用的沉淀剂为硫化钠，所得沉淀物硫化钼经收集处理后可回用，该工艺具有处理效果好、处理设备简便、处理成本低、金属钼回收利用等突出优点（CN101928083A）。2013 年，美国马库斯·西奥多采用"絮凝 – 沉淀"技术联用降低含有淀粉、牛奶、乳清、胶体悬浮液和其他类似的具有磷和氮化合物有机成分的水的化学需氧量。其先通过对废液进行絮凝处理，再通过添加石灰进行沉淀以减少废水化学需氧量、磷和氮化合物（US9434628B2）。2015 年，衡阳市坤泰化工实业有限公司采用"沉淀 – 絮凝"联合工艺从生产硫酸锌的母液水和碳酸锌洗涤水中除铊，包括如下工艺步骤：先从废水贮槽中将含铊废水抽入 pH 调节釜，再从计量槽中放入硫酸，调节 pH 至 3.9 后，抽入处理釜内，加入硫化钠溶液，在搅拌的作用下充分搅匀，使之产生硫化铊沉淀，放入斜板沉淀池并加絮凝剂让其快速沉淀，利用斜板作用实施液固分离，固体物经高密过滤机滤干，其过滤水进入 S 排水池会同上清液达标排放，滤渣（含硫化铊及其他金属硫化物）送至冶炼厂冶炼回收铊等。该工艺与现有的氧化法、氯化法和碘化法相比，具有铊沉淀彻底、设备简单、投资省、运行成本低等优点（CN104944623A）。2017 年，湘潭大学采用"沉淀 – 絮凝"联合工艺处理钢铁冶金烧结烟气脱硫含铊废水，首先分别用自来水配制可溶性硫化物与可溶性碳酸盐的混合溶液 A 及絮凝剂溶液 B，然后在钢铁冶金烧结烟气脱硫含铊废水先加入混合溶液 A 反应一段时间后，再加入絮凝剂溶液 B 沉淀，上清液即为处理后的废水。该工艺利用共沉淀和干扰沉降原理，对钢铁冶金烧结烟气脱硫废水进行处理，具有工艺简单、脱除效率高、成本低等特点（CN106746024A）。

2017 年，广州超邦化工有限公司采用"絮凝 – 氧化"联合工艺处理氯化钾无氰镀镉废水，包括以下步骤：S1. 调节废水 pH，加入焦亚硫酸钠水溶液；S2. 加入二乙基二硫代氨基甲酸钠水溶液，调节废水 pH；S3. 加入絮凝剂，沉淀颗粒聚集后将沉淀物从废水中分离；S4. 向废水中加双氧水；S5. 调节步骤 S4 处理后的废水 pH。该方法能显著减少氯化钾无氰镀镉废水中镉和铬的含量，使废水排放满足国家标准要求，并且适用于目前企业电镀车间原有废水处理和排放系统（CN108164031A）。

2018 年，水晶泻湖公司采用"超声 – 絮凝"技术联用从水箱中过滤水，包括以下步骤：①将超声波发射到水箱中；②向水中添加絮凝剂；③用抽吸装置覆盖水箱的底部，该装置抽吸带有絮凝颗粒的水流，将其排放到排放收集管线中；④过滤废水从装置中脱出的废水收集管线；⑤将过滤后的水流返回到水箱（CY1120343T1）。

2000 年，新工作水务有限公司采用"吸附 – 沉淀 – 絮凝 – 过滤"等工艺去除污染废水中的有机和无机成分。其先将废水初始过滤，并与由氢氧化镁、氢氧化铝、碳酸钙、正磷酸镁、硫酸铁、碳酸钠和活性炭组成的糊状混合物接触，该活性炭可除去有机物，用糊状混合物处理后，添加沉淀化合物以沉淀其他无机物，然后加入絮凝剂以进一步澄清，最后通过包括过滤、沉降等的机械提取进行材料去除（US6319412B1）。2008 年，威立雅水务解决方案与技术支持公司提供一种水处理方法，包括凝结、沉淀、絮凝和压载絮凝的组合方法，该工艺可简化污泥再循环处理（US8157988B2）。采用类似技术的专利还有 EP2382163B1、ZA201206558B2。

2008 年，OTV 股份有限公司采用"氧化＋絮凝＋沉淀"联合工艺处理载有胶状、已溶解或悬浮杂质的水，包含：过氧化氢氧化步骤、絮凝剂絮凝步骤以及沉淀步骤（CN101903297A）。2014 年，株洲冶炼集团股份有限公司提供一种铅锌冶炼烟气洗涤污酸废水除铊工艺，先将烟气洗涤污酸废水进行均化池沉降，对均化后的污酸废水中投加硫化物，去除大部分的汞；然后进行一级处理：对脱汞后的污酸废水调节 pH，依次加入硫化物、絮凝剂；通过压滤，再进入二级处理：对一级上清净化水通过酸碱调节 pH 至 11，依次加入硫化物、絮凝剂，通过斜板沉降深度去除其中的铊与重金属离子（CN104445733A）。2015 年，安东环保技术有限公司提供一种压裂返排液的处理方法，其采用预氧化处理–深度处理–絮凝沉降–絮体压滤处理–吸附处理联合工艺。该工艺不仅方法简单、处理成本低，还可用来吸附处理压裂返排液中的硼酸盐及金属元素（CN105540918A）。2015 年，杭州太一科技有限公司提供一种含镍废水符合水污染物表三排放标准的处理方法，其将含镍废水进入镍废水集水池，由水泵泵入镍反应池进行预处理：调节 pH，加入重金属捕集剂，充分混合搅拌反应后再加入助凝剂和絮凝剂，充分搅拌均匀后进行静止沉淀或进入固液分离设备；进入中间水池，加入硫酸溶液调节 pH 至 7～8；中间水池水用过滤机泵入重金属清扫器，处理后达到限值排放标准（CN105084603A）。

2016 年，东莞市联洲知识产权运营管理有限公司采用"絮凝＋吸附＋氧化"联合工艺有效除去废水中环丙沙星，包括以下步骤：将废水预先沉淀，上清液通入絮凝反应池中，边搅拌边向絮凝反应池中加入絮凝剂，静置沉淀，上清液注入吸附处理池中；向吸附处理池中加入由微纳二级结构的掺杂聚苯胺颗粒作为吸附剂，搅拌吸附处理 2～5h，后过滤，滤水注入超声波发生器中；向超声波发生器的废水中加入过氧化氢，搅拌混合均匀，开启超声波发生器，200～500W 下处理 1～2h，处理完成后，过滤，滤液可直接排放。该方法可以有效除去废水中的环丙沙星，且对水体和环境无二次污染，操作简单，成本低（CN106542686A）。2018 年，水环境技术公司提供一种用于从废水中回收油脂的工艺，采用的设备中具有多个环形浮选区，每个浮选区可配备有独立的加压微空气和/或臭氧气泡分配系统。FOG 在第一浮选区中回收，无须添加任何化学物质。在第二浮选区中添加混凝剂和絮凝剂，以最大程度地去除生化需氧量（BOD）、总悬浮固体（TSS）和胶体颗粒，并产生澄清的废水。在第三浮选区中添加氯化镁，以形成沉淀去除磷（US20200239330A1）。2018 年，嘉兴通惠环保科技有限公司提供一种高效去除无氰镀镉废水中镉的方法。它可以解决现有技术存在着处理效果差的问题，包括以下步骤：①氧化还原处理；②一次絮凝沉淀处理；③曝气处理；④二次絮凝沉淀处理；⑤检测：取去镉废水进行镉检测。该方法去除无氰镀镉废水中镉的处理效果好（CN108408981A）。

6.2.1.3 设备

1992 年，邓恩·帕特里克提供一种用于处理污水/废水的系统，其包括混合室和分离室。在混合室中，将各种化学添加剂引入废水中，并充分混合以用作絮凝剂，以将固体物质提取到分离室中。在分离室中，混合材料在层流条件下纵向流动，以使液体从固体材料中分层。在混合室中，设置多个横向挡板，其在纵向上间隔开并且相对于管的纵向轴线成角度地旋转。该设备可选择性地从废水、液体、液体、污水等中去除污染物，以使再生的液体在过程中被回收，并回收污染物以用于可能的回收或使用（EP0629178B1）。其技术方案如图 6 - 2 - 1 所示。

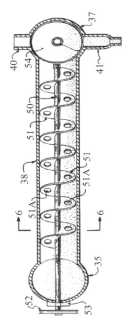

图 6 - 2 - 1　重要专利 **EP0629178B1** 的技术方案

1994 年，多伯化学公司提供一种废水处理系统，可用于控制和减少洗衣废水中阳离子凝结剂的用量。该系统包括检测器，该检测器位于阳离子凝结剂的引入上游和 FOG 含量降低的上游，用于确定包含待降低的非固体 FOG 含量的衣物废水的材料的电荷值，并提供指示该电荷值的信号，以及自动处理器。该处理器具有要引入材料中的阳离子凝结剂的量的关系，以将非固体 FOG 含量降低至给定电平作为信号的函数（US5531905A）。其技术方案如图 6 - 2 - 2 所示。

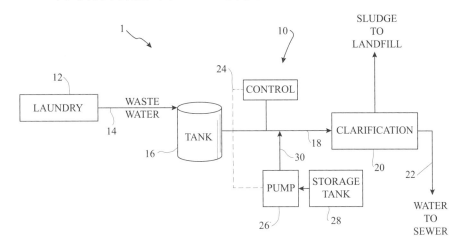

图 6 - 2 - 2　重要专利 **US5531905A** 的技术方案

1995 年，OTV 股份有限公司提供一种水处理设备。其将充满颗粒或胶体的液体原料流在保持湍流的混凝区 11A 中循环，混凝剂与该物流混合；原料流和粒状物质循环；在中间区域 11B 和 18 中流动，在该中间区域 11B 和 18 中保持该颗粒状材料处于悬浮状态；在其中沉降的沉降区域 21 中循环流动，其中添加基本上所有的颗粒状材料并且胶体或颗粒在其中聚集；分离出由颗粒材料和胶体或聚集颗粒组成的废水和污泥，沉降区 21 具有大的通道部分，没有薄片，并且水以 25℃的沉降速度在其中循环，其相比带薄片的凝结－絮凝－倾析（简单倾析）具有较高的沉降性能（CA2148039C）。其技术方案如图 6 - 2 - 3 所示。

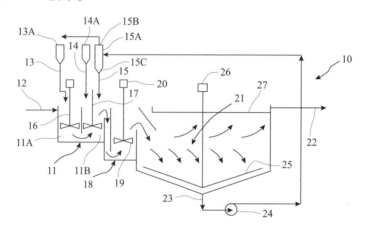

图 6 - 2 - 3　重要专利 CA2148039C 的技术方案

1996 年，OTV 股份有限公司提供一种用于在内部再循环反应器中利用差异沉降和再循环来处理水和废水的沉降装置。在内部再循环反应器的上流区中，将经过预处理的悬浮液、絮凝剂和惰性颗粒流在搅拌下混合以产生包括以下物质的絮凝混合物；悬浮的固体材料采用机械式沉淀法将絮凝后的混合物从内部循环反应器的上流区送入内部循环反应器的下流区，无须机械搅拌，其中预处理的进水、絮凝剂和惰性颗粒仅需经过充分的搅拌即可。内部循环反应器的上流区，可通过压载絮凝作用使进水、絮凝剂和惰性颗粒充分混合以形成絮凝物，而不会产生剪切力，从而防止絮凝物的形成或将絮凝物分解；将絮凝混合物的第一部分再循环从内部再循环反应器的下流区进入内部再循环反应器的上流区；将絮凝混合物的第二部分从内部再循环反应器的下流区传递到沉降区；从沉降区的上部除去澄清的液体，并从沉降区的下部除去沉降的絮状物（US5800717A）。其技术方案如图 6 - 2 - 4 所示。

2002 年，OTV 股份有限公司提供一种絮凝－滗析净化装置，将凝结的水引入絮凝区，以允许在压载物的存在下并在压载物的周围细絮凝物的絮凝（3），该压载物由至少一种比水重的不溶粒状物质和至少一种活性絮凝剂构成；将水和絮凝物的混合物引入滗析区（4）；从污泥和压载物的混合物的上溢中分离净化的水，该混合物得自于从滗析区的下溢中抽出的絮凝物的滗析；在滗析区的下溢中抽出污泥/压载物混合物；将至少部分该混合物送到污泥/压载物分离系统（7）（CN1617837A）。其技术方案如图 6 - 2 - 5 所示。基于类似研究思路的专利还有 OTV 股份有限公司的US20040144730A1、US7311841B2。

2007 年，OTV 股份有限公司又研发一种用于处理水的设备，包括将未处理的水引入水处理系统中的混合区中，并将未处理的水与絮凝剂和压载物混合以形成压载物絮凝混合物。此后，将压载絮凝混合物引导至沉降区，在该沉降区中混合物沉降形成淤渣。处理后的水从沉降区排出，污泥被引导至分离器。其还包括将至少一部分压载物与污泥分离并将分离出的压载物从分离器引导至混合区。最后，将污泥从分离器引导至污泥处理反应器，在污泥处理反应器中，至少一些剩余的压载物从污泥中沉降，并且将基本上无压载的污泥从污泥处理反应器中排出（US20090050570A1）。其技术方案如图 6-2-6 所示。

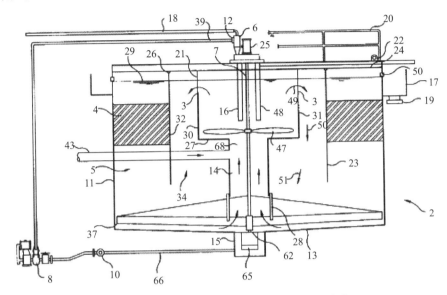

图 6-2-4　重要专利 US5800717A 的技术方案

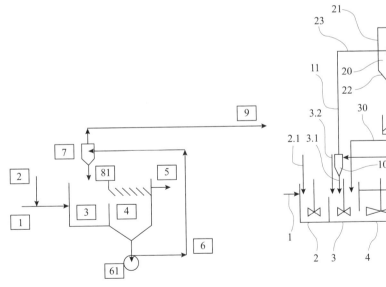

图 6-2-5　重要专利 CN1617837A 的技术方案

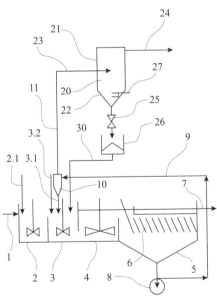

图 6-2-6　重要专利
US20090050570A1 的技术方案

2007 年，OTV 股份有限公司还提供用于连续监测在被压载絮凝－沉淀系统的絮凝区中压载物浓度的水处理系统，包括：至少一个絮凝区（4），其设有放入压载物的装置（3）和搅拌装置；至少一个沉淀区（5），其设有用于回收污泥和压载物的混合物的区（51）和用于排出净化水的装置（6）；用于再循环的装置（7、7bis），所述再循环的装置（7、7bis）用于再循环与所述污泥混合的和/或与所述污泥分离的所述压载物至用于再注入的装置，所述用于再注入的装置用于将所述被再循环的压载物再注入所述絮凝区（4）中和/或其上游，所述水处理系统包括用于与所述压载物浓度相关的参数的至少一个测量传感器（11），所述传感器位于所述压载物中连续循环的所述系统的区中（CN101516464A）。其技术方案如图 6－2－7 所示。

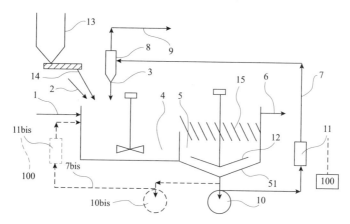

图 6－2－7　重要专利 CN101516464A 的技术方案

2008 年，帕洛阿尔托研究中心提供一种在水处理过程中使用成熟絮状物作为种子颗粒以促进聚集的系统。该系统包括：入口，用于接收其中具有颗粒的原水；混合器，用于将源水与凝结剂和碱度材料混合；缓冲罐，用于接收混合器的输出并接收成熟的絮凝物，其中，成熟的絮凝物用于促进源水中颗粒的聚集；螺旋分离器，用于将缓冲罐的内容物分离成废水，废水中有聚集的颗粒；和出口可操作以提供用于流出物的第一路径和用于具有聚集颗粒的废水的第二路径（US20100072142A1）。其技术方案如图 6－2－8 所示。

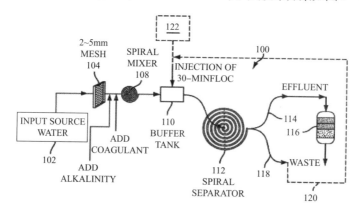

图 6－2－8　重要专利 US20100072142A1 的技术方案

2010 年，日立提供例如一种废水处理设备。其通过向集聚在槽中的废水添加絮凝剂和磁性粉末，从而产生絮凝的磁性絮凝物，并利用磁力回收磁性絮凝物从而从废水中去除磁性絮凝物而获得处理后的水，包括：一种絮凝物处理装置，其处理回收的絮凝物，包括高压泵和磁分离部分；其中，所述磁分离部分具有其中流体管道布置在磁场产生部分上并且其中的磁性粉末位于其中的结构。使用高压泵将回收的磁性絮凝物泵送到磁分离部分的流体管道中，并利用高压泵的磁力使磁性絮凝物中的磁性粉末附着在流体管道上，从而回收磁性絮凝物（US20110147291A1）。其技术方案如图 6 – 2 – 9 所示。

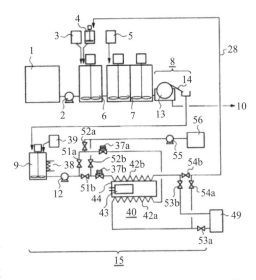

图 6 – 2 – 9　重要专利 US20110147291A1 的技术方案

2011 年，日立提供一种絮凝 – 磁分离装置，其可以减少絮凝剂的使用量以及磁性粉的使用量，并且可以实现处理水质量的改善。所述絮凝 – 磁分离系统包括：通过向待处理的目标废水中添加絮凝剂和磁性粉而产生磁絮的絮凝部；和通过磁力将产生的磁絮分离的磁分离部，适于通过分离磁絮而从废水中去除。所述絮凝 – 磁分离系统还包括：磁性材料回收部，通过剪切力将分离出的磁性絮凝物分解，回收磁性材料。回收的磁性材料返回管线将回收的磁性材料返回到絮凝区；和控制部分，基于返回的回收磁性材料，通过物理量控制絮凝剂的添加量（US20120043264A1）。其技术方案如图 6 – 2 – 10 所示。

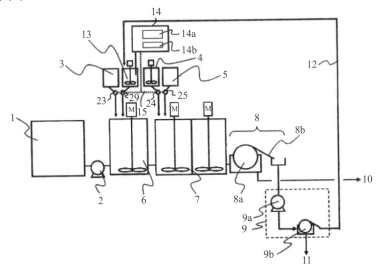

图 6 – 2 – 10　重要专利 US20120043264A1 的技术方案

2011 年，浙江省海洋开发研究院提供一种用于絮凝沉淀装置、使絮凝剂和原水充分混合的管道混合器，包括进水加药、水药混合管和出水管，水药混合管的流道上布设有至少两个由水流自身动力推动的螺旋管和叶轮组合，每个螺旋管和叶轮组合包括一个螺旋管和设置在螺旋管内并与螺旋管同轴的叶轮；所述螺旋管包括螺旋管体和固定于螺旋管体内管壁上的若干片螺旋叶片；叶轮包括叶轮座和固定在叶轮座表面的叶轮叶片；同一个螺旋管和叶轮组合的螺旋叶片和叶轮叶片的螺旋方向相反。它可以解决现有技术所存在的水药混合效率低、使用可靠性差的技术问题，是一种结构简单、使用可靠性和水药混合效率高的管道混合器（CN102441333A）。其技术方案如图 6 - 2 - 11 所示。

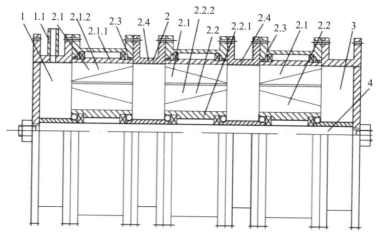

图 6 - 2 - 11　重要专利 CN102441333A 的技术方案

2014 年，日本钢铁住友金属株式会社提供一种水处理设备，在第一搅拌槽中将无机凝结剂添加到原水中，然后进行搅拌和混合，并向其中添加由聚合物凝结剂和不溶性细颗粒组成的沉淀促进剂；从第二搅拌槽中搅拌后进行搅拌和混合，然后形成絮凝物形成池，该絮凝剂形成池以沉淀促进剂为核心，形成絮凝物，然后沉淀池将絮凝物沉淀并分离成处理过的水和浆液，装备有旋风分离器，该旋风分离器将提取的浆液分离成污泥和沉降促进剂，将分离出的沉降促进剂供应到第二搅拌池中并排放分离出的污泥，并且至少从处理后的水输送中排放处理后的水（JP2014237123A）。其技术方案如图 6 - 2 - 12 所示。

2016 年，栗田工业提供一种凝结沉降装置，可以容易地安装在卡车等上并运输，包括：溶液引入凝集反应槽 11，加入无机凝结剂、pH 调节剂和阳离子聚合物凝结剂，并通过搅拌器 15 搅拌混合物以获得凝集反应溶液；凝集反应溶液流出到对流盘 17，加入阴离子聚合物絮凝剂，然后沿分配器 19 的旋转方向向尾流切向地供应到中心井 18 的扩径部分 18A 中。穿过污泥层 S 的处理后的水在沉降槽 12 中上升，从 V 形槽口 25a 流入槽 25，并通过取出管 26 从凝结沉降装置 1 中取出；污泥通过耙板 35 从污泥接收箱 13 排放到出口 30（JP2018047434A）。其技术方案如图 6 - 2 - 13 所示。

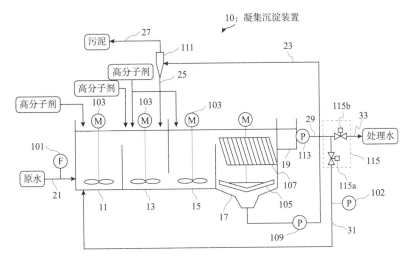

图 6 - 2 - 12 重要专利 JP2014237123A 的技术方案

2018 年，威立雅水务解决方案与技术支持公司提供一种水处理设备，包括：用于供给预先混凝待处理水的供水部件（1）；絮凝倾析装置（11），具有用于分配至少一种絮凝剂的分配部件（5）、用于分配至少一种压载物的分配部件（6）、用于去除倾析污泥的去除部件（20d）；用于排放处理过水的排放部件（9）；用于分离包含在压载污泥中压载物的分离部件（14）；用于将这样经过清洁的压载物再循环至絮凝倾析装置（11）的再循环部件（8）；其特征在于：所述絮凝倾析装置（11）包括单个槽（12），搅拌器（13）布置在所述单个槽的下部中；所述单个槽（2）的上部具有多个板片（10）；板片与搅拌器（13）相距 0.5m 至 3m 之间的距离（CN110831683A）。其技术方案如图 6 - 2 - 14 所示。

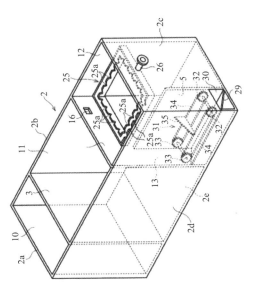

图 6 - 2 - 13 重要专利 JP2018047434A 的技术方案

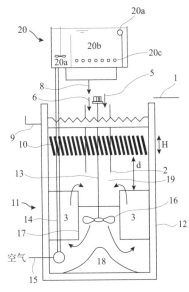

图 6 - 2 - 14 重要专利 CN110831683A 的技术方案

2018 年，栗田工业提供一种凝结沉降装置和沉降槽，能够抑制沉淀池凹坑中的沉淀物的固结和固定。其包含：第一和第二混凝槽 2 和 3 用于沉淀原水中的悬浮物，这些絮凝物通过添加沉淀促进剂和凝结剂来凝结，从沉降池 4 提取的浆液是污泥，旋风分离器 20 在分离成沉降促进剂后，将分离的沉降促进剂返回到凝结槽 3，还包括设置在沉降槽 4 的凹坑 17 内的棒状或条状的长条状构件，具有搅拌构件 30，搅拌构件 30 具有沿径向方向的臂 33 和竖直地设置在该臂上的搅拌棒 34 和 35（JP2020025920A）。其技术方案如图 6 – 2 – 15 所示。

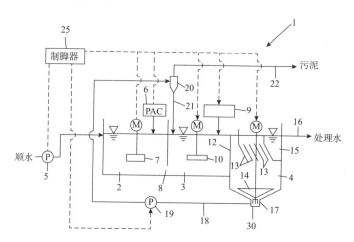

图 6 – 2 – 15　重要专利 JP2020025920A 的技术方案

6.2.2　化学氧化技术

化学氧化技术是利用氧化剂氧化分解污水中溶解性的有机物或无机物，从而达到净化污水的目的。常见的化学氧化技术主要分为普通化学氧化技术、湿式氧化技术、超临界水氧化技术、芬顿氧化技术等。

6.2.2.1　普通化学氧化技术

普通化学氧化技术是利用臭氧、氯气、高锰酸钾、高铁酸盐、二氧化氯、过氧化氢等氧化剂将污水中的污染物氧化成二氧化碳和水的一种处理技术。此法反应速度快，工艺简单，可对污水脱色、除臭，也可进行深度处理，但是普通化学氧化技术需要往污水中注入大量的氧化药剂，致使其处理费用相对较高，因此改进方向主要为提高氧化剂的使用效率以及氧化效率，具体的改进点主要包含设备、添加剂以及技术联用等。

（1）设备

设备改进方面，主要体现在以下三方面：氧化剂供应方式、特殊场景用设备以及车载水处理设备。

1）氧化剂供应方式

2006 年，美国 William B. Kerfoot 提供一种增强活性臭氧方法，通过设置在水中的扩散器引入臭氧，该扩散器具有微孔介质；在初始臭氧浓度在 1% ~20% 的范围内，气泡中的水和气体之间具有气泡界面，气泡中界面处的臭氧分子排列成使末端的氧原子取向臭氧分子朝着界面向外提供净负电荷，朝着气泡的界面向外提供净负电荷，并且从气泡内界面处的臭氧分子的中心原子向气泡内部提供净正电荷；以及将水的水溶液和悬浮的均质气泡引入处理目标（US8906241B2）。其技术方案如图 6 - 2 - 16 所示。

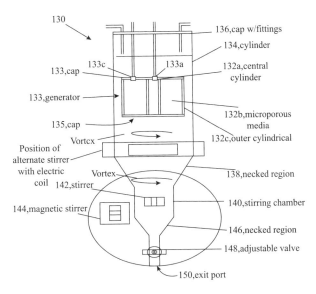

图 6 - 2 - 16　重要专利 US8906241B2 的技术方案

2011 年，美国的 ACOS 公司提供一种用于氧化废液的反应器，提高气液臭氧的质量传递的同时提高氧化过程中臭氧的供应速率。该反应器包括：过氧化氢、苛性碱和臭氧处理废液的反应器；该反应器具有填料，该填料包括一系列构造和布置成用于在压力下基本塞住流体流的表面；用于在反应器中的塞流状态下至少接收废液的废流体入口和位于基本上塞流状态下的用于臭氧的反应物入口；与反应物入口并置的扩散器装置，基本为管状的反应器的底端，该反应器的底端具有一个装有由一系列表面组成的填充

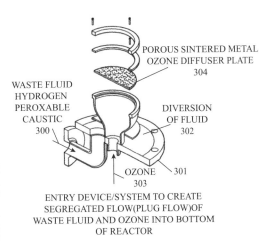

图 6 - 2 - 17　重要专利 US20110192807A1 的技术方案

床的腔室；扩散器和填料的孔隙率可以提高臭氧的质量传递（US20110192807A1）。其技术方案如图 6 - 2 - 17 所示。

2018 年，美国的空气液体公司提供一种用于产生氧化液体的氧化系统，其在传质单元中产生浓臭氧水，在混合单元中将浓臭氧水与处理液混合，以形成浓臭氧和处理液的均匀且无气体的混合物，将均匀且无气体的混合物加入反应单元，并在反应单元中产生氧化的液体。该方法利用酸性进料液体产生溶解在水中的臭氧，该臭氧在饱和或接近饱和浓度下具有更高的浓度（US20190300403A1）。其技术方案如图6-2-18所示。

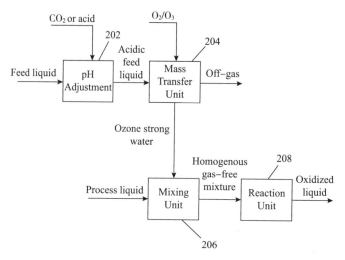

图6-2-18 重要专利US20190300403A1的技术方案

2）特殊场景用设备

特殊场景用设备常见的有船舶压载水处理，其由于缺乏安装设备的空间以及泵送压载水的动力源而受到阻碍；且压载水中包含来自货舱或压载舱的物质（例如铁或沉淀物）以及大量生物等，致使其组成具备多样性以及压载水特殊的化学和物理特性，压载水对常规消毒技术提出独特的挑战。

2003年，美国纽泰科公司采用臭氧处理压载水。其包括至少一个压载舱；和产生臭氧的臭氧发生器、压载水导管，该压载水导管通过航海船的装载口吸收水并引导水装载压载舱。臭氧进料管线将臭氧发生器的臭氧注入导管中的水中，该注入点位于导管与压载舱相交处的上游。使用时，在将水注入压载舱之前，将臭氧注入载水到海船中，并将注入臭氧的水注入压载舱（US6869540B2）。其技术方案如图6-2-19所示。

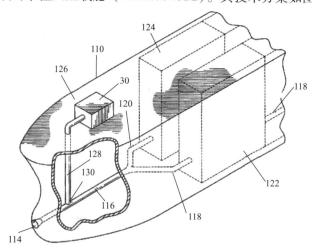

图6-2-19 重要专利US6869540B2的技术方案

然而，由于臭氧不易于渗透/扩散通过压载物中的沉积物，臭氧的有效性受到损害。2004 年，美国的环境技术股份有限公司研发一种接触器装置，用于处理从压载舱排出的压载水。该压载水在从水上船舶排出之前已经被排出；在接触器设备内，提供用于提供声能和溶解臭氧的组合的装置。声能和溶解的臭氧结合提供一种更高效的方式，可用于在压舱水释放之前对其进行消毒（WO2005076771A2）。其技术方案如图 6-2-20 所示。

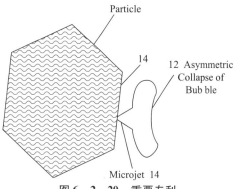

图 6-2-20 重要专利
WO2005076771A2 的技术方案

2012 年，韩国船宝工业公司提供一种简化的船舶压载水处理系统，其包括：臭氧气泡单元，设置在压载水流过的导管内，用于将供应的臭氧变成气泡；以及用于臭氧供应的流道，侧部连接到臭氧气泡单元，以将臭氧供应到臭氧气泡单元；海水泵单元设置在导管中，并且臭氧气泡单元连接至其侧面部分，并且将导管中的压载水泵送到臭氧气泡单元中，通过将臭氧气泡直接供应到压载水流过的导管中来实现压载水的有效灭菌，同时使用在导管中流动的压载水作为用于产生压载水的介质直接产生臭氧气泡（US20150291459A1）。其技术方案如图 6-2-21 所示。

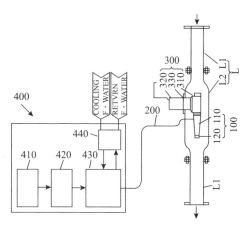

图 6-2-21 重要专利
US20150291459A1 的技术方案

3）车载水处理设备

2011 年，美国的麦奎尔·丹尼斯研发一种移动式回流水处理系统，所述系统安装在标准容器内，该标准容器可通过卡车、铁路或轮船从一个井场移至另一个井场。其主要采用臭氧、水动力空化和声空化处理废水（US8318027B2）。其技术方案如图 6-2-22 所示。

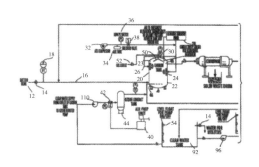
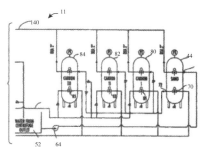

图 6-2-22 重要专利 US8318027B2 的技术方案

　　2011 年，美国的 NCH 生态服务公司提供一种便携式压裂水管理系统，可通过添加一种或多种处理剂（例如，氧化性化学药品）来快速且可靠地调节和控制污染物的残留水平，从而有效和高效地处理水性流体。该系统包括：至少一个可编程控制器；至少一个具有至少一个入口端和至少一个出口端的流体流动管线，该至少一个入口端具有一个第一连接装置，该第一连接装置可连接成与水性流体的加压源流体连通，并且该至少一个出口端具有一个连接装置；第二联接装置，可连接成与至少一个压裂罐流体连通；第一传感器，将与水性流体的流速相对应的第一参数传送至至少一个可编程控制器；第二传感器，将与所述水性流体组分的初始浓度相对应的第二参数传达给所述至少一个可编程控制器；至少一种处理组合物，当与水性流体混合时能够将所述组分在水性流体中的初始浓度调节至预定范围内的第二浓度；至少一个设置在第一和第二传感器下游的处理装置，所述至少一个处理装置基于组分的初始浓度和预定范围控制将处理组合物引入水性流体中；和第三传感器设置在处理装置的下游，该第三传感器监测处理后的水性流体中组分的浓度（EP2558416A1）。其技术方案如图 6 - 2 - 23 所示。

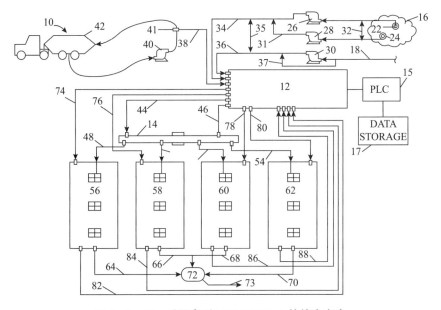

图 6 - 2 - 23　重要专利 EP2558416A1 的技术方案

（2）添加剂

　　为了进一步提高化学氧化处理技术的降解效率，可通过额外添加催化剂、其他添加剂等来提高水处理效果。

　　1）催化剂

　　早在 1975 年菲利普石油公司便采用固体铜 - 锰 - 氧催化剂来纯化有机污染的水（US3992295A）。1992 年，日本触媒株式会社采用一种复合催化剂降解含氮、硫、有机卤化合物的废水。其采用的第一催化剂包括：作为 A 成分的铁的氧化物；至少一种从钴、镍、铈、银、金、铂、钯、铑、钌和铱中选出的元素作为 B 成分。第二催化剂包括：含铁和至少一种从钛、硅和锆中选出元素的氧化物作为 A 成分；至少一种从钴、镍、铈、银、金、铂、钯、铑、钌和铱中选出的元素作为 B 成分（CN1067188A）。

为了进一步提高催化剂的催化效率，2000 年，韩国科学技术院采用一种非均相催化剂，在环境温度和压力下用过氧化氢、氧气或臭氧对含有各种污染物的废水流进行经济有效的处理，该催化剂包括选自镍、钌、钴、铁、铜、锰、锂及其混合物负载在选自氧化镁、氧化钙、氧化锡、二氧化铝及其混合物的金属氧化物上（US6461522B1）。2014 年，北京林业大学提供一种用于催化臭氧氧化除污染的磁性纳米铜铁羟基氧化物，集成 $Fe_x(OH)_y$、$Cu_x(OH)_y$ 二元金属羟基氧化物的表面特性，不仅可以实现催化臭氧氧化降解水中存在非那西丁等药物及个人护理品，而且可以利用其自身的磁性效应实现对粉末磁性纳米铜铁羟基氧化物水相分离（CN104069860A）。2015 年，太原理工大学研发一种用于废水处理的磁性稀土钡铁氧体纳米净化催化剂，它的通式为 $Ba_xRe_yMe_z$ Fe_mO_n，其中 Me 为铜或锌或锰或钴，Re 为镧或铈或钕或镨或钪或钇。其利用微波负压少氧脱硝，可使硝酸铵直接转化为氮气、氧气和水，制备过程没有氮氧化物的产生，可以消除传统方法制备过程中产生氮氧化物的二次污染现象（CN104923241A）。2015 年，美国康宁公司制备一种水处理用催化剂：活性炭负载的过渡金属基纳米颗粒，包括（a）用至少一种含过渡金属的化合物浸渍活性炭，以及（b）在一定温度和时间下加热浸渍的活性炭以使碳热还原该活性炭。过渡金属选自铁、锌、钛、镍、铜、锆、HA、钒、铌、钴、锰、铂、铝、钡、铋和其组合（WO2016014505A1）。2015 年，北京林业大学以一种新型介孔钙钛矿型氧化物/二氧化硅为催化剂，催化效果佳，可以实现对难降解污染物的强化去除（CN105797736A）。2017 年，中国科学院生态环境研究中心研发一种高效稳定的铁锰复合氧化物催化剂，通过两步水热和一步还原处理，可以实现不饱和配位铁中心在锰氧化物界面的稳定结合，在污水处理技术领域对有机污染物的去除表现出优越的催化氧化性能（CN108097261A）。2018 年，中国石油化工股份有限公司提供一种利用臭氧催化氧化处理有机废水的方法，其反应器内依次装填有催化剂 A 和催化剂 B，其中，所述催化剂 A 为负载型催化剂，其中活性组分为铜、铬、镍、银、锌中的一种或几种，载体为活性炭、分子筛、氧化物中的一种或几种；所述催化剂 B 包括活性金属组分和复合载体，其中活性金属组分为过渡金属，复合载体包括活性炭和碱式碳酸盐。该方法工艺简单，稳定性好，不仅 COD 脱除能力高，且可以解决金属流失的问题（CN111377521A）。2020 年，中国环境科学研究院以天然铁基矿物代替传统的铁基合成材料作为催化剂处理有机废水，天然铁基矿物是在地壳的综合作用下经过漫长时间形成，相较传统的铁基合成材料晶型结构更稳定，组成相对固定，在水中也由于良好的晶型结构溶出更少，因此可避免铁离子溶出导致的催化剂失活和环境的二次污染（CN111606406A）。

2）其他添加剂

2006 年，英孚拉玛特公司提供一种水处理组合物，包含氧化组分和吸收组分，其中的一种或两种组分含有纳米材料。所述纳米材料可以聚集成团，形成平均最大尺寸至少 1μm 的粒子；所述氧化组分包括含锰、银，和/或钛、锆、铝和/或铁的组合物；

两种组分可以含有氧化物、氢氧化物或羟基氧化物，可以是掺杂组分；所述水处理组合物可用于至少部分去除水中的污染物，如砷、铅、汞、铬金属或其阳离子（CN101370737A）。2016 年，浙江正洁环境科技有限公司研发一种复合脱氮剂，组成为：10%～25% 氧化剂、20%～40% 镁盐、7%～20% 磷酸盐、1%～5% 助凝剂或铁盐，其余为水。将上述复配好的复合脱氮剂投入待处理养殖废水中，即可使所述养殖废水中的含氮量达标。该复合脱氮剂具有使用方便、一次去除达标的优点（CN105540798A）。

（3）技术联用

由于污水成分的复杂性及随着水质标准和要求的日趋严格，单一化学氧化水处理技术不能满足当前的需求，往往需要组合其他技术形成"化学氧化＋"组合工艺来进一步提升水质和降低成本。

1）氧化 – 絮凝联用

2012 年，美国的索恩·戴维斯提供一种从流体流中去除金属离子物质的方法，其中金属离子物质是可溶性金属离子物质，包括：用氧化剂氧化可溶性金属离子物质，形成不溶性氧化物质；絮凝不溶性氧化物质，形成絮凝颗粒；提供对絮凝的颗粒具有亲和力的底物；将基材引入流体流中以接触絮凝颗粒，从而使基材与絮凝颗粒接触形成可去除的络合物；和从流体流中除去络合物，从而除去金属离子物质（US20120267315A1）。2014 年，弗朗西斯·米勒提供一种处理来自钻井作业的污水的方法。该方法包括使含有臭氧的气体鼓泡通过废水来分解废水中的有机污染物；以及添加凝结剂以增加流出物中所含固体颗粒的粒径；添加絮凝剂以增加废水中所含固体颗粒的粒径，从而形成悬浮在废水中的絮凝物；从流出物中过滤出絮凝物以产生滤液和絮凝的固体。该方法可以进一步包括在受控剪切条件下将凝结剂添加到在第一导管内流动的流出物流中，以及在受控剪切条件下将絮凝剂添加到在第二导管内流动的包含针状絮凝剂的流出物流中（US20140144844A1）。

2）氧化 – 沉淀联用

1996 年，三菱提供一种处理含砷废水的方法，具体为向含砷废水中加入氧化剂，将废水中三价砷氧化为五价砷；加入钙化合物调整 pH 至 12 或更高；将其分离成固体和液体（第一次固液分离）；同时在固液分离后向处理后溶液加入铁盐调整 pH 至 6～9；再将其分离为固体和液体（第二次固液分离）（CN1155519A）。1998 年，加利福尼亚友联石油公司提供一种从废水流中除去烃、砷和汞的方法，具体为：向废水流添加氧化剂以使砷从小于正五价的氧化态氧化成正五价的氧化态，再将氧化后的废水与三价铁离子接触，以形成沉淀（CN1253535A）；2016 年，卢布林工业大学采用氧化 – 沉淀联用技术处理由页岩气提取过程中获得的废水生产钻井液，具体为：向回流水中添加 H_2O_2，然后将其混合直至达到 700～720mV 的氧化还原电位；然后加入碳酸钠溶液和氢氧化钙悬浮液，并充分混合以获得 11.15 ± 0.15 的 pH，然后通过已知方法分离沉淀物（EP3199497A1）。

3）氧化 - 吸附联用

1992 年，摩比尔石油公司采用氧化 - 吸附联用技术从含氰化物的废水中除去氰化物，具体为：使含氰化物的废水通过含有多孔固体基质的反应区，该基质上沉积有水不溶性金属化合物，从而通过吸附到基质上而将氰化物从水中除去；并向反应区提供氧气源；催化氧化吸附的氰化物；其采用的多孔固体基材是活性炭，氧化铝、二氧化硅、二氧化硅/氧化铝或沸石；所述水不溶性金属化合物包含铜、铁、镍、银、金、钼、钴或锌（EP0643673B1）。2007 年，技术研究及发展基金有限公司采用"吸附 - 氧化"联合工艺处理受到有机化合物、有机体、有毒物质、有害物质、氨或其混合物污染的流体。首先使污染物吸附在吸附材料上，随后通过采用至少一种过渡金属氧化物催化剂的纳米颗粒和至少一种氧化剂的处理使其再生；或者使污染物吸附在加载有至少一种过渡金属氧化物的吸附材料上，随后通过采用氧化剂的处理使其再生；或者首先采用氧化剂处理污染的流体并随后采用加载有至少一种过渡金属氧化物的吸附材料颗粒进行处理（CN101522572A）。

4）有机物的氧化分解

产业链中，化学氧化处理一般用于有机物的氧化分解，或者是重金属的氧化。例如，1994 年，美国的巴克曼劳工公司采用氧化 - 沉淀 - 还原联用选择性地从含有铝和砷的废水中回收高质量的尖晶石铁氧体，并从废水中去除。废水处理分为三个过程阶段：氧化 - 沉淀、还原 - 沉淀、再氧化 - 沉淀形成尖晶石铁素体（US5505857A）。2014 年，周旋辉采用混合稀释或浓缩 - 氧化 - 固液分离 - 滤液处理等一体化工艺氧化污泥有机质改善其脱水性能，通过污水处理一体化设备对滤液进行处理后达标排放或回用（CN104003602A）。2017 年，覃祖勇通过联合氧化还原反应、酸碱中和反应和减压蒸馏处理方法，在短时间内即可完成钢铁废水的处理，使其能够再次循环使用，为钢铁废水的处理提供一种新的途径，同时也节约能源，可以提高钢铁冶炼过程中的能源利用效率（CN106966542A）。2017 年，广州超邦化工有限公司采用中和 - 絮凝 - 氧化 - 后处理等工艺处理氯化钾无氰镀镉废水。该一体化工艺可显著减少氯化钾无氰镀镉废水中镉和铬的含量，使废水排放满足国家标准要求，并且适用于目前企业电镀车间原有废水处理和排放系统（CN108164031A）。

6.2.2.2　湿式氧化技术

湿式氧化技术（WAO）是在高温、高压条件下，用氧气或者空气中的氧气来氧化污水中的难降解有机物，使其氧化分解成易生化处理的小分子有机物和无机物的处理过程。1958 年，Zimmermann F. J. 首次采用湿式氧化技术处理造纸黑液废水（US3386922A）。其与常规水处理法相比，该法具有应用范围广、高效、快速、低污染以及一定程度回收有用物料等优点。然而，湿式氧化技术也存在着一定局限性，如要求高温高压条件，中间产物往往为有机酸，对设备要求较高。近年来，研究人员为降低反应温度和反应压力，提高处理效率，对传统湿式氧化进行改进，研究方向主要是催化剂以及设备改进。

（1）催化剂

1975年，旭化成采用湿法氧化技术处理含氰的有机废水，在铜或铜化合物和特定铵盐的存在下进行湿氧化可以大大提高氰类化合物的去除率，铵盐选自硫酸铵、硝酸铵、氨基磺酸铵、碳酸氢铵、氯化铵、碘化铵（US4070281A）。1986年，大阪瓦斯公司采用湿法氧化技术处理含硝酸铵废水，其所用的催化剂是含有载体的催化剂，催化剂活性成分包含钌、铑、钯、锇、铱、铂和金中至少一种，且湿法热分解是在固定床型反应器内进行的（CN86102728A）。

在湿氧化技术领域，国外的主要申请人是日本触媒株式会社。1993年，日本触媒株式会社通过使用固体催化剂对废水进行湿氧化处理，其包括作为A成分的铁的氧化物和作为B成分的从钴、镍、铈、银、金、铂、钯、铑、钌和铱中选出的至少一种元素，该催化剂不仅能分解不含氮、硫或卤素的有机化合物，而且能有效地分解含氮化合物，含硫化合物和乙醇、有机卤代化合物，从而可以长时间有效地进行废水处理（US5620610A）。1994年，其以含有锰的氧化物和从铁、钛与锆组成的组中选择至少一种金属的氧化物的作为废水处理用催化剂，具备催化活性高、耐久性和耐碱性等优点（CN1121322A）。2003年，日本触媒株式会社采用包含活性炭作为载体和活性组分选自铂、钯、铑、钌、铱和金的至少一种元素的催化剂用于废水的湿式氧化（US6797184B2）。2007年，其又研发一种湿式氧化处理用催化剂，包含选自锰、钴、镍、铈、钨、铜、银、金、铂、钯、铑、钌和铱的组的至少一种元素或者其化合物的催化活性成分，以及包含选自包括铁、钛、硅、铝和锆的组的至少一种元素或者其化合物的载体成分，且载体成分的固体酸量等于或者大于0.20mmol/g（CN101045204A）。2014年，日本触媒株式会社继续研发一种废水处理催化剂，包含A成分和B成分。所述A成分是铁以及选自钛、硅、铝、锆和铈中的至少一种元素的氧化物；所述B成分是选自银、金、铂、钯、铑、钌和铱中的至少一种元素。使用该催化剂的废水湿式氧化处理，能以高净化性来处理含有含氮化合物的废水，并且能维持高净化性（JP2015096258A）。

在湿氧化技术领域，国内的主要申请人是中国石油化工股份有限公司。2012年，中国石油化工股份有限公司提供一种废水的处理方法。在磁场的作用下，将具有磁性的并能够催化湿式氧化废水中有机物的催化剂颗粒悬浮于废水中，对废水进行催化湿式氧化处理。催化剂选自铁、钴、镍、它们的金属氧化物、它们的难溶金属氢氧化物以及它们的难溶金属盐中的至少一种；选自铁、钴、镍、它们的金属氧化物、它们的难溶金属氢氧化物以及它们的难溶金属盐中的至少一种与选自锰、铜、锌、钛、银、铝、它们的金属氧化物、它们的难溶金属氢氧化物以及它们的难溶金属盐中的至少一种的混合物（CN103359810A）。2016年，中国石油化工股份有限公司继续研发一种多相催化湿式氧化催化剂，以重量份数计包括以下组分：a）98.0～99.8份载体，和载于其上的b）0.2～2.0份选自金、钯、铂、铑中的至少一种；所述载体选自二氧化硅、氧化铝、氧化钛、多壁碳纳米管和石墨中的至少一种。该催化剂用于多相催化湿式氧化反应处理丙烯腈废水，具有COD去除率高与催化剂强度高的优点

（CN107282040A）。2018 年，中国石油化工股份有限公司还研发一种臭氧催化湿式氧化处理废水的方法。其在反应器内依次装填有催化剂 A 和催化剂 B，其中，所述催化剂 A 为过渡金属或贵金属负载型催化剂，所述催化剂 B 包括复合载体和活性金属组分，所述复合载体包括活性炭和碱式碳酸盐。该方法不仅 COD 脱除能力高，且可以提高臭氧有效利用率，降低臭氧投加量（CN111377522A）。

（2）设备改进

由于湿式氧化技术要求高温高压条件，如何提高热量的高效利用率以及催化效能一直是设备改进的研究热点。

在提高热量利用率方面，1989 年，日本触媒株式会社采用一种换热式反应容器。该容器由许多列管和一个外壳构成，该外壳与列管的外表面共同限定了一条可供热交换介质流过的通道。该方法所包含的步骤是将所说的污水通过所说的列管，同时往所说的污水流中通入含有氧分子的气体，借此使所述的污水与所述的进料气互相接触，从而使存在于污水中的污染物受到湿法氧化处理（CN1039006A）。其技术方案如图 6－2－24 所示。

1993 年，拜耳公司采用一种湿式氧化用设备，其通过在热出口和蒸汽中释放压力，实现了冷入口和热出口之间的热交换，产生的产物与水相分离，返回到冷的进料中并与之直接接触，以使至少一些蒸气凝结并加热进料。上述设置可以完全消除热交换器的结块、结垢和阻塞等问题（EP0588138A1）。其技术方案如图 6－2－25 所示。

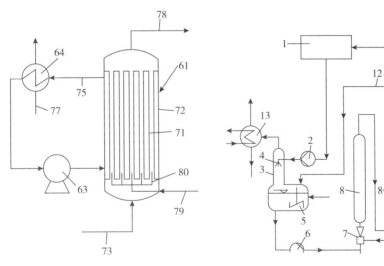

图 6－2－24　重要专利　　　　　　图 6－2－25　重要专利
CN1039006A 的技术方案　　　　　EP0588138A1 的技术方案

2002 年，国家科研中心提供一种湿式氧化设备，其氧化系统包括一管状体，所述管状体具有：一第一区域，其延伸向所述入口；一第二区域，氧化性的化合物被注入该第二区域中；以及出口。具体操作为向第一区域输送第一数量的热能 Q1，此热能能将流经所述管状体的液体温度从一个起始温度升高到一个较高温度 T1；以及注入确定量的某种可燃混合物，该可燃混合物可在所述中间温度 T1 上发生反应，从而产生出第二数量的热能 Q2，该热量可将所述液体的温度升高到一反应温度 T2。其可降低启动有机体氧化系统所必需的预热装置的等级，从而在不影响所述启动工作的前提下降低系统的成本（CN1543441A）。其技术方案如图 6-2-26 所示。

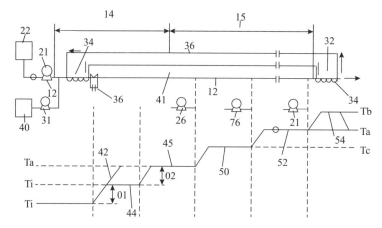

图 6-2-26　重要专利 CN1543441A 的技术方案

在提高催化剂利用效率方面，2008 年，日本触媒株式会社采用一种湿式氧化处理装置。该装置在填充床上设置具有跟随固体催化剂填充床的顶面变形的压力层，或具有使固体催化剂填充床的上表面变形的压力层。这样的压力层可以有效地防止固体催化剂在填充床中移动，进而克服移动造成的固体催化剂的磨损、性能下降、压力损失增加等问题，从而长时间稳定地处理废水（JP5330751B2）。其技术方案如图 6-2-27 所示。

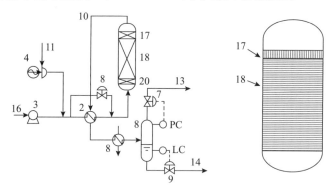

图 6-2-27　重要专利 JP5330751B2 的技术方案

6.2.2.3　超临界水氧化技术

超临界水氧化技术是以超临界水为反应介质，经过均相的氧化反应，将有机物快速转化为二氧化碳、水、氮气和其他无害小分子，其是由美国学者 Modell M. 在 20 世纪 80 年代中期提出的一种能彻底破坏有机物结构的新型氧化技术，是湿式氧化技术的延伸。该技术的缺点是反应条件苛刻和对金属有很强的腐蚀性，及对某些化学性质稳定的化合物氧化所需时间也较长。因此改进设备的耐腐蚀性以及设备的热量利用等一直是该技术的研究方向。

1995 年，RPC 废物管理服务公司提供一种高压高温反应器，包括：压力容器具有大致圆柱形的形状、顶部容器端和与顶部容器端相对的底部容器端；封闭在压力容器内的反应室，该反应室具有与压力容器相似的形状，并且还具有顶部室端、底部室端、内壁和外壁，压力室和反应室形成环带，反应室限定反应区，该反应区与环带隔离。反应室由钛制成或覆盖有包含钛、贵金属或铂的衬里材料。其将腐蚀性气体与安全壳（压力容器）分离，从而可以大大提高过程安全性；采用较大直径反应器，可以实现较低的表面积与内部体积之比，减少衬里表面每单位反应体积的比例，因此可以大大降低对昂贵的衬里（例如贵金属）的材料要求（EP0770041A1）。其技术方案如图 6 – 2 – 28 所示。

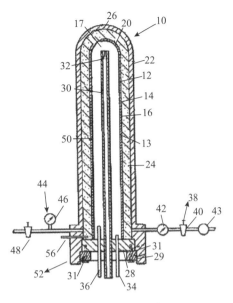

图 6 – 2 – 28 重要专利 EP0770041A1 的技术方案

1997 年，加氢处理有限公司采用超临界技术处理废水污泥，利用超临界水氧化反应产生的热量用于加热进料混合物，超临界水氧化反应器的流出物也可用于产生标准的高质量蒸气，可用于驱动蒸汽轮机（US5888389A）。其技术方案如图 6 – 2 – 29 所示。

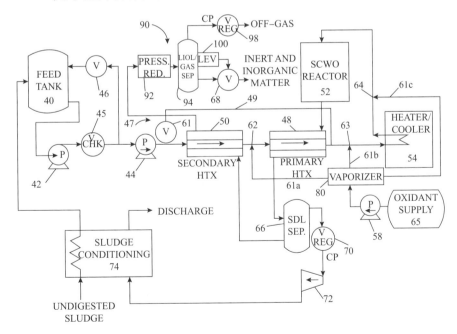

图 6 – 2 – 29 重要专利 US5888389A 的技术方案

2002 年，霍林福德有限公司提供一种适用于氧化废物处理的高压高温反应系统，在适于输送第一流体的第一导管中输送第一流体；在适于输送第二流体的第二导管中输送第二流体，其中导管包括管或衬套，该管或衬套具有至少内表面区域，该内表面区域由耐腐蚀材料制成并沿着该管道或衬管延伸，并通过控制腐蚀性温度范围以减少对设备的腐蚀性（US6958122B1）。其技术方案如图 6 - 2 - 30 所示。

101

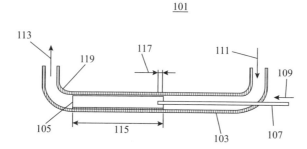

图 6 - 2 - 30　重要专利 US6958122B1 的技术方案

2004 年，加迪斯大学提出一种水热氧化系统，能够处理水性有机废物和不溶于水的有机废物。水热氧化系统具有两条独立的液相进料管线，其中第一条用于水相（水中的可溶或可乳化废物），第二条允许将不溶性废水的液体进料到反应器中（油性残留物或不溶于水的有机化合物）。通过单独的进料管线注入油性残余物可以消除与泵送两相混合物相关的问题，并更好地控制可燃材料的添加，因此可以更好地控制氧化过程的稳定性（ES2255443B1）。其技术方案如图 6 - 2 - 31 所示。

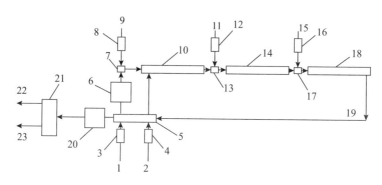

图 6 - 2 - 31　重要专利 ES2255443B1 的技术方案

2010 年，山东大学提供一种提高超临界水氧化系统氧气利用率的方法。过量的氧气和经预热的有机废液从蒸发壁反应器上部注入混合并进行超临界水氧化反应，蒸发水从蒸发壁反应器侧面注入，从而在反应器内形成上部为超临界温度反应区而下部为亚临界温度溶盐区；反应剩余的氧气从超临界温度区向下流动到亚临界温度溶盐区的过程中，一部分氧气析出并循环到反应器上部的超临界温度区而形成氧气内循环利用；反应后的流体经过冷凝和减压进入高压气液分离器，被亚临界水溶解并携带流出反应器的氧气，通过高压气液分离器分离后重新注入反应器而形成外循环利用。该设备通过提高氧气的利用率而显著降低过氧量系数，可以提高超临界水氧化系统运行的经济性（CN101830554A）。其技术方案如图 6 - 2 - 32 所示。

2012 年，西安交通大学与苏州市艾克沃环境能源技术有限公司联合研发一种高含盐有机废水的超临界水氧化处理系统，通过液氧的冷能将高盐废水进行冷却结晶，降低废水中无机盐的质量浓度。在超临界水条件下利用水力旋流器脱除废水中析出的大量固体盐颗粒，有效防止水力旋流器后续管路及反应器的堵塞。在水力旋流器下部设置脱盐装置可连续将无机盐从系统脱除。此外，该系统通过分离回收部分，可以回收过量的氧气和二氧化碳产物气体；通过设置简单的后续处理单元，可以降低超临界水氧化反应时间和反应温度；通过设置软化水装置，系统以蒸气的形式可以回收反应后高温流体的热量，可以有效降低系统的运行成本（CN102642947A）。其技术方案如图 6 - 2 - 33 所示。

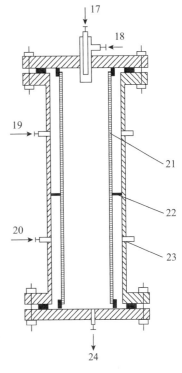

图 6 - 2 - 32　重要专利 CN101830554A 的技术方案

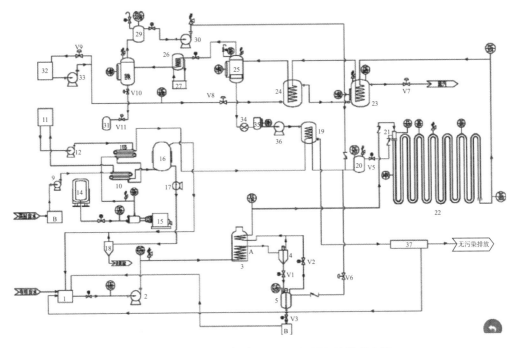

图 6 - 2 - 33　重要专利 CN102642947A 的技术方案

2015 年，上海老港废弃物处置有限公司提供一种同时消除臭气的超临界水氧化系统，其隔间用于收集有机废水附近的废气，内置空气压缩机，空气压缩机的出气管与超临界水氧化反应釜的进气口连接；废水罐的出水管与超临界水氧化反应釜的进水口连接；超临界水氧化反应釜的出水管与换热器的进水口连接，换热器的出水管与回水加热器的进水口连；回水加热器上设置有废气排出口和排水口以及冷却循环水进水管、

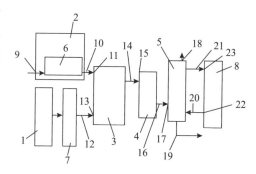

图 6 – 2 – 34   重要专利
CN105540817A 的技术方案

冷却循环水出水管，冷却循环水进水管、冷却循环水出水管分别与冷却回流装置的冷却循环水出口、冷却循环水进口连接。该系统通过系统隔间的集气设备，将废气导入超临界反应釜、在高效降解废水中有机污染物的同时，可以有效去除废气中的有机物，自动运行，节能减排，成本低廉，结构简单（CN105540817A）。其技术方案如图 6 – 2 – 34 所示。

6.2.2.4   芬顿氧化技术

Fenton 试剂是由过氧化氢与催化剂 Fe^{2+} 构成的氧化体系，已于 1894 年由 Fenton H. J. 发现并应用于苹果酸的氧化。其氧化机理是由于在酸性条件下过氧化氢被催化分解产生反应活性很高的羟基自由基。Fenton 试剂在工业废水处理中的应用，国内外已进行广泛的研究，其特别适用于生物难降解或一般化学氧化难以奏效的有机废水的氧化处理。

（1）添加剂

1）催化剂

2005 年，里玛·贾米尔采用一种由零价铁粉或双金属（例如，Fe – Pd、Fe – Cu、Fe – Pt、Fe – Co、Fe – Ru、Fe – Ni、Fe – Pd、Fe – Zn）形成的羟基自由基处理废水（US20060175266A1）。2008 年，科学技术与研究机构提供一种在氧化剂存在下将金催化剂暴露于水性介质，从而形成能够至少部分降解有机污染物的自由基。该方法采用的氧化剂为过氧化氢，金催化剂包括金金属部分和载体材料部分，所述载体材料是金属氧化物、硅酸盐、金属硅酸盐、磷灰石矿物、碳及其组合中的至少一种，金催化剂可以在类芬顿反应中催化过氧化氢的转化以形成羟基自由基（WO2008100228A1）。2011 年，华中师范大学采用一种异相催化过硫酸盐芬顿氧化水处理的技术，将过渡金属、过渡金属氧化物、过渡金属/过渡金属氧化物复合材料作为异相芬顿试剂，催化分解过硫酸盐产生羟基自由基，从而氧化去除废水中的有机物。异相过硫酸盐芬顿催化氧化水处理技术适用于各种有机废水处理，持久性好，效率高，环境友好，无二次污染，易于操作，符合实际水处理单元的需要，在环境污染治理领域有很大的应用潜力（CN102020350A）。2012 年，浙江理工大学制备一种非均相类芬顿催化剂，具体为将金属盐溶液逐滴加入络合剂溶液中得到金属络合物溶液；将活性碳纤维浸渍在金属络合

物溶液中即得所述非均相类芬顿催化剂；制备的非均相类芬顿催化剂在 pH 为 2～10 的范围内能高效降解染料等有机污染物，而且具有良好的重复使用性，可以避免均相芬顿试剂因铁离子带来的二次污染（CN102909073A）。2013 年，兰州大学提供一种生物质磁性炭材料，由生物原料与铁前体混合制成，其制备价格低廉、高效，具有吸附催化降解双重作用，在构筑类 Fenton 体系处理高浓度废水过程中作为一种高效催化剂，可彻底氧化降解有机染料（CN103480331A）。2014 年，哈尔滨工业大学采用一种多相类芬顿催化剂，由还原铁粉、活性炭粉、电解铜粉和硅酸盐制成（CN103908966A）。2014 年，南京理工大学提供一种以芬顿含铁污泥为铁源的磁性芬顿催化剂尖晶石铁氧体。其以芬顿过程产生的铁泥和二价金属（如镍、锰、锌、钡、钴等）的硝酸盐为原料，用共沉淀法制得磁性芬顿催化剂尖晶石铁氧体；利用尖晶石铁氧体代替 Fe^{2+} 作为芬顿催化剂，所得的尖晶石铁氧体磁性材料尺度小，在水溶液体系中分散性好，借助于外界磁场可以有效地将其分离、回收（CN104437502A）。2015 年，武汉森泰环保工程有限公司采用一种类芬顿多元催化氧化技术处理难降解有机废水，多元催化剂为活性炭以及含铜化合物、含铁化合物和含锰化合物按一定比例复配而成，所述含铁化合物为高温烧结的多孔块状铁合金（CN104743652A）。2015 年，吉林师范大学采用一种磁性钕铁硼活性炭芬顿催化剂，其组成为：活性炭 1～10g；钕铁硼粉末 1～10g；硫酸亚铁 10～100ml（CN104888815A）。2015 年，河海大学公开一种锰钴复合氧化物活化过硫酸盐降解有机废水的方法，以非均相锰钴氧化物作为催化剂，能够高效、持续地活化过硫酸盐产生的硫酸根自由基和羟基自由基，达到降解有机污染物的目的。同时，锰氧化物作为环境友好型材料，可有效减少钴离子泄漏，降低二次污染和生物毒性（CN105084511A）。

2016 年，清华大学采用一种纳米 Fe_3O_4/Mn_3O_4 复合材料作为类芬顿反应的催化剂，与过氧化氢反应产生氧化能力强的·OH 等自由基，将水中的有机污染物氧化降解，且反应高效快速，经济可行，无二次污染（CN105536812A）。2017 年，哈尔滨理工大学利用次生铁矿物活化过一硫酸盐氧化处理污水，其中部分过一硫酸盐和部分污染物通过分子间作用力或者静电以及共价键力吸附在矿物表面，并与矿物表面的 Fe^{3+} 发生类芬顿反应产生 SO_4·和·OH 进而降解有机物，氧化剂过一硫酸盐和催化剂次生铁矿物安全稳定、成本低廉，pH 适用范围广，反应受水体条件影响小，反应过程中几乎不会有铁泥沉淀产生（CN107055744B）。

2）其他添加剂

2012 年，汉阳大学产学合作基金会提出一种污水和废水处理方法，通过利用磁性收集铁污泥和磁铁矿来缩短整个处理过程所需的时间。其将含零价铁和磁铁矿的混合催化剂进行芬顿氧化过程，对从芬顿氧化过程中产生的污泥使用电磁体进行磁分离（KR20120115939A）。

（2）技术联用

1994 年，气体产品与化学公司采用"芬顿氧化－吸附"联用技术除掉混酸法硝化芳族化合物工艺中产生的碱性废水流中硝基芳族和硝基酚类化合物，是以分步方式先在 pH 低于 4.5 用亚铁离子和过氧化氢进行氧化，使硝基酚类被氧化，随后是炭吸附，废水流经上述分步处理可达到完全除掉硝基芳族污染物，并且成本远低于把两项技术单独实施的成本（CN1094699A）。

2004 年，凯米拉·开米采用"芬顿氧化 – 沉淀"联用技术处理含有有机物、二价铁和磷的淤泥的废水，其中在 0～100℃用酸在 1～5 的 pH 下处理淤泥，以从淤泥中溶解二价铁和磷，向淤泥提供选自过氧化氢和过氧化物的氧化剂，二价铁通过芬顿反应被氧化成三价铁，并且（i）三价铁作为三价铁磷酸盐被沉淀，（ii）通过芬顿反应形成具有除臭和消毒作用的自由基，然后淤泥在最大为 7 的 pH 下被脱水，且在脱水中获得的水溶液被循环至废水净化（CN1787974A）。

2013 年，北京师范大学利用"芬顿氧化 – 还原 – 吸附"联用技术去除水中硝酸盐。其采用零价铁/氧化剂/沸石协同体系，体系中的氧化剂氧化剥离零价铁表面形成的钝化层，使内部零价铁的电子可以连续传递到外部，从而使零价铁保持高的还原活性将硝酸盐还原为氨氮，再利用沸石对氨氮的高效选择吸附去除水体中的氨氮。该方法环保、简单易行、成本低廉，能够高效地用于工业企业硝酸盐废水的处理及地下水中硝酸盐的修复去除（CN104341055A）。

2015 年，常州大学也公开一种采用"芬顿氧化 – 吸附"联用技术处理电镀废水，在氧化处理电镀废水的同时加入沸石高速搅拌，从而去除电镀废水中有机物。该方法不仅简单易行，而且没有二次污染问题，有机物去除率高达 90% 以上（CN105399242A）。2015 年，哈尔滨工业大学宜兴环保研究院研发一种磁性活性炭一体化处理印染废水的方法，是在制备 PAC – Fe$_3$O$_4$ 复合材料基础上，将改进磁性活性炭吸附工艺和基于 Fe$_3$O$_4$ – H$_2$O$_2$ 的类 Fenton 技术有效结合，提出一种"吸附 – 再生"一体化系统进行染料废水的处理技术，可以解决常规 PAC 与处理后废水难分离、易流失、无法再生的弊端（CN105439238A）。

2017 年，浙江省环境保护科学设计研究院采用"芬顿氧化 – 絮凝 – 磁分离"技术处理废水，包括如下步骤：（1）在磁分离水处理系统的混合反应池内投加磁性载体，调节废水 pH 至 4～6；（2）混合反应池出水进入氧化池内，向氧化池内投加双氧水；（3）氧化池出水进入调碱池，调节废水 pH 至中性并投加絮凝剂，搅拌混合产生大颗粒污泥絮团进入磁加载混凝澄清池或磁盘分离机进行泥水分离；污泥中的磁性载体经磁分离回收后循环投加到所述混合反应池内。其通过磁分离设备对磁性载体的回收后循环使用以减少污泥产生量，提高非均相 Fenton 氧化效率，降低运行成本（CN108017137A）。

6.2.3 化学还原技术

化学还原技术是向污水中投加还原剂，将污水中的污染物还原出来，或使污水中的有毒有害物质转变为无毒或毒性小的新物质的方法。还原法主要用于处理并回收污水中的重金属离子。化学还原技术的主要改进方向有还原剂种类、技术联用、设备等。

6.2.3.1 还原剂种类

1975 年，安大略省研究基金会采用锡涂覆的铁条作为还原剂，还原回收废水中的汞（US4028236A）。2015 年，德克萨斯农工大学系统采用一种反应性固体作为还原剂，包含零价铁和磁铁矿，将包含污染物的废水与反应性固体和添加的第二试剂接触，其中添加的第二试剂是亚铁，采用该还原剂可处理烟道气脱硫废水或含有重金属污染物（US10329179B2）。2016 年，绍兴文理学院采用天然磁黄铁矿与零价铁混合处理含重金属离子废水的方法，能显著提高废水中重金属离子的还原去除效率，且进一步增强零价铁的还原稳定性，是一种简单有效、成本低廉的含重金属离子废水的处理方法（CN106242013A）。2017 年，中山大学利用植物多酚类物质原位合成铁基材料去除水体中六价铬和染料污染物，以环境中大量存在的铁盐为前驱体，采用植物（如绿茶）提取液作为铁离子的螯合剂和还原剂，通过将以上原料注入污染场地或污染物处理反应器系统使其原位生成具有稳定还原性的铁基材料，可以达到对目标污染物的高效降解。该技术通过原位实现修复目的，具有绿色、无污染、活性高、循环性好、高效、经济、易调控、适用范围广等优点（CN106915813A）。2017 年，华南师范大学采用一种废酸和甘蔗渣制备材料 BC–S–Fe/Ni 的方法，先用去离子水浸泡甘蔗渣，随后干燥过夜；制粉后在氮气氛围中煅烧；冷却后用磨碎制得生物炭；在乙醇与水的混合液中加入钢铁酸洗废液、生物炭及六水氯化镍，搅拌逐滴加入适量高选择性还原剂，进行反应，将混合液放在磁板上静置，用去氧水和乙醇或者丙酮将反应得到的沉淀洗涤，干燥，之后冷凝，用玛瑙研钵研磨成粉，得到材料 BC–S–Fe/Ni。该方法以废酸和甘蔗渣为原材料制备复合材料，可以减少废弃物的污染，降低材料的制备成本（CN107021469A）。2017 年，得克萨斯科技大学采用一种用于降解水中氯化物的处理系统，采用零价铁材料和硫化剂（如硫代硫酸盐），其中所述硫代硫酸盐可实现铁的表面硫化预处理，进而提高所述零价铁材料的反应性，从而在无须使用贵金属催化剂即可降解水中的氯化物（US10640406B2）。

6.2.3.2　技术联用

1992 年，罗玛技术有限公司采用"还原–氧化–沉淀"技术联用从水溶液中去除溶解的重金属，具体为：在第一反应步骤中，使含有溶解的重金属离子的第一水溶液与亚铁离子和连二亚硫酸根离子的源混合并反应，以实现从所述第一溶液中还原和沉淀所述重金属，将所述还原的重金属与所述第一溶液分离，以形成来自所述第一反应步骤的第一液体流出物，再将第一液体流出物进行氧化和加碱沉淀以分离获得金属沉淀物。该处理方式不仅可回收可重复使用的贵重金属，还可以减少污泥产生量（US5298168A）。

1997 年，栗田工业采用"还原–沉淀"联合技术处理烟道气脱硫废水，将废水的 pH 调整到 5 或更低，使废水与铁相接触，再加碱对废水进行絮凝处理，以及通过固液分离从废水中去除生成的矾花（CN1168296A）。基于相同的构思，2005 年，三菱采用"还原–沉淀"联合技术处理含重金属废水，采用的还原剂为还原性铁基沉淀物，所述铁基沉淀物选自绿锈、铁氧体、还原性氢氧化铁和其混合物，通过添加还原剂进行还原处理再结合碱剂沉淀处理含有重金属的废水（CN1926071A）。2007 年，美铝公司采用"还原–沉淀"技术处理含有氰化物、砷、铬和硒等污染物的废水，包括用于降低水的氧化还原电位的还原区和包括零价铁的净化区，使含污染物的水通过还原区，其中还原剂包括含铁介质，将还原区内含污染物水的氧化还原电位降低至不大于约0mV，并限制Fe^{3+}和氢氧化铁的产生；使含有污染物的水从还原区流到净化区，净化区包含至少50重量%的零价铁，使用含污染物的水将零价铁腐蚀成Fe^{2+}；由Fe^{2+}和含污染物的水的污染物形成沉淀；并从水中去除沉淀物（US7897049B2）。2016年，得克萨斯农工大学采用"氧化－还原"联用技术处理含硒废水，先采用高锰酸盐氧化预处理含硒废水，再将预处理后的水与零价铁处理系统接触，该系统包括（a）包含零价铁和一种或多种与其接触的氧化铁矿物质的反应性固体，以及（b）亚铁。将高锰酸盐预处理可氧化（或破坏）顽固性硒物质，以提供可通过零价铁系统处理的硒物质（US20180305229A1）。

6.2.3.3 设备

2011年，美铝公司提供一种用于处理含污染物废水的系统。该系统包括用于降低水氧化还原电势的还原区和包括零价铁的净化区，该净化区用于从含污染物的水中去除至少一部分污染物。该系统可操作从含污染物的水中去除一种或多种污染物，并且可运行较长时间而不会由于氢氧化铁的形成而堵塞（US20110120929A1）。其技术方案如图6－2－35所示。

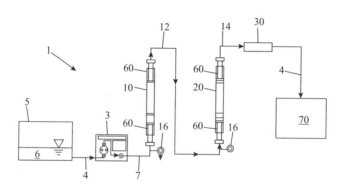

图6－2－35 重要专利US20110120929A1的技术方案

2015年，懿华水处理技术有限责任公司和得克萨斯农工大学提供一种用于从酸性水汽提塔废水中去除硒的系统。该系统包括：流化床反应器，具体包括：反应堆主体；混合器设置在反应器主体的下部；围绕混合器限定的反应区；和空气供应装置，其构造成将空气直接注入反应区中（US20170036933A1）。其技术方案如图6－2－36所示。

2018年，懿华水处理技术有限责任公司提供一种操作移动床反应器，包括将待处理的进料水引入移动床反应器的内部容积中，引导待处理的水通过移动介质其内部容积内的处理介质的移动床的移动介质以形成处理过的水。将处理介质从移动床反应器下部的喷射区通过设置在移动床反应器内部空间内的立管向上喷射，并调节进入移动床反应器内部容积的动力水的流量，使其包含动力水流量增加的脉冲，动力增加的脉冲足以防止给水绕过处理介质并从提升管的下端进入提升管（WO2019040561A1）。

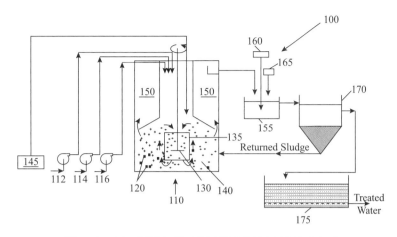

图 6 - 2 - 36　重要专利 US20170036933A1 的技术方案

　　2019 年，得克萨斯农工大学与懿华水处理技术有限责任公司联合研发一种包含反应堆容器的系统，该反应堆容器包括零价铁介质、调节添加剂源、反应添加剂源以及过程控制子系统，其使零价铁介质与调理添加剂接触，使污染水与调理零价铁介质接触以及引入反应添加剂，调理添加剂和反应添加剂可各自包含铝盐（US20190352203A1）。其技术方案如图 6 - 2 - 37 所示。

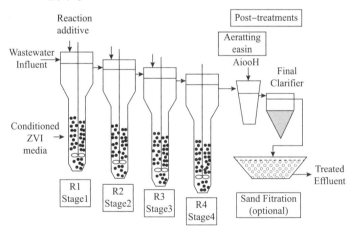

图 6 - 2 - 37　重要专利 US20190352203A1 的技术方案

6.2.4　化学沉淀技术

　　化学沉淀技术是指向污水中投加化学药剂，使之与污水中的溶解性物质发生化学反应，生成难溶性的沉淀物，然后进行固液分离，从而去除污水中污染物的处理方法。因此，其主要改进方向在于沉淀剂的研发以及与其他技术的联用处理。

6.2.4.1　沉淀剂

　　1975 年，西方石油公司采用碳酸钙、氧化钙作为沉淀剂分步添加于由磷酸加工生的池塘水，以去除水中的氟（CA1045258A）。1975 年，美国农业公司采用水溶性阳离子聚合物以及淀粉黄原酸酯作为沉淀剂从水溶液中去除重金属离子，可形成阳离子聚合物－重金属离子－淀粉黄原酸酯复合物沉淀，所述水溶性阳离子聚合物是聚（乙烯基苄基三甲基氯化铵）或聚乙基苯胺（US3947354A）。1994年，波立登工程有限公司采用两步沉淀工艺来纯化具有变化浓度的污染物和/或各种污染物（包括几种金属和元素的离子）的水溶液，第一沉淀阶段中通过加入过量的石灰进行沉淀，第二阶段中添加的沉淀试剂选自铁盐、亚铁盐、无机酸及其混合物（US5618439A）。1995年，环保服务与技术公司提供一种通过形成重金属－铁络合物并通过添加碱使其共沉淀以从废水中去除重金属的方法，具体为：将铁盐添加到含有砷和重金属的防冻溶液中，并充分混合以分散在整个溶液中；添加碱以将pH增加至约8～10，形成具有污染物的沉淀物，然后通过标准过滤技术除去（US5651895A）。1996年，日本电气株式会社采用无机凝结剂，即三价铝化合物或者镁化合物处理含氟离子废水（US5750033A）。1998年，劳伦斯·克赖斯勒使用独特的配合剂，包括氨基甲酸酯化合物和碱金属氢氧化物，以促使金属形成金属离子颗粒，使之易于被分离、除去和回收，从废物流中除去和回收金属如铬、锰、钴、镍、铜、锌、银、金、铂、钒、钠、钾、铍、镁、钙、钡、铅、铝、锡等（CN1242719A）。1998年，德士古发展公司采用硫化剂作为沉淀剂去除废水中的镉、铜、铅、汞、镍、锌等重金属，硫化剂包括硫化钠、硫化钾、硫化氢或其组合，之后向废水中添加一定量的可溶铁试剂，从而形成硫化铁固体，使得处理后的水不含硫化物（US6153108A）。1999年，科特·史蒂文·莱斯利提供一种包含溶解的重金属和光致抗蚀剂聚合物、油漆废料或其他成分的废水沉淀工艺，通过酸化以沉淀出光致抗蚀剂聚合物、涂料废料或其他成分，再向所述废水中添加铁盐和硫化物反应产物，以沉淀出包含硫化铁、重金属的硫化物和脱黏的固体的污泥（US6228269B1）。2002年，鲍尔斯·格里高利采用含有不溶性盐的硫化物浆料，该盐包括选自锰离子、铁离子，用于处理重金属污染物的废水（US6896817B2），类似专利还有US20050173350A1。2011年，四川美立方环保科技有限公司提供一种多元重金属同步共沉淀混凝组合剂，其中A剂由以下组分组成：硅酸盐300份；B剂由以下组分组成：磷酸盐400份、镁盐150份、铝盐150份。其利用沉淀法来处理多元重金属废水，可实现多元重金属的同步共沉淀（CN102153180A）。2011年，蒂莫西·爱德华·基斯特采用硫酸根离子源处理含有钠、镁、锶和氯化钙等盐的气井水力压裂返排和/或生产废水（US8877690B2）。2012年，罗西·兰迪采用选自由钙、锶、卤化钡及其衍生物组成的组中的至少一种化学试剂作为沉淀剂来处理含有钙离子、镁离子、铁离子、硫酸根离子、硼酸根离子、锶离子、钡离子或其任何组合的废水（US20120205303A1）。2014年，专业化工国际公司采用从煤矿排出的水和/或从废弃煤矿排出的水用作硫酸根离子源，以从气井水压裂废水中沉淀钡（US20140286854A1）。2015年，得克萨斯农工大学以活化铁介质作为沉淀剂处理含有重金属废水，活化铁介质包含零价铁、二价铁和氧化铁的水悬浮液（US20180111855A1）。2018年，安徽工业大学采用硫酸钾、硫酸铁和pH调节剂以沉淀去除含铊废水（CN108658301A）；2018年，怀宁县恒源再生科技有限公司提供一种钢铁废水用复合沉淀剂，其包含聚丙烯酰胺、硫酸亚铁、聚合氯化铝、沸石、乙酸钴、矾土粉（CN108773885A）；2019 年，奥斯特拉营养康复技术有限公司采用镁源以含镁材料的颗粒形式作为沉淀剂以处理含磷酸盐废水（CN112119041A）。

6.2.4.2　技术联用

1995 年，罗玛技术有限公司采用"沉淀－还原"从包含所述重金属的水溶液中除去溶解的重金属的方法。在第一反应步骤中，使第一水溶液与铁颗粒在 0.1～4 的 pH 下混合并使之反应，以使所述沉淀发生沉淀。从所述第一溶液中分离出重金属，将所述沉淀的重金属从所述第一溶液中分离，以形成来自所述第一反应步骤的第一液体流出物；在第二步骤中，将所述第一液体流出物与含有螯合或络合的酸性水溶液混合重金属以产生包含溶解的重金属和溶解的亚铁离子的第二液体流出物，其中至少一部分所述溶解的重金属是通过用所述螯合或络合的重金属的亚铁离子替代而制得的；在第三反应步骤中，使所述第二液体流出物与水溶性碱组合物混合并使之反应，以产生金属氢氧化物以及第三液体流出物，将所述金属氢氧化物浆料与所述第三流出物分离（US5545331A）。

1996 年，哈森研究公司采用"沉淀－絮凝"联用技术用于修复含有金属的进料水溶液，包括：①从进料溶液中沉淀出金属以形成沉淀物，其中所述金属选自铝、铍、镉、铬、氟、镍、钒、锂、钼、钡、铅、汞、银、铜、锌，其化合物及其混合物；沉淀剂选自氢氧化物、硅酸盐、硫化物、黄药、磷酸盐、碳酸盐、羟乙基纤维素及其混合物；②将离散纤维分散在所述进料溶液中以形成包含纤维和所述沉淀物的产品；③从所述进料溶液中除去所述产物，以形成处理溶液以及包含金属沉淀物和离散纤维的回收产物；④从产物中的离散纤维中分离出金属沉淀物以回收金属（US5660735A）。

1996 年，三菱采用"氧化－沉淀"技术联用处理含砷废水，包括：向含砷废水中加入氧化剂将废水中三价砷氧化为五价砷；加入钙化合物调整 pH 到 12 或更高；将其分离成固体和液体（第一次固液分离）；焙烧所得污泥，同时在固液分离后向处理后溶液加入铁盐调整 pH 到 6～9；再将其分离为固体和液体（第二次固液分离）。该工艺可从废水中有效地脱除砷，产生处理后的水可以满足各种环境法规下的各种限制规定，同时使从废水中分离出的含砷污泥在后续步骤中变成无害的（CN1155519A）。

2002 年，科特·史蒂文采用"沉淀－场分离"技术联用，具体为采用氢氧化物沉淀和硫化物沉淀，并结合"场分离"技术（例如磁选、溶解气浮、涡流分离或膨胀塑料浮选），可以有效去除废水中螯合和非螯合的重金属沉淀以及其他细颗粒（US20030082084A1）。类似的专利还有：2004 年，柯伦·帕维尔提出采用"沉淀＋磁场"联用从废水中去除重金属离子的方法（US20060054565A1）；2007 年，科特·史蒂文采用"沉淀＋磁场"从水中去除细小颗粒（US20080073278A1）。

2005 年，美国航空公司采用"沉淀－絮凝"处理废水，包括：（a）向含有钼的金属的废水中加入包含硫酸铝或明矾的金属硫酸盐，该废水的 pH 为 6～12，从而使废水的 pH 降至 3.5～6.0；（b）向废水中添加羟基提供碱，从而使废水的 pH 升高至 8～10；（c）向废水中添加包含硫化铁配合物和二甲基二硫代氨基甲酸钠的组分的金属硫化物配合物；（d）向废水中加入一种酸，使废水的 pH 从 3.2 降低到 3.7；（e）向废水中加入絮凝剂，从而使金属沉淀为沉淀物；和（f）从废水中分离沉淀物（US7390416B1）。

2007 年，埃克森美孚水库工程公司采用"沉淀－气浮"从水流中去除汞，包括四个主要去除步骤：首先，将汞沉淀剂添加到物流中，以转化水不溶性汞形式的溶解离子物质；其次，这些沉淀的固体以及其他形式的颗粒汞中的大多数随后通过气浮去除；再次，浮选步骤之后，通过介质过滤完成额外的微粒和沉淀离子汞的去除；最后，活性炭起到去除残留的溶解离子汞种类以及元素和有机形式汞的作用（US8034246B2）；

2010 年，同济大学采用"沉淀－絮凝"联用技术处理含重金属钼废水，具体步骤为：将待处理含重金属钼的废水放入密封装置中；向装置内加入硫化钠，控制加入后废水的 pH 在 2~3 之间，常温下反应 1~3h，生成的硫化钠继续加入含钼废水中回用；所得溶液加入絮凝剂并搅拌反应，静置，待沉淀物沉降，排放上清液并通过过滤装置，而沉淀物硫化钼经收集处理后可回用；所得的酸性溶液 pH 至中性，加入混合混凝剂，搅拌以去除多余硫离子，静置 2~5min，待沉淀物沉降，排放上清液并过滤以保证出水的水质。该工艺具有处理效果好、处理设备简便、处理成本低、金属钼回收利用等突出优点（CN101928083A）。

2011 年，郴州市金贵银业股份有限公司采用"沉淀－中和"技术联用处理高砷污酸废水，先用硫化钠将其中的砷及铅、锌、镉、汞等金属硫化形成硫化物而使它们大部分除去，然后加入石灰乳和聚合铁溶液等进行一次中和反应和强化中和反应，使污酸废水中的各种金属离子充分反应形成稳定的固体物而较彻底除去，达到废水排放标准。该工艺具有工艺稳定、处理效果好、处理成本低，且砷、铅等金属集中有利于回收等特点（CN102992505A）。

2011 年，天辰化工有限公司采用"沉淀－絮凝"技术联用处理含汞废水。其先将含汞废水汇集至 pH 调节池，将 pH 调节至 9~11，由输送泵打入反应罐内，同时在反应罐内加入硫化钠溶液进行充分反应，然后加入絮凝剂 Fe^{3+}，生成的硫化汞絮状沉淀自然沉淀下来，反应后的上清液经砂滤罐过滤后进入含汞废水的深度处理装置，沉淀后的硫化汞沉淀物去污泥浓缩池，经污泥浓缩池浓缩后进入固液分离装置进行固液分离（CN102372377A）。

2012 年，迈克尔·普雷苏蒂采用"氧化－沉淀"技术联用处理由水力压裂产生的被污染的回流水。该方法包括在第一反应中使用至少一种氧化剂、至少一种 pH 调节剂、硫酸根和碳酸根离子源以及至少一种共沉淀剂从回流水中沉淀出金属。沉淀的金属可以使用第一过滤器脱水，并且可以用作钻井泥浆的添加剂；可以在第二反应中通过添加至少一种 pH 调节剂和熟石灰沉淀盐来进一步净化回流水；沉淀的盐可以使用第二过滤器脱水，并且可以用作混凝土的促进添加剂（US9284206B2）。

2015 年，衡阳市坤泰化工实业有限公司采用"沉淀－絮凝"联合工艺从生产硫酸锌的母液水和碳酸锌洗涤水中除铊，包括如下工艺步骤：先从废水贮槽中将含铊废水抽入 pH 调节釜，再从计量槽中放入硫酸，调节 pH 至 3.9 后，抽入处理釜内，加入硫化钠溶液，在搅拌的作用下充分搅匀，使之产生硫化铊沉淀，放入斜板沉淀池并加絮凝剂让其快速沉淀，利用斜板作用实施液固分离，固体物经高密过滤机滤干，其过滤水进入 S 排水池会同上清液达标排放，滤渣（含硫化铊及其他金属硫化物）送至冶炼厂冶炼回收铊等。该工艺与现有的氧化法、氯化法和碘化法相比,具有铊沉淀彻底、设备简单、投资省、运行成本低等优点 (CN104944623A)。

2017 年,湘潭大学采用"沉淀－絮凝"联合工艺处理钢铁冶金烧结烟气脱硫含铊废水。首先分别用自来水配制可溶性硫化物与可溶性碳酸盐的混合溶液 A 及絮凝剂溶液 B,然后在钢铁冶金烧结烟气脱硫含铊废水先加入混合溶液 A 反应一段时间后,再加入絮凝剂溶液 B 沉淀,上清液即为处理后的废水。该工艺利用共沉淀和干扰沉降原理,对钢铁冶金烧结烟气脱硫废水进行处理,具有工艺简单、脱除效率高、成本低等特点 (CN106746024A)。

6.3　主要创新主体核心技术布局策略

6.3.1　国外重要申请人

6.3.1.1　栗田工业

(1) 申请人基本情况

栗田工业成立于 1949 年 7 月 13 日,飯冈光一任董事长。栗田工业自创业以来,一直从事和"水"相关的事业,并致力于研究与开发。例如,栗田工业在水处理领域中,以无任何杂质理论超纯水为目标持续进行研究,并向支撑现代社会的半导体产业提供超纯净水;除此之外,栗田工业利用海水淡化技术,上、下水道水处理技术和中水利用技术为保护地球水资源作出巨大贡献;在医药用水生产、办公室或工厂锅炉冷却水处理及排水处理等所有不可缺水的产业领域,均广泛地采用栗田工业技术。

(2) 专利基本态势

对栗田工业检索、筛查、排除噪声文献后,获取化学处理技术专利申请共计 694 项,其申请趋势如图 6 － 3 － 1 所示。

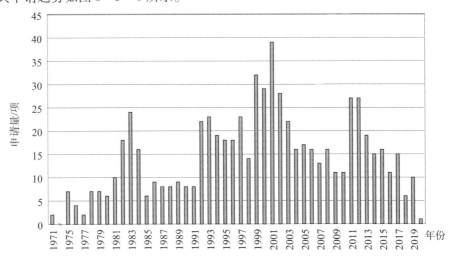

图 6 － 3 － 1　栗田工业化学处理技术专利申请趋势

从图6-3-1中可以看出，栗田工业自1971年开始申请相关专利，在1983年、2001年、2012年存在三次申请高峰，之后虽然申请量下降，但近几年并未表现出明显衰退现象，预示化学处理技术仍是重要的污水处理技术。

图6-3-2反映了栗田工业在化学处理技术专利申请除日本以外的主要目标国家/地区。可以看出，中国是栗田工业在海外的主要目标国家，这反映出栗田工业对于中国市场的重视程度。

从图6-3-3中可以看出，栗田工业的研究方向主要集中于沉淀法、混凝法和氧化法，此外还原法和杀菌法也有所涉及，其他工艺如软化法、联合工艺以及中和法则研究较少。

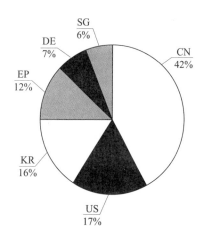

图6-3-2 栗田工业化学处理
技术专利申请目标国家/地区情况

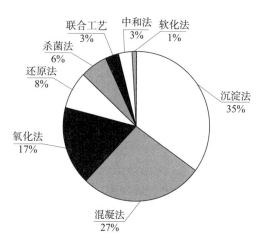

图6-3-3 栗田工业化学处理
技术领域分布

表6-3-1反映了栗田工业在化学处理技术领域的发明人以及其研究所涉及的技术领域情况。

表6-3-1 栗田工业主要发明人化学处理技术研究领域　　　单位：项

发明人	沉淀法	还原法	混凝法	联合工艺	软化法	杀菌法	氧化法	中和法	总计
加藤勇	44	11	7				6	1	69
小泉求	19								19
深濑哲朗	3		1	2	1	8			15
惠藤良弘	12		2						14

从图6-3-4中可以看出，栗田工业的主要发明人中，惠藤良弘和小泉求的发明申请主要集中在1985年之前，而加藤勇从1982年开始至2006年持续保持较高的发明申请量，深濑哲朗的发明则集中于2011年之后。

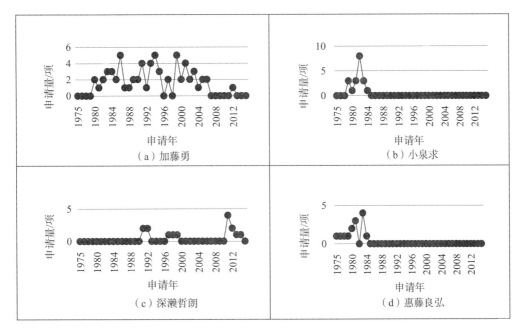

图 6-3-4　栗田工业主要发明人申请趋势

（3）重要专利技术

1）沉淀法

栗田工业关于沉淀法污水处理技术的处理对象主要集中于含磷、含氟以及含重金属离子污水。

对于含磷类水，栗田工业的处理研究始于 1979 年（JPS5628694A、JPS5633082A、JPS5650104A）。1997 年，栗田工业公开一种用于处理含浓磷酸污水的方法，可以有效地回收污水中的磷离子。该方法具体包括：将浓缩的含磷酸处理污水在 pH 为 5~7 的条件下与氢氧化钙反应生成磷酸一氢钙，将不溶物分离，之后处理液在 pH 为 9~11 的条件下与氢氧化钙反应，分离出所产生的不溶物，分离出的不溶物溶液可溶解于前述的含浓磷酸污水中进行循环处理（JPH09253658A）。其技术方案如图 6-3-5 所示。

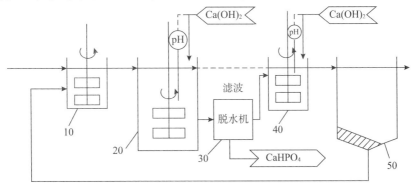

图 6-3-5　重要专利 JPH09253658A 的技术方案

2000 年，栗田工业公开一种去除污水中的磷的方法，具体为：使含有磷酸根离子、氨氮和钙离子的污水在反应塔中向上流动，并在镁化合物的存在下，使得磷以磷酸镁铵的不溶产物的形式分离出来，在反应塔中形成磷酸镁铵颗粒和羟基磷灰石颗粒的流动层（JP2000334474A）。其技术方案如图 6 - 3 - 6 所示。

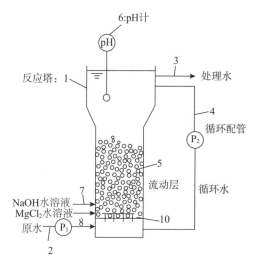

图 6 - 3 - 6   重要专利
JP2000334474A 的技术方案

对于含氟类水，1980 年，栗田工业公开一种处理含氟水的方法。首先向含氟离子污水中添加水溶性钙化合物，然后在搅拌下添加磷酸或其盐，但不除去形成的沉淀，然后进一步添加水溶性铝化合物。然后，根据需要通过添加 pH 调节剂将污水的 pH 调节至 6～8，然后进行固液分离。因此，该方法可将残留氟浓度降至几 ppm 量级（JPS553802A）。

1982 年，栗田工业公开一种处理含氟水的方法，先在铝化合物存在下，将含氟水的 pH 控制在≤4，使氟化物转化为氟硼酸铝；之后加入钙，将 pH 控制为≥5，对该液体进行固液分离，由此沉淀出难以溶解的氟化钙；之后再向溶液中添加铝，将其 pH 控制在≥10，进行固液分离；将氢氧化铝和铝酸钙以沉淀形式除去，沉淀物返回到待处理的水中循环使用（JPS57144086A）。

1992 年，栗田工业公开一种处理含氟和硅的污水的方法：将水溶性钙如氢氧化钙加入含有氟和硅的六氟硅酸盐离子形式的污水中，产生包含氟化钙和硅酸钙的污泥，将污泥分离以从污水中去除氟和硅。该方法需要将污水中的硅浓度调整为 500mg/L 以下（以二氧化硅记），pH 调整为 4.5～8.5。具体地，从进料管中添加氢氧化钙，经处理的水通过输送管送至聚集罐，在该聚集罐中，通过在聚合物容器中添加聚合物絮凝剂使氟化钙聚集；如有必要，应从进料管中取出 0.01%～0.001% 的水。然后将处理后的水通过第二输送管道送至沉淀池，在那里沉淀分离固体和液体；从排放管中取出沉淀的污泥，并将上清液排放到系统之外（JPH05237481A）。

对于同时含氟和含磷类水，1984 年，栗田工业公开一种含氟和磷污水的处理装置，含有第一反应槽 11 以及第二反应槽 21，并相应地设置有第一固液分离槽 15 和第二固液分离槽 23，第一反应槽 11 中使原水中的氟与钙离子和磷酸根离子反应，然后进行固液分离，然后进行第二反应；第二反应槽 21 中加入熟石灰，之后第二固液分离罐 23 中进行固液分离。该装置通过设置流量计、氟测量计和磷酸盐测量计检测进入第一反应槽和第二反应槽中原料物质的含量，并由检测值算出添加到各反应槽中 pH 调节剂的最优范围（JPS60202788A）。其技术方案如图 6 - 3 - 7 所示。

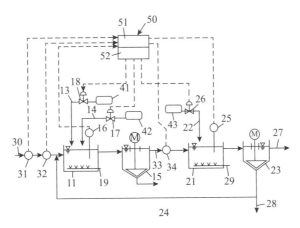

图 6 - 3 - 7　重要专利 JPS60202788A 的技术方案

2）混凝法

栗田工业关于混凝法的研究始于 1971 年（US3677940A），主要包括混凝剂的研发以及水的混凝处理方法。

关于混凝剂的研发，1984 年，栗田工业公开一种包含混合的阳离子有机混凝剂（Ⅱ）和无机混凝剂（Ⅲ）的复合混凝剂（Ⅰ），以在水溶液中不形成不溶性沉淀。有机混凝剂（Ⅱ）包括聚乙烯亚胺、双氰胺 - 福尔马林缩合产物、乙二胺 - 二氯乙烷缩合产物等；无机混凝剂（Ⅲ）包括氯化铝、硫酸铝等。复合混凝剂（Ⅰ）具体可以是含有 1% 硫酸铝的聚乙烯亚胺。该复合混凝剂（Ⅰ）用于澄清污水，显示出比单独添加（Ⅱ）和（Ⅲ）更高的澄清效果（JPS5982911A）。

2001 年，栗田工业公开一种用于凝结工业污水中悬浮固体的有机混凝剂，包含交联型二烯丙基二甲基卤化铵聚合物，其中包含二烯丙基二甲基卤化铵作为有效成分，该混凝剂在混凝处理过程中会形成高沉降速度的团聚絮体，可稳定地形成低浊度的上清水。具体地，将浓度为 70mg/L 的有机凝结剂（二甲基二烯丙基氯化铵）和浓度为 8mg/L 的阴离子絮凝剂 PA331 加入 pH 为 7、电导率为 80.1mS/m、悬浮固体浓度为 990mg/L 的污水中进行凝结。凝结过程中形成的聚集絮状物的直径大于 8mm，沉降速度为 24m/h，得到上清水的浊度为 51NTU（JP2001038104 A）。

2010 年，栗田工业公开一种用于污水处理的阳离子聚合物，是通过使二环氧化合物与具有伯氨基或仲氨基聚合物反应而获得的，其中二环氧化合物相对于具有伯氨基或仲氨基聚合物的氨基的比例为 0.001% ~ 0.1mol%。该聚合物是可用于污水处理和污泥脱水的有机混凝剂（JP2010075802A）。

2016 年，栗田工业公开一种絮凝剂，用于处理污水。例如化工厂中排放的有色污水，该絮凝剂包括聚氯化铝和二甲基二烯丙基氯化铵型聚合物，具有 0.1 ~ 3dl/g 的特性黏度和大于 4meq/g 的胶体当量。该絮凝剂可以降低污水的色度，即使使用较少的量也能提供较好的效果，并可消除腐蚀性离子，防止排水设备的腐蚀，避免絮凝淤渣的形成，并且不需要中和剂（JP2016190222A）。

关于水的混凝处理方法，1971 年，栗田工业公开一种羊毛洗净污水和印染污水的处理方法：将羊毛染色过程中使用过的洗涤水和染料水混合在一起，并添加无机金属盐作为混凝剂，调节 pH 以使金属氢氧化物絮凝，并添加有机阴离子混凝剂以凝聚絮凝剂，洗涤水与染料水的比例为 4∶1～1∶4。可适用的絮凝剂有铝盐如硫酸铝、氯化铝和聚氯化铝，铁盐如硫酸铁、氯化铁和氯化亚铁，能够释放多价金属阳离子的如氯化锌和硫酸锌的锌盐和钛盐（US3677940A）。

1991 年，栗田工业公开一种絮凝反应槽，包括：圆柱形旋转搅拌装置，设置在所述圆柱形罐的中央部分，并且包括用于搅拌污泥的搅拌叶片和位于罐内部并将污泥转化为絮凝剂的凝结剂。过滤罐安装在所述圆柱形罐上，用于以滤液的形式从所述罐内吸收液体并将所述滤液排出所述圆柱形罐。其中，所述过滤罐安装在所述圆柱形罐的内部，使得所述过滤罐的底部落在所述搅拌叶片的旋转区域之上，所述过滤罐的底部包括与所述圆柱形罐同心地形成为弧形的狭缝，用于引入所述圆筒形罐。液体从所述圆筒形罐中以滤液形式流出，所述搅拌叶片的上边缘与所述过滤罐底部的下表面之间的距离为 5～20mm。该

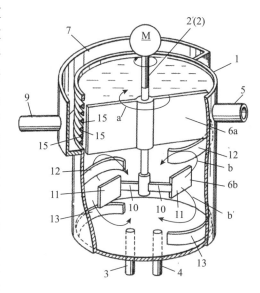

图 6-3-8　重要专利 US5069784AA 的技术方案

发明通过形成狭缝 15 以使水从圆筒形罐流向过滤罐，所述狭缝 15 的方向与搅拌叶片在圆筒形罐内产生水流的方向相一致，并使得形成絮状物成为可能。通过靠近狭缝的搅拌叶片向前驱动，可以使混凝反应罐安全运行，而无须使用刷子或刮刀，可以在不引起堵塞问题的情况下实现污泥的凝结和浓缩，并产生致密而结实的絮凝物。特别是当将凝结反应槽用于脱磷的生物污泥时，它能够隔离磷并处理污泥而不会在液体侧释放磷（US5069784A）。其技术方案如图 6-3-8 所示。

2000 年，栗田工业公开一种用于处理半导体制造过程中的污水，尤其是化学机械抛光（CMP）污水的处理方法：在镁离子存在下，保持 pH 大于 10，对 CMP 处理进行混凝处理，随后将 pH 设置为 9 或更低，以将固体内容物分离出来，除去镁离子之后，再将固体和液体从先前的反应溶液中分离出来（JP2000254659A）。

2004 年，栗田工业公开一种处理半导体制造过程中产生的硅微粒和/或硅胶胶体污水的方法：将无机絮凝剂添加到含硅微粒和/或胶体二氧化硅的污水中，（a）将污水的 pH 调节至 6.5 以下，并在 pH 为 6.5～7.5 时进行混凝处理；（b）将污水的 pH 调节至大于 7.5，并在 6～7.5 的 pH 下进行混凝处理；（c）将氧化剂添加到处理后的污水中，并将 pH 调整为 4～8 时进行混凝处理。无机絮凝剂没有特别限制，可包括硫酸铝、聚氯化铝、氯化铁和硫酸亚铁（JP2004261708A）。

（4）专利预警情况

对栗田工业化学处理技术领域进入国内且尚在有效期的专利进行分析，综合专利保护范围、技术重要程度、专利影响度等情况，列出19件存在较高侵权风险的专利，如表6-3-2所示。

表6-3-2 栗田工业化学处理技术专利预警

序号	专利号	申请日	主要同族公开号	发明名称	技术领域
1	ZL200780025244.3	2007-06-28	CN101484392B EP2036866A1 KR101323943B1 EP2036866B1 WO2008004488A1 KR20090028730A JP2008030020A JP5261950B2 US20100230350A1 US8182697B2	含有硒的废水的处理方法和处理装置	还原法
2	ZL200810210317.2	2008-07-18	CN101348295B JP2009022852A	湿式喷漆室循环水的处理方法	混凝法
3	ZL200980125996.6	2009-07-31	CN102083757B KR101493381B1 KR20110055511A WO2010016434A1 JP5402931B2	锅炉水处理剂以及水处理方法	软化法
4	ZL201080047171.X	2010-10-19	CN102574712B KR101775888B1 KR20120085773A WO2011049052A1 JP2011088071A JP5440095B2 US9533895B2 US20120279928A1 US20150246827A1	含有氟的水的处理方法及处理装置	沉淀法
5	ZL201010577683.9	2010-12-03	CN102126764B JP5440199B2 JP2011147847A	硅晶片的蚀刻废水处理方法以及处理装置	沉淀法

序号	专利号	申请日	主要同族公开号	发明名称	技术领域
6	ZL201180043075.2	2011-09-06	CN103097302B KR20130108530A KR101921342B1 WO2012033077A1 JP5696406B2 JP2012055825A	铜蚀刻废液的处理方法	氧化法
7	ZL201210028199.X	2012-02-03	CN102627346B JP5728983B2 JP2012161724A	重金属捕集剂的加药控制方法	沉淀法
8	ZL201280034853.6	2012-07-18	CN103687817B KR101955048B1 WO2013015163A1 KR20140040711A	排水的处理方法	沉淀法
9	ZL201380014559.3	2013-03-29	CN104169226B WO2013147128A1 KR102054535B1 KR20140138173A JP5617863B2 JP2013208550A JP5617862B2 JP2013208551A	含氰排水的处理方法	氧化法
10	ZL201380047102.2	2013-09-03	CN104619650B WO2014038537A1 KR20150053915A KR101762113B1 JP5907273B2 US20150197435A1 US9403705B2	水处理方法及装置	混凝法
11	ZL201380051987.3	2013-10-01	CN104718316B EP2905358A4 WO2014054661A1 EP2905358A1 JP2014074196A JP6113992B2 US20150203971A1 US9476127B2	冷却水系的处理方法	软化法

续表

序号	专利号	申请日	主要同族公开号	发明名称	技术领域
12	ZL201410034899.9	2014 - 01 - 24	CN103964522B KR20140097983A KR102160833B1 JP6111698B2 JP2014144445A	含有过氧化氢和氨的水的处理方法及装置	氧化法
13	ZL201480029877.1	2014 - 05 - 30	CN105246840B KR20160014606A WO2014196477A1 JP2014233692A JP5720722B2	含生物难分解性有机物的水的处理方法和处理装置	氧化法
14	ZL201480074950.7	2014 - 12 - 02	CN105960481B WO2015120871A1 EP3105366A1 EP3105366B1 JP6424896B2 JP2017507243A US10287199B2 US20160326037A1	磷酸酒石酸和其盐用于导水系统中的水处理的用途	软化法
15	ZL201580009006.8	2015 - 02 - 10	CN106029583B WO2015125667A1 JP5817864B2 JP2015155084A US20170008786A1 US10550026B2	含有氨的水的处理方法和处理装置	氧化法
16	ZL201580014035.3	2015 - 03 - 17	CN106103353B EP3121152A1 WO2015141666A1 KR102153157B1 KR20160133421A JP2015174064A JP5880602B2 US20170001888A1 US10793453B2	湿式涂装室循环水处理剂	混凝法
17	ZL201580019769.0	2015 - 03 - 24	CN106232532B WO2015159654A1 JP2015202483A	含有氨的废水的处理方法	氧化法

序号	专利号	申请日	主要同族公开号	发明名称	技术领域
18	ZL201580019750.6	2015-03-24	CN106232531B WO2015159653A1 JP2015202482A JP5867538B2	含有氰和氨的污水的处理方法	氧化法
19	ZL201780038585.8	2017-08-22	CN109415233B WO2018038091A1 JP2018030063A JP6394659B2	复合型固体水处理制品	氧化法

6.3.1.2 纳尔科公司

（1）申请人基本情况

纳尔科公司是艺康集团（Ecolab Inc.）的一家子公司，总部位于美国伊利诺伊州内珀维尔市。该公司成立于1928年，前身是美国国家铝酸盐公司，由芝加哥化学公司和铝销售公司合并而成，前期以以销售铝酸钠为主的水处理剂，专注于锅炉水处理；而后，公司进入能源、造纸等领域，并以技术、研发树立起行业壁垒。通过一系列合并和收购，公司名称更名为纳尔科化学公司（Nalco Chemical Company，1959～1999年），成为工业水处理化学品全球领先供应商。1999年，被全球最大水务公司苏伊士收购，与旗下水务部门组成Ondeo Nalco Company（1999～2004年）；2003年，苏伊士将其剥离；2004年，加入纳尔科控股公司独立上市（Nalco Holding Company）；2011年12月，被艺康集团以81亿美元收购后，成为其子公司。

纳尔科公司拥有多项核心技术和产品：锅炉水处理技术、原水处理技术（特别是絮凝剂）、杀菌技术、重金属清除技术等。这让其在2010年在全球水处理业务中拥有29%的市场份额，居全球第一。2010年，公司实现营业收入42.5亿美元，净利润2.22亿美元，总市值达到27.86亿美元（2010年6月30日数据）。纳尔科公司在美国拥有近500件专利，在全球拥有1800多项专利，拥有近300个注册美国商标，研发投入8040万美元，占营业收入的1.89%，研发人员600余名，占员工总数的4.8%。

（2）专利基本态势

对纳尔科公司检索、筛查、排除噪声文献后，获取化学处理技术专利申请共计523项，申请趋势如图6-3-9所示。

从图6-3-9中可以看出，纳尔科公司自1956年开始申请相关专利，在1987年、1993年、1999年出现三次申请高峰，2003之后虽然呈整体下降趋势，但仍然保持着一定的申请数量。

图6-3-10反映了纳尔科公司在化学处理技术专利申请的主要目标国家/地区。可以看出，纳尔科公司的主要目标国家/地区分布从高到低依次是美国、欧洲专利

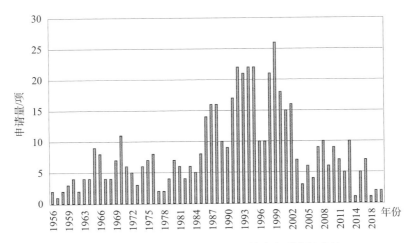

图6-3-9　纳尔科公司化学处理技术专利申请趋势

局、澳大利亚、加拿大、日本、德国、韩国、挪威、巴西、中国、西班牙和南非，包含传统发达国家以及作为最重要新兴市场的"金砖五国"中的巴西、中国和南非。

从图6-3-11中可以看出，纳尔科公司的研究方向主要集中在混凝法和杀菌法，其他工艺则研究较少。

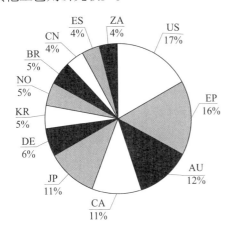

图6-3-10　纳尔科公司化学处理技术专利申请目标国家/地区情况

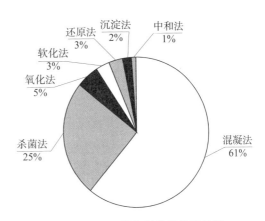

图6-3-11　纳尔科公司化学处理技术领域分布

（3）重要专利技术

1）混凝法

纳尔科公司掌握着絮凝剂/混凝剂的众多核心专利。

1971年，纳尔科公司公开一种丙烯酰胺聚合物絮凝剂及其使用方法。该方法包括以下步骤：A. 制备油与水之比为5∶1～1∶10的油包水乳液，其中分散有5～75重量百分比的5μm至5mm的丙烯酰胺聚合物，和水溶性表面活性剂，所述表面活性剂重量百分比为丙烯酰胺聚合物颗粒的1.0%～10%；B. 通过将所述含丙烯酰胺聚合物的乳液加入水中，最终形成含有0.1重量百分比～20重量百分比的丙烯酰胺聚合物的水溶液。通过反相乳液的形成方式，可在很短的时间内将聚合物释放到水中（US3624019A）。

1986 年，纳尔科公司公开一种阳离子聚合物混合物。所述混合物包括：（a）第一水溶性阳离子均聚物，包含烯丙基二甲基氯化铵、甲基丙烯酸二甲基氨基乙基甲基酯及其酸或季铵盐、甲基丙烯酰胺基丙基三甲基氯化铵、1－丙烯酰胺基－4－甲基哌嗪的 N－甲基季铵盐，所述均聚物的重均分子量为 2500～800000；（b）第二种阳离子共聚物，包含丙烯酰胺和乙烯基阳离子单体，选自烯丙基二甲基氯化铵、甲基丙烯酸二甲基氨基乙基甲基酯及其酸或季铵盐、甲基丙烯酰胺基丙基三甲基氯化铵、1－丙烯酰胺基－4－甲基哌嗪的 N－甲基季铵盐，所述的共聚物重均分子量在 1000000～50000000 之间；a∶b 的重量比为 50∶1～1∶50。该组合物表现出阳离子聚合物的双峰分子量分布，可以有效地处理被油性废料、分散的无机和/或有机固体物质污染的水，如被油田污染的地下水、乙烯生产工艺污水或者油田作业污水（US4588508A）。

1996 年，纳尔科公司公开一种具有表面活性的水溶性聚电解质聚合物，它是通过自由基聚合反应，由 0.01%～10%（摩尔）的乙烯基烷氧基硅烷单体和 90%～99.99%（摩尔）的季铵盐单体反应得到。所述乙烯基烷氧基硅烷单体选自乙烯基三甲氧基硅烷和乙烯基三乙氧基硅烷，该季铵盐单体选自（甲基）丙烯酸二甲基氨基乙基丙酯甲基氯化季铵盐、二烯丙基二甲基氯化铵、丙烯酸二甲基氨基乙基丙烯酸酯苄基氯化季铵盐、3－甲基丙烯酰胺丙基三甲基氯化铵及其组合。该聚电解质共聚物对于纸浆和造纸污水工艺中的沥青可以起到有效的絮凝作用（US5510439A）。

1997 年，纳尔科公司公开一种水溶性聚合物的含水分散体，包括：①在 pH 为 2～5 范围内，在自由基形成条件下通过聚合反应制备的 5～50 重量百分比的水溶性聚合物：i）至少一种摩尔百分比为 0～100% 的阴离子带电水溶性乙烯基单体；和 ii）至少一种摩尔百分比为 100～0 的非离子乙烯基单体；②选自内黏度在 1M 硝酸钠中为 0.1～10 的阴离子带电水溶性聚合物的稳定剂，它在分散体中占分散体总重量的 0.1～5 重量百分比；③选自铵、碱金属和碱土金属的卤化物、硫酸盐和磷酸盐的水溶性盐，在分散体中占分散体总重量的 5～40 重量百分比；④余量水，所说的分散体特征是在 25℃时本体 Brookfield 黏度为 10～25000cps。其中非离子带电水溶性单体选自丙烯酰胺、甲基丙烯酰胺、N－异丙基丙烯酰胺、N－t－丁基丙烯酰胺、N－甲基丙烯酰胺；阴离子单体选自丙烯酸、甲基丙烯酸和它们相应的碱金属盐、碱土金属盐和铵盐，非离子单体是乙烯酰胺；稳定剂选自丙烯酰胺甲基丙磺酸的聚合物或共聚物，该聚合物含有至少摩尔浓度 20% 的丙烯酰胺甲基丙磺酸。该方法可以制备不含有疏水性的单体成分的阴离子和非离子水溶性聚合物的盐水分散体，具有更好的稳定性（WO97034933A1）。

1998 年，纳尔科公司公开一种分散体，包括由单体的聚合反应生成的水溶性聚合物的离散颗粒，所述单体包括下面分子式的乙烯基酰胺单体：$H_2C = CR_2NRC(O)R_1$，其中 R、R_1 和 R_2 分别选自氢、$C_1 - C_{20}$ 烷基、芳基和烷基芳基。优选地，所述聚合物是非离子聚（N－乙烯基酰胺）均聚物，所述 N－乙烯基酰胺单体选自 N－乙烯基甲酰胺、N－甲基－N－乙烯基乙酰胺和 N－乙烯基乙酰胺。该方法可以制备出具有均匀分散的聚合物絮凝剂水溶液，可以解决传统的水溶性聚合物是以粉末形式使用而无法有效溶解和分散的问题（WO98054234A1）。

2001 年，纳尔科公司公开一种将工业污水澄清与脱水的方法。其包含将一约 0.1~50ppm 之高分子量水溶性阴离子性或非离子性分散聚合物加入该污水中，其中该分散聚合物在 25℃下具有 10~25000cps 的布鲁菲尔黏度，且包含有约 5~50 重量百分比之水溶性聚合物，该水溶性聚合物系在一稳定剂存在下，且于一水溶性盐之水溶液中在 pH 为 3~8 的自由基形成的条件下，聚合下列成分而得：（ⅰ）0~30mol 百分比的丙烯酸或甲基丙烯酸或碱金族金属、碱土族金属或等铵盐，以及（ⅱ）100~70mol 百分比之丙烯酰胺，其中该稳定剂为具有 0.1~10dl/g 固有黏度的丙烯酸或甲基丙烯酸和 2-丙烯酰胺基-2-甲基-1-丙烷磺酸的阴离子性水溶性共聚物，且以该分散液的总重为准，包含有 0.1~5 重量百分比，其中该共聚物包括 3~60 重量百分比的 2-丙烯酰胺基-2-甲基-1-丙烷磺酸，以及 97~40 重量百分比的丙烯酸；或是 11~95.5 重量百分比的 2-丙烯酰胺基-2-甲基-1-丙烷磺酸，以及 89~4.5 重量百分比的甲基丙烯酸，且该水溶性盐类系择自铵、碱金族金属与碱土族金属的卤化物、硫酸盐与磷酸盐，且以该分散液重量为准包含有 5~40 重量百分比，以澄清该工业污水（WO2001017914A1）。

2002 年，纳尔科公司公开一种结构改性水溶性聚合物，通过如下方式制备：在自由基聚合条件下引发单体水溶液的聚合以形成聚合物溶液，并在已经发生至少 30% 的单体聚合之后向聚合物溶液中加入至少一种结构改性剂，该改性水溶性聚合物选自乳液聚合物、分散聚合物和凝胶聚合物，所述单体选自丙烯酰胺或甲基丙烯酰胺和一种或多种选自二烯丙基二甲基氯化铵、丙烯酸二甲基氨乙酯甲基氯季盐、丙烯酰氨基丙基三甲基氯化铵、甲基丙烯酸二甲基氨基乙酯甲基氯季盐、甲基丙烯酰氨基丙基三甲基氯化铵、丙烯酸、丙烯酸钠、丙烯酸铵、甲基丙烯酸、甲基丙烯酸钠和甲基丙烯酸铵的单体；所述结构改性剂选自交联剂、链转移剂及其混合物。该聚合物可用于处理造纸配料、凝含水煤渣淤浆以及其他有机物质含水悬浮液（WO2002002662A1）。

2002 年，纳尔科公司公开一种絮凝剂，选自含 0.01~100mol% 的含乙烯基官能单体的共聚物、均聚物和三元共聚物的聚合物，所述含乙烯基官能单体选自丙烯酰胺、二烯丙基二甲基氯化铵、丙烯酸及其盐、甲基丙烯酸及其盐、丙烯酸二甲氨基乙酯甲基氯季盐、甲基丙烯酸二甲氨基乙酯甲基氯季盐、2-丙烯酰胺-2-甲基丙烷磺酸及其盐、丙烯酰胺丙基三甲基氯化铵、甲基丙烯酰胺丙基三甲基氯化铵、和由曼尼希反应制得的胺，比浓黏度为 1~50dl/g，分子量为 250000~30000000。同时公开一种使含絮凝剂的乳状液快速转化以进行含水淤浆的固液分离的方法。该方法包括：①在水中加入有效絮凝量的至少一种油包水乳状液，该油包水乳状液含有至少一种絮凝剂和至少一种亲水性表面活性剂，所述表面活性剂在乳状液中的浓度为 1~10wt%；②在足够的压力和时间下使水和含乳状液的水经受包括反向湍流的高剪切作用，使该至少一种乳状液转化并将该至少一种絮凝剂释放到水中；③将释放出的至少一种絮凝剂加入含水淤浆以进行淤浆中的固液分离。该方法可以用于几乎或完全没有电力的远距池塘的澄清（WO2002079099A1）。

2002 年，纳尔科公司公开一种絮凝拜耳法溶液中的悬浮固体的方法，包括向溶液中加入有效量的含水杨酸基团的聚合物。所述含水杨酸的单体选自 4 - 甲基丙烯酰胺基水杨酸、4 - 甲基丙烯酰胺基水杨酸苯酯、邻 - 乙酰基 - 4 - 甲基丙烯酰胺基水杨酸和邻 - 乙酰基 - 4 - 甲基丙烯酰胺基水杨酸苯酯，并且丙烯酸酯单体选自丙烯酸甲酯和丙烯酸。该聚合物在拜耳法溶液中有效地絮凝悬浮固体。具体而言，在拜耳法苛性铝酸盐物流中使用这些聚合物可以减少悬浮的红泥固体，并显著地降低过滤富集液的必要性。在溢流液中较低的固体含量也可以减少杂质，如铁的氧化物和其他矿物的含量，由此提高沉淀过程中制得的氧化铝的纯度。所述聚合物还能有效地澄清拜耳法液流中的三水氧化铝。在三水氧化铝的连续或分批沉淀过程中，主要通过重力沉降使粗粒子与细晶体分离。将细粒浆料送入一系列二级或三级澄清器中，以便按照大小浓缩粒子。加入该发明的聚合物，可以显著地改善这些细粒的絮凝和沉降，因此与传统方法，包括使用多糖（例如淀粉和葡聚糖）和/或与丙烯酸及其盐类的聚合物混合使用相比，可以减少废液中的三水合铝固体（WO2002060555A1）。

2）杀菌法

纳克尔公司同样注重工业用水中的消毒和杀菌技术。

1981 年，纳尔科公司公开一种协同杀菌剂，包括 75% 的 5 - 氯 - 2 - 甲基 - 4 - 异噻唑啉 - 3 - 酮和 25% 的 2 - 甲基 - 4 - 异噻唑啉 - 3 - 酮、氯或二氧化氯，该复合杀菌剂可有效控制工业循环冷却水系统中的微生物含量（US4295932A）。

1984 年，纳尔科公司公开一种用于处理碱性工业过程水以控制微生物生长和沉积的改进方法。该方法包括向该水中添加分子量不大于 50000 的水溶性阴离子聚合物分散剂和次溴酸的混合物，和选自无机次氯酸盐、次氯酸和氯的含氯氧化剂。所述次溴酸通过与含有以下物质的溶液接触而产生：①水溶性无机溴化物，②阴离子聚合物分散剂。该杀菌剂能发挥协同作用，有效控制微生物和潜在的沉积物扩散（US4451376A）。

1987 年，纳尔科公司公开一种十二烷基胍盐酸盐与 5 - 氯 - 2 - 甲基 - 4 - 异噻唑啉 - 3 - 酮的混合物的协同杀菌剂，用于处理工业生产用水以防止革兰氏阴性细菌和真菌的生长。对于大多数工业用水，该协同杀菌剂有效的杀生物剂用量为活性成分的 1 ~ 10ppm（US4661503A）。

1999 年，纳尔科公司公开一种在工业水系统中接触设备表面抗微生物污垢的方法。其中包括将抗微生物有效量的稳定次溴酸钠溶液加入该水系统中，所述溶液由以下步骤制备：①将含有 5% ~ 70% 有效卤素（例如氯）的碱金属或碱土金属次氯酸盐与水溶性溴化物离子源混合；②将该溴化物离子源与该碱金属或碱土金属次氯酸盐反应，生成 0.5% ~ 30%（重量百分比）的不稳定碱金属或碱土金属次溴酸盐水溶液；③将选自碳酸、氰化氢、羧酸、氨基酸、硫酸、磷酸和硼酸的稳定剂加入该不稳定碱金属或碱土金属次溴酸盐溶液；④回收稳定碱金属或碱土金属次溴酸盐水溶液。该次溴酸盐水溶液具有相当的抗降解作用和/或抗分解作用，并且较无腐蚀性和挥发性，还具有改进的氧化作用和杀细菌活性（WO99006320A1）。

2000 年，纳尔科公司公开一种生产稳定的氧化性溴化合物的方法。该方法包括以下步骤：在水中混合碱或碱土金属溴化物和碱或碱土金属溴酸盐以提供一种水溶液，冷却所述溶液温度至小于25℃，往所述溶液中加入一种卤素稳定剂，该卤素稳定剂选自 $R-NH_2$、$R-NH-R^1$、$R-SO_2-NH_2$、$R-SO_2-NHR^1$、$R-CO-NH_2$、$R-CO-NH-R^1$ 和 $R-CO-NH-CO-R^1$，其中 R 为羟基、烷基或芳基，而 R^1 为烷基或芳基。氧化性溴化合物可用于工业水系统中生物污垢控制，和未稳定化的氧化性溴化合物相比，与其他水处理化学制剂更加相容（WO2000064806A1）。同年，纳尔科公司公开一种制备稳定溴溶液的方法，该方法包括以下步骤：①结合溴源和稳定剂形成混合物；②向混合物中加入氧化剂；③向混合物中加入碱源将混合物的 pH 调到至少13。该稳定溴溶液可：①作为漂白剂用于清洗脏衣服的方法中，其中，在含有洗涤剂和漂白剂的水介质中清洗脏衣服；②作为氧化剂用于制备纤维素材料的方法，在该方法中漂白纤维素纤维；③作为氧化剂和杀生物剂用于再生水系统中控制生物污垢，在该再生水系统中，加入氧化和杀生物剂来控制生物污垢；④作为氧化剂和杀生物剂用于控制硬质表面生物污垢的方法中，将氧化剂和杀生物剂涂敷于该表面以控制该表面上的生物污垢；⑤在控制发生在与产油的油田水接触的设备表面上的生物污垢的方法中应用；和⑥在控制水系统中生物污垢的方法中应用（WO2000058532A1）。

2003 年，纳尔科公司公开一种同时清洁和消毒工业水系统的方法。该方法包括向工业水系统的水中添加（i）亚氯酸盐和氯酸盐的碱金属盐及其混合物的化合物；（ii）和酸，然后让工业用水系统中的水循环几个小时。亚氯酸盐和氯酸盐的碱金属盐与酸的反应在工业用水系统的水中原位产生二氧化氯。二氧化氯杀死微生物，酸起到去除设备水接触表面上沉积物的作用。这种清洁和消毒方法适用于包括冷却水系统在内的各种工业用水系统（US20030203827A1）。

（4）专利预警情况

对纳尔科公司化学处理技术领域进入国内且尚在有效期的专利进行分析，综合专利保护范围、技术重要程度、专利影响度等情况，列出 18 件存在较高专利侵权风险的专利，如表 6-3-3 所示。

表6-3-3 纳尔科公司化学处理技术专利预警

序号	专利号	申请日	主要同族公开号	发明名称	技术领域
1	ZL01808782.5	2001-04-03	CN1239544C KR100814675B1 WO2002002662A1 EP1297039B1 KR20030022789A EP1297039A1 JP5078214B2 JP2004502802A US6753388B1 US6605674B1	结构改性的聚合物絮凝剂	混凝法

序号	专利号	申请日	主要同族公开号	发明名称	技术领域
2	ZL02809136.1	2002-01-08	CN1239401C WO2002079099A1 EP1385791A1 EP1385791B1 US20020190005A1 US6485651B1	快速转化液体絮凝剂	混凝法
3	ZL03803041.1	2003-01-15	CN1328174C EP1483207B1 EP1483207A1 WO2003064325A1 JP2005515891A US6685840B2 US20030141258A1	测定固体水处理产物溶解速率的方法	杀菌法
4	ZL200480034368.4	2004-11-10	CN1882715B EP1685275A2 EP2589683B1 EP2589683A1 EP1685275B1 WO2005052213A2 JP2007512437A US7635449B2 US20060182651A1	在热水系统中抑制腐蚀的方法	还原法
5	ZL200580016778.0	2005-03-03	CN1956764B WO2005118487A2 EP2679291A1 EP1750827A2 EP2679291B1 US20050224421A1 US7189327B2 US20050224420A1 US7087174B2	使用阴离子共聚物提高有效煤和氯化钾自筛网转筒离心机的回收	混凝法
6	ZL200510093868.1	2005-08-31	CN1872734B EP1734011A1 EP1734011B1 KR20060125443A WO2006130163A1 EP1885656A1 JP2006334587A JP5553861B2 JP2012187586A US8017014B2 US20060272198A1	改进膜生物反应器通量的方法	混凝法

序号	专利号	申请日	主要同族公开号	发明名称	技术领域
7	ZL200680030373.7	2006–05–09	CN101243054B EP3284740B1 WO2007011445A2 KR20080027938A EP3284740A1 KR101307064B1 EP1904453A2 JP5256033B2 JP2009501219A US9061926B2 US20070012632A1	用于抑制微生物生长的增效组合物和方法	杀菌法
8	ZL200780000129.0	2007–01–24	CN101309868B KR101377374B1 KR20080091314A WO2007089539A2 EP1976802B1 EP1976802A2 JP5339921B2 JP2009524673A US20070178173A1 US7776363B2 US20100119620A1 US8273382B2	抑制纸浆和纸中微生物的生长	杀菌法
9	ZL200780048229.0	2007–12–28	CN101583572B EP2097355B1 EP2097355A1 WO2008083263A1 JP2010514799A JP5528814B2 US20080160104A1 WO2010093847A1 US20090214672A1 US8900641B2	抗微生物组合物	杀菌法

序号	专利号	申请日	主要同族公开号	发明名称	技术领域
10	ZL200880006276.3	2008-01-08	CN101622199B WO2008088975A1 EP2722312A1 KR20090107534A EP2722312B1 EP2125626B1 EP2125626A1 JP2010515569A US20080169243A1	在脱盐系统中抑制污垢形成和沉积的方法	软化法
11	ZL200880112624.5	2008-10-21	CN101835714B WO2009055377A1 US9133046B2 US20090101587A1 US20110253628A1	在脱盐系统中抑制污垢形成和沉积的方法	软化法
12	ZL200880116788.5	2008-11-20	CN101868423B EP2212252B1 WO2009067606A2 US20090130006A1 US9284625B2 US20160122196A1 US10112843B2	多元醇作为采矿工艺中的污垢控制试剂的用途	软化法
13	ZL201010175200.2	2010-05-14	CN102241441B WO2011142954A9 KR20130113329A EP2569372A2 WO2011142954A2 JP2013531705A JP5833642B2 US20160185636A1	包含 AA-AMPS 共聚物和PMA的组合物及其用途	软化法
14	ZL201180013277.2	2011-03-09	CN102791638B KR20130073867A WO2011112693A2 EP2545006A2 KR101818954B1 JP5791639B2 JP2013522008A US8282835B2 US20110220583A1	从炼油污水中除去硒	混凝法

序号	专利号	申请日	主要同族公开号	发明名称	技术领域
15	ZL201180038665.6	2011-08-03	CN103068734B WO2012021342A2 US8252266B2 US8394290B2 US20120305837A1 US20120034143A1	在拜耳工艺过程中使用硬葡聚糖回收三水合氧化铝	混凝法
16	ZL201180068081.3	2011-12-21	CN103380089B EP2655270A2 KR20130114186A WO2012088240A2 EP2655270B1 JP5686905B2 JP2014503352A US9221700B2 US20120161068A1	在含水系统中抑制二氧化硅污垢形成和沉积的方法	软化法
17	ZL201280011748.0	2012-01-03	CN103443110B WO2012094286A2 EP2661439A2 US20120171099A1 US9187327B2	使用过滤后的磷酸的磷酸制备石膏过滤絮凝剂的预稀释（浓度降低）	混凝法
18	ZL201380050547.6	2013-10-18	CN104685063B EP2912188A1 KR20150079704A KR102136760B1 WO2014066177A1 EP2912188B1 JP2016500563A JP6381535B2 US9908796B2 US10640402B2 US20180134589A1 US20140110347A1	氧化和非氧化杀生物剂用于控制耐受稳定的氧化剂处理的细菌的用途	杀菌法

6.3.2 国内重要申请人

6.3.2.1 哈尔滨工业大学

（1）申请人基本情况

哈尔滨工业大学环境学院历史悠久。1920 年，哈尔滨中俄工业学校（哈尔滨工业大学早期名称）设置铁路建筑系，开设"给水和排水"等专业课程；1925 年，铁路建筑设计系设立给水排水教研室；1950 年，哈尔滨工业大学成立卫生工程专业；1952年，卫生工程专业分成给水排水、采暖与通风专业；1959 年，成立中国首个污水处理研究室；1978 年，水处理研究室获全国科研先进集体；1983 年，获全国首批环境化工博士学位授予权；1986 年，成立环境工程本科专业；1996 年，建立市政环境工程学院；2010 年，成立哈尔滨工业大学宜兴环保研究院；2016 年 9 月，哈尔滨工业大学环境学院正式成立；2017 年，环境学院重组，给排水科学与工程进入环境学院，现已成为中国生态环境领域高层次创新人才培养、科学研究和国际学术交流的重要基地。

哈尔滨工业大学环境学院现有中国工程院院士 4 位、长江学者 5 位、国家杰出青年 4 位，其环境学科是全国唯一同时拥有国家重点实验室、国家工程研究中心、国家工程实验室、国家创新研究群体、国际创新引智基地、国家国际合作基地和国家教学仿真实验室等重大平台的学科。

（2）专利申请情况

1）国内申请概况

对哈尔滨工业大学的国内专利申请进行检索、筛查、排除噪声文献后，获取化学处理技术专利申请共计 390 项，申请趋势如图 6-3-12 所示。

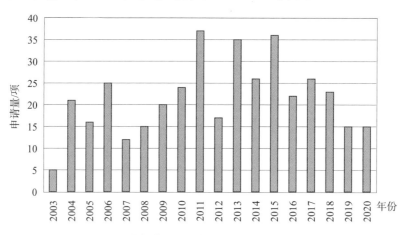

图 6-3-12　哈尔滨工业大学化学处理技术专利申请趋势

从图 6-3-12 中可以看出，哈尔滨工业大学自 2004 年开始针对化学处理技术的研究和申请数量大幅度增加，在 2011 年之后申请量一直维持在较高的水平。

从图 6-3-13 中可以看出，哈尔滨工业大学的化学处理技术专利法律状态情况，除去 60 件未决（在审）案件，整体授权率为 51%，与水处理领域（C02F）的平均授权率（51%）基本一致。

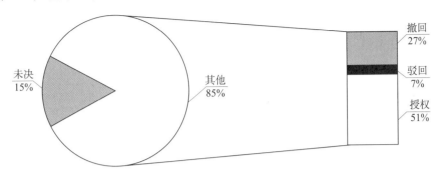

图6-3-13　哈尔滨工业大学化学处理技术专利法律状态

从图6-3-14中可以看出，哈尔滨工业大学的研究方向主要集中于氧化法以及与之相关的联合工艺，混凝法也有所涉及，其他工艺如还原法、沉淀法以及中和法则研究较少。

从表6-3-4可以看出，哈尔滨工业大学在化学处理技术领域的申请人较为集中。以课题组进行统计，马军课题组申请量占据首位，其次是李圭白课题组、李伟光课题组以及陈忠林课题组；各课题组涉猎多个技术领域，但研究的侧重点不同，

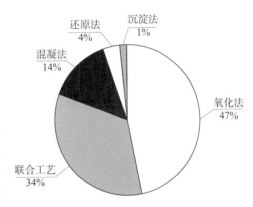

图6-3-14　哈尔滨工业大学化学处理技术领域分布

如马军课题组、陈忠林课题组均侧重氧化技术研究，李圭白课题组侧重联合工艺技术，李伟光课题组涉猎广泛，但相对更侧重混凝法技术。

表6-3-4　哈尔滨工业大学各课题组化学处理技术功效表　　　　　单位：项

课题组	沉淀法	还原法	混凝法	联合工艺	氧化法	总计
马军		2	12	32	68	114
李圭白			2	19	1	22
李伟光	1	1	7	4	6	19
陈忠林		1	1	2	14	18
刘冬梅			1	1	8	10

2）国外申请概况

哈尔滨工业大学是化学处理技术领域少数在国外进行专利布局的国内申请人，主要发明人马军院士课题组早在2009年就开始通过PCT国际申请在国外进行布局。9件国外申请中，有6件目标国是美国，1件目标国（地区）是欧洲。在目标国是美国的6

件专利申请中，有5件获得授权，授权率高达83%，并全部维持有效状态，展现出极
高的申请质量。在技术领域方面，这9件专利均涉及氧化法，与其在国内的技术领域
保持一致，同样反映出哈尔滨工业大学在氧化法技术的技术实力。

表6-3-5　哈尔滨工业大学国外专利申请情况

序号	优先权	申请日	同族公开号	法律状态	发明人	技术领域
1	2009-03-13 CN200910071529	2009-06-08	CN101503242A CN101503242B WO2010102467A1 US2011260098A1 US8858827B2	US 有效 CN 有效	马军 江进 庞素艳	氧化法
2	2009-11-30 CN200910310659.6	2009-12-30	CN101700927A CN101700927B WO2011063576A1 US2012228237A1 US9115015B2	US 有效 CN 有效	马军 王胜军 李安	氧化法
3	2010-02-10 CN201010108952.7	2010-10-18	CN101792205A CN101792205B WO2011097892A1 US2012305497A1	US 撤回 CN 有效	马军 陈丽玮 李旭春 张静 关英红 方晶云	氧化法
4	2010-12-28 CN201010609428.8	2011-01-28	CN102040276A CN102040276B EP2653449A1 EP2653449A4 US9764970B2 US2013270197A1	EP 撤回 US 有效 CN 有效	李继 董文艺	氧化法
5	2010-10-09 CN201010511334.7	2011-01-31	CN101973622A CN101973622B WO2012045236A1	CN 有效	马军 陈丽玮 李旭春 关英红 张静 方晶云	氧化法

续表

序号	优先权	申请日	同族公开号	法律状态	发明人	技术领域
6	2010 – 11 – 04 CN201010531768.3	2011 – 01 – 31	CN102000609A CN102000609B WO2012058877A1	CN 有效	马　军 张瑛洁 张　丽 李　莉 刘增贺 杨　蓉 曹天静	氧化法
7	2011 – 03 – 24 CN201110072090.1	2012 – 03 – 21	CN102180540A CN102180540B WO2012126357A1 US9463990B2	US 有效 CN 有效	江　进 庞素艳 马　军	氧化法
8	2011 – 05 – 19 CN201110130926.9	2012 – 05 – 15	CN102145932A CN102145932B WO2012155823A1 US9169141B2	US 有效 CN 有效	马　军 江　进 庞素艳 杨　一 朱君涛	氧化法
9	2018 – 05 – 11 CN201810448789.5	2018 – 07 – 16	CN108640251A WO2019214065A1	CN 未决	马　军 王　鲁 刘玉蕾	氧化法

（3）重要专利技术

哈尔滨工业大学在化学处理技术领域的专利申请主要集中在几个课题组中，不同课题组研究的侧重点不同。下面对申请量排名靠前的课题组的重点专利进行分析。

1）马军课题组

哈尔滨工业大学马军院士课题组在化学处理技术领域的专利申请量最高，共114项国内申请，9项PCT国际申请，其研究重点主要集中在氧化法及其相关工艺。下面将对其重点专利进行分析。

① 氧化法

氧化法是马军课题组最主要的研究方向，马军院士早在1986年就高锰酸钾去除饮用水中丙烯酰胺的饮用水净化技术申请专利（CN86100741A）。该专利申请是中国专利制度正式实施以来的第263件专利申请，也是化学处理技术领域的第1件国内申请。马军课题组关于氧化法的研究主要集中在高价锰复合剂除污染技术以及臭氧催化氧化除污染技术。此外，还涉及芬顿体系以及其他高级氧化技术。

在高价锰复合剂除污染技术方面，2009年，马军课题组利用高锰酸钾作为氧化剂，通过加入包括金属离子或无机碱/无机盐的均相催化剂，或者无机颗粒如活性氧化铝、羟基氧化铁、氧化铁、二氧化钛、沸石、氧化铜、二氧化锰及黏土的非均相催化剂，能提高对难降解、高稳定性微量污染物去除能力，而且与传统的高锰酸钾处理技术相比，处理相同单位量水所需的高锰酸钾量减少，因此可以降低水处理成本（CN101514043A）。2014年，马军课题组针对该技术进行改进，包括使用表面活性剂与高锰酸钾构成均相催化体系，水处理过程中有机污染物的去除率提高至90%以上（CN103523894A）；以及向待处理水中直接加入高锰酸盐和碳催化剂进行高锰酸盐异相催化氧化，经混凝、沉淀和过滤去除高锰酸盐和碳催化剂，对于苯酚等难降解有机物反应快且去除率高，反应40min去除率达到100%（CN103508548A）。

马军课题组自2009年开始研究利用中间态锰强化高锰酸钾的方法。相关处理药剂由高锰酸钾、络合剂和诱导剂组成，络合剂可以与高锰酸钾氧化有机物产生的中间态锰形成配位络合物，保持中间态锰的稳定存在，从而减少中间态锰的自身分解，提高其有效利用率，达到强化高锰酸钾氧化降解有机污染物的能力（CN101503242A）。2011年，对该技术进行改进，使用含锰化合物、络合剂和过硫酸盐组成的药剂，所述含锰化合物为二价锰离子、高锰酸盐或者二氧化锰，利用二价锰离子、高锰酸盐或二氧化锰与过硫酸盐能原位快速产生高活性中间态五价锰，这种原位产生的高活性中间态五价锰具有氧化能力强、去除水中有机污染物速度快、不产生有毒有害副产物的优点，对多种有机污染物如邻苯二甲酸二甲酯、苯酚、2，4-二氯酚、4-氯酚、双酚A的去除率最高可达99%以上（CN102180540A，该专利所有权已转移至哈尔滨工业大学高新技术开发总公司）。

2011年，马军课题组研究载锰多相催化剂的相关技术。载锰多相催化剂可以催化过硫酸盐或者臭氧产生高活性五价锰，解决现有均相氧化剂五价锰在氧化除污染的过程中存在锰离子二次污染，难以回收利用的问题。将二价锰离子与络合剂复合负载至活性炭上；将待处理水通入装有催化剂的反应器中，再加入过硫酸盐氧化处理即可。其催化剂二价锰离子固定至活性炭上，在利用其进行催化过硫酸盐水处理过程中，产生五价锰氧化剂不会随水体流走，不会产生锰离子二次污染，可重复利用。该方法比单独采用过硫酸盐进行氧化的处理效果提高70%~90%，比单独采用臭氧进行氧化的处理效果提高50%~80%（CN102247891A、CN102258997A；上述专利所有权已转移至哈尔滨工业大学高新技术开发总公司）。

在臭氧催化氧化除污染技术方面，早在2004年马军课题组就采用蜂窝陶瓷作为催化剂，用于增强臭氧化分解水中有机物的效果。具体地，通过反应器内填充蜂窝陶瓷作为催化剂，然后向反应器内通入待处理的水和臭氧，每升水的臭氧投加量为0.5~50mg，水和臭氧气体流经蜂窝陶瓷催化剂层停留时间为0.5~30min，然后流出反应器即可；所述蜂窝陶瓷作为载体，负载金属氧化物作为催化剂；水中有机污染物的去除率可达到50%~90%，比单独臭氧去除率提高20%~60%（CN1546397A，该专利所有权已转移鄂尔多斯市安信泰环保科技有限公司）。2007年，马军课题组对该技术进行改进，加入超声波降解进行联用，利用超声波特有的基本工作原理和机制，充分发挥超声波的化学效应和机械效应，通过与非均相催化臭氧化相结合形成一种新的超声协同臭氧/蜂窝陶瓷催化氧化体系，该体系中超声波与臭氧/蜂窝陶瓷催化氧化两种工艺协同作用促使臭氧分解产生大量高活性的 HO·，由 HO·氧化单独臭氧很难氧化的各类有机污染物，从而提高水体中有机污染物的去除率；可以克服现行催化臭氧化水处理方法中臭氧利用率低、对有机污染物处理不够彻底以及现行的高级氧化方法处理成本较高、难以在大规模生产中应用、部分存在二次污染等现状，所采用的超声协同臭氧/蜂窝陶瓷催化氧化体系与其他高级氧化法相比，可以提高臭氧的转移效率和利用率，降低了投资及运行成本（CN1962479A）。

臭氧/过氧化氢催化氧化工艺是一种在大规模饮用水处理中很具应用潜力的高级氧化工艺，马军课题组对此也展开了持续研究。

2005年，马军课题组发明臭氧/过氧化氢高级氧化膜反应器。该膜反应器中含有能被过氧化氢分子渗透过的膜体5，把反应容器2内的空间隔开为反应腔2-1和过氧化氢腔2-2，由于过氧化氢分子是通过膜体5均匀分布的细小微孔渗透进反应腔2-1中的，必然在膜体5的整个表面上微量均匀地进入反应腔2-1与水中的有机物和臭氧接触，因此过氧化氢不会在局部投加过多，降低过氧化氢的残余量，可以减少后续处理的压力，也可以减少羟基自由基之间的淬灭及与过氧化氢反应的数量。由于羟基自由基在水中分散地十分均匀，可以有效地提高有机物的去除率，特别是难降解有机物的去除率（CN1644526A，该专利所有权已转移鄂尔多斯市安信泰环保科技有限公司）。同年，马军课题组研究利用碱性溶液提高臭氧催化效率的方法，用浓度为 10^{-7} ~ 10^2 mol/L 的碱性溶液与过氧化氢水溶液混合，使过氧化氢水溶液的 pH 在 7 ~ 14 之间，利用过氧化氢与碱反应生成的 HO_2^- 促进臭氧转化为具有很强氧化能力的羟基自由基，强化分解水中有机污染物，特别是高稳定性有毒有害的有机污染物（如农药、卤代有机物、硝基化合物等），使得过氧化氢投加量降低，可以提高去除水中有机物的效率，降低水中过氧化氢剩余量，可以解决臭氧/过氧化氢高级氧化方法中剩余过氧化氢造成的二次污染问题（CN1657436A，该专利所有权已转移鄂尔多斯市安信泰环保科技有限公司）。

2011年，马军课题组发明一种利用过硫酸盐催化臭氧的水处理方法，可以解决现有过氧化氢催化臭氧水处理方法存在过氧化氢自身不易电离、诱发臭氧分解能力弱、过氧化氢残留及运输贮存不方便的问题。水处理方法为：向装有待处理水的臭氧接触反应器中通入臭氧，同时投加过硫酸盐即可。该发明利用过硫酸盐催化臭氧的水处理方法在反应过程中产生具有强氧化性的羟基自由基和硫酸根自由基氧化去除污染，与过氧化氢催化臭氧处理方法相比，具有催化能力强、氧化降解效率高、pH适用范围宽、催化剂残留量少、运行操作方便等优点，能够在大规模生产中应用（CN102145932A）。

2015年，采用强氧化剂高铁酸盐与臭氧作为共同氧化剂，利用高铁酸盐与有机物反应原位生成的过氧化氢能引发臭氧分解产生高活性氧化剂羟基自由基，大大提高对难降解有机物的去除效率。同时，高铁酸盐在预氧化阶段氧化水中背景有机物，减少背景成分对臭氧和羟基自由基的捕获消耗，提高臭氧、羟基自由基的有效浓度，降低臭氧投量，含溴含碘消毒副产物生成量少，相比于臭氧单独氧化对污染物的去除率提高 30% ~ 50%，臭氧的投量减少 20% ~ 50%（CN105036293A）。

芬顿氧化是高级氧化法中的典型类型，2010年，马军课题组提供一种芬顿、类芬顿体系强化剂，可以解决芬顿反应水体pH受限、芬顿反应Fe^{2+}投加量过高，和类芬顿反应反应速率低的问题。强化剂选自抗坏血酸、亚硫酸钠等。强化剂按以下步骤使用：向被处理水体中加入芬顿、类芬顿体系强化剂、被强化药剂和过氧化氢，然后均匀搅拌反应。所述强化剂可加快水处理反应的速率，减少被强化药剂的用量（CN101792205A）。2013年，马军课题组提供一种改进的芬顿、类芬顿体系去除水中有机污染物的方法，将pH调节至4.0~7.0，拓宽芬顿、类芬顿反应pH适用范围并使得有机污染物去除率提高10%~90%，可以提高过氧化氢利用率及反应速率（CN102910725A）。2018年，马军课题组发明一种六边形钛酸铁纳米片材料，作为催化剂可用于可见光下降解污染物、臭氧催化氧化中降解污染物以及非均相类芬顿中降解污染物（CN108298591A）。2019年，针对现有芬顿处理体系存在过氧化氢消耗大、铁投量多以及污染物去除效果较差的问题，马军课题组在芬顿体系中加入自由氯（次氯酸盐或氯气），通过自由氯和氯离子与羟基自由基及硫酸根自由基的反应产生大量的$Cl\cdot$、$ClO\cdot$、$Cl_2\cdot$等稳态浓度高的自由基种类，从而提高芬顿体系对污染物的降解效果。该方法相比于单独的芬顿/类芬顿体系，对污染物的去除率可以提高30%~50%，使过氧化氢或过硫酸盐的投加量减少20%~50%，使二价铁或者其他金属盐的投加量减少30%~60%，使反应时间缩短2~10倍（CN110015744A）。

除高价锰盐、臭氧、芬顿体系外，马军课题组还针对其他氧化体系进行了研究。2004年，马军课题组采用廉价的亚铁盐，经过改性处理得到反应活性较高的三价铁，再经过氧化过程制备高铁酸盐。该高铁酸盐具有强氧化性并同时具有絮凝剂的特点，对天然水体中的多种污染物有广谱的去除作用（CN1535925A）。2011年，马军课题组在过硫酸盐氧化体系中加入促进剂（抗坏血酸、亚硫酸钠、柠檬酸等），促使单硫酸盐、过硫酸盐生成硫酸根自由基，不必反复调节水体pH，可以简化反应步骤（CN101973622A，同时进行PCT国际专利申请WO2012045236A1）。

2014年，马军课题组利用三价铁催化羟胺与PMS反应去除水中污染物。该方法只需要投加少量的三价铁即可提高羟胺与PMS反应生成自由基的速度，与不加入三价铁的羟胺和过一硫酸盐反应体系相比，生成自由基速率快，污染物的去除率可提高5~20倍（CN103523898A）。同年，马军课题组利用由漂白粉、无机固体过氧化物和粉末活性炭组成复合药剂，漂白粉提供的次氯酸根离子与无机固体过氧化物溶于水后缓慢释放的过氧化氢发生反应生成高活性单线态氧，通过粉末活性炭提供的微界面，可以抑制单线态氧的自分解，延长其存活时间，提高其利用率，避免由于使用氯气溶于水或直接利用液态次氯酸溶液存在着运输和储存不方便、操作复杂及安全隐患的问题，可以实现对难处理污染物——内分泌干扰物双酚A（BPA）、雌酮（E1）、β－雌二醇（E2）、雌三醇（E3）、17α－乙炔基雌二醇（EE2）、壬基酚（NP）90%以上的去除率（CN103523897A，该专利所有权转移至哈尔滨工业大学高新技术开发总公司）。

2020年，马军课题组申请一种同步氧化及原位吸附去除水中有机砷的方法：将二价铁盐和过硫酸盐加入含有机砷的水中，在酸性和近中性条件的溶液中，二价铁离子可催化过硫酸盐产生强氧化性硫酸根自由基和/或中间态四价铁，将有机砷的砷酸根基团氧化，使其从苯环上掉落下来并最终变成无机的五价砷；二价铁离子同时被氧化成富含羟基基团的羟基氧化铁，原位产生的无定型羟基氧化铁可快速高效地将五价砷和未被完全氧化的有机砷通过静电引力及羟基键合作用吸附在自身表面，将砷从水相分离去除，净化水质。该申请可以实现有机砷降解过程及被去除过程的同步进行，在过硫酸盐氧化有机砷的同时，原位产生羟基氧化铁能够将氧化后的砷吸附（吸附包括两部分：未被氧化的剩余有机砷和被氧化后产生的无机砷产物）。该方法与其他先降低 pH 氧化有机砷再升高 pH 吸附砷方法相比，节约成本 60% 左右，同时总砷去除率可达 99.1% 以上，并在 30min 内即可达到稳定高效的去除效果（CN111333168A）。

② 混凝法

马军课题组关于混凝法的水处理工艺主要集中在氧化助凝技术上。2004 年，马军课题组发现一种臭氧与高锰酸钾联用氧化助凝方法。用臭氧和高锰酸盐复合预氧化强化混凝，后续投加混凝剂进行混凝，各种不同类型的混凝剂均有明显的助凝作用，能够节省混凝剂以及臭氧的投加量，不但可以降低制水成本，而且可避免由于臭氧过量投加产生的副作用（CN1557736A）。

2007 年，在上述氧化助凝方法基础上，马军课题组以高铁酸盐或高铁酸盐复合物作为氧化物，利用微波/超声协同处理技术强化处理效果。由于微波辐射使污染物分子发生能级跃迁，可以降低分子中化学键的强度，同时利用水处理剂使之氧化降解，以至氧化剂的投放量可降低 30% 以上，且比单独用高铁酸盐处理污水的氨氮去除率提高 10%～60%，天然有机物腐殖酸的降解率提高 20%～40%，难生物降解有机物如硝基苯的降解率提高 30%～50%（CN1966419A）。超声波在水中产生超声空化现象，空化气泡崩溃的极短瞬间内会产生极高温和超高压，并伴有强烈的冲击波和微射流现象，同时在水中形成一定量的过氧化氢、羟基自由基和氢自由基。高铁酸盐能与氢自由基作用生成强氧化能力的五价铁，并抑制 $OH\cdot$ 和 $H\cdot$ 的复合，增加水中羟基自由基的含量，五价铁与羟基自由基都具有强氧化力，可以提高有机污染物的去除率，尤其是难降解有机污染物的去除率高达 90% 以上，具体地，可去除水中 90%～98% 的氨氮、90% 的硝基苯、98% 的天然有机物、100% 的苯酚和 95% 的苯胺。

2008 年，马军课题组公开用 Fe（Ⅱ）与氧化剂联合作用通过氧化混凝法去除 As（Ⅲ）和 As（Ⅴ）的方法。同时加入氧化剂与亚铁盐，可以迅速将亚铁氧化成新生态氢氧化铁、新生态氢氧化铁比普通三价铁盐混凝剂水解产生的氢氧化铁具有更强的吸附和共沉淀能力，可以把水中的 As（Ⅴ）有效去除，对水中 As（Ⅴ）的去除效率高达 78%～99%；在中性、混凝剂用量相同的条件下，比现有三价铁盐混凝剂水中 As（Ⅴ）的去除效率可提高 30%～40%（CN101219829A、CN101264965A）。

2011 年，马军课题组公开使用原位产生纳米铁锰氧化物除 Tl^+ 和/或 Cd^{2+} 的水处理方法，利用高锰酸盐与亚铁盐反应原位产生纳米氢氧化铁和二氧化锰氧化物复合吸附剂，或者利用高锰酸盐与硫代硫酸钠按等当量反应原位产生纳米二氧化锰吸附剂。这两种复合吸附剂具有比表面积大、电负性高、易于沉淀分离的特点，能够有效吸附去

除水中低浓度的 Tl^+ 和/或 Cd^{2+}，能保证饮用水源中低浓度的铊（Ⅰ）、镉（Ⅱ）在水厂出水时达到国家《生活饮用水卫生标准》中的规定，对 Tl^+ 和/或 Cd^{2+} 的去除效率达到 90% 以上（CN102145947A、CN102145948A）。

2）李圭白课题组

与马军课题组不同，李圭白院士课题组在化学水处理领域的专利申请主要集中在混凝法相关的联用工艺，主要包括"氧化-混凝"联用以及"混凝-生物"联用。

在"氧化-混凝"联用方面，2005 年，李圭白课题组提供一种高铁锰复合药剂，由以下重量百分比的成分组成：高铁酸盐 0.1%~90%、高锰酸盐 0~70% 和辅剂 0.1%~30%。由于复合药剂中含有高锰酸盐和较为稳定的高铁盐成分，可以充分发挥复合药剂中各种成分间良好的催化氧化和协同作用，以及高铁盐（+6 价）在水中反应特有的性质：氧化和破坏有机物，反应产物本身为铁盐（+3 价），对人体无任何副作用，生成效能良好的混凝剂，吸附胶体杂质和有机物，可以达到强化混凝、强化过滤的效果。高铁锰复合药剂本身是天然的消毒剂，可以充分利用其高价强氧化性破坏病毒及细菌，从目前的研究结果来看，其灭活效率优于次氯酸和 OCl^-，消毒副产物的产生远小于氯消毒所产生的消毒副产物（CN1597544A）。2006 年，李圭白课题组对上述技术进行改进，向其中额外加入硅酸盐聚合物，复合药剂中聚硅酸铁发挥其高价阳离子电中和作用和本身硅酸聚合物高分子的吸附卷扫作用，其分子量可达 105~106。聚硅酸铁混凝剂与目前正在使用的无机混凝剂（硫酸铝、聚合硫酸铝、聚合氯化铝、聚合硫酸铁等）和有机高分子絮凝剂（聚丙烯酰胺等）相比具有分子量大、无毒、价格低、混凝效果优异等优势。该水处理除污染复合药剂在黄河流域五类水体的处理实验中，投加量以铁计 2~5mg/L 时，仅在混凝沉淀工艺中 COD_{Mn} 就能去除 80%，亚硝酸盐氮全部去除对黄河下游湖泊水库水体藻类的去除率可达 90%~99%，色度去除率可达 90%以上。对 COD_{Cr} 浓度为 120~130mg/L 的工业污水，投加量以铁计 5~10mg/L 时，仅在混凝沉淀工艺中就去除 COD_{Cr} 81% 左右，达到工业污水排放标准和回用标准（CN1762843A、CN1762845A）。

2007 年，李圭白课题组提供一种高锰酸钾和氯联合控制超滤膜藻类污染的预处理方法。向水库含藻水中投加高锰酸钾和氯两种氧化剂，高锰酸钾投加量为 0.3~2mg/L，氯的投加量为 0.2~3mg/L，两种氧化剂同时投加，快速混合后，再投加混凝剂碱式氯化铝或三氯化铁，经过 5~20min 絮凝反应，上清液用提升泵打入超滤膜，经膜组件的错流过滤得到饮用水。其中，高锰酸钾杀藻能力偏弱，但是其中间态产物新生态水合二氧化锰具有较大的吸附面积，在混凝过程中与絮体和藻类包裹吸附，强化共沉降性能，提高对藻类去除率；而氯的杀藻能力较强，但是高投量易引起副产物问题。高锰酸钾和氯联合预处理除藻，能够减少氯的投量，并强化除藻效果。与单独预氯化相比，对有机物、消毒副产物前体物、铁、锰去除率均可以提高 20% 以上（CN1935674A，该专利于 2010 年通过独占许可的方式许可给佛山市水业集团有限公司）。同年，李圭白课题组提供一种化学药剂对水库水藻类进行控制的方法，所述的药剂是高锰酸钾、硫酸铜、次氯酸钠、氯氨中的一种或者两种的组合物，在自然条件下接触处理 6~48h，可使出水藻类降低60%～90%，并改善水体富营养化状态，对有机物、大肠杆菌群等污染物去除率均可提高20%～40%，通过药剂之间的除藻机理的不同，发挥灭活、吸附、共沉降等多种功效，实现藻类源头控制，减少水厂运行压力。在两种药剂组合中，硫酸铜和次氯酸钠和氯氨的联合使用，可以避免硫酸铜的投量过高，控制藻毒素的释放和降低铜离子残留量，并强化藻类控制效果（CN1927730A）。

（4）专利预警情况

对哈尔滨工业大学化学水处理技术领域尚在有效期的专利进行分析，综合专利保护范围、技术重要程度、专利影响度、专利运用情况，列出29件存在较高专利侵权风险的专利，如表6-3-6所示。

表6-3-6 哈尔滨工业大学化学处理技术专利预警

序号	专利号	发明名称	第一发明人	转让/许可	受让人/被许可人	技术分类
1	ZL200310107742.6	蜂窝陶瓷催化臭氧分解水中有机物的方法	马军	转让	鄂尔多斯市安信泰环保科技有限公司	氧化法
2	ZL200410044159.X	臭氧/过氧化氢高级氧化膜反应器	马军	转让	鄂尔多斯市安信泰环保科技有限公司	氧化法
3	ZL200510009647.1	一种新型的臭氧高级氧化水处理方法	马军	转让	鄂尔多斯市安信泰环保科技有限公司	氧化法
4	ZL200510010344.1	饮用水二级消毒系统及用该系统对饮用水进行消毒的方法	陈忠林	许可	桂林娃哈哈饮料有限公司（独占）	氯化杀菌
5	ZL200610010357.3	固定化生物陶粒技术实现饮用水深度净化的水处理方法	马放	转让	江苏哈宜环保研究院有限公司	联合工艺
6	ZL200810137438.9	一种聚硅铁混凝剂及其制备方法	于水利			混凝法
7	ZL200810137481.5	一种聚硅铁锌混凝剂及其制备方法	于水利			混凝法

序号	专利号	发明名称	第一发明人	转让/许可	受让人/被许可人	技术分类
8	ZL200910071463.6	类芬顿－流化床污水处理装置及其处理污水的方法	沈吉敏			联合工艺
9	ZL200910072898.2	利用高级氧化对污水进行预处理培养工程微藻进行污水深度处理和二氧化碳减排的方法	马军			氧化法
10	ZL201010560385.9	一种低温污水的物化强化处理方法	赫俊国	许可	哈尔滨阳光水工业有限公司（独占）	混凝法
11	ZL201010609428.8	一种臭氧接触池及臭氧接触方法	李继			氧化法
12	ZL201110072090.1	利用高活性中间态五价锰氧化除污染的水处理药剂	江进	转让	哈尔滨工业大学高新技术开发总公司	氧化法
13	ZL201110102666.4	一种高锰酸盐复合药剂的溶解投加系统	陈忠林			氧化法
14	ZL201110131276.X	一种载锰多相催化剂及利用其催化过硫酸盐产生高活性五价锰的水处理方法	江进	转让	哈尔滨工业大学高新技术开发总公司	氧化法
15	ZL201110132793.9	一种载锰多相催化剂及利用其催化臭氧产生高活性五价锰的水处理方法	江进	转让	哈尔滨工业大学高新技术开发总公司	氧化法

序号	专利号	发明名称	第一发明人	转让/许可	受让人/被许可人	技术分类
16	ZL201110197065.6	梯度臭氧催化氧化降解水中有机污染物的方法	马军	转让	哈尔滨工大高级氧化技术与装备工程研究中心有限公司	氧化法
17	ZL201110278176.X	一种处理染料污水的系统及处理三苯基甲烷染料污水的方法	任南琪	许可	江苏鼎泽环境工程有限公司（独占）	氧化法
18	ZL201110282041.0	梯级催化氧化－生物活性炭－UV联用去除水中污染物的方法	马军			联合工艺
19	ZL201210201699.9	印染工业生产污水的深度处理方法	马放	转让	江苏哈宜环保研究院有限公司	联合工艺
20	ZL201210318103.3	磁场强化零价铁去除水中 Se（Ⅳ）/Se（Ⅵ）的方法	关小红			联合工艺
21	ZL201310520318.8	一种高锰酸盐异相催化氧化的水处理方法	马军			氧化法
22	ZL201310532720.8	利用高活性单线态氧氧化去除有机污染物的水处理复合药剂及其水处理方法	江进	转让	哈尔滨工业大学高新技术开发总公司	氧化法
23	ZL201410158761.X	一种多相类芬顿催化剂及其制备方法和应用	邱珊			氧化法

序号	专利号	发明名称	第一发明人	转让/许可	受让人/被许可人	技术分类
24	ZL201410460777.6	一种用于水源突发性氨氮污染的饮用水应急处理方法	潘云皓	转让	哈尔滨工业大学高新技术开发总公司	联合工艺
25	ZL201510220479.4	一种多功能分等级油水分离复合膜材料的制备方法	刘宇艳			联合工艺
26	ZL201511019722.2	一种碳包覆Fe_3O_4Fe枝状复合材料的制备方法	姚忠平			氧化法
27	ZL201611072943.0	一种碳包覆四氧化三铁/铁多形貌复合材料的制备方法	姜兆华	转让	黑龙江省工业技术研究院	氧化法
28	ZL201710350155.1	一种碳量子点负载铁基材料高效异相类芬顿催化剂的制备方法	姚忠平			氧化法
29	ZL201710491163.8	一种高效异相类芬顿催化剂多硫化铁的制备方法	姜兆华	转让	黑龙江省工业技术研究院	氧化法

6.3.2.2 中国石油化工股份有限公司

（1）申请人基本情况

中国石油化工股份有限公司的前身是成立于1983年7月的中国石油化工总公司。1998年7月，按照党中央关于实施石油石化行业战略性重组的部署，在原中国石油化工总公司基础上重组成立中国石油化工集团公司，2018年8月，经公司制改制为中国石油化工股份有限公司。中国石油化工股份有限公司是特大型石油石化企业集团，注册资本3265亿元人民币。目前，中国石油化工股份有限公司是中国最大的成品油和石化产品供应商、第二大油气生产商，是世界第一大炼油公司、第三大化工公司，加油站总数位居世界第二，在2019年、2020年《财富》世界500强企业中排名第2位。

（2）专利申请情况

1）国内申请概况

对中国石油化工股份有限公司的专利申请进行检索、筛查、排除噪声文献后，获取化学处理技术专利申请共计442项，申请趋势如图6-3-15所示。

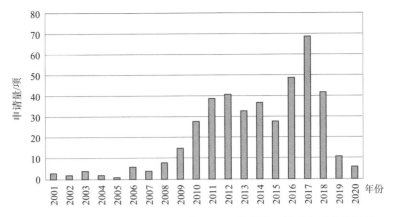

图 6 – 3 – 15　中国石油化工股份有限公司化学处理技术专利申请趋势

从图 6 – 3 – 15 中可以看出，中国石油化工股份有限公司自 2010 年开始针对化学处理技术的研究力度和申请数量大幅度增加，并一直保持较高的水平，于 2017 年达到峰值。

从图 6 – 3 – 16 中可以看出中国石油化工股份有限公司的化学处理技术专利法律状态情况，除去 60 件未决（在审）案件，整体授权率为 56%，明显高于水处理领域（C02F）的平均授权率（51%）。

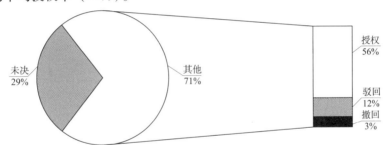

图 6 – 3 – 16　中国石油化工股份有限公司化学处理技术专利法律状态

从图 6 – 3 – 17 中可以看出，中国石油化工股份有限公司的研究方向主要集中于氧化法和联合工艺。此外，对中和法、杀菌法、混凝法、沉淀法也有较多研究。这可能是其处理的污水多与石化含油污水有关所致。

中国石油化工股份有限公司作为集团公司，拥有众多分公司以及研究院，不同分公司/研究院的研究侧重点也不尽相同。从表 6 – 3 – 7 可以看出中国石油化工股份有限公司在化学处理领域的发明人以及其所属单位情况。

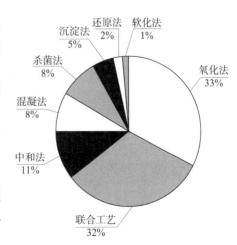

图 6 – 3 – 17　中国石油化工股份有限公司
化学处理技术领域分布

表 6-3-7　中国石油化工股份有限公司各发明人化学处理技术功效　　　单位：项

发明人	所属单位	中和法	还原法	杀菌法	氧化法	联合工艺	其他	总计
殷喜平	中国石化催化剂有限公司	29				1		30
高　峰	石油化工科学研究院		1		10	7	3	21
郦和生	北京化工研究院燕山分院			15	1		3	19
陈航宁	上海石油化工研究院		1		17			18
郑育元	上海石油化工研究院				15			15

2）国外申请概况

中国石油化工股份有限公司作为一家国际企业，从 2017 年开始尝试通过《巴黎公约》向国外进行专利申请，但申请数量较少，如表 6-3-8 所示。2017 年申请的 2 项专利，在主要目标国家——美国、日本、荷兰、比利时等均获得授权。

表 6-3-8　中国石油化工股份有限公司国外专利申请情况

优先权	申请日	同族公开号	法律状态	发明人	技术领域
2017-04-21 CN201710263271.X	2017-04-21	CN108726759A CN108726610A CN108726612A BE1025537A1 BE1025537B1 NL2020788A NL2020788B1 JP2018199123A JP6594478B2 BR102018008273A2 US10815132B2 US2018305221A1 US2021002147A1	US 有效； JP 有效； BE 有效； NL 有效； CN 有效	殷喜平、李　叶、顾松园、王　涛、高晋爱、周　岩、杨　凌、苑志伟、刘夫足、徐淑朋	中和法
2017-08-28 CN201710752394.X	2017-08-28	CN109422313A CN109422409A CN109422399A NL1042971B1 NL1042971A JP2019076888A JP2020097032A JP6653736B2 US2021017059A1 US2019062188A1 US10829401B2	US 有效； JP 有效； NL 有效； CN 有效	殷喜平、李　叶、顾松园、刘志坚、王　涛、刘夫足、高晋爱、安　涛、伊红亮、郭红起	中和法

续表

优先权	申请日	同族公开号	法律状态	发明人	技术领域
2018－12－31 CN201811651664.9	2018－12－31	CN111377527A WO2020140841A1		周　彤、方向晨、郭宏山、杨　涛、蒋广安、孟兆会、伊红亮、郭红起	氧化法

（3）重要专利技术

1）氧化法

氧化法仍然是中国石油化工股份有限公司在化学处理技术领域的主要研究方向，在1996年就有关于该技术的研究（CN1172776A）。氧化法主要是针对有机污水和含硫污水等的处理，这两种类型的污水也是石油化工相关领域的常见污水。

中国石油化工股份有限公司针对湿式氧化技术，尤其是湿式氧化催化剂和氧化方法进行系列研发创新，共申请相关专利70余件，其中重要专利如下：

针对湿式氧化催化剂，2011年，中国石油化工股份有限公司发明一种污水湿式氧化处理催化剂，催化剂中以重量份数计包括如下组分：a）90～99.9份选自二氧化钛、氧化铝、氧化硅或二氧化锆中的至少一种载体；和负载在其上的b）0.1～10份选自铂、钯、金、铱或铑中的至少一种金属或氧化物；c）0.01～5份选自铋、钡、镁、硼、矾、钼或稀土中至少一种氧化物。该湿式氧化的氧化剂为氧气单质，由于采用高性能的催化剂，比纯粹的湿式氧化具有更高的COD去除率，而且能把污水的硫全部转化成硫酸根离子，降低污水的毒性，反应温度为230～280℃，反应压力为3～9MPa；液体空速为0.5～2.5h^{-1}的条件下，处理含硫污水时，COD去除率＞95%，污水中硫全部转化成硫酸根；处理含氰污水时，COD去除率＞95%，残氰＜5mg/L，具有同时去除氰化物和其他有机污染物的优点，而且该方法采用的氧化剂为单质氧，产物为氮气和二氧化碳，不会导致二次污染（缺公开号）。

2013年，中国石油化工股份有限公司提供一系列负载式催化湿式氧化催化剂的制备方法，包括：①以多孔惰性材料为载体，载体用酸性溶液或碱性溶液进行预浸渍处理，预浸渍处理后进行烘干，预浸渍处理采用饱和浸渍或过饱和浸渍；②配制含贵金属活性元素水溶性化合物和含助剂元素水溶液性化合物的浸渍溶液，用该浸渍溶液浸渍步骤①处理后的载体，阴干12～48h后，经过干燥和焙烧得到最终催化剂。该方法制备的催化湿式氧化催化剂活性组分在载体表面具有更小的分散颗粒和更适宜的分布，催化活性和稳定性均较高，可以有效降低反应温度和压力，加快污水中难降解分子的氧化速度；与现有催化剂性能相近的情况下，可以减少贵金属用量，进而降低催化剂

成本；该催化剂针对高浓度有机污水，重复使用 3 次后对 COD 去除率仍然大于 90%（CN103041811A、CN103041818A）。

2014 年，中国石油化工股份有限公司提供一种多相催化湿式氧化催化剂，以重量份数计，包括以下组分：A）98.0~99.7 份复合载体，和载于其上的 B）0.3~2.0 份选自钌、钯、铂或金中的至少一种贵金属；其中复合载体以重量百分比计包括以下组分：a）35%~55% 的二氧化钛；b）25%~45% 的二氧化锆；c）15%~35% 的二氧化铈。锐钛矿型二氧化钛作为湿式氧化催化剂载体时，比表面较高，利于活性组分在其表面分散，缺点在于贵金属与其结合度较弱，经过污水的冲刷后贵金属易溶出；二氧化锆虽然强度有保证，但与贵金属匹配上有问题；二氧化铈载体稳定性较好，但对小分子有机酸的去除率较低。所选用的载体是经过一定配比组成二氧化钛－二氧化锆－二氧化铈复合载体，具有高比表面、稳定性好、与各类贵金属匹配性与结合度好，相比其他载体可以高效处理各类污水。采用该催化剂用于处理工业污水，反应 48h 后其 COD 去除率可达 97.5%，而且催化剂的稳定性好（CN103521222A）。同年，中国石油化工股份有限公司还提供一种以活性炭为载体的多相催化湿式氧化催化剂，以重量份数计包括以下组分：A）97.5~99.7 份活性炭；和载于其上的 B）0.3~2.5 份选自钌、钯、铂、铑中的至少一种贵金属。活性炭是利用椰壳、各种果壳和优质煤作为原料，通过物理法对原料进行一系列工序加工制造形成的。活性炭具有物理吸附与化学吸附的双重特性，本身就对水质一定净化功能，且具有极高比表面积、高孔隙率的优点，有利于贵金属均匀分散，从而能够充分发挥贵金属的催化活性。活性炭机械强度、高耐磨性好的特点也可以保证催化剂的稳定性。工业污水与氧气混合后通过装有催化剂的湿式氧化反应器，催化剂以重量份数计包括 1 份钯和 99 份活性炭，在反应温度为 290℃、压力为 9.0MPa、氧气与工业污水的体积比为 150 的条件下，COD 去除率最高达 95.5%，相比其他载体，COD 去除率有不同程度的提高（CN104043452A）。

2015 年，中国石油化工股份有限公司提供一种湿式氧化催化剂，以重量份计，包括以下组分：①96~99.8 份的载体；②0.1~2 份的稀土金属的氧化物；③0.1~2 份的选自铂族中的至少一种贵金属。所述催化剂采用包括如下步骤的方法制备：（i）将所需量载体的粉末与所述稀土金属的氧化物粉末混合成型焙烧得到催化剂前体 1；（ii）浸渍含所述贵金属元素的化合物得到催化剂前体 2；（iii）还原催化剂前体 2 得到所述的催化剂。该发明以掺杂稀土金属氧化物的贵金属负载型催化剂湿式氧化处理工业丙烯酸污水，利用稀土金属氧化物良好的储氧能力、贵金属的强氧化活性和水热稳定性，在高温高压下，将污水中的有机物有效地氧化成二氧化碳和水等小分子化合物，反应后污水中的有机物 COD 含量可降低 99.4%。另外，催化湿式氧化反应是强放热反应，当 COD 值大于 30000mg/L 时，利用氧化反应产生的热量足以提供反应所需的热量，因此，在处理 COD 值高达 30000~65000mg/L 的丙烯酸污水时，该湿式氧化工艺无需外界提供热量（CN105080540A）。

2016 年，中国石油化工股份有限公司提供一种湿式氧化贵金属负载型催化剂，以重量份数计，包括以下组分：98~99.8 份的选自含二氧化钛、二氧化锆、氧化铝和二氧化硅中至少一种的成型载体；0.2~2份的选自钌、钯、铂、金或铑中的至少一种贵金属。由于采用混合装填多孔材料和贵金属负载型催化剂，湿式氧化处理工业丙烯腈精制过程污水，可有效去除其中的高聚物和小分子有机物。与常用多效蒸发处理污水的方法相比，该方法具有工艺路线简单、设备占地面积小、能耗低且可快速有效降低污水中有机物 COD 含量的优点。在反应温度为 260℃、压力为 7.0MPa、停留时间为 30min 的条件下，可有效降低工业丙烯腈急冷塔污水的有机物含量，经湿式氧化处理后污水中的有机物 COD 含量可由 10000~50000mg/L 降低至 26mg/L（CN105600909A）。

针对湿式氧化方法，2011 年，中国石油化工股份有限公司提供一种含硫污水和含氰污水的催化湿式氧化处理方法，以工业污水和含单质氧的气体为原料，工业污水的 COD 值为 2000~200000mg/L、硫含量小于 70g/L 或者总氰含量 10~20000mg/L 的含氰工业污水，在反应温度为 230~300℃、反应压力为 3~10MPa、液体空速为 0.5~2.5h^{-1}、气液原料标准状态下体积比为（70~300）:1 的条件下，原料与催化剂接触，将污水中的有机物除去，使 COD 去除率 >95%，污水中的硫全部转化成硫酸根离子。由于采用加压催化湿式氧化，在加压的条件下，使氧气能溶解并在催化剂表面有效活化，形成活性自由基，与吸附在催化剂表面的有机物充分反应，从而将有机物氧化成二氧化碳和水，达到净化污水的目的。该方法采用催化湿式氧化方法，可以避免生物法的硫对生物细菌的抑制；另外，由于采用高性能的催化剂，比纯粹的湿式氧化具有更高的 COD 去除率，最高可达 99.9%，而且能把污水中的硫全部转化成无害的硫酸根离子，处理后总氰优选范围为 <2ppm，可以降低污水的毒性（CN102040274A、CN102040275A）。

2012 年，中国石油化工股份有限公司提供一种丙烯腈生产过程中硫铵污水湿式氧化处理方法。丙烯或丙烷氨氧化生产丙烯腈过程中产生的硫铵污水在反应温度为 250~390℃、反应压力为 6~25MPa、停留时间为 1~200min 的条件下，与一种含单质氧的气体混合通过一个湿式氧化反应器，生成的硫酸溶液去丙烯腈装置急冷塔吸收未反应氨，其中含单质氧的气体用量至少为按硫铵污水原始 COD 值计所需氧气量。上述湿式氧化反应器使用均相过渡金属离子或多相贵金属催化剂作为湿式氧化催化剂，通过湿式氧化，使有机物和氨氮与氧气发生自由基反应，从而使有机物不断降解，最后生成水、二氧化碳和氮气等无毒无害的物质，能同时除去挥发性有机物、高沸点有机物和高聚物，去除彻底，对环境友好，COD 去除率大于 95%，氨氮去除率大于 90%，总氰小于 5mg/L，并不需要硫铵回收装置（CN102452711A）。同年，还提供一种含氰工业污水的催化湿式氧化方法，以工业污水和含单质氧的气体为原料，污水 COD 值为 2000~200000mg/L，总氰含量 10~20000mg/L，在反应温度为 230~300℃、反应压力为 3~10MPa、液体空速为 0.5~2.5h^{-1}、气液原料标准状态下体积比为（70~300）:1 的条件下，原料与催化剂接触，将污水中的有机物和氰化物同时除去，COD 去除率 >95%，处理后总氰小于 5ppm，总 COD 去除率 >95%，总氰 <5mg/l，达到净化污水的目的（CN102452710A）。

2013 年，中国石油化工股份有限公司提供一种丙烯腈生产精制过程中的污水处理方法。丙烯或丙烷氨氧化生产丙烯腈的丙烯腈精制过程中产生的污水在 260~350℃、7~18MPa、停留时间 1~200min 的条件下，与一种含单质氧的气体混合通过一个催化湿式氧化反应器，除去污水中的有机物，使污水 COD 值 <500mg/L（CN103420473A）。

2014 年，中国石油化工股份有限公司提供一种含有机物污水催化湿式氧化的方法，以含有机物的污水为原料，在反应温度为 120~260℃、氧气压力为 1~10MPa 的条件下，使污水与催化剂接触 30~120min，反应后污水中的有机物 COD 含量可降低 99% 以上。选取二氧化钛纳米管为催化剂载体，不但可以利用其较高的水热稳定性同时，其具有的高比表面的特性可以使制备的贵金属纳米颗粒高度分散在载体二氧化钛表面，提高催化剂的氧化活性。实验数据证实，该催化剂在处理高浓度、难降解有机污水中具有高活性、高稳定性的优点。以 1L 高压釜为反应器，选取 COD 为 28600mg/L 的丙烯酸污水和 COD 为 29600mg/L 的工业丙烯腈污水，对所述的催化剂进行湿式氧化考察。在反应温度为 120~260℃、总压力为 1~10MPa、反应 30~120min 后，丙烯酸污水和工业丙烯腈污水的 COD 去除率分别达到 99.2% 和 99.4%，处理后的有机污水可以实现直接排放。利用电感耦合等离子光谱发生仪（ICP）对反应后的污水进行检测，在丙烯酸污水和工业丙烯腈污水中，均未检测到 Ti 和 M（M 为贵金属）的信号峰，证明在湿式氧化过程中载体和活性组分均未溶出，体现出催化剂的良好稳定性（CN103523891A）。

2018 年，中国石油化工股份有限公司提供一种采用臭氧催化湿式氧化处理污水的方法。所述处理方法包括以下内容：所述有机污水与臭氧进入反应器进行反应，按照与有机污水的接触顺序，所述反应器内依次装填有催化剂 A 和催化剂 B，其中，所述催化剂 A 和催化剂 B 均为负载型催化剂，包括载体和负载在载体上的活性金属组分，活性金属组分为过渡金属或贵金属中的一种或几种，所述催化剂 A 的载体为氧化铝、二氧化铈、二氧化锆、二氧化钛、二氧化硅中的一种或几种，所述催化剂 B 的载体为活性炭。由于污水在臭氧存在的条件下首先与氧化物类载体负载的催化剂 A 接触，高浓度的臭氧仅在催化剂 A 负载的金属活性组分的作用下生成·OH 使一部分有机污染物转化；下游臭氧浓度降低，此时再与催化能力较强的活性炭类载体负载的催化剂 B 接触，充分发挥活性炭和金属活性组分催化臭氧分解生成·OH 的催化作用。该发明通过氧化物类载体负载的催化剂 A 与活性炭类载体负载的催化剂 B 的协同作用，不仅有机污水处理效果好，而且还能大大提高臭氧有效利用率，降低臭氧投加量，可以解决现有技术中臭氧有效利用率较低的问题（CN108069499A）。

2）混凝法

混凝法是处理含油污水的有效方法，中国石油化工股份有限公司针对絮凝剂的研究始于 1990 年，研究的絮凝剂主要涉及无机絮凝剂、高分子絮凝剂和辅助絮凝剂。

针对无机絮凝剂，1991 年，中国石油化工股份有限公司提供一种由催化裂化废催化剂制备碱式氯化铝净水剂。用工业废催化剂与盐酸直接酸溶，制取低碱基度碱式氯化铝液体。然后用部分低碱基度碱式氯化铝液体与氢氧化钠反应，制取凝胶氢氧化铝，用凝胶氢氧化铝调整碱基度经干燥制得固体碱式氯化铝（CN1049140A）。

2004 年，中国石油化工股份有限公司提供一种聚硅酸盐絮凝剂的制备方法，包括：

①将含有硅酸钠的溶液加入酸中，使混合液 pH 为 0.5 ~ 4，搅拌，静止熟化，生成聚合硅酸溶液；②将金属盐溶液与①中的聚合硅酸溶液混合，搅拌，保持溶液 pH 为 0.5 ~ 4，静止熟化，即得聚硅酸盐絮凝剂，所说金属盐溶液含有：a) 选自 Al^{3+}、Fe^{3+} 中的至少一种阳离子；b) 选自 Cl^-、SO_4^{2-}、PO_4^{3-}、BO_3^-、NO_3^-、I^-、Br^-、IO_3^-、BrO_3^-、ClO_4^-、ClO^-、CH_3COO^-、酒石酸根离子、柠檬酸根离子、琥珀酸根离子、苯甲酸根离子、水杨酸根离子中的至少一种阴离子；c) 选择性地含有选自 Mg^{2+}、Ca^{2+}、Zn^{2+}、Cu^{2+}、Mn^{2+}、Co^{2+}、Ba^{2+}、Be^{2+}、Cs^+、Ni^{2+}、稀土离子中的至少一种阳离子。该絮凝剂的原料可以是化工生产中产生的污水玻璃母液，也可以是生产分子筛催化剂的企业的碱性污水（CN1478806A）。

2005 年，中国石油化工股份有限公司提供一种污水净化剂，其特征在于包含有共混的以下组分：A. 黏土矿物 100 重量份数、B. 硅质助滤剂 20 ~ 200 重量份数、C. 高价金属盐 40 ~ 240 重量份数，以上组分 A 的黏土矿物为凹凸棒土，组分 B 的硅质助滤剂为含有具有微孔隙的二氧化硅的无机填料，所述组分 C 的高价金属盐经酸化至 pH 为 1 ~ 3，其金属离子价位不低于 +2。该净化剂对水中有害物质具有良好的去除效果，其中色度比处理前降低最高可达 99%，油类物质去除率最高可达 99.6%，COD 去除率最高可达 98%，重金属物质的去除率最高可达 90%，水体的透光率由 0 提高到 83% ~ 90%，LAS 去除率最高可达 99%，BOD_5 去除率达 80% ~ 90%（CN1611450A）。

2012 年，中国石油化工股份有限公司提供一种烟气脱硫并副产絮凝剂的方法。以硅酸钠溶液或硅酸钾溶液为吸收剂，吸收剂中含有氧化剂，烟气中的二氧化硫被吸收剂溶解吸收，在氧化剂作用下，4 价的硫被氧化为 6 价的硫；吸收剂的 pH 为 0.5 ~ 4.0 时，将吸收剂引出，静置熟化 1 ~ 24h 后，制得聚硅酸溶液；在搅拌作用下，向聚硅酸溶液中加入聚合铁盐和/或聚合铝盐，静置熟化后，即得最终絮凝剂。该方法在烟气脱硫的同时对其中的硫氧化物进行回收利用，得到的有价值的絮凝剂产品。对于同时建有排放含硫氧化物工艺尾气的装置或燃煤/燃油/燃气工业锅炉/炉窑和污水处理场的企业，如炼油企业、电站等，可以实现以废治废，即用脱硫副产物作絮凝剂，混凝沉淀污水中的悬浮物或油分，可以既节约外购絮凝剂的相关费用，又节省常规污水处理用固体絮凝剂的溶解设备及其相关投资（CN102441322A）。

针对高分子絮凝剂。2005 年，中国石油化工股份有限公司提供一种阳离子高分子絮凝剂。该絮凝剂是甲基丙烯酸二甲氨基乙酯季铵化后的单体和丙烯酰胺单体的共聚物，其特性黏度为 500 ~ 1200cm^3/g，阳离子度为 1.0 ~ 4.5mmol/g。采用如下过程制备：以丙烯酰胺单体和甲基丙烯酸二甲氨基乙酯单体为原料，首先将甲基丙烯酸二甲氨基乙酯单体季铵化，然后将丙烯酰胺、甲基丙烯酸二甲氨基乙酯季铵化单体、去离子水混合，吹氮气除溶解氧，最后加入引发剂进行聚合反应，转化率达到 92% 以上，而且反应时间较短，整个聚合反应仅需 5 ~ 6h。该季铵盐型有机高分子絮凝剂对污水、污泥处理时，具有絮凝效果好，生渣量少，去除悬浮物、COD、油效果好等优点，可以广泛用于油、石化、化工、轻工等行业的污水、污泥处理过程（CN1597550A）。

2008 年，中国石油化工股份有限公司提供一种阳离子型高分子絮凝剂的制备方法。

以丙烯酰胺、甲基丙烯酸二甲氨基乙酯、季铵化试剂、去离子水为原料，在常压下水溶液聚合，使用不同的引发剂体系，严格控制反应物浓度，可以使转化率达到95%以上，絮凝剂的特性黏度为 $800 \sim 1500 cm^3/g$，阳离子度为 $1.0 \sim 4.5 mmol/g$。该阳离子型高分子絮凝剂具有反应时间较短、聚合反应平稳等特点，整个聚合反应仅需 $1 \sim 10h$，可以应用在石油、石化、化工、轻工等行业的污水、污泥处理（CN101143743A）。

2012年，中国石油化工股份有限公司提供一种超高分子量阴离子型聚丙烯酰胺的制备方法，该丙烯酰胺均聚物属于仅用碳－碳不饱和键反应得到的高分子化合物。其制备方法为：（a）采用同一类水溶性偶氮类引发剂；（b）原料丙烯酰胺单体水溶液、水解剂、外加助剂、引发剂一次投料；（c）低温引发，绝热聚合，然后进行水解、造粒、烘干、粉碎工艺；（d）制得超高分子量阴离子型聚丙烯酰胺产品，分子量≥3000万。制得产品适用于油田三次采油的聚合物驱油，污水处理絮凝剂，以及造纸、纺织、印染工业（CN102731699A）。同年，中石化提供一种粉煤灰复合絮凝剂，为有机絮凝剂与改性粉煤灰复配产品。有机絮凝剂为甲基丙烯酸二甲氨基乙酯季铵化后的单体和丙烯酰胺单体的共聚物，特性黏度为 $800 \sim 1500 cm^3/g$，阳离子度为 $1.0 \sim 4.5 mmol/g$；改性粉煤灰为粉煤灰在超声波作用下盐酸处理后得到；有机絮凝剂与改性粉煤灰的重量比为（1∶0.01）～（1∶10）。该粉煤灰复合絮凝剂在粉煤灰改性时利用超声波的机械作用、空化作用、热效应和化学效应使粉煤灰中的金属氧化物（Fe_2O_3 和 Al_2O_3）与酸反应，形成活性点，增大粉煤灰的孔隙率和表面积，同时反应生产的 Al^{3+} 和 Fe^{3+} 也容易在水中形成絮体，增加污水的絮凝效果。改性粉煤灰与适宜类型的有机高分子絮凝剂在合成体系中复配，有利于两种组分的充分结合，比两者机械复配具有更理想的协同作用效果。所得复合产品用于污水处理时，具有更高的脱色效果和更高的 COD 去除效果，达到污水的全面治理效果（CN102452709A）。

2014年，中国石油化工股份有限公司提供一种阴离子型高分子絮凝剂的制备方法，包括如下步骤：①将 $1 \sim 5$ 份顺丁烯二酸钠、$6 \sim 25$ 份的丙烯酸钠和 $14 \sim 70$ 份的去离子水混合，取 $15 \sim 30$ 份丙烯酰胺水溶液与上述混合液在反应器内混合，加入添加剂，调节 pH 为 $7 \sim 7.5$；②在氮气气氛中，向步骤①所得体系中加入 $0.00015 \sim 0.003$ 份引发剂，反应温度达到 $35℃$ 后，加入 $45 \sim 150$ 份丙烯酰胺水溶液；③反应结束后，加入 $5.5 \sim 15$ 份的次磷酸钠水溶液、$5.75 \sim 20$ 份重量百分比为 10% 的硬质酸钠水溶液，温度升至 $70 \sim 75℃$，加入 $0.4 \sim 1$ 份平平加，$1 \sim 5$ 份乙酸酐，停止加热，搅拌至室温，$70 \sim 90℃$ 烘干物料。该黏均分子量为 $2 \times 10^6 \sim 5 \times 10^6$ 的阴离子絮凝剂，产率大于 95.0%。该絮凝剂处理制革污水的水质指标更优越，使用性能和国外同类产品基本相当（CN103665256A）。

2015年，中国石油化工股份有限公司提供一种高分子共聚阳离子型聚丙烯酰胺絮凝剂的制备方法，其特征是以丙烯酰胺、盐酸三甲胺、环氧氯丙烷、四氯乙烷、甲基丙烯酸及去离子水为原料，通过三步制备阳离子型聚丙烯酰胺絮凝剂：步骤一为第一中间体 3－氯－2－羟丙基三甲基氯化铵的合成；步骤二为第二中间体甲基丙烯酰氧基－2－羟丙基三甲基氯化铵的制备；步骤三为共聚合成阳离子型絮凝剂的制备。使用该方法制备出的絮凝剂，产品黏均分子量高，特别适用于工业阴离子污水的处理（CN104558399A）。

（4）专利预警情况

对中国石油化工股份有限公司化学处理技术领域尚在有效期的专利进行分析，综合专利保护范围、技术重要程度、专利影响度、专利运用情况，列出29件存在较高专利侵权风险的专利，如表6-3-9所示。

表6-3-9 中国石油化工股份有限公司各化学处理技术专利预警

序号	专利号	发明名称	第一发明人	转让	受让人/被许可人	技术分类
1	ZL01133377.4	污水用于冷却系统补充水的处理方法	郭宏山			联合工艺
2	ZL200810119444.1	一种利用芬顿法处理污水的方法	侯钰			氧化法
3	ZL02159290.X	用于循环冷却水的杀菌剂的使用方法	郦和生			杀菌法
4	ZL200910201614.5	含硫废水催化湿式氧化处理方法	汪国军			氧化法
5	ZL200910201615.X	含氰废水催化湿式氧化处理方法	汪国军			氧化法
6	ZL02129040.7	聚硅酸盐絮凝剂的制备方法	张莉			混凝法
7	ZL201010514287.1	一种处理工业废水催化剂及其制备方法	王俊英			氧化法
8	ZL201110313296.9	一种烟气脱硫废液的催化湿式氧化方法	程明珠			氧化法
9	ZL200710053952.X	一种处理含硫化氢和氨酸性污水的工艺	熊献金	转让	中石化洛阳工程有限公司	联合工艺
10	ZL200610113500.1	对苯二甲酸生产污水的处理方法	李本高			联合工艺
11	ZL200310103431.2	一种污水净化剂及其制备方法和应用	蔡利山			混凝法
12	ZL200810227913.1	一种含硅废水的处理方法	张莉			联合工艺
13	ZL200810227914.6	一种抑垢剂组合物及其制备方法以及污水处理方法	张莉			软化法

序号	专利号	发明名称	第一发明人	转让	受让人/ 被许可人	技术分类
14	ZL200910180979.4	一种循环水排污水和反渗透浓水的处理方法	冯 婕			联合工艺
15	ZL200910201616.4	污水的催化湿式氧化催化剂及其制备方法	汪国军			氧化法
16	ZL03133998.0	一种阳离子型高分子絮凝剂及其制备方法	王有华			混凝法
17	ZL200910188129.9	一种污水处理催化剂及其制备方法	郭宏山			氧化法
18	ZL200910180742.6	一种硝基氯苯生产污水的处理方法	曹宗仑			联合工艺
19	ZL201210150578.6	丙烯腈生产精制过程中的废水处理方法	宋卫林			氧化法
20	ZL201010557414.6	一种漏轻质油的循环水处理方法	郦和生			软化法
21	ZL201210426107.3	一种高含硫采气废液处理方法	马雅雅			联合工艺
22	ZL201210404192.3	一种纤维乙醇生产污水的预处理方法	郭宏山			联合工艺
23	ZL201410419609.2	一种水基压裂返排液再利用方法	张淑侠			联合工艺
24	ZL201210258569.9	一种中水回用于循环冷却水系统的方法	王 崇			联合工艺
25	ZL201110313294.X	催化湿式氧化催化剂的制备方法和有机废水处理方法	程明珠			氧化法
26	ZL200710010901.9	一种含油污水的处理方法	王有华			混凝法
27	ZL201110082711.4	一种漏轻质油的循环水处理方法	郦和生			杀菌法
28	ZL200610144220.7	一种氨氮废水的处理方法	吕庐峰			沉淀法
29	ZL201210410547.X	无磷复合阻垢缓蚀剂及其应用以及循环水的处理方法	冯 婕			杀菌法

6.4　本章小结

通过对化学处理技术各技术主题进行分析，可将各技术主题的技术脉络和发展态势总结如下。

① 混凝技术适用于含有有机胶粒、有机悬浮物等有机污水的絮凝、沉降处理，对工业有机污水有较好的处理效果，适应性强，操作管理简单。但由于有机污水成分复杂多样，单一成分以及单一性能的絮凝剂不能有效地去除水中的有机物，因此目前混凝技术的主要研究方向在于复合混凝剂的研发。此外，混凝技术在污水处理中处于辅助地位，针对不同的污水处理对象，与其他技术的联用也是目前的研究热点。

② 化学氧化技术已在多种工业污水的处理中得到有效应用，不仅可以用于污水的预处理，还可用于污水的深度处理。但是，化学氧化技术在使用过程中也会存在一些问题，如氧化效率低、对污水的深度处理能力差等，因此，提高氧化效率，如氧化剂种类、添加剂、高效反应器等，是该领域的研究热点。此外，普通氧化技术的深度处理能力差，因此高级氧化技术如湿式氧化技术、超临界氧化以及芬顿氧化技术等，均是目前高级氧化技术的研究热点。

③ 化学还原技术主要针对的是含有重金属离子的污水，可实现重金属离子的绿色无害回收，具有广阔的应用前景。化学还原技术的主要研究方向是高效还原剂的研发，以及对复杂组分污水全面处理的联用技术。

④ 化学沉淀技术主要针对的是含有重金属离子以及氟、硫、硼、氰等非金属的污水，主要研究方向是针对复杂组分污水的复合沉淀剂以及联用技术。

化学处理技术的中外重要创新主体具有以下特点。

① 中国市场是栗田工业除日本市场外专利布局最为着重的市场，这可能与中国在污水处理方面起步晚、水处理技术不够完善，但市场潜力十分巨大等有关。出于对市场的渴望，栗田工业也会逐渐增加在中国的相关专利布局。另外，栗田工业对于污水处理的种类较为集中，主要是面向工业污水的处理，目的是去除污水中的有毒害物质如磷、氟、氰，和难降解有机化合物。

② 纳尔科公司更注重传统欧美发达国家/地区的专利布局，在新兴市场中则更关注于"金砖五国"中的巴西、中国和南非。在化学处理技术方面，其在混凝法和杀菌法两个领域进行大量布局，这与其水处理药剂的销售情况相吻合。纳尔科公司作为全球污水处理化学药剂的领头企业，专利布局的方式值得国内企业学习和借鉴，重要专利的侵权风险也需要特别关注。

③ 哈尔滨工业大学作为国内"双一流"高校，在化学处理技术领域具有较强的研发能力和技术水平。在化学处理技术方面，以马军课题组为代表的科研团队主要在氧化法以及相关的联用技术方面进行扩展布局，并从 2009 年开始通过 PCT 申请在国外开展专利布局，主要是美国。在专利的保护运用方面，哈尔滨工业大学通过成立环保研究院、高新技术开发总公司等方式，积极开展产学研合作和技术成果转化，在氧化法

等领域拥有一批维持年限在 10 年以上的重要专利，并通过转让和许可的方式进行专利运营。总之，哈尔滨工业大学在化学处理技术方面的知识产权创造、保护和运用模式值得国内其他创新主体（尤其是高校）学习和借鉴。

④ 中国石油化工股份有限公司作为国内石化领军企业，在化学处理技术领域具有较强的技术水平和较高的专利申请质量。中国石油化工股份有限公司围绕石油化工污水的各类处理技术均开展全面布局。在专利保护运用方面，中国石油化工股份有限公司作为实力雄厚的实业企业，对专利的运用不足，国外专利申请也存在起步晚、数量少的情况。

参考文献

[1] 李建勃，蔡德耀，刘书敏，等. 含氰污水化学处理方法的研究进展及其应用 [J]. 能源与环境，2009（4）：84 – 85.

[2] 柏景方. 污水处理技术 [M]. 哈尔滨：哈尔滨工业大学出版社，2006.

第7章 主要结论

7.1 总体态势

污水处理领域存在广阔的市场空间和发展前景，以美国、日本为代表的发达国家已经建立较为成熟的相应法律和政策规范推动污水处理产业的发展。为应对所面临的严峻水资源短缺问题，我国相继出台以"水十条"、《水污染防治法》为代表的法律政策，不断强化对水质的监测和污染物排放的监管。在政府推动下，污水处理能力逐年提高，污水处理技术不断发展。

污水处理技术在全球和中国范围均得到广泛重视，相关技术不断被开发并通过专利进行保护。污水处理领域专利申请在近十几年增势迅猛，主要专利技术包括物理技术、化学技术和生物技术。在全球专利中，中国同时是最主要的专利来源国家和专利目标国家，凸显了中国在该领域的创新输出能力，以及作为重要的专利布局地区的战略地位。在中国专利中，本国专利申请量占据绝对优势，然而其中创新主体更多集中于高校，企业相对较少。由于高校往往不是技术转化主体，在促进中国污水处理领域技术发展中需要着重解决高校技术产业转化过程中存在的困难。

7.2 物理化学处理技术态势

物理化学处理技术在近十年的专利申请量表现出高速发展的态势，其中，国外申请量虽有小幅波动但总体保持稳定，中国申请量呈现逐年快速增长的态势；电解、电渗析、生物电化学及光催化技术的占比相对较高。在排名靠前的申请人中，中国和日本的申请人占据席位较多，其中日本的主要申请人以企业为主，而中国的主要申请人通常是高校或研究所，说明中国物理化学技术的市场化和工业化的程度还不高。

从研究的技术领域可以看出，国内外创新主体的研究领域均相对比较集中，但研究侧重点却不同。松下主要研究领域是电絮凝污水处理技术，处理污水的种类主要是含磷物质、含氮有机化合物和卤代烃等污水；栗田工业的研究领域主要集中在使用电渗析、电氧化及离子交换技术处理污水。而国内申请人波鹰公司主要围绕其纳米催化电解技术进行专利布局；南京大学注重技术研究创新以及知识产权的保护，在物理化学水处理领域的创新能力一直处于国内领先水平，不仅申请量多，发明人也较为集中，主要集中在孙亚兵、任洪强、李爱民、邹志刚课题组等。其研究方向覆盖广，各技术主题均有研究，尤其在电解及离子交换污水处理领域，可与相关企业加强合作，进行深入的产学研合作。

7.3 膜处理技术态势

膜处理技术与过滤、精馏、萃取、蒸发等传统分离技术相比，具有能耗低、分离效率高、设备简单、无相变、无污染等优点，是污水处理领域的重要技术，作为污水处理领域关键技术之一，发展迅猛、前景无限。2004 年之后的全球专利申请量一直保持快速的发展，特别是中国申请量呈现逐年快速增长的态势。中国、日本、韩国、美国是主要的技术来源国和市场国。与物理化学技术相类似，亚洲国家倾向于本土布局，而美国等国家倾向于国内外均衡布局。在排名靠前的申请人中，中国和日本的申请人占据席位较多，并且中国的企业在申请量上占据一定的比例，反映出中国膜处理技术的市场化和工业化的程度较物理化学技术有所改善。

从研究的技术领域可以看出，膜生物反应器、反渗透膜技术以及多种膜技术的联合使用是该领域的研究热点。国外主要创新主体为公司，而国内创新主体主要集中于高校和科研院所，但高校和科研院所的技术转化能力差，导致大量技术止步于基础研究阶段，不能发挥其对产业的技术价值。国内创新主体对于国外大公司的重点核心专利应提高预警分析能力。目前，水处理膜主要应用于市政污水处理、工业污水深度处理、海水淡化脱盐三个领域，随着膜产品多元化以及技术多元化，产品的应用领域也将变得越来越广泛。

7.4 生物处理技术态势

生物处理技术领域的国内外专利申请量有截然不同的变化趋势，国外起步较早但近 20 年申请量持续下降，国内起步较晚但近 20 年快速增长。这反映了国外已进入较为专利布局全面的成熟期，而国内开始进入生物处理技术大步发展的快速增长期的两种态势。申请量前十位的申请人中主要为日本企业（日立、荏原制作所、栗田工业、久保田、三菱）、中国高校（北京工业大学、四川师范大学、哈尔滨工业大学、同济大学）和中国企业（中国石油化工股份有限公司）。生物处理技术以好氧处理、厌氧处理、好氧和厌氧联用处理以及自然净化处理为主，其中好氧处理方面的专利量约占总专利量的 1/3。

从研究的技术领域可以看出，国内外创新主体的研究领域均相对比较集中，但研究侧重点却不同。日立在好氧技术的装置研究深入，如曝气装置。栗田工业的主要研究集中在装置方面，但对好氧技术和厌氧技术也进行研究，例如利用微小动物的捕食作用的多级活性污泥法和用厌氧污泥处理含锑污水。北京工业大学在生物处理技术水处理领域具有雄厚的科研实力，各课题组的研究方向各有侧重，其中最知名的彭永臻院士团队的研究主要集中在好氧和厌氧联用技术以及自动控制/智能控制方面，同时在好氧技术、厌氧技术等方面也有较多涉足。另外，李冬课题组对厌氧消化工艺方面进行深入的研究，杨宏课题组对生物活性载体填料及其制备方法进行深入研究，而韩红桂课题组对污水处理系统的智能优化控制方法进行研究。中国石油化工股份有限公司在生物处理技术水处理领域具有较强的技术水平和专利申请质量，下属的不同科研单位的研究重点各有不同：抚顺石油化工研究院主要集中在菌剂及其生长促进剂的研究，北京化工研究院主要集中在工艺装置改进，而大连石油化工研究院主要集中在助剂的选择，包括细菌生长促进剂等。

利用单一生物污水技术处理污水容易出现成本高、效果不佳的问题，如何改进生物技术的联用方式以及与其他污水处理技术的联合应用，是针对工艺方面的研发热点；生物处理技术中膜反应器投入大、寿命短，对于新型膜材料的开发尤为重要，以此降低投入成本，提高效率；不同微生物的污水处理效果不同，开展高效、环境适应性强的微生物势在必行。

7.5　化学处理技术态势

国外创新主体较早地涉足化学处理技术领域，早在 20 世纪 50 年代便开始相关研究，但近十年来发展缓慢；相比之下，国内创新主体研究起步较晚，但近年来技术发展迅速，这与中国的经济发展以及对环保行业的重视度密切相关。

美国、日本两国的污水处理创新主体均十分重视中国市场，其中栗田工业更是将中国作为主要的海外目标国，而纳尔科公司也将大量基础核心专利在中国布局，因此中国国内申请人在技术研究以及产品开发过程中应对该领域的基础专利进行研究、规避。

从研究的技术领域可以看出，国内外创新主体的研究领域均相对比较集中，但研究侧重点却不同，栗田工业对于污水处理的种类较为集中，主要是面向工业污水的处理，目的是去除污水中的有毒害物质如磷、氟、氰和难降解有机化合物；纳尔科公司则在混凝法和杀菌法两个领域进行大量布局，这与该公司污水处理药品销售情况相吻合。哈尔滨工业大学的专利申请集中在少数几个课题组，尤其是马军院士课题组，其在氧化法以及相关联用技术上有较强的技术实力；中国石油化工股份有限公司则注重于各种石化相关工业污水的处理。

附　　录

A-1　申请人名称的约定

申请人约定名称	对应申请人名称
中国石油化工股份有限公司	中国石油化工股份有限公司石油勘探开发研究院 中国石油化工股份有限公司青岛安全工程研究院 中国石油化工股份有限公司南京化工研究院 中国石油化工股份有限公司石油工程技术研究院 中国石油化工股份有限公司上海石油化工研究院 中国石油化工股份有限公司石油化工科学研究院 中国石油化工股份有限公司大连石油化工研究院 中国石油化工股份有限公司北京化工研究院 中国石油化工股份有限公司抚顺石油化工研究院 中国石油化工股份有限公司 中国石油集团东北炼化工程有限公司吉林设计院
三菱	三菱重工业 三菱重工业株式会社 三菱重工株式会社 三菱电机株式会社 三菱人造丝株式会社 日本三菱公司 三菱株式会社 三菱麻铁里亚尔株式会社 三菱综合材料株式会社 Mitsubishi Heavy Industries Mitsubishi
日立	日立工厂工程公司 日立工厂技术有限公司 日立工程设备建设株式会社 日立株式会社 株式会社日立制作所 HITACHI
纳尔科公司	纳尔科控股公司 纳尔科公司 纳尔科化学公司 Nalco Chemical Company Ondeo Nalco Company Nalco Holding Company

申请人约定名称	对应申请人名称
西门子公司	西门子工业公司 西门子水技术有限公司 Siemens
东芝公司	东芝株式会社 株式会社東芝 Toshiba
东丽	东丽工业 东丽株式会社 Toray 日本东丽公司
EET公司	欧洲能源公司 美国能源公司 ELECTRIC ENERGY TECHNOLOGY
荏原制作所	株式会社荏原制作 Ebara
三浦工业	三浦工业株式会社 Miura
韩国科学技术研究院	韩国科学技术研究所 韩国科学技术研究院
富士胶片公司	富士胶片有限公司 富士胶片株式会社
苏伊士	苏伊士集团 苏伊士水务工程有限责任公司 Suez
旭化成	旭化成化学工业株式会社 旭化成株式会社 Asahi Kasei
栗田工业	栗田工业株式会社 Kurita
美国康宁公司	美国康宁公司 CORNING
新日铁住金株式会社	新日铁住金株式会社 新日本制铁株式会社 新日铁住友金属 新日本制铁公司

A-2 缩写、中英文对照

缩写	中文	英文
A/O	厌氧-好氧	Anoxic/Oxic
A2	缺氧-厌氧	
A2O、AAO	厌氧缺氧好氧活性污泥法	Anaerobic-Anoxic-Oxic
AA-AMPS	丙烯酰胺-2-丙烯酰胺-2-甲基丙磺酸	
AB	吸附-生物降解工艺	
AMBR	厌氧膜生物反应器	Aerobic Membrane Bioreactor
ANAMMOX	厌氧氨氧化	
AO	厌氧-好氧活性污泥法	
AOB	氨氧化菌	
BAF	曝气生物滤池	
BNR	生物脱氮系统	Biological Nitrogen Removal System
BOD	生物需氧量	Biochemical Oxygen Demand
CANON	全程自养生物脱氮工艺	
CAST	循环式活性污泥法	Cyclic Activated Sludge Technology
CFF	错流过滤	Cross Flow Filtration
CIP	原位清洁	Clean-In-Place
CMP	化学机械抛光	
COD	化学需氧量	Chemical Oxygen Demand
DAF	溶解空气浮选	
DO	水中溶解氧量	
FO	正渗透	Forward Osmosis
FRO	分馏反渗透	Fractionating Reverse osmosis
HRT	水力停留时间	
IFAS	活性污泥-生物膜共生技术	Integrated Fixed-Film ActivatedSludeg
MABR	曝气膜生物反应器	Membrane Aeration Bio-Reactor
MBBR	移动床生物膜反应器	Moving-BedBiofilm Reactor
MBD	浸没式膜组件	Submerged Membrane Module
MBR	膜-生物反应器	Membrane Bio-Reactor
MD	膜蒸馏	Membrane Distillation
MF	微滤	Microfiltration

缩写	中文	英文
MLSS	活性污泥浓度	Mixed Liquor Suspended Solid
MVR	机械式蒸汽再压缩	Mechanical VaporRecopression
NF	纳滤	Nanofiltration
NOB	亚硝酸盐氧化菌	
OMBR	渗透膜生物反应器	Osmosis Membrane Bio - Reactor
ORP	氧化还原电位	
PAOs	聚磷菌	
PCT	专利合作条约	
PDMS	聚二甲基硅氧烷	Polydimethylsiloxane
PET	聚对苯二甲酸乙二醇酯	Polyethylene GlycolTerephthalate
PHA	聚羟基脂肪酸酯	
PLC	可编程逻辑控制器	Programmable Logic Controller
PMS	过一硫酸盐	
PTA	对苯二甲酸	
RAS	回流活性污泥	
RO	反渗透	Reverse osmosis
SBR	间歇式活性污泥水处理法	
SNDPR	同步硝化反硝化	
SRT	污泥停留时间	
SS	固体悬浮物	
TDS	总溶解固体	Total Dissolved Solids
TMAH	四甲基氢氧化铵	Tetramethylammonium hydroxide
TMP	跨膜驱动压力	Transmembrane Pressure
TN	总氮浓度	
TOC	总有机碳	Total Organic Carbon
TP	总磷浓度	
UASB	上流式厌氧污泥床	
UCT 工艺	南非开普敦大学工艺	
UF	超滤	Ultrafiltration
VOCs	挥发性有机物	
WAS	废物活性污泥	